长江中游江湖水情变化特征与驱动机制

陈剑池　　徐高洪　　张明波
戴明龙　　邴建平　　张冬冬　　等 编著

科 学 出 版 社

北 京

内 容 简 介

本书以长江和洞庭湖、鄱阳湖为研究对象,从江湖长历时水情时空变化特征、演变规律、叠加效应及驱动机制 4 个方面,探讨长江中游江湖水情变化特征与驱动机制。在基于长历时水文资料条件下,开展长江与两湖水文情势变化分析,剖析长江与两湖的水文情势变化规律,探索影响长江与两湖江湖关系的主要驱动因素,科学评估气候变化及人类活动对江湖水文情势的影响,对长江中下游地区及两湖地区的经济社会可持续发展,以及充分发挥沿湖生态与经济效益具有重要的理论和现实意义。

本书可以作为国内从事水文及水资源规划、水利水电工程等科研单位研究人员的参考资料,也可作为相关专业的高校师生的专业参考资料。

图书在版编目(CIP)数据

长江中游江湖水情变化特征与驱动机制/陈剑池等编著.—北京:科学出版社,2019.3

ISBN 978-7-03-060485-9

Ⅰ.①长… Ⅱ.①陈… Ⅲ.①长江中下游-水文情势-研究 Ⅳ.①P344.25

中国版本图书馆 CIP 数据核字(2019)第 017844 号

责任编辑:杨光华 郑佩佩/责任校对:董艳辉
责任印制:彭 超/封面设计:耕者设计工作室

科 学 出 版 社 出版

北京东黄城根北街 16 号
邮政编码:100717
http://www.sciencep.com

武汉精一佳印刷有限公司印刷
科学出版社发行 各地新华书店经销

*

开本:787×1092 1/16
2019 年 3 月第 一 版 印张:23 1/4
2019 年 3 月第一次印刷 字数:558 000

定价:258.00 元
(如有印装质量问题,我社负责调换)

前　　言

　　长江中游地区湖泊密布,历史上均与长江自然连通,形成了自然的江、河、湖的复杂生态系统,其中洞庭湖和鄱阳湖两个大型淡水湖泊,至今仍保持着与长江的自然连通状态。长江与洞庭湖和鄱阳湖之间的相互作用、相互制约,长期演变形成了错综复杂的江湖关系。

　　与国内外同类河湖关系相比,自然通江的洞庭湖、鄱阳湖与长江之间形成的江湖水力联系及水沙交换关系最为复杂。洞庭湖接纳长江荆江三口(调弦口1958年建闸,现为三口)分流及湘江、资江、沅江、澧水四水来水,调蓄后在城陵矶与长江汇流,形成吞吐长江之势;鄱阳湖承接上游赣江、抚河、信江、饶河、修水五河来水,由湖口北注长江,与长江相互顶托(长江间或倒灌入湖),长江水情变化直接影响鄱阳湖的水量变化。长江与洞庭湖、鄱阳湖之间不同的水沙交换特性,形成各具特色的江湖关系,其复杂性与重要性在世界上是独一无二的。

　　近百年来,一系列江湖整治工程建设等人类活动影响着江湖关系的剧烈调整,与中游江湖水系愈演愈烈的洪旱灾害之间的互馈作用备受关注和争议。特别是近年来,三峡等上游控制性水利枢纽工程相继建成及运行,又强力驱动着江湖关系新一轮的调整,尤其是三峡工程运行后引起的江湖关系改变及其对长江中游洞庭湖、鄱阳湖的影响越来越受到学术界的关注,从而大大提升了“江湖关系”这一概念的关注度,也极大地拓展了江湖关系概念的内涵。随着上游干支流控制性水库群运行调度,江湖关系进一步发生变化,凸显了一些需要科学论证、妥善解决的问题。在水文情势方面,具体表现为:洞庭湖和鄱阳湖出入湖水量均有所减少,其中蓄水期减少较多,而枯水期径流量增加;洞庭湖和鄱阳湖平均水位均有所降低,两湖枯水期呈现提前、延长和加剧的态势;荆江三口分流量进一步减少,河道断流时间延长,从而导致地区过境水资源量进一步减少。因此,从宏观层面了解江湖关系的概念、内涵及其表征,开展长江与两湖水文情势变化分析,剖析长江干流及两湖的水文情势变化规律,探索影响长江与两湖江湖关系的主要驱动因素,科学评估气候变化及人类活动对江湖水文情势的影响,对实现长江中下游地区及两湖地区的经济社会可持续发展、充分发挥沿湖生态与经济效益,具有重要的理论和现实意义。

　　水利部长江水利委员会水文局是国家重点基础研究发展计划(973计划)项目“长江中游通江湖泊江湖关系演变及环境生态效应与调控”(2012CB417000)课题1“长江中游通江湖泊江湖关系演变过程与机制”(2012CB417001)的牵头单位。本书是课题1成果的凝练与总结,共由7章组成。第1章介绍研究背景、研究来源、研究目标、研究内容。国内外江湖水系水情长历时变化规律及其驱动机制的研究方法与问题。第2~4章,分别以长江中游干流、洞庭湖及鄱阳湖的水情时空变化特征为研究内容,以流域内控制性水利工程三峡水利枢纽的运行时间为分界点,分析研究区域主要控制站点不同时期径流、水位及水位流量关系的时空变化特征。第5章为长江中游江湖水情长历时变化规律。根据长江中游江湖各站长历时水文资料,揭示从水情变化的趋势性、突变性及周期性方面分析江湖水情的变化规律。第6章为长江中游江湖水情叠加效应时空变化特征。从江湖洪水遭遇、江对湖的顶托影响、江湖调蓄能力变化及江湖水量交换特征四个方面,研究江湖水情叠加效应的时空变化特征。第7章为长江中游江湖水情变化驱动机制。识别气候变化、水利工程及江湖整治工程中的主要影响要素,采用模型模拟与统计分析相结合的方法,定量评估气象要素和人类活动对江湖水情变化的影响。

本书共7章。第1章由陈剑池撰写,第2章由徐高洪、戴明龙、张冬冬撰写,第3章由张明波、李响撰写,第4章由邴建平、李妍清、邓鹏鑫、贾建伟撰写,第5章由贾建伟、邴建平撰写,第6章由徐高洪、张冬冬、邓鹏鑫、李妍清撰写,第7章由陈剑池、张明波、戴明龙、李响撰写。

由于作者时间和水平有限,书中难免存在疏漏和不足之处,欢迎广大读者批评指正。

作　者

2018 年 4 月

目　　录

第1章　绪论 …………………………………………………………………………… 1

　1.1　研究背景与来源 ………………………………………………………………… 1

　　1.1.1　研究背景 …………………………………………………………………… 1

　　1.1.2　研究来源 …………………………………………………………………… 1

　1.2　研究区域概况 …………………………………………………………………… 2

　　1.2.1　中下游河道概况 …………………………………………………………… 2

　　1.2.2　洞庭湖概况 ………………………………………………………………… 3

　　1.2.3　鄱阳湖概况 ………………………………………………………………… 4

　1.3　国内外研究进展及存在的问题 ………………………………………………… 4

　　1.3.1　江湖水情变化规律 ………………………………………………………… 5

　　1.3.2　江湖水情驱动机制 ………………………………………………………… 7

　　1.3.3　研究中存在的问题 ………………………………………………………… 7

　1.4　研究目标与本书内容安排 ……………………………………………………… 7

　　1.4.1　研究目标 …………………………………………………………………… 9

　　1.4.2　本书内容安排 ……………………………………………………………… 11

第2章　长江中游干流水情时空变化特征 ………………………………………… 13

　2.1　径流时空变化特征 ……………………………………………………………… 13

　　2.1.1　年内分配 …………………………………………………………………… 13

　　2.1.2　年际变化 …………………………………………………………………… 22

　2.2　水位变化特征 …………………………………………………………………… 30

　　2.2.1　宜昌站 ……………………………………………………………………… 30

　　2.2.2　枝城站 ……………………………………………………………………… 33

　　2.2.3　沙市站 ……………………………………………………………………… 35

　　2.2.4　螺山站 ……………………………………………………………………… 38

　　2.2.5　汉口站 ……………………………………………………………………… 41

　　2.2.6　大通站 ……………………………………………………………………… 43

　2.3　长江中游主要控制站水位流量关系变化 ……………………………………… 46

　　2.3.1　宜昌站 ……………………………………………………………………… 46

　　2.3.2　沙市站 ……………………………………………………………………… 48

　　2.3.3　螺山站 ……………………………………………………………………… 51

　　　2.3.4　汉口站 ··· 53
　　2.4　本章小结 ··· 55

第3章　洞庭湖区水情时空变化特征 ································· 57
　　3.1　洞庭湖入湖水量变化 ··· 57
　　　3.1.1　荆江三口径流 ··· 57
　　　3.1.2　洞庭四水径流 ··· 60
　　3.2　洞庭湖出湖水量变化 ··· 63
　　　3.2.1　年内分配 ··· 63
　　　3.2.2　年际变化 ··· 65
　　3.3　洞庭湖区水位变化 ··· 66
　　　3.3.1　鹿角站 ··· 66
　　　3.3.2　小河咀站 ··· 70
　　　3.3.3　南咀站 ··· 72
　　　3.3.4　城陵矶(七里山)站 ··· 75
　　3.4　本章小结 ··· 78

第4章　鄱阳湖区水情时空变化特征 ································· 79
　　4.1　鄱阳湖入湖水量变化 ··· 79
　　　4.1.1　五河控制站径流 ··· 79
　　　4.1.2　五河合计径流 ··· 92
　　4.2　鄱阳湖出湖水量变化 ··· 99
　　　4.2.1　年内分配 ··· 99
　　　4.2.2　年际变化 ··· 102
　　4.3　鄱阳湖湖区水位变化 ··· 104
　　　4.3.1　水位特征 ··· 104
　　　4.3.2　年内变化 ··· 107
　　　4.3.3　年际变化 ··· 113
　　4.4　本章小结 ··· 116

第5章　长江中游江湖水情长历时变化规律 ······················· 118
　　5.1　研究方法 ··· 118
　　　5.1.1　趋势分析研究方法 ··· 118
　　　5.1.2　突变分析研究方法 ··· 120
　　　5.1.3　周期分析研究方法 ··· 123
　　5.2　长江中游干流水情长历时变化规律 ····································· 126
　　　5.2.1　趋势性规律 ··· 126

5.2.2　突变性规律 ································· 133

5.2.3　周期性规律 ································· 138

5.3　洞庭湖区水情长历时变化规律 ························· 139

5.3.1　趋势性规律 ································· 139

5.3.2　突变性规律 ································· 143

5.3.3　周期性规律 ································· 146

5.4　鄱阳湖区水情长历时变化规律 ························· 147

5.4.1　趋势性规律 ································· 147

5.4.2　突变性规律 ································· 162

5.4.3　周期性规律 ································· 171

5.5　本章小结 ······································· 175

第6章　长江中游江湖水情叠加效应时空变化特征 ················· 177

6.1　洪水遭遇变化特征 ································ 177

6.1.1　洪水遭遇的定义与统计方法 ···················· 177

6.1.2　长江上游与洞庭湖洪水遭遇特征 ················· 178

6.1.3　长江中游与鄱阳湖洪水遭遇特征 ················· 187

6.2　长江干流顶托影响分析 ····························· 205

6.2.1　长江干流对洞庭湖顶托影响 ···················· 205

6.2.2　长江干流对鄱阳湖顶托影响 ···················· 215

6.3　江湖调蓄能力变化特征 ····························· 222

6.3.1　洞庭湖调蓄能力变化特征 ····················· 222

6.3.2　鄱阳湖调蓄能力变化特征 ····················· 225

6.4　江湖水量交换特征 ································ 232

6.4.1　荆江三口分流变化特征 ······················ 232

6.4.2　长江倒灌鄱阳湖效应特征 ····················· 243

6.4.3　洞庭湖与长江水交换强度量化分析 ················ 249

6.4.4　鄱阳湖与长江水交换强度量化分析 ················ 251

6.5　本章小结 ······································· 256

第7章　长江中游江湖水情变化驱动机制 ····················· 259

7.1　江湖水系水情变化影响因素分析 ······················ 259

7.2　气候变化对江湖水情变化的影响 ······················ 260

7.2.1　长江上游降水量变化分析 ····················· 260

7.2.2　长江上游来水与降水关系分析 ··················· 261

7.2.3　洞庭湖水系水量与降水量关系 ··················· 263

7.2.4　鄱阳湖水系水量与降水量关系 ··················· 264

7.3 长江上游水利建设对三峡水库入库径流的影响 …………………………… 266

7.3.1 上游水利建设对三峡水库入库水量的影响 …………………………… 266

7.3.2 水库蒸发增损对三峡水库入库水量的影响 …………………………… 269

7.3.3 上游水利建设对三峡水库入库径流水文变异的影响 ………………… 269

7.4 三峡水库运行对长江中下游江湖水情的影响 …………………………… 281

7.4.1 流量演算模型 …………………………………………………………… 281

7.4.2 对中游干流水文情势的影响 …………………………………………… 293

7.4.3 对荆江三口分流的影响 ………………………………………………… 322

7.4.4 对洞庭湖区水文情势的影响 …………………………………………… 335

7.4.5 对鄱阳湖区水文情势的影响 …………………………………………… 343

7.5 荆江裁弯对江湖水情的影响 ……………………………………………… 349

7.6 江湖整治与利用工程对洞庭湖水情的影响 ……………………………… 350

7.7 鄱阳湖倒灌驱动机制分析 ………………………………………………… 351

7.7.1 长江中上游与鄱阳湖流域来水量差异驱动 …………………………… 352

7.7.2 长江中上游与鄱阳湖湖区水位差异驱动 ……………………………… 353

7.7.3 人类活动对鄱阳湖的倒灌驱动 ………………………………………… 354

7.8 本章小结 …………………………………………………………………… 357

参考文献 ………………………………………………………………………… 358

第1章 绪 论

1.1 研究背景与来源

1.1.1 研究背景

长江中游上起湖北宜昌,下至鄱阳湖湖口,长 955 km,流域面积 $68×10^4$ km²。其中包括洞庭湖和鄱阳湖两个大型湖泊。洞庭湖跨湖南、湖北两省,汇集湘、资、沅、澧四水来水,承接长江荆江河段松滋、太平、藕池、调弦(1958 年冬封堵)四口分流,经调蓄后在城陵矶(距三峡大坝约 427 km)汇入长江。洞庭湖在城陵矶站水位 34.40 m(吴淞高程,下同)时,湖泊面积 2 625 km²,容积 $167×10^8$ m³。鄱阳湖位于江西省北部,承纳赣、抚、信、饶、修五河来水,经调蓄后由湖口(距三峡大坝约 935 km)注入长江,长江高水时倒灌入湖,具有"洪水一片,枯水一线"的特点。鄱阳湖在湖口站水位 22.59 m 时,湖泊面积 3 708 km²,容积 $303×10^8$ m³。两湖水资源丰枯季节变化大,江湖关系变化复杂。独特的水系特点、区位特征和生态系统功能,决定了两湖治理保护的重要性、复杂性与艰巨性。受长江和五河来水双重作用,湖泊存在着明显的洪、枯水位变化,呈现出独特的水文特征。

长期以来,受自然地理条件、人类活动和气候变化等多重因素影响,江湖关系持续演变,两湖地区洪涝灾害频发,特别是近年来,水环境污染、水生态受损、季节性水资源紧缺等问题凸显,新老水问题并存,给湖区经济社会发展及生态环境带来较大影响,受到社会广泛关注。为了贯彻十九大以来提出的"以共抓大保护、不搞大开发为导向推动长江经济带发展"的要求,在当前江湖关系变化的情况下,如何正确处理长江与两湖地区经济社会发展与水资源的关系,提高两湖地区及长江中下游水安全保障能力,进而加强节水和水资源优化配置、强化水生态环境保护、完善防洪排涝减灾体系、妥善处理江湖关系,显得意义重大。

深入分析江湖关系的现状及存在的突出水问题,坚持问题和目标导向,按照生态优先、绿色发展的理念和"节水优先、空间均衡、系统治理、两手发力"的新时期水利工作方针,以提高两湖地区及长江中下游水安全保障能力为目标,本书围绕长江中游干流及湖区水情时空变化特征、长江中游江湖水情长历时变化规律、长江中游江湖水情叠加效应时空变化特征、长江中游江湖水情变化驱动机制开展全面系统的创新性的研究。

1.1.2 研究来源

本书内容主要来源于国家重点基础研究发展计划(973 计划)项目"长江中游通江湖泊江湖关系演变及环境生态效应与调控"(2012CB417000)中的课题 1"长江中游通江湖泊

江湖关系演变过程与机制"(2012CB417001)。该项目从江湖关系演变过程及重大水利工程影响,江湖水情对江湖关系变化的响应及其水环境、水生态效应及江湖关系优化调控三个方面设6个课题:课题1(本课题)主要依据近几十年长序列观测数据,对江湖关系的演变过程和机制进行研究,为其他各课题研究提供背景;课题2聚焦长江江湖分汇河段和湖口区,重点研究三峡等重大水利工程对江湖水沙交换过程和通量的影响;课题3重点研究江湖水情与干旱和洪水事件对江湖关系变化的响应,为研究江湖关系变化的水环境和水生态效应提供基础;课题4和课题5重点关注江湖关系变化带来的湖泊水环境和水生态效应;课题6主要研究长江中游的江湖关系优化调控原理和对策。

该项目以长江中游干流宜昌—大通江段、荆江三口分流河道、洞庭湖、鄱阳湖及洞庭湖四水和鄱阳湖五河尾闾河道组成的大型江河湖系统为研究区域;以长江中游通江湖泊江湖关系变化研究为主线,以三峡工程影响下江湖关系演变趋势及湖泊水文、水环境和水生态效应研究为重点,以江湖关系优化调控为目标,创建重大水利工程与大型江湖系统相互作用过程和动力学机制理论。

1.2　研究区域概况

1.2.1　中下游河道概况

长江中下游干流入汇的大小支流约106条,沿江两岸汇入的支流,北岸主要有沮漳河、汉江、涢水、倒水、举水、巴河、浠水、华阳河、皖河、巢湖水系、滁河、淮河入江水道等;南岸主要有清江、洞庭湖水系、陆水、富水、鄱阳湖水系、青弋江、水阳江、太湖水系、黄浦江等。此外,荆江南岸有松滋口、太平口、藕池口、调弦口四口分流入洞庭湖,南北大运河在镇扬河段中部穿越长江。长江中下游水系及水文站网分布见图1.1。

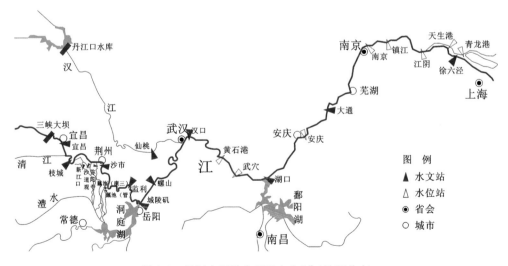

图1.1　长江中下游水系及水文(位)站网分布

长江中下游河道流经广阔的冲积平原,沿程各河段水文泥沙条件和河床边界条件不同,形成的河型也不同。从总体上看,中下游的河型可分为顺直型、弯曲型、分汊型三大类。

依地理环境及河道特性,本次研究范围内长江中下游干流河道可划分为三大段,即宜昌至枝城段、枝城至城陵矶段、城陵矶至湖口段。

1. 宜昌至枝城段

宜昌至枝城段从湖北省宜昌市至枝城,全长 60.8 km,流经湖北省宜昌、枝城、枝江等市。该段一岸或两岸为高滩与阶地,并傍低山丘陵,河道属于顺直微弯河型,受两岸低山丘陵的制约,整个河段的走向为西北—东南向。

2. 枝城至城陵矶段

枝城至洞庭湖口的城陵矶为荆江河段,全长 347.2 km。荆江贯穿于江汉平原与洞庭湖平原之间,流经湖北省的枝江、松滋、江陵、沙市、公安、石首、监利及湖南省的华容、岳阳等市县。两岸河网纵横、湖泊密布、土地肥沃、气候温和,是我国著名的粮棉产地。荆江两岸的松滋口、太平口、藕池口和调弦口分泄水流入洞庭湖。洞庭湖接纳四口分流和湘江、资江、沅江、澧水四水后于城陵矶汇入长江。荆江按河型的不同,以藕池口为界分为上下荆江,上荆江为微弯分汊型河道,下荆江为典型的蜿蜒型河段。

3. 城陵矶至湖口段

城陵矶至湖口段分为城陵矶至武汉段和武汉至湖口段。

城陵矶至武汉段上起城陵矶,下迄武汉市新洲区阳逻镇,全长 275.0 km,流经湖南省岳阳、临湘和湖北省监利、洪湖、赤壁、嘉鱼、咸宁、武汉等市县,武汉龟山以下有汉江入汇。由于受地质构造的影响,河道走向为北东向。左岸属江岸凹陷,右岸属江南古陆和下扬子台凹。两岸湖泊和河网水系交织,本河段属藕节状分汊河型。

武汉至湖口段上起新洲区阳逻镇,下迄鄱阳湖口,全长 272 km,流经湖北省新洲、黄冈、鄂州、浠水、黄石、阳新、武穴、黄梅和江西省瑞昌、九江、湖口,以及安徽省宿松等市县。本段河谷较窄,走向东南,部分山丘直接临江,构成对河道较强的控制。本段两岸湖泊支流较多,河道总体河型为两岸边界条件限制较强的藕节状分汊河型。

1.2.2 洞庭湖概况

洞庭湖位于东经 $111°14'\sim113°10'$,北纬 $28°30'\sim30°23'$,即荆江河段南岸、湖南省北部,为我国第二大淡水湖。洞庭湖汇集湘江、资江、沅江、澧水四水及湖周中小河流,承接经松滋、太平、藕池、调弦(1958 年冬封堵)四口分流,在城陵矶附近汇入长江。

洞庭湖区是指荆江河段以南,湘江、资江、沅江、澧水四水尾闾控制站以下,高程在 50 m 以下跨湘、鄂两省的广大平原、湖泊水网区,总面积 20 109 km²,其中天然湖泊面积约 2 625 km²,洪道面积 1 418 km²,受堤防保护面积 16 066 km²。

洞庭湖的地势为西高东低。洞庭湖被分成东洞庭湖、南洞庭湖、西洞庭湖(由目平湖、七里湖组成),自西向东形成一个倾斜的水面。洞庭湖天然湖泊面积、容积见表 1.1。

表 1.1　　洞庭湖天然湖泊面积、容积统计表

城陵矶(七里山)水位/m	面积/km²	容积/($\times 10^8$ m³)	城陵矶(七里山)水位/m	面积/km²	容积/($\times 10^8$ m³)
27	1 364.76	25.25	31	2 450.13	98.42
28	1 838.31	40.99	32	2 525.79	121.72
29	2 127.29	57.91	33	2 567.21	147.08
30	2 328.86	77.74	34	2 589.52	172.92

注:该表为 2003 年实测地形图量算结果

　　洞庭湖水系主要由湘江、资江、沅江、澧水四大水系(通称湘资沅澧"四水")和长江松滋口、太平口、藕池口、调弦口四口分流水系组成,还有汨罗江、新墙河等支流入汇。洞庭湖区水系站网见图 1.2。四口水系(也称"荆南四河")由松滋河、虎渡河、藕池河和调弦河组成,全长 956.3 km,情况见图 1.1。

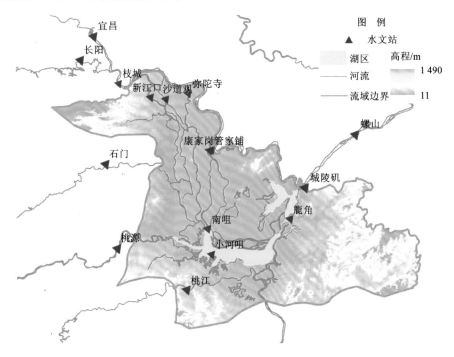

图 1.2　　洞庭湖区水系站网

　　松滋河是由松滋口分流入湖的洪道,为 1870 年长江大洪水冲开南岸堤防所形成。松滋口到松滋大口河段长度为 22.7 km。松滋河在大口分为东西二支。西支在湖北省内自大口经新江口、狮子口到杨家垱,长约 82.9 km,从杨家垱进入湖南省后在青龙窖分为官垸河和自治局河;官垸河自青龙窖经官垸、濠口、彭家港于张九台汇入自治局河,长约 36.3 km;自治局河又称为松滋河中支,自青龙窖经三岔脑、自治局、张九台于小望角与东支汇合,长约 33.2 km。东支在湖北省境内自大口经沙道观、中河口、林家厂到新渡口进入湖南省,长约 87.7 km;东支在湖南省境内部分又称为大湖口河,由新渡口经大湖口、小望角在新

开口汇入松虎合流段,长约 49.5 km。松虎合流段由新开口经小河口于肖家湾汇入澧水洪道,长约 21.2 km。此外还有 7 条串河分别为:沙道观附近西支与东支之间的串河莲支河,长约 6.0 km;南平镇附近西支流向东支的串河苏支河,长约 10.6 km;曹嘴垸附近松东河支汊官支河,长约 23 km;中河口附近东支与虎渡河之间的串河中河口河,长约 2.0 km;尖刀咀附近东支和西支之间的葫芦坝串河(瓦窑河),长约 5.3 km;官垸河与澧水洪道之间在彭家港、濠口附近的两条串河,分别长约 6.5 km、14.9 km。

虎渡河自太平口分流经弥陀寺、黄金口、闸口、黄山头节制闸(南闸)、董家垱到新开口与松滋河合流后经松虎合流段汇入西洞庭湖,虎渡河全长约 136.1 km。

藕池河于荆江藕池口分泄长江水沙进入洞庭湖,水系由一条主流和三条支流组成,跨越湖北公安、石首和湖南南县、华容、安乡,洪道总长约 332.8 km。主流即东支,自藕池口经管家铺、黄金咀、梅田湖、注滋口入东洞庭湖,全长 94.3 km;西支也称安乡河,从藕池口经康家岗、下柴市与中支合并,长 70.4 km;中支由黄金咀经下柴市、厂窖,至茅草街汇入南洞庭湖,全长 74.7 km;另有一支沱江,自南县城关至茅草街连通藕池河东支和南洞庭湖,河长 41.2 km,目前已建闸控制;此外,陈家岭和鲇鱼须河分别为中支和东支的分汊河道,长度分别为 24.3 km 和 27.9 km。

调弦河又称华容河,是由调弦口分流入湖的洪道,于大王山进入湖南华容县,至治河渡分为南、北两支。北支经潘家渡、罐头尖至六门闸入东洞庭湖,全长约 60.7 km;南支经护城、层山镇至罐头尖与北支汇合,南支河河长 24.9 km。1958 年调弦口已建灌溉闸控制。

洞庭湖区气候温暖湿润,四季分明,优越的水热条件,孕育了丰富的生物资源。根据有关资料,洞庭湖区有水生维管束植物 471 种、陆生维管植物 1 092 种、浮游藻类 55 属、浮游动物 49 种、底栖动物 81 种、鱼类 10 目 23 科 116 种、鸟类 16 目 43 科 216 种、水生哺乳动物 8 目 13 科 22 种。洞庭湖区的重要湿地主要有东洞庭湖湿地、南洞庭湖湿地、西洞庭湖湿地、横岭湖湿地,其中东洞庭湖湿地被列入《关于特别是作为水禽栖息地的国际重要湿地公约》的国际重要湿地名录。自 20 世纪 80 年代以来,洞庭湖区建立了东洞庭湖国家级自然保护区、南洞庭湖省级自然保护区、西洞庭湖国家级自然保护区和横岭湖省级自然保护区。洞庭湖区有国家一级保护动物鸟类有黑鹳、白鹤、白头鹤、中华秋沙鸭、东方白鹳、大鸨、白尾海雕,二级保护动物鸟类有小天鹅、鸳鸯、白额雁等。

1.2.3 鄱阳湖概况

鄱阳湖水系是以鄱阳湖为汇集中心的辐聚水系,由赣江、抚河、信江、饶河、修水和环湖直接入湖河流入鄱阳湖共同组成。各河来水汇聚鄱阳湖后,经调蓄于江西省湖口注入长江。流域地处长江中下游右岸,位于东经 113°30′～118°31′,北纬 24°29′～30°02′,流域面积 16.22×10⁴ km²,约占长江流域面积的 9.0%。鄱阳湖流域地跨江西省、安徽省、浙江省、福建省、广东省、湖南省 6 省。江西省境内 15.67×10⁴ km²,占控制流域面积的 96.6%。流域水系站网见图 1.3。

鄱阳湖流域地势南高北低,边缘群山环绕,中部丘陵起伏,北部平原坦荡,四周渐次向鄱阳湖区倾斜,形成南窄北宽以鄱阳湖为底部的盆地状地形。

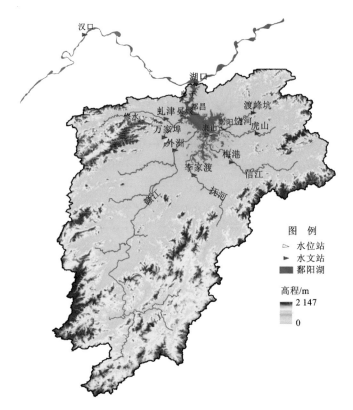

图 1.3　鄱阳湖区水系站网图

鄱阳湖水系河湖密布。控制流域面积达 10 km² 以上的河流有 3 771 条,控制流域面积 100 km² 以上的河流有 426 条,其中,控制流域面积 100~1 000 km² 的河流有 384 条,控制流域面积 1 000~10 000 km² 的河流有 37 条,控制流域面积大于 10 000 km² 的河流有赣江、抚河、信江、饶河、修水 5 条,5 条河控制流域面积合计为 14.70×10⁴ km²,占鄱阳湖水系控制流域总面积的 90.6%。五河河口至湖口区间流域面积 1.52×10⁴ km²,占鄱阳湖水系控制流域总面积的 9.4%,其中环湖直接入湖河流控制流域面积 1.01×10⁴ km²,占鄱阳湖水系控制流域总面积的 6.3%;鄱阳湖水面面积 5 100 km²(含康山、珠湖、黄湖、方洲斜塘 4 个分蓄洪区面积,相应湖口水文站黄海基面水位 20.75 m),占鄱阳湖水系控制流域总面积的 3.1%。

鄱阳湖略似葫芦形,湖面以松门山为界,分为南北两部分,南部宽广,为主湖区,北部狭长,为湖水入长江水道区。全湖最大长度(南北向)173 km,东西平均宽度 16.9 km,最宽处约 74 km,入江水道最窄处的屏峰卡口,宽约为 2.8 km,湖岸线总长 1 200 km。湖盆自东向西、自南向北倾斜,湖底高程由 10 m 降至湖口黄海基面以下 1 m。湖中有 25 处共41 个岛屿,总面积 103 km²,岛屿率 2.3%。

鄱阳湖水位涨落受五河及长江来水的双重影响,是过水性、吞吐型、季节性的湖泊,高水湖相,低水河相,具有"高水是湖、低水似河""洪水一片,枯水一线"的独特形态。每年

4~6 月随流域洪水入湖而上涨,7~9 月因长江洪水顶托或倒灌而壅高,10 月稳定退水,逐渐进入枯水期。汛期,五河洪水入湖,湖水漫滩,湖面扩大,碧波荡漾,茫茫无际;冬春枯水季节,湖水落槽,湖滩显露,湖面缩小,比降增大,流速加快,与河道无异。洪、枯水期的湖泊面积、容积相差极大,湖口水位 20.75 m 时(黄海基面),相应面积 5 100 km²(含康山、珠湖、黄湖、方洲斜塘 4 个分蓄洪区面积),容积 365×10⁸ m³;湖口水位 4.06 m 时,相应面积 146 km²,容积 4.5×10⁸ m³。

1.3　国内外研究进展及存在的问题

1.3.1　江湖水情变化规律

长江中游地区湖泊密布,历史上均与长江自然连通,形成了自然的江、河、湖复合生态系统,位于其中的鄱阳湖和洞庭湖两个大型淡水湖泊,至今仍保持着与长江的自然连通状态。近年来,三峡工程等上游控制性水利枢纽相继建成运行,又强力驱动着江湖水情的变化,对水利工程影响下的江湖水情变化的识别和分析,是目前研究的热点。

目前,国内对长江中游江湖水情变化的研究,多为利用长江中游干流主要控制站及洞庭湖、鄱阳湖流域入湖控制站的水情观测资料,借助数理统计、时间序列等分析方法,分析水情变化的周期特性、年内年际变化特性。

针对长江干流的水情变化,不少科学工作者做过有益的探讨,主要包括长江干流径流变化特性(徐长江 等,2010;彭玉明 等,2010,瞿玉芳,2010;李林 等,2004)、干流洪水特征(许有鹏 等,2005)、干支流洪水遭遇特性(戴明龙 等,2012;熊莹,2012;陈璐 等,2011;闫宝伟 等,2010)、干流水沙变化特性(王海斌,2012;马颖 等,2008)等。其中,人类活动对于长江干流水情的影响研究较多。邹振华等(2008)分析了人类活动对长江径流特性的影响,认为人类活动已经改变了长江径流的特性;黄峰等(2010)在对长江上游枯水期及 10 月径流情势分析的基础上,得出长江径流变化可能是上游水库运行所致等。赵军凯等(2012)指出,增加枯季径流量,减少蓄水期径流量,使年内分配的差异减少,径流的极差减少,改变天然径流原有节律,致使长江中下游径流特征发生变异。

洞庭湖是长江中下游重要的吞吐型湖泊,由于地理位置和来水条件的特殊性,湖泊水位变动不仅受气候因素等自然条件的影响,同时受到长江和四水来水等重要影响。目前,对于洞庭湖水情的研究主要集中在四水径流量的变化(梁亚琳 等,2015;钱湛和张双虎,2014)、三口分流的变化(胡光伟 等,2014)及出湖水量的变化(唐金武,2010;施修端 等,2000)等。特别是近 50 年来水利工程等人类活动影响加剧,洞庭湖水位和水量变化呈现出新的变化特征和趋势(余明辉 等,2005;姜加虎和黄群,1996)。史璇等(2012)指出,洞庭湖历史水位呈现三个周期变化,从长时间序列来看,近年洞庭湖水位处于较低水平。

鄱阳湖枯水期水量近年呈现下降趋势(冯文娟 等,2015),王俊和程海云(2010)指出鄱阳湖枯水变化的最主要原因是流域降水和五河来水的相应变化,其次是长江上中游来水变化。三峡工程建成后,汛末蓄水将改变长江来水量,改变汛末长江的顶托作用,影响鄱阳湖的水文情势。已有研究表明,三峡工程投入运行对水文、泥沙淤积、水环境和湿地生态等都将产生一定的影响(傅春和刘文标,2007;濮培民 等,2005)。鉴于长江流域气候的异常变化,对鄱阳湖枯水水情的驱动因素,许多学者通过数学模型定量给出不同要素对鄱阳湖枯水水情的影响。赖锡军等(2012)指出,三峡蓄水改变了原有的江湖水力关系,使得长江干流水位快速下降,水力坡降增大,湖口出流量增加,加速鄱阳湖水位下降。

1.3.2　江湖水情驱动机制

在认识和分析江湖水情变化规律的基础上,识别江湖水情的影响因子,便于揭示江湖相互作用的驱动机制。近年来,受气候变化和人类活动共同影响的水循环系统演变机制研究受到国内外普遍关注,特别是三峡工程运行后,对长江中下游地区尤其是洞庭湖、鄱阳湖等湖泊水系带来如何影响,是目前研究的热点。

长期以来,江湖关系主要受到气候变化、构造沉降、水土流失、泥沙淤积、长江河势变化等自然因素的影响(来红州 等,2004),但 20 世纪以来,人类活动也开始影响江湖关系的调整(Du et al.,2011)。

1. 自然因素

自然状态下,江湖形态、连通性及水沙交换是一个动态的过程。卢金友和罗恒凯(1999)的研究表明,荆江三口分流分沙在自然状态下的变化趋势是不断下降的,其影响因素主要有口门与干流河道的相对位置、口门附近干流河道河势变化、分流道的淤积及洞庭湖的演变等。Zhang 等(2011)研究表明自 1990 年,长江倒灌鄱阳湖的发生频率明显降低并出现间歇性特征,而这一特征与降雨的时间变化规律具有较好的对应性。其他学者的研究尽管着眼点和研究方法不同,但结果大致相同,他们认为近 50 年以来长江流域降水量、径流量是增加的(许继军 等,2008;张永领,2008;张增信 等,2008),并且径流增加主要受控于气候变化,未来几十年内降水量、径流量也将增加(戴仕宝 等,2007),甚至大暴雨洪水发生频率也可能增加(郭家力 等,2010;郭华 等,2006)。

其他自然因素如地质地貌、泥沙淤积、水动力条件、水沙组成、水土流失条件等,它们的变化都会造成江湖关系演变。水沙变化是江湖系统演变的直接动力,相反江湖系统的演变也促使江湖水沙条件发生变化。江湖关系的调整可能改变河槽的走向,使河底和湖底的高程发生变化,使水流在湖泊里流动的深槽摆动等,最终改变原来水流的流速、流向、水流结构等,从而影响江湖水沙交换过程。Grigor 等(1995)对贝洛斯拉夫湖(Beloslav)和德文斯卡河(Devnenska)组成的河湖系统水沙变化影响因素进行了探讨。洞庭湖与荆江关系演变中,也可以看出这些自然因素的驱动作用。

2. 人类活动

江湖水情的变化是自然与人类活动共同作用的结果,近几十年来人类活动的影响越发凸显。随着调弦口堵口、下荆江系统裁弯、葛洲坝截流、三峡工程等大型水利工程的运转,江湖关系发生了多次调整变化,对长江中下游河道及洞庭湖、鄱阳湖产生了不同程度的影响。

1) 荆江裁弯

荆江与洞庭湖的关系变化体现出人类活动的影响,近年对于荆江裁弯的影响的研究较为广泛,学者从荆江水文情势变化(黎昔春 等,2001;韩其为,1999;段文忠,1993)、洞庭湖来水来沙变化(李正最 等,2011)、三口河道淤积(李义天 等,2009;韩其为和周松鹤,1999)、城陵矶下河段淤积(余明辉 等,2005;李长安 等,1999)等角度研究了荆江裁弯对江湖关系的影响。荆江裁弯是使上游同流量下沿程水位发生不同程度的降低,从而加速了三口分流的递减进程。同时,荆江裁弯使得三口分沙量减少,延缓了洞庭湖的淤积,对减轻洞庭湖区的防洪负担发挥了一定作用。但是,洞庭湖减少的泥沙淤积却对城陵矶以下的河段产生了一系列新的问题,特别是城陵矶—螺山河段的淤积,造成的副作用越来越明显。

2）三峡工程修建

三峡工程建成后运行初期以清水或低含沙水流下泄,引起长江中游江湖关系的一系列调整。对荆江、洞庭湖及城陵矶以下的河道,鄱阳湖都会产生深远的影响。三峡工程蓄水运行降低了汛期坝下干流流量、增大了枯水期坝下干流流量,并导致长江输沙率降低了31%,长江中游干流水情的变化进而改变了长江与两湖的交互作用(Yang et al.,2007)。

三峡工程对荆江影响研究表明,三峡工程引起荆江的冲刷,但这种冲刷与裁弯后的冲刷又不同,其冲刷的机理除了流量增加引起的冲刷外,更重要的是低含沙量下泄水流引起的含沙量恢复时的冲刷(燕然然 等,2014)。

三峡工程运行以来对洞庭湖水情影响。许多学者从荆江三口分流分沙变化(甘明辉等,2011)、洞庭湖出口水沙变化(郭小虎 等,2011;来红州 等,2004)、洞庭湖面积和淤积情况(田伟国 等,2012;刘可群 等,2009)、洞庭湖水情的变化(刘卡波 等,2011;戴仕宝 等,2005)等角度,分析了三峡工程运行前后对于洞庭湖的影响。三峡工程的建设,极大地改变了原来洞庭湖与长江的江湖关系,洞庭湖区抵御洪灾压力有所减轻(胡光伟 等,2013)。三峡工程蓄水运行后清水下泄造成荆江河段的冲刷,沙市附近河段同流量下的水位出现不同程度的降低,三口分流河道口门水位相应下降,造成三口河道分流、分沙量显著减少,对洞庭湖产生了不容忽视的影响(方春明 等,2007)。如何能够使洞庭湖区适应三峡工程防洪调度的新防洪形势,掌握三峡工程运行的长期效应,综合研究三峡工程运行引起河流水沙过程变化对下游河道和洞庭湖演变的影响,是未来研究的方向。

对于鄱阳湖,三峡工程主要通过改变长江干流水量产生影响。三峡工程建成运行,将对鄱阳湖区防洪和水资源利用产生潜在的有利和不利影响。Zhang 等(2012a,2012b)采用广义可加模型(generalized additive model,GAM)模拟证实了三峡工程蓄水运行造成平均5%的长江来水量损失,汛末蓄水期减缓了长江对鄱阳湖的顶托效应,进而加剧了鄱阳湖秋季的旱情。Liu 等(2013)利用1973～2011 年多时相卫星遥感数据提取鄱阳湖水面信息,结合鄱阳湖水量平衡分析,揭示了三峡工程蓄水运行引发的长江与鄱阳湖江湖关系变化是近年鄱阳湖汛末水位突变的主控因子之一。

综上,江湖关系是一个复合现象。自然背景下的江湖关系包括长江干流各河段冲淤、荆江四口河道的冲淤、洞庭湖的淤积、洲滩的围垦等几个方面。江湖自然演变导致的冲淤变化和人类活动的影响只有反映到河流、湖泊的蓄泄能力方面,才能对防洪产生影响。因此,从防洪意义上说,江湖关系的变化体现在长江与洞庭湖、鄱阳湖调蓄与泄洪能力的变化。从长江防洪形势的影响因素分析,长江中游江湖关系主要包括以下 4 个方面:长江中游干流各河段的泄流能力、长江干流河道各河段的槽蓄能力、洞庭湖和鄱阳湖的槽蓄能力、荆江四口分流分沙能力。江湖关系的复杂性体现在这 4 个方面的量与质的盘根错节、相互作用、相互影响。

1.3.3　研究中存在的问题

江湖关系的研究是一个大课题,涉及面广,可研究内容较多,但研究方法存在显著不足,主要体现在以下方面。

(1) 在江湖水文情势变化规律分析方面,以往以江或者湖单一对象的分析较多,而对于江湖叠加效应的研究较少,尤其是长江干流与两湖洪水遭遇规律分析、长江倒灌鄱阳湖的研究相对较少。

(2) 在江湖关系演变驱动机制方面,已有的研究分析了江湖关系变化的影响因素,重点考虑了不同时期人类活动尤其是重大水利工程的影响。因此,如何综合考虑人类活动与流域气候变化对江湖关系变化的联合影响,并且定量区分其影响贡献率是江湖关系研究的一个核心问题。根据目前已有的研究,三峡工程对两湖水情的影响一般不超过 8%～15%,但对其生态环境的影响分量,还缺少有效的手段和方法确定。

(3) 在对江湖关系的认识方面,由于江湖相互作用的复杂性,已有的研究多侧重于江湖关系的一个方面,目前尚无一套系统、综合、权威的江湖关系表征方法。如何构造具有指示意义的复合指标来表征江湖关系及其变化是未来长江中游通江湖泊江湖关系研究的难点。对于鄱阳湖而言,江湖关系的表征应涵盖江湖水量及物质能量交换的通量、长江对鄱阳湖的顶托作用强度;对于洞庭湖而言,江湖关系的表征应包涵江湖水沙交换通量、荆江三口分流分沙、城陵矶出流长江顶托。由于长江中游通江湖泊的水情具强烈的季节性变动特征,江湖关系的表征还应反映年、季、月等多个时间尺度特征。

1.4　研究目标与本书内容安排

1.4.1　研究目标

以长江宜昌至大通江段和鄱阳湖与洞庭湖两个大型通江湖泊为研究对象,通过对长序列水文资料、江湖地形资料分析,阐明近 50 年来长江中游洞庭湖和鄱阳湖江湖关系演变的特征和变化规律,揭示长江中游河道和湖泊变迁与江湖水沙交换时空变化的相互作用机理及自然与人文驱动机制,评估历史重大江湖整治与水资源开发利用工程对江湖关系影响的利弊,为把握江湖关系演变规律和效应提供基础支撑。研究目标如下。

(1) 建立长江和鄱阳湖、洞庭湖江湖水沙交换的统计学关系,揭示江湖水情的相互关系。

(2) 在分析引起江湖关系变化的重要事件的基础上,选择适当的指标体系,揭示自然和人为因素驱动下的江湖关系变化过程与影响机制。

(3) 根据不同时期河道、湖泊地形地貌和泥沙观测资料,结合洲滩沉积物分析,阐明河道、湖泊地貌形态的时空变化规律。

(4) 采用江湖交互区域水文站点水沙观测资料,结合水沙通量观测试验,在系统分析荆江三口及江湖汇流口河势变化的基础上,分析江湖水沙交换的特性及变化过程与变化机理。

(5) 理清不同时期的江湖水系格局,辨识不同时期江湖地形演变和重大整治与利用工程的影响,揭示江湖水沙交换过程和通量的变化规律,阐明近 50 年来江湖关系演变的过程和驱动机制。

本书利用长江中游、通江湖泊江湖水系长序列实测水文和河床、湖盆地形、沉积物等数据,并结合多源遥感数据、历史地图等资料,分析水沙输移规律与洲滩变化特征,揭示地貌演变过程,研究不同时期江湖关系演变的主要驱动机制,深刻揭示洞庭湖和鄱阳湖与长江江湖分流与顶托(倒灌)关系的现状特征和形成机制。

1.4.2 本书内容安排

本书以长江干流宜昌至大通江段和鄱阳湖与洞庭湖两个大型通江湖泊为研究对象(图 1.4),主要聚焦长江中游江湖水系水情变化过程与驱动机制。在分析长江中游干流、洞庭湖和鄱阳湖的水位、流量等水情要素的时空变化特征及江湖水情组合叠加效应的基础上,研究江湖水情长历时的趋势性、周期性、突变性规律;初步揭示近 50 年来降水变化及人类活动对江湖水系水情变化的驱动机制。

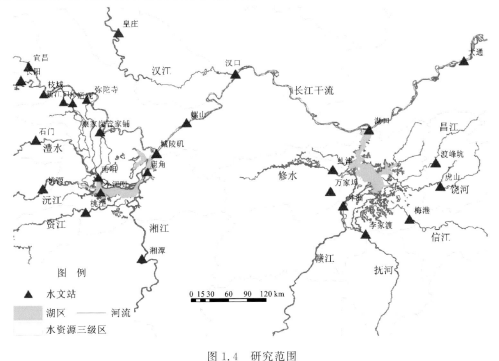

图 1.4 研究范围

主要内容如下。

（1）第 1 章—绪论。介绍本书研究的背景和项目来源、研究内容。综述国内外水情要素时空变化特征、水情长历时变化规律、水情变化驱动机制等方面的研究进展，重点探讨江湖水情长历时变化规律及其驱动机制研究的方法与问题。

（2）第 2 章—长江中游干流水情时空变化特征。以三峡水利枢纽运行时间为分界点，分析长江中游干流主要水文站点不同时期的径流、水位、槽蓄量、水位流量关系的时空变化特征。

（3）第 3 章—长江中游洞庭湖区水情时空变化特征。依据洞庭湖水系的水文观测资料，以三峡水利枢纽运行时间为分界点，分析洞庭湖区的出入湖径流量、湖区水位及水位流量关系的时空变化特征。

（4）第 4 章—长江中游鄱阳湖区水情时空变化特征。依据鄱阳湖水系的水文观测资料，以三峡水利枢纽运行时间为分界点，分析鄱阳湖区的出入湖径流量、湖区水位的时空变化特征。

（5）第 5 章—长江中游江湖水情长历时变化规律。利用长江中游江湖各站长历时径流资料，分析针对长江中游干流、洞庭湖区、鄱阳湖区水情长历时变化的趋势性、突变性及周期性。

（6）第 6 章—长江中游江湖水情叠加效应时空变化特征。通过概念定义、量化表征及相关分析等手段，从江湖洪水遭遇、江对湖的顶托影响、江湖调蓄能力及江湖水量交换特征 4 个方面，研究江湖水情叠加效应的时空变化特征。

（7）第 7 章—长江中游江湖水情变化驱动机制。选取气候变化、水利工程及江湖整治工程为影响要素，采用模型模拟与统计分析相结合的方法，定量评估气象要素和人类活动对江湖水情变化的影响。

第2章 长江中游干流水情时空变化特征

本章根据长江中游干流水文站网布设情况,选取宜昌站、枝城站、沙市站、螺山站、汉口站、大通站1956~2014年长系列资料,以干流上控制性工程——三峡工程运行的2003年为分界点,分析长江中游干流不同时期径流、水位、水位流量关系的时空变化特征。

2.1 径流时空变化特征

2.1.1 年内分配

长江流域的径流主要由降雨形成,虽然长江河源地区有高山融雪、冰川径流补给,但所占比重很少。径流的季节性变化与降雨季节变化基本一致。上游南岸支流乌江5~9月为汛期;北岸支流岷江、沱江、嘉陵江汛期为6~10月,西南地区常常秋雨连绵;长江中下游洞庭湖水系、鄱阳湖水系春汛较早,4月即进入汛期,5~6月梅雨连绵,至7月汛期基本结束;长江干流螺山以下汛期一般是5~10月。

1. 宜昌站

宜昌站年最大日均流量一般分布在6~10月,主要集中出现在7~9月,约占总年数的94.9%;年最小日均流量一般分布在12月~次年4月,最枯三个月为1~3月,约占总年数的93.2%。

从图2.1和图2.2可以看出,较1956~2002年,2003~2014年宜昌站年最大日均流量和年最小日均流量出现时间分布没有发生明显变化,但年最小日均流量有所增大。从

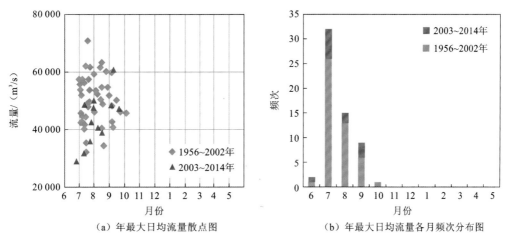

（a）年最大日均流量散点图　　　　（b）年最大日均流量各月频次分布图

图2.1　宜昌站历年最大日均流量散点及各月频次分布图

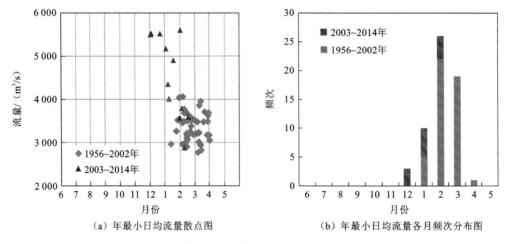

（a）年最小日均流量散点图　　　　　　（b）年最小日均流量各月频次分布图

图 2.2　宜昌站历年最小日均流量散点及各月频次分布图

表 2.1 可以看出，较 1956～2002 年，宜昌站 2003～2014 年 6～11 月各月平均径流量占年径流量的比例均减少，其中 10 月减幅最大，达 3.0%，9 月、8 月分别减少 0.9%、0.6%，6 月、7 月、11 月减少 0.1%～0.2%；1～5 月各月平均径流占年径流量的比例增加了 0.7%～1%，12 月增加了 0.3%；汛期 6～10 月径流量占年径流量的比例减少了 4.6%，枯水期 1～3 月径流量占年径流量的比例增加了 3.0%。2008～2014 年 6～10 月各月平均径流量占年径流量的比例均减少，其中 10 月减幅最大，达 4.0%，9 月减少 1.8%，6～8 月减少 0.1%～0.4%；1～5 月各月平均径流量占年径流量的比例增加了 1%～1.3%，12 月增加了 0.4%，11 月比例不变；汛期 6～10 月径流量占年径流量的比例减少了 6.3%，枯水期 1～3 月径流量占年径流量的比例增加了 3.8%。

2. 枝城站

枝城站年最大日均流量一般分布在 6～10 月，主要集中出现在 7～9 月，约占总年数的 94.9%；年最小日均流量一般分布在 12 月～次年 4 月，最枯三个月为 1～3 月，约占总年数的 93.2%。

从图 2.3 和图 2.4 可以看出，较 1956～2002 年，2003～2014 年枝城站年最大日均流量和年最小日均流量出现时间分布没有发生明显变化，但年最小日均流量有所增大。从表 2.1 可以看出，较 1956～2002 年，枝城站 2003～2014 年 6～11 月各月平均径流量占年径流量的比例均减少，其中 10 月减幅最大，达 2.9%，7 月、8 月、9 月分别减少 0.5%、0.7%、0.9%，6 月、11 月减少 0.2%、0.1%，1～5 月各月平均径流量占年径流量的比例增加 0.7%～1.2%，12 月增加 0.4%，汛期 6～10 月径流量占年径流量的比例减少 5.1%，枯水期 1～3 月径流量占年径流量的比例增加 3.3%；2008～2014 年 6～10 月各月平均径流量占年径流量的比例均减少，其中 10 月减幅最大，达 3.8%，9 月减少 1.8%，6～8 月减少 0.3%～0.6%，1～5 月各月平均径流量占年径流量的比例增加 1.0%～1.5%，11 月、12 月分别增加 0.1%、0.5%，汛期 6～10 月径流量占年径流量的比例减少 7.0%，枯水期 1～3 月径流量占年径流量的比例增加 4.1%。

表 2.1　长江中下游干流主要控制站径流年内分配变化表

站名	时段	多年平均年径流量/(×10⁸ m³)	年径流量各月分配/%												汛期径流量占年比/%	枯水期径流量占年比/%
			1月	2月	3月	4月	5月	6月	7月	8月	9月	10月	11月	12月		
宜昌站	1956~2014 年	4 264	2.8	2.4	2.9	4.1	7.3	10.8	18.4	16.5	14.8	10.5	5.9	3.7	70.9	8.1
	①1956~2002 年	4 329	2.7	2.2	2.7	4.0	7.1	10.9	18.4	16.6	15.0	11.1	5.9	3.6	71.9	7.6
	②2003~2014 年	4 010	3.6	3.2	3.7	4.7	7.9	10.8	18.3	16.0	14.1	8.1	5.7	3.9	67.3	10.5
	③2008~2014	4 063	3.9	3.5	3.9	5.0	8.3	10.5	18.2	16.4	13.2	7.1	5.9	4.0	65.5	11.3
	②-①	-319	0.9	1.0	1.0	0.7	0.8	-0.1	-0.1	-0.6	-0.9	-3.0	-0.2	0.3	-4.5	3.0
	③-①	-266	1.2	1.3	1.2	1.0	1.2	-0.4	-0.2	-0.2	-1.8	-4.0	0.0	0.4	-6.3	3.8
枝城站	1956~2014 年	4 376	2.8	2.4	3.0	4.2	7.4	10.9	18.4	16.3	14.7	10.4	5.8	3.6	70.8	8.2
	①1956~2002 年	4 444	2.6	2.2	2.7	4.1	7.3	11.0	18.5	16.4	14.8	11.0	5.9	3.6	71.6	7.5
	②2003~2014 年	4 110	3.7	3.3	3.9	4.8	8.0	10.8	18.0	15.7	13.9	8.1	5.8	4.0	66.5	10.9
	③2008~2014	4 174	4.1	3.6	4.0	5.1	8.4	10.4	17.9	16.1	13.0	7.2	6.0	4.1	64.7	11.7
	②-①	-334	1.1	1.1	1.2	0.7	0.7	-0.2	-0.5	-0.7	-0.9	-2.9	-0.1	0.4	-5.1	3.3
	③-①	-270	1.5	1.4	1.3	1.0	1.1	-0.6	-0.6	-0.3	-1.8	-3.8	0.1	0.5	-7.0	4.1
沙市站	1956~2014 年	3 905	3.2	2.7	3.3	4.5	7.5	10.7	17.5	15.5	14.2	10.4	6.3	4.1	68.3	9.2
	①1956~2002 年	3 940	3.0	2.4	3.1	4.3	7.4	10.7	17.6	15.6	14.4	11.0	6.3	4.1	69.4	8.5
	②2003~2014 年	3 770	4.1	3.6	4.3	5.2	8.2	10.6	16.8	14.9	13.4	8.3	6.2	4.5	63.9	12.0
	③2008~2014	3 805	4.5	4.0	4.4	5.4	8.5	10.3	16.6	15.3	12.6	7.5	6.3	4.6	62.3	12.9
	②-①	-170	1.1	1.2	1.2	0.9	0.8	-0.1	-0.8	-0.7	-1.0	-2.7	-0.1	0.4	-5.3	3.4
	③-①	-135	1.5	1.6	1.3	1.1	1.1	-0.4	-1.0	-0.3	-1.8	-3.5	0.0	0.5	-7.0	4.3

续表

站名	时段	多年平均年径流量/(×10⁸ m³)	年径流各月分配/%												汛期径流量占年比/%	枯水期径流量占年比/%
			1月	2月	3月	4月	5月	6月	7月	8月	9月	10月	11月	12月		
螺山站	1956~2014年	6313	3.1	3.0	4.3	6.2	9.6	11.6	16.4	14.0	12.4	9.4	6.0	3.9	73.5	10.0
	①1956~2002年	6408	2.9	2.8	4.1	6.2	9.6	11.5	16.6	14.0	12.5	9.9	6.0	3.8	74.2	9.5
	②2003~2014年	5940	3.9	3.7	5.2	6.2	9.7	12.2	15.7	13.9	12.0	7.6	5.8	4.1	71.1	11.7
	③2008~2014年	6024	4.1	3.6	4.9	6.5	9.8	12.0	15.4	14.3	11.6	7.2	6.3	4.3	70.3	12.0
	②-①	-468	1.0	0.9	1.1	0.0	0.1	0.7	-0.9	-0.1	-0.5	-2.3	-0.2	0.3	-3.0	2.1
	③-①	-384	1.2	0.8	0.8	0.3	0.2	0.5	-1.2	0.3	-0.9	-2.7	0.3	0.5	-3.8	2.4
汉口站	1956~2014年	6992	3.3	3.1	4.3	6.1	9.4	11.2	16.1	14.0	12.4	9.7	6.3	4.1	72.8	10.5
	①1956~2002年	7064	3.1	2.9	4.1	6.1	9.4	11.2	16.3	14.0	12.4	10.1	6.3	4.1	73.4	10.1
	②2003~2014年	6708	4.2	3.8	5.3	6.2	9.4	11.6	15.2	13.8	12.1	8.0	6.0	4.4	70.1	12.4
	③2008~2014年	6730	4.3	3.8	5.0	6.6	9.6	11.6	14.9	14.0	11.6	7.6	6.4	4.6	69.3	12.7
	②-①	-356	1.1	0.9	1.2	0.1	0.0	0.4	-1.1	-0.2	-0.3	-2.1	-0.3	0.3	-3.3	2.4
	③-①	-334	1.2	0.9	0.9	0.5	0.2	0.4	-1.4	0.0	-0.8	-2.5	0.1	0.5	-4.2	2.7
大通站	1956~2014年	8807	3.4	3.3	5.0	7.0	10.1	11.7	15.0	13.0	11.4	9.5	6.4	4.3	70.6	11.0
	①1956~2002年	8916	3.2	3.1	4.8	7.0	10.1	11.6	15.2	13.0	11.4	9.7	6.6	4.2	71.1	10.5
	②2003~2014年	8380	4.1	4.0	6.1	6.9	9.9	12.1	14.2	13.0	11.2	8.2	5.8	4.5	68.6	12.6
	③2008~2014年	8545	4.2	3.9	5.9	7.1	10.0	12.2	14.2	13.1	10.7	7.8	6.0	4.8	68.1	12.9
	②-①	-536	0.9	0.9	1.3	-0.1	-0.2	0.5	-1.0	0.0	-0.2	-1.5	-0.8	0.3	-2.5	2.1
	③-①	-371	1.0	0.8	1.1	0.1	-0.1	0.6	-1.0	0.1	-0.7	-1.9	-0.6	0.6	-3.0	2.3

注:宜昌站、枝城站、沙市站汛期为6~10月,枯水期为1~3月;螺山站、汉口站、大通站汛期为5~10月,枯水期为12月~次年2月.本书下同

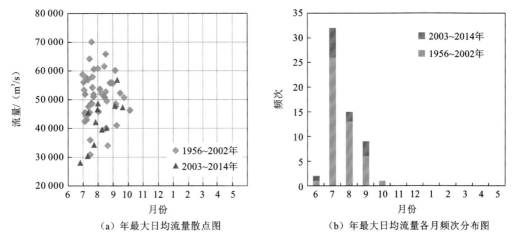

（a）年最大日均流量散点图　　　　（b）年最大日均流量各月频次分布图

图 2.3　枝城站历年最大日均流量散点及各月频次分布图

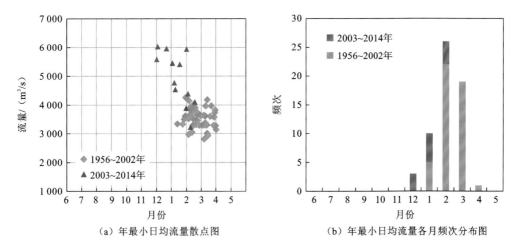

（a）年最小日均流量散点图　　　　（b）年最小日均流量各月频次分布图

图 2.4　枝城站历年最小日均流量散点及各月频次分布图

3. 沙市站

沙市站年最大日均流量一般分布在 6～10 月,主要集中出现在 7 月和 8 月,约占总年数的 78%;年最小日均流量一般分布在 12 月～次年 4 月,最枯三个月为 1～3 月,约占总年数的 89.8%。

从图 2.5 和图 2.6 可以看出,较 1956～2002 年,2003～2014 年沙市站年最大流量和年最小流量出现时间分布没有发生明显变化,但年最小流量有所增大。从表 2.1 可以看出,较 1956～2002 年,沙市站 2003～2014 年 6～11 月各月平均径流量占年径流量的比例均减少,其中 10 月减幅最大,达 2.7%,9 月减少 1.0%,7 月、8 月分别减少 0.8%、0.7%,6 月、11 月均减少 0.1%,1～5 月各月平均径流量占年径流量的比例增加 0.8%～1.2%,12 月增加 0.4%,汛期 6～10 月径流量占年径流量的比例减少 5.3%,枯水期 1～3 月径流量占年径流量的比例增加 3.4%;2008～2014 年 6～10 月各月平均径流量占年径流量

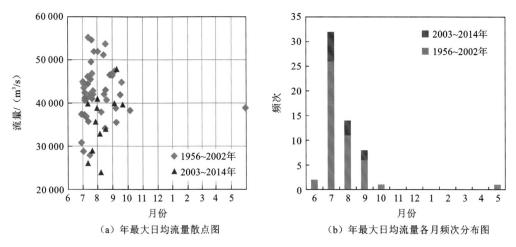

（a）年最大日均流量散点图　　　　　　（b）年最大日均流量各月频次分布图

图 2.5　沙市站历年最大日均流量散点及各月频次分布图

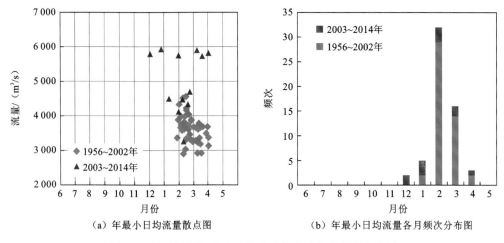

（a）年最小日均流量散点图　　　　　　（b）年最小日均流量各月频次分布图

图 2.6　沙市站历年最小日均流量散点及各月频次分布图

的比例均减少,其中 10 月减幅最大,达 3.5%,9 月减少 1.8%,7 月减少 1%,6 月、8 月分别减少0.4%、0.3%,1~5 月各月平均径流量占年径流量的比例增加 1.1%~1.6%,12 月增加 0.5%,11 月比例不变,汛期 6~10 月径流量占年径流量的比例减少 7%,枯水期 1~3 月径流量占年径流量的比例增加 4.3%。

4. 螺山站

螺山站年最大日均流量一般分布在 5~9 月,主要集中出现在 6~8 月,约占总年数的 89.8%;年最小日均流量一般分布在 12 月~次年 3 月,最枯三个月为 12 月~次年 2 月,约占总年数的 89.8%。

从图 2.7 和图 2.8 可以看出,较 1956~2002 年,2003~2014 年螺山站年日均最大流量和年最小日均流量出现时间分布没有发生明显变化,但年最小日均流量有所增大。

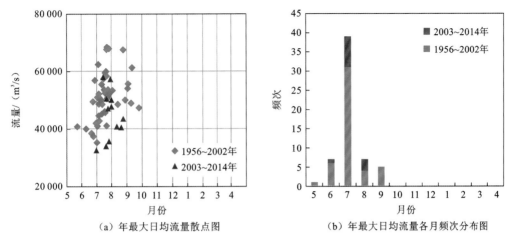

（a）年最大日均流量散点图　　　　　　　（b）年最大日均流量各月频次分布图

图 2.7　螺山站历年最大日均流量散点及各月频次分布图

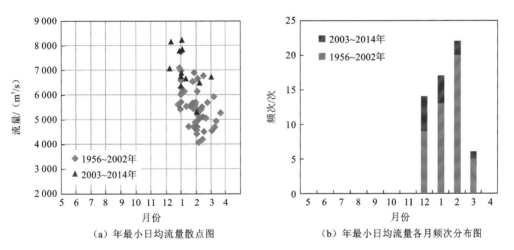

（a）年最小日均流量散点图　　　　　　　（b）年最小日均流量各月频次分布图

图 2.8　螺山站历年最小日均流量散点及各月频次分布图

从表 2.1 可以看出,较 1956～2002 年,螺山站 2003～2014 年 7～11 月各月平均径流量占年径流量的比例均减少,其中 10 月减幅最大,达 2.3%,7 月、9 月分别减少 0.9%、0.5%,8 月、11 月减少 0.1%～0.3%,1～3 月各月平均径流量占年径流量的比例增加0.9%～1.1%,4 月占年比例不变,5 月、12 月增加 0.1%～0.3%,6 月增加 0.7%,汛期5～10 月径流量占年径流量的比例减少 3%,枯水期 12 月～次年 2 月径流量占年径流量的比例增加 2.1%;2008～2014 年 7 月、9 月、10 月平均径流量占年径流量的比例分别减少1.2%、0.9%、2.7%,1～3 月各月平均径流量占年径流量的比例增加 0.8%～1.2%,4～6 月、8 月、11～12 月增加 0.2%～0.5%,汛期 5～10 月径流量占年径流量的比例减少3.8%,枯水期 12 月～次年 2 月径流量占年径流量的比例增加 2.4%。

5. 汉口站

汉口站年最大日均流量一般分布在 6～10 月,主要集中出现在 6～8 月,约占总年数的 89.8%;年最小日均流量一般分布在 12 月~次年 3 月,最枯三个月为 12 月~次年 2 月,约占总年数的 88.1%。

　　从图 2.9 和图 2.10 可以看出,较 1956~2002 年,2003~2014 年汉口站年最大日均流量和年最小日均流量出现时间分布没有发生明显变化,但年最小日均流量有所增大。从表 2.1 可以看出,较 1956~2002 年,汉口站 2003~2014 年 7~11 月各月平均径流量占年径流量的比例均减少,其中 10 月减幅最大,达 2.1%,7 月减少 1.1%,8~9 月、11 月减少 0.2%~0.3%,1~3 月各月平均径流量占年径流量的比例增加 0.9%~1.2%,5 月比例不变,4 月、6 月、12 月分别增加 0.1%、0.4%、0.3%,汛期 5~10 月径流量占年径流量的比例减少 3.3%,枯水期 12 月~次年 2 月径流量占年径流量的比例增加 2.4%;2008~2014 年 7 月、9 月、10 月平均径流量占年径流量的比例分别减少 1.4%、0.8%、2.5%,1~3 月各月

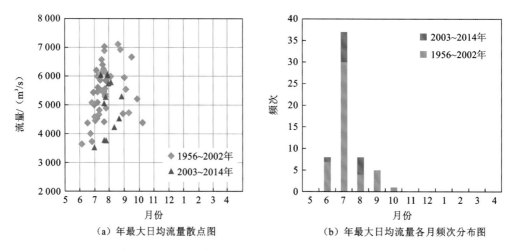

（a）年最大日均流量散点图　　　　　（b）年最大日均流量各月频次分布图

图 2.9　汉口站历年最大日均流量散点及各月频次分布图

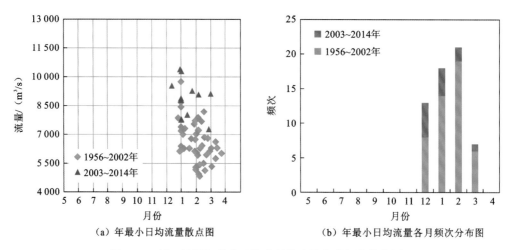

（a）年最小日均流量散点图　　　　　（b）年最小日均流量各月频次分布图

图 2.10　汉口站历年最小日均流量散点及各月频次分布图

平均径流量占年径流量的比例增加 0.9%～1.2%,4～6 月、11～12 月增加 0.1%～ 0.5%,8 月比例不变,汛期 5～10 月径流量占年径流量的比例减少 4.2%,枯水期 12 月～ 次年 2 月径流量占年径流量的比例增加 2.7%。

6. 大通站

大通站年最大日均流量一般分布在 5～9 月,主要集中出现在 6 月和 7 月,约占总年 数的 76.3%;年最小日均流量一般分布在 12 月～次年 3 月,最枯三个月为 12 月～次年 2 月,约占总年数的 96.6%。

从图 2.11 和图 2.12 可以看出,较 1956～2002 年,2003～2014 年大通站年最大日均 流量和年最小日均流量出现时间分布没有发生明显变化。

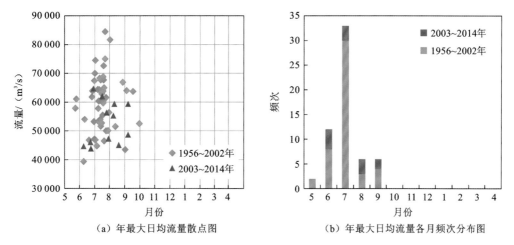

（a）年最大日均流量散点图　　　　　　　（b）年最大日均流量各月频次分布图

图 2.11　大通站历年最大日均流量散点及各月频次分布图

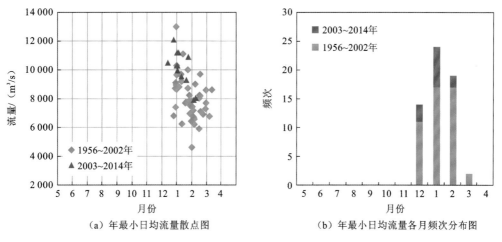

（a）年最小日均流量散点图　　　　　　　（b）年最小日均流量各月频次分布图

图 2.12　大通站历年最小日均流量散点及各月频次分布图

从表 2.1 可以看出,较 1956~2002 年,大通站 2003~2014 年 4~5 月、7 月、9~11 月各月平均径流量占年径流量的比例均减少,其中 10 月减幅最大,达 1.5%,7 月、11 月分别减少 1%、0.8%,4~5 月、9 月减少 0.1%~0.2%,1~3 月各月平均径流量占年径流量的比例增加 0.9%~1.3%,8 月比例不变,6 月、12 月分别增加 0.5%、0.3%,汛期 5~10 月径流量占年径流量的比例减少 2.5%,枯水期 12 月~次年 2 月径流量占年径流量的比例增加 2.1%;2008~2014 年 5 月、9 月、11 月平均径流量占年径流量的比例分别减少 0.1%、0.7%、0.6%,7 月、10 月分别减少 1%、1.9%,1~3 月各月平均径流量占年径流量的比例增加 0.8%~1.1%,4 月、8 月均增加 0.1%,6 月、12 月分别增加 0.6%、0.6%,汛期 5~10 月径流量占年径流量的比例减少 3%,枯水期 12 月~次年 2 月径流量占年径流量的比例增加 2.3%。

2.1.2 年际变化

1. 宜昌站

从表 2.2 和表 2.3 可知,较 1956~2002 年系列,宜昌站年径流量 1956~2014 年系列变差系数 C_v 变化不大,历年最大年径流量均为 $5\,233 \times 10^8\ m^3$(1998 年),最小年径流量由 $3\,474 \times 10^8\ m^3$(1994 年)减少至 $2\,848 \times 10^8\ m^3$(2006 年),相应极值比($W_{最大}/W_{最小}$)由 1.5 增大到 1.8,年径流变差系数和年变幅不大,年径流较稳定;年最小流量 1956~2014 年系列均值由 $3\,350\ m^3/s$ 增大至 $3\,600\ m^3/s$,变差系数 C_v 由 0.097 增大至 0.194,年最小流量最小值均为 $2\,700\ m^3/s$(1979 年 3 月 8 日),最大值由 $4\,060\ m^3/s$(1964 年 2 月 6 日)增大至 $5\,610\ m^3/s$(2014 年 2 月 1 日),相应极值比由 1.5 增大到 2.0,年最小流量年际变化增大。

表 2.2 长江中下游干流主要控制站年径流特征值统计表

站名	时段	均值 /($\times 10^8\ m^3$)	C_v	实测最大值		实测最小值		$W_{最大}/W_{最小}$
				径流量/($\times 10^8\ m^3$)	年份	径流量/($\times 10^8\ m^3$)	年份	
宜昌站	1956~2002 年	4 329	0.098	5 233	1998	3 474	1994	1.5
	1956~2014 年	4 264	0.108	5 233	1998	2 848	2006	1.8
枝城站	1956~2002 年	4 444	0.101	5 363	1998	3 433	1994	1.6
	1956~2014 年	4 376	0.108	5 363	1998	2 928	2006	1.8
沙市站	1956~2002 年	3 939	0.096	4 751	1998	3 206	1972	1.5
	1956~2014 年	3 905	0.099	4 751	1998	2 795	2006	1.7
螺山站	1956~2002 年	6 408	0.099	8 299	1998	5 215	1972	1.6
	1956~2014 年	6 313	0.108	8 299	1998	4 647	2006	1.8
汉口站	1956~2002 年	7 064	0.108	9 068	1998	5 670	1972	1.6
	1956~2014 年	6 992	0.110	9 068	1998	5 341	2006	1.7
大通站	1956~2002 年	8 916	0.127	12 440	1998	6 760	1978	1.8
	1956~2014 年	8 807	0.129	12 440	1998	6 671	2011	1.9

表 2.3　长江中游干流主要控制站年最小日均流量特征值统计表

站名	时段	均值/(m³/s)	C_v	实测最大值		实测最小值		$W_{最大}/W_{最小}$
				流量/(m³/s)	日期	流量/(m³/s)	日期	
宜昌站	1956～2002 年	3 350	0.097	4 060	1964-2-6	2 770	1979-3-8	1.5
	1956～2014 年	3 600	0.194	5 610	2014-2-1	2 770	1979-3-8	2.0
枝城站	1956～2002 年	3 520	0.097	4 260	1990-1-30	2 810	1979-3-8	1.5
	1956～2014 年	3 810	0.201	6 030	2012-12-4	2 810	1979-3-8	2.1
沙市站	1956～2002 年	3 610	0.109	4 560	2000-2-15	2 900	1960-2-10	1.6
	1956～2014 年	3 910	0.200	5 930	2011-12-26	2 900	1960-2-10	2.0
螺山站	1956～2002 年	5 530	0.149	7 730	2001-12-31	4 060	1963-2-5	1.9
	1956～2014 年	5 830	0.175	8 230	2014-1-2	4 060	1963-2-5	2.0
汉口站	1956～2002 年	6 580	0.160	9 750	2001-12-31	4 830	1963-2-7	2.0
	1956～2014 年	7 050	0.197	10 400	2011-12-29	4 830	1963-2-7	2.2
大通站	1956～2002 年	8 110	0.183	13 000	2001-12-30	4 620	1979-1-31	2.8
	1956～2014 年	8 520	0.193	13 000	2001-12-30	4 620	1979-1-31	2.8

宜昌站不同时段径流量及其变化见表 2.4 和图 2.13。较 1956～2002 年,宜昌站 2003～2014 年平均年径流量减少 $319×10^8$ m³,减幅 7.4%;2008～2014 年平均年径流量减少 $266×10^8$ m³,减幅 6.1%;1～5 月、12 月各月平均流量均增加,6～11 月各月平均流量均减少。

表 2.4　宜昌站不同时段径流量及其变化表

时段	类别	年平均值	9 月	10 月	11 月	9～11 月	1～3 月
1956～2014 年	径流量/(×10⁸ m³)	4 264	630.6	447.2	251.1	1 329.0	344.4
① 1956～2002 年	径流量/(×10⁸ m³)	4 329	647.3	478.4	256.5	1 382.0	325.2
② 2003～2014 年	径流量/(×10⁸ m³)	4 010	565.5	325.1	230.1	1 121.0	419.9
③ 2008～2014 年	径流量/(×10⁸ m³)	4 063	535.5	290.3	241.5	1 068.0	459.4
②－①	径流量/(×10⁸ m³)	−319	−81.8	−153.3	−26.0	−261.0	94.7
	百分比/%	−7.4	−12.6	−32.0	−10.3	−18.9	29.1
③－①	径流量/(×10⁸ m³)	−266	−111.5	−188.1	−15.0	−314.0	134.2
	百分比/%	−6.1	−17.2	−39.3	−5.8	−22.7	41.3

较 1956～2002 年,宜昌站 2003～2014 年平均 9～11 月各月径流量分别减少 $81.8×10^8$ m³、$153.3×10^8$ m³、$26×10^8$ m³,减幅分别为 12.6%、32%、10.3%,9～11 月径流量减少 $261.0×10^8$ m³,减幅 18.9%;枯水期 1～3 月增加 $94.7×10^8$ m³,增幅 29.1%。

较 1956～2002 年,宜昌站 2008～2014 年平均 9～11 月各月径流量分别减少 $111.5×10^8$ m³、$188.1×10^8$ m³、$15.0×10^8$ m³,减幅分别为 17.2%、39.3%、5.8%,9～11 月径流量减少 $314.0×10^8$ m³,减幅 22.8%;枯水期 1～3 月增加 $134.2×10^8$ m³,增幅 41.3%。

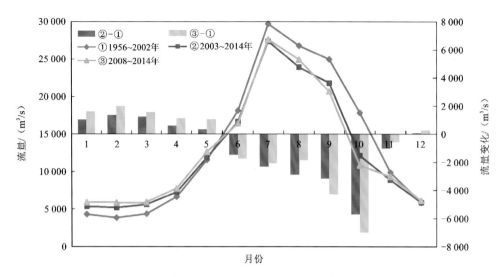

图 2.13　宜昌站不同时段月平均流量及其变化对比

2. 枝城站

从表 2.2 和表 2.3 可知,较 1956～2002 年系列,枝城站年径流量 1956～2014 年系列变差系数 C_v 变化不大,历年最大年径流量均为 $5\,363\times10^8$ m³(1998 年),最小年径流量由 $3\,433\times10^8$ m³(1994 年)减少至 $2\,928\times10^8$ m³(2006 年),相应极值比($W_{最大}/W_{最小}$)由 1.6 增大到 1.8,年径流量变差系数和年变幅不大,年径流较稳定;年最小流量 1956～2014 年系列均值由 $3\,520$ m³/s增大至 $3\,810$ m³/s,变差系数 C_v 由 0.097 增大至 0.201,年最小日均流量最小值为$2\,810$ m³/s(1979 年 3 月 8 日),最大值由 $4\,260$ m³/s(1990 年 1 月 30 日)增大至$6\,030$ m³/s(2012 年 12 月 4 日),相应极值比由 1.5 增大到 2.1,年最小流量年际变化增大。

枝城站不同时段径流量及其变化见表 2.5 和图 2.14。较 1956～2002 年,枝城站 2003～2014 年平均年径流量减少 334×10^8 m³,减幅 7.5%;2008～2014 年平均年径流量减少 270×10^8 m³,减幅 6.1%;1～5 月、12 月各月平均流量均增加,6～11 月各月平均流量均减少。

表 2.5　枝城站不同时段径流量及其变化表

时段	类别	年平均值	9 月	10 月	11 月	9～11 月	1～3 月
1956～2014 年	径流量/($\times10^8$ m³)	4 376	641.3	455.9	255.7	1 353.0	358.4
① 1956～2002 年	径流量/($\times10^8$ m³)	4 444	658.9	487.4	260.4	1 407.0	335.8
② 2003～2014 年	径流量/($\times10^8$ m³)	4 110	572.6	332.4	237.1	1 142.0	447.0
③ 2008～2014 年	径流量/($\times10^8$ m³)	4 174	543.8	300.7	249.8	1 094.0	489.8
②－①	径流量/($\times10^8$ m³)	−334	−86.3	−155.0	−23.3	−265.0	111.2
	百分比/%	−7.5	−13.1	−31.8	−8.9	−18.8	33.1
③－①	径流量/($\times10^8$ m³)	−270	−115.1	−186.7	−10.6	−313.0	154.0
	百分比/%	−6.1	−17.5	−38.3	−4.1	−22.2	45.9

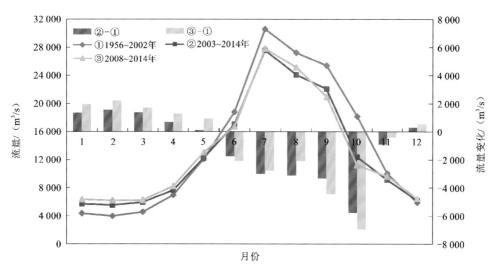

图 2.14　枝城站不同时段月平均流量及其变化对比

较 1956～2002 年,枝城站 2003～2014 年平均 9～11 月各月径流量分别减少 86.3×10⁸ m³、155.0×10⁸ m³、23.3×10⁸ m³,减幅分别为 13.1%、31.8%、8.9%,9～11 月径流量减少 265.0×10⁸ m³,减幅 18.8%;枯水期 1～3 月增加 111.2×10⁸ m³,增幅 33.1%。

较 1956～2002 年,枝城站 2008～2014 年平均 9～11 月各月径流量分别减少 115.1×10⁸ m³、186.7×10⁸ m³、10.6×10⁸ m³,减幅分别为 17.5%、38.3%、4.1%,9～11 月径流量减少 313.0×10⁸ m³,减幅 22.2%;枯水期 1～3 月增加 154.0×10⁸ m³,增幅 45.9%。

3. 沙市站

从表 2.2 和表 2.3 可知,较 1956～2002 年系列,沙市站年径流量 1956～2014 年系列变差系数 C_v 变化不大,历年最大年径流量均为 4 751×10⁸ m³(1998 年),最小年径流量由 3 206×10⁸ m³(1972 年)减少至 2 795×10⁸ m³(2006 年),相应极值比由 1.5 增大到 1.7,年径流量变差系数和年变幅不大,年径流较稳定;年最小流量 1956～2014 年系列均值由 3 610 m³/s 增大至 3 910 m³/s,变差系数 C_v 由 0.109 增大至 0.200,年最小流量最小值均为 2 900 m³/s(1960 年 2 月 10 日),最大值由 4 560 m³/s(2000 年 2 月 15 日)增大至 5 930 m³/s(2011 年 12 月 26 日),相应极值比由 1.6 增大到 2.0,年最小流量年际变化增大。

沙市站不同时段径流量及其变化见表 2.6 和图 2.15。较 1956～2002 年,沙市站 2003～2014 年平均年径流量减少 170×10⁸ m³,减幅 4.3%;2008～2014 年平均年径流量减少 135×10⁸ m³,减幅 3.4%;1～5 月,12 月各月平均流量均增加,6～11 月各月平均流量均减少。

较 1956～2002 年,沙市站 2003～2014 年平均 9～11 月各月径流量分别减少 62.7×10⁸ m³、117.2×10⁸ m³、15.6×10⁸ m³,减幅分别为 11.1%、27.2%、6.3%,9～11 月减少 196.0×10⁸ m³,减幅 15.7%;枯水期 1～3 月增加 115.2×10⁸ m³,增幅 34.1%。

较 1956～2002 年,沙市站 2008～2014 年平均 9～11 月各月径流量分别减少 87.1×10⁸ m³、146.0×10⁸ m³、7.2×10⁸ m³,减幅分别为 15.4%、33.8%、2.9%,9～11 月径流量减少 241.0×10⁸ m³,减幅 19.3%;枯水期 1～3 月增加 151.7×10⁸ m³,增幅 44.9%。

表 2.6 沙市站不同时段径流量及其变化表

时段	类别	年平均值	9 月	10 月	11 月	9～11 月	1～3 月
1956～2014 年	径流量/(×10^8 m^3)	3 905	553.6	407.3	245.2	1 206.0	361.4
① 1956～2002 年	径流量/(×10^8 m^3)	3 940	566.6	431.5	248.4	1 247.0	337.7
② 2003～2014 年	径流量/(×10^8 m^3)	3 770	503.9	314.3	232.8	1 051.0	452.9
③ 2008～2014 年	径流量/(×10^8 m^3)	3 805	479.5	285.5	241.2	1 006.0	489.4
②-①	径流量/(×10^8 m^3)	−170	−62.7	−117.2	−15.6	−196.0	115.2
	百分比/%	−4.3	−11.1	−27.2	−6.3	−15.7	34.1
③-①	径流量/(×10^8 m^3)	−135	−87.1	−146.0	−7.2	−241.0	151.7
	百分比/%	−3.4	−15.4	−33.8	−2.9	−19.3	44.9

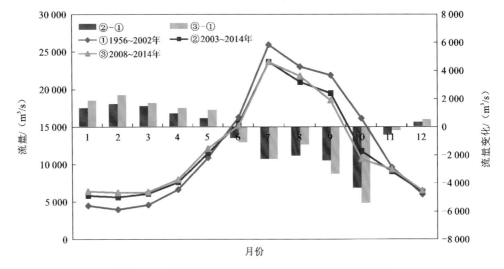

图 2.15 沙市站不同时段月平均流量及其变化对比图

4. 螺山站

从表 2.2 和表 2.3 可知,较 1956～2002 年系列,螺山站年径流量 1956～2014 年系列变差系数 C_v 变化不大,历年最大年径流量均为 8 299×10^8 m^3(1998 年),最小年径流量由 5 215×10^8 m^3(1972 年)减少至 4 647×10^8 m^3(2006 年),相应极值比由 1.6 增大到 1.8,年径流变差系数和年变幅不大,年径流较稳定;年最小流量 1956～2014 年系列均值由 5 530 m^3/s 增大至 5 830 m^3/s,变差系数 C_v 由 0.149 增大至 0.175,年最小流量最小值均为 4 060 m^3/s(1963 年 2 月 5 日),最大值由 7 730 m^3/s(2001 年 12 月 31 日)增大至 8 230 m^3/s(2014 年 1 月 2 日),相应极值比由 1.9 增大到 2.0,年最小流量年际变化增大。

螺山站不同时段径流量及其变化见表 2.7 和图 2.16。较 1956～2002 年,螺山站 2003～2014 年平均年径流量减少 468×10^8 m^3,减幅 7.3%;2008～2014 年平均年径流量减少 384×10^8 m^3,减幅 6%;1～3 月各月平均流量均增加,4～11 月各月平均流量均减少。

表 2.7　螺山站不同时段径流量及其变化表

时段	类别	年平均值	9 月	10 月	11 月	9～11 月	12 月～次年 2 月
1956～2014 年	径流量/($\times 10^8$ m^3)	6 313	780.5	595.6	378.9	1 755	629.6
① 1956～2002 年	径流量/($\times 10^8$ m^3)	6 408	798.0	632.9	387.4	1 818	612.4
② 2003～2014 年	径流量/($\times 10^8$ m^3)	5 940	712.2	449.5	345.7	1 507	695.6
③ 2008～2014 年	径流量/($\times 10^8$ m^3)	6 024	696.9	433.5	378.8	1 509	704.5
②－①	径流量/($\times 10^8$ m^3)	−468	−85.8	−183.4	−41.7	−311	83.2
	百分比/%	−7.3	−10.8	−29.0	−10.8	−17.1	13.6
③－①	径流量/($\times 10^8$ m^3)	−384	−101.1	−199.4	−8.6	−309	92.1
	百分比/%	−6.0	−12.7	−31.5	−2.2	−17.0	15.0

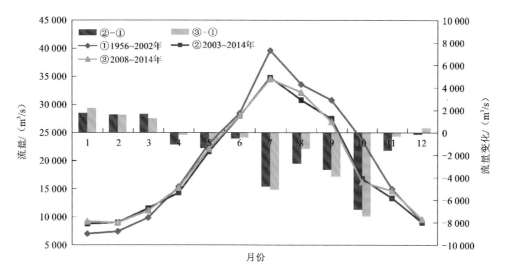

图 2.16　螺山站不同时段月平均流量及其变化对比图

较 1956～2002 年，螺山站 2003～2014 年平均 9～11 月各月径流量分别减少 85.8×10^8 m^3、183.4×10^8 m^3、41.7×10^8 m^3，减幅分别为 10.8%、29%、10.8%，9～11 月径流量减少 311×10^8 m^3，减幅 17.1%；枯水期 12 月～次年 2 月增加 83.2×10^8 m^3，增幅 13.6%。

较 1956～2002 年，螺山站 2008～2014 年平均 9～11 月各月径流量分别减少 101.1×10^8 m^3、199.4×10^8 m^3、8.6×10^8 m^3，减幅分别为 12.7%、31.5%、2.2%，9～11 月径流量减少 309×10^8 m^3，减幅 17%；枯水期 12 月～次年 2 月增加 92.1×10^8 m^3，增幅 15%。

5. 汉口站

从表 2.2 和表 2.3 可知，较 1956～2002 年系列，汉口站年径流量 1956～2014 年系列变差系数 C_v 变化不大，历年最大年径流量均为 9 068×10^8 m^3(1998 年)，最小年径流量由 5 670×10^8 m^3(1972 年)减少至 5 341×10^8 m^3(2006 年)，相应极值比由 1.6 增大到 1.7，年径流量变差系数和年变幅不大，年径流量较稳定；年最小流量 1956～2014 年系列均值由 6 580 m^3/s 增大至 7 050 m^3/s，变差系数 C_v 由 0.160 增大至 0.197，年最小流量最小值均为

4 830 m³/s(1963 年 2 月 7 日),最大值由 9 750 m³/s(2001 年 12 月 31 日)增大至 10 400 m³/s(2011 年 12 月 29 日),相应极值比由 2.0 增大到 2.2,年最小流量年际变化增大。

汉口站不同时段径流量及其变化见表 2.8 和图 2.17。较 1956～2002 年,汉口站 2003～2014 年平均年径流量减少 356×10⁸ m³,减幅 5%;2008～2014 年平均年径流量减少 334×10⁸ m³,减幅 4.7%;1～3 月、12 月各月平均流量均增加,5～11 月各月平均流量均减少。

表 2.8　汉口站不同时段径流量及其变化表

时段		类别	年平均值	9 月	10 月	11 月	9～11 月	12 月～次年 2 月
1956～2014 年		径流量/(×10⁸ m³)	6 992	865.0	680.0	438.0	1 983	734.6
① 1956～2002 年		径流量/(×10⁸ m³)	7 064	878.9	716.9	446.7	2 042	709.8
② 2003～2014 年		径流量/(×10⁸ m³)	6 708	810.4	535.2	403.9	1 750	829.9
③ 2008～2014 年		径流量/(×10⁸ m³)	6 730	783.5	508.9	434.0	1 726	838.2
②－①	径流量(×10⁸ m³)		−356	−68.5	−181.7	−42.8	−292	120.1
	百分比/%		−5.0	−7.8	−25.3	−9.6	−14.3	16.9
③－①	径流量/(×10⁸ m³)		−334	−95.4	−208.0	−12.7	−316	128.4
	百分比/%		−4.7	−10.9	−29.0	−2.8	−15.5	18.1

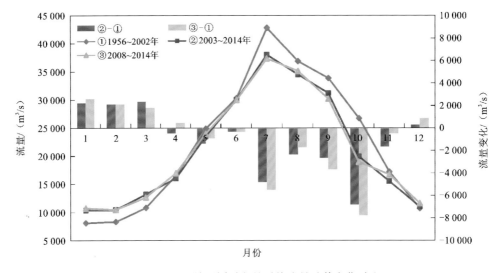

图 2.17　汉口站不同时段月平均流量及其变化对比

较 1956～2002 年,汉口站 2003～2014 年平均 9～11 月各月径流量分别减少 68×10⁸ m³、181.7×10⁸ m³、42.8×10⁸ m³,减幅分别为 7.8%、25.3%、9.6%,9～11 月径流量减少 292×10⁸ m³,减幅 14.3%;枯水期 12 月～次年 2 月增加 120.1×10⁸ m³,增幅 16.9%。

较 1956～2002 年,汉口站 2008～2014 年平均 9～11 月各月径流量分别减少 95.4×10⁸ m³、208.0×10⁸ m³、12.7×10⁸ m³,减幅分别为 10.9%、29%、2.8%,9～11 月径流量减少

316×10^8 m³,减幅 15.5%;枯水期 12 月～次年 2 月增加 128.4$\times10^8$ m³,增幅 18.1%。

6. 大通站

从表 2.2 和表 2.3 可知,较 1956～2002 年系列,大通站年径流量 1956～2014 年系列变差系数 C_v 变化不大,历年最大年径流量均为 12 440$\times10^8$ m³(1998 年),最小年径流量由 6 760$\times10^8$ m³(1978 年)减少至 6 671$\times10^8$ m³(2011 年),相应极值比由 1.8 增大到 1.9,年径流量变差系数和年变幅不大,年径流量较稳定;年最小流量 1956～2014 年系列均值由 8 110 m³/s 增大至 8 520 m³/s,变差系数 C_v 由 0.183 增大至 0.193,年最小流量最小值均为 4 620 m³/s(1979 年 1 月 31 日),最大值均为 13 000 m³/s(2001 年 12 月 30 日),极值比为 2.8,年最小流量年际变化较大。

大通站不同时段径流量及其变化见表 2.9 和图 2.18。较 1956～2002 年,大通站 2003～2014 年平均年径流量减少 536$\times10^8$ m³,减幅 6%;2008～2014 年平均年径流量减少 371$\times10^8$ m³,减幅 4.2%;1～3 月、12 月各月平均流量均增加,4～5 月、7～11 月各月平均流量均减少。

表 2.9　大通站不同时段径流量及其变化表

时段	类别	年平均值	9 月	10 月	11 月	9～11 月	12 月～次年 2 月
1956～2014 年	径流量/($\times10^8$ m³)	8 807	1 000.2	832.4	564.5	2 397	969.7
① 1956～2002 年	径流量/($\times10^8$ m³)	8 916	1 016.0	869.3	584.7	2 470	945.0
② 2003～2014 年	径流量/($\times10^8$ m³)	8 380	938.5	688.1	485.1	2 112	1 064.5
③ 2008～2014 年	径流量/($\times10^8$ m³)	8 545	917.9	668.8	514.7	2 101	1 075.7
②－①	径流量/($\times10^8$ m³)	−536	−77.5	−181.2	−99.6	−358	119.5
	百分比/%	−6.0	−7.6	−20.8	−17.0	−14.5	12.6
③－①	径流量/($\times10^8$ m³)	−371	−98.1	−200.5	−70.0	−369	130.7
	百分比/%	−4.2	−9.7	−23.1	−12.0	−14.9	13.8

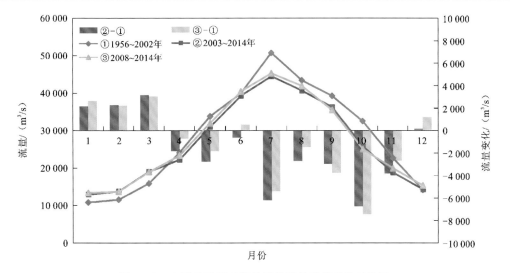

图 2.18　大通站不同时段月平均流量及其变化对比图

较 1956～2002 年,大通站 2003～2014 年平均 9～11 月各月径流量分别减少 77.5×10^8 m³、181.2×10^8 m³、99.6×10^8 m³,减幅分别为 7.6%、20.8%、17%,9～11 月径流量减少 358×10^8 m³,减幅 14.5%;枯水期 12 月～次年 2 月增加 119.5×10^8 m³,增幅 12.6%。

较 1956～2002 年,大通站 2008～2014 年平均 9～11 月各月径流量分别减少 98.1×10^8 m³、200.5×10^8 m³、70.0×10^8 m³,减幅分别为 9.7%、23.1%、12%,9～11 月径流量减少 369×10^8 m³,减幅 14.9%;枯水期 12 月～次年 2 月增加 130.7×10^8 m³,增幅 13.8%。

2.2 水位变化特征

本节如无特别说明,水位高程基准均为水文站冻结基面。

2.2.1 宜昌站

宜昌站 1956～2014 年多年平均水位 43.47 m,历年最高水位 55.38 m(1981 年 7 月 19 日),历年最低水位 38.07 m(2003 年 2 月 19 日),极值比 1.5(表 2.10)。宜昌站年最高水位主要集中出现在 7 月和 8 月,约占 78%,年最低水位主要集中出现在 2 月和 3 月,约占 78%。

从图 2.19、图 2.20 和表 2.10 可以看出,较 1956～2002 年,宜昌站 2003～2014 年年最高水位、年最低水位出现时间分布并没有发生明显变化,12 月～次年 4 月最低水位有所升高。宜昌站不同时段月特征水位变化情况见表 2.10 和图 2.21、图 2.22,较 1956～2002 年,宜昌站 2003～2014 年、2008～2014 年多年平均水位分别降低 1.26 m、1.31 m,各月多年平均水位均降低,其中 10 月降幅最大,分别降低 3.31 m、4.10 m,9 月和 11 月也分别降低 1.79 m、2.26 m 和 1.87 m、1.89 m,1～3 月降幅均在 0.5 m 以内。

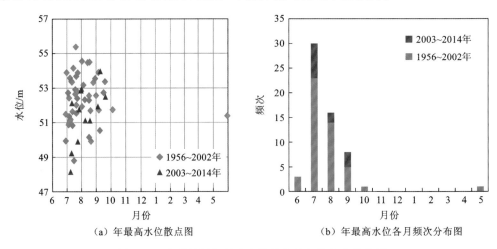

(a)年最高水位散点图 　　　　　(b)年最高水位各月频次分布图

图 2.19　宜昌站历年最高水位散点及各月频次分布图

表 2.10　宜昌站年月特征水位变化表

时段	类别	1月	2月	3月	4月	5月	6月	7月	8月	9月	10月	11月	12月	年
1956~2014年	平均值/m	39.72	39.44	39.76	41.04	43.39	45.56	48.58	47.89	47.43	45.28	42.63	40.61	43.47
	最高值/m	41.23	41.08	43.39	46.60	51.39	53.89	55.38	54.55	53.98	52.09	48.36	44.79	55.38
	日期	1957-1-1	2009-2-20	1959-3-1	1961-4-1	1963-5-1	1956-6-1	1981-7-19	1982-8-1	2004-9-9	1964-10-1	2008-11-7	1967-12-1	1981-7-19
	最低值/m	38.46	38.07	38.31	38.55	39.21	38.78	42.44	40.40	40.94	39.62	39.20	38.71	38.07
	日期	1993-1-29	2003-2-9	1987-3-15	2003-4-1	1998-5-1	2003-6-6	2013-7-1	2006-8-22	2006-9-28	2008-10-23	2007-11-30	2006-12-27	2003-2-9
① 1956~2002年	平均值/m	39.81	39.49	39.82	41.22	43.61	45.86	48.78	48.18	47.80	45.95	43.01	40.86	43.72
	最高值/m	41.23	40.86	43.39	46.60	51.39	53.89	55.38	54.55	53.90	52.09	47.58	44.79	55.38
	日期	1957-1-1	1993-2-23	1959-3-1	1961-4-1	1963-5-1	1956-6-1	1981-7-19	1982-8-1	1966-9-5	1964-10-1	1996-11-8	1967-12-1	1981-7-19
	最低值/m	38.46	38.30	38.31	38.76	39.21	40.17	42.46	41.40	41.74	41.36	39.40	38.80	38.30
	日期	1993-1-29	1998-2-14	1987-3-15	1998-4-1	1998-5-1	1969-6-8	2001-7-28	1994-8-24	1997-9-17	1996-10-31	1997-11-30	1992-12-29	1998-2-14
② 2003~2014年	平均值/m	39.36	39.25	39.50	40.35	42.53	44.39	47.76	46.74	46.01	42.64	41.14	39.64	42.46
	最高值/m	40.92	41.08	41.71	44.55	46.91	51.10	52.97	52.27	53.98	49.43	48.36	42.31	53.98
	日期	2012-1-16	2009-2-20	2006-3-17	2008-4-29	2012-5-31	2007-6-20	2007-7-31	2007-8-1	2004-9-9	2005-10-6	2008-11-7	2004-12-1	2004-9-9
	最低值/m	38.52	38.07	38.45	38.55	39.36	38.78	42.44	40.40	40.94	39.62	39.20	38.71	38.07
	日期	2004-1-31	2003-2-9	2003-3-2	2003-4-1	2013-5-4	2003-6-6	2013-7-1	2006-8-22	2006-9-28	2008-10-23	2007-11-30	2006-12-27	2003-2-9
③ 2008~2014年	平均值/m	39.54	39.49	39.54	40.43	42.65	44.14	47.75	46.99	45.54	41.85	41.12	39.61	42.41
	最高值/m	40.92	41.08	40.98	44.55	46.91	48.07	52.87	51.52	52.51	46.73	48.36	41.45	52.87
	日期	2012-1-16	2009-2-20	2011-3-31	2008-4-29	2012-5-31	2011-6-26	2012-7-30	2012-8-1	2014-9-20	2014-10-1	2008-11-7	2014-12-5	2012-7-30
	最低值/m	38.86	38.86	38.90	39.22	39.36	41.30	42.44	41.84	41.18	39.62	39.22	39.17	38.86
	日期	2008-1-7	2008-2-3	2008-3-5	2010-4-5	2013-5-4	2011-6-12	2013-7-1	2011-8-31	2011-9-30	2008-10-23	2013-11-11	2008-12-23	2008-1-7
②-①	平均值/m	-0.45	-0.24	-0.32	-0.87	-1.08	-1.47	-1.02	-1.44	-1.79	-3.31	-1.87	-1.22	-1.26
③-①	平均值/m	-0.27	0.00	-0.28	-0.79	-0.96	-1.72	-1.03	-1.19	-2.26	-4.10	-1.89	-1.25	-1.31

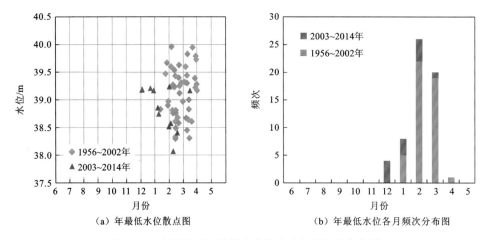

（a）年最低水位散点图　　　　　　　（b）年最低水位各月频次分布图

图 2.20　宜昌站历年最低水位散点及各月频次分布图

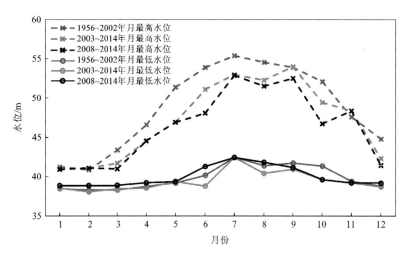

图 2.21　宜昌站不同时段月极值水位变化图

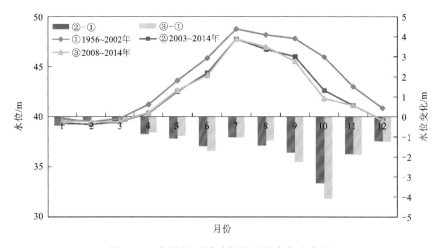

图 2.22　宜昌站不同时段月平均水位变化图

2.2.2　枝城站

枝城站 1956～2014 年多年平均水位 40.96 m,历年最高水位 50.74 m(1981 年 7 月 19 日),历年最低水位 36.82 m(2003 年 2 月 9 日),极值比 1.4(表 2.11)。枝城站年最高水位主要集中出现在 7 月和 8 月,约占 78%,年最低水位主要集中出现在 2 月和 3 月,约占 79.6%。

从图 2.23、图 2.24 和表 2.11 可以看出,较 1956～2002 年,枝城站 2003～2014 年年最高水位、年最低水位出现时间分布整体上没有发生明显变化,但 12 月出现年最低水位频次有所增加,12 月～次年 4 月最低水位有所升高。枝城站不同时段月特征水位变化情况见表 2.11 和图 2.25、图 2.26,较 1956～2002 年,枝城站 2003～2014 年、2008～2014 年多年平均水位分别降低 0.94 m、1.01 m,4～12 月各月多年平均水位均降低,其中 10 月降幅最大,分别降低 2.63 m、3.29 m,9 月和 11 月也分别降低 1.55 m、1.97 m 和 1.31 m、1.36 m,1 月、3 月变幅均在 ±0.1 m 以内,2 月分别升高 0.08 m 和 0.26 m。

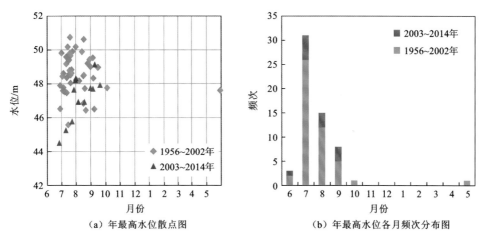

（a）年最高水位散点图　　　　　　（b）年最高水位各月频次分布图

图 2.23　枝城站历年最高水位散点及各月频次分布图

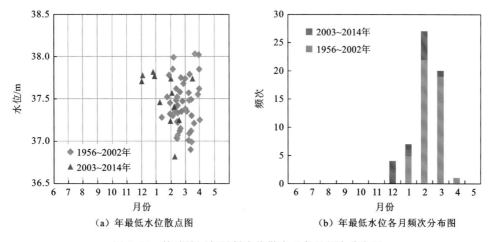

（a）年最低水位散点图　　　　　　（b）年最低水位各月频次分布图

图 2.24　枝城站历年最低水位散点及各月频次分布图

表 2.11 枝城站年月特征水位变化表

时段	类别	1月	2月	3月	4月	5月	6月	7月	8月	9月	10月	11月	12月	年
1956~2014年 ①	平均值/m	37.92	37.71	37.97	38.96	40.80	42.60	45.26	44.64	44.20	42.37	40.21	38.61	40.96
	最高值/m	39.17	39.04	40.82	43.21	47.60	49.79	50.74	50.62	49.65	47.76	44.72	41.92	50.74
	日期	1966-1-1	2009-2-23	1959-3-1	1968-4-26	1963-5-1	1956-6-1	1981-7-19	1998-8-17	1998-9-1	1964-10-1	2008-11-7	1967-12-1	1981-7-19
	最低值/m	37.16	36.82	36.90	37.06	37.71	37.55	39.96	38.63	38.98	38.14	37.74	37.33	36.82
	日期	1993-1-31	2003-2-9	1999-3-13	1999-4-1	1988-5-5	2003-6-10	2001-7-28	2006-8-22	2006-9-28	2008-10-23	2013-11-11	1992-12-29	2003-2-9
1956~2002年 ②	平均值/m	37.93	37.70	37.97	39.06	40.97	42.85	45.49	44.92	44.52	42.91	40.48	38.74	41.15
	最高值/m	39.17	38.90	40.82	43.21	47.60	49.79	50.74	50.62	49.65	47.76	44.62	41.92	50.74
	日期	1966-1-1	1993-2-23	1959-3-1	1968-4-26	1963-5-1	1956-6-1	1981-7-19	1998-8-17	1998-9-1	1964-10-1	1996-11-9	1967-12-1	1981-7-19
	最低值/m	37.16	37.03	36.90	37.06	37.71	38.35	39.96	39.27	39.74	39.35	37.90	37.33	36.90
	日期	1993-1-31	1993-2-14	1999-3-13	1999-4-1	1988-5-5	1969-6-8	2001-7-28	1994-8-24	1997-9-17	1996-10-31	1997-11-27	1992-12-29	1999-3-13
2003~2014年 ③	平均值/m	37.87	37.78	37.95	38.56	40.16	41.65	44.38	43.55	42.97	40.28	39.17	38.08	40.21
	最高值/m	38.76	39.04	39.56	41.77	43.44	46.82	48.33	47.95	49.15	45.49	44.72	40.08	49.15
	日期	2011-1-24	2009-2-23	2006-3-17	2008-4-29	2012-5-31	2007-6-22	2007-7-31	2007-8-1	2004-9-9	2005-10-6	2008-11-7	2004-12-1	2004-9-9
	最低值/m	37.24	36.82	37.11	37.26	37.88	37.55	40.20	38.63	38.98	38.14	37.74	37.44	36.82
	日期	2004-1-31	2003-2-9	2003-3-1	2003-4-1	2013-5-4	2003-6-10	2013-7-1	2006-8-22	2006-9-28	2008-10-23	2013-11-11	2006-12-27	2003-2-9
2008~2014年	平均值/m	38.00	37.96	37.98	38.62	40.22	41.42	44.34	43.72	42.55	39.62	39.12	38.04	40.14
	最高值/m	38.76	39.04	38.90	41.77	43.44	44.51	48.21	47.80	47.93	43.56	44.72	39.25	48.21
	日期	2011-1-24	2009-2-23	2011-3-31	2008-4-29	2012-5-31	2011-6-26	2012-7-30	2012-8-1	2014-9-20	2014-10-1	2008-11-7	2008-12-1	2012-7-30
	最低值/m	37.59	37.57	37.60	37.78	37.88	39.30	40.20	39.66	39.13	38.14	37.74	37.71	37.57
	日期	2008-1-7	2008-2-3	2008-3-1	2014-4-2	2013-5-4	2011-6-12	2013-7-1	2011-8-31	2011-9-30	2008-10-23	2013-11-11	2013-12-2	2008-2-3
②-①	平均值 m	-0.06	0.08	-0.02	-0.50	-0.81	-1.20	-1.11	-1.37	-1.55	-2.63	-1.31	-0.66	-0.94
③-①	平均值 m	0.07	0.26	0.01	-0.44	-0.75	-1.43	-1.15	-1.20	-1.97	-3.29	-1.36	-0.70	-1.01

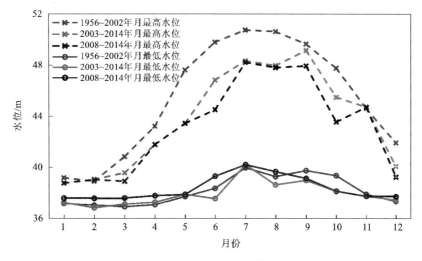

图 2.25　枝城站不同时段月极值水位变化图

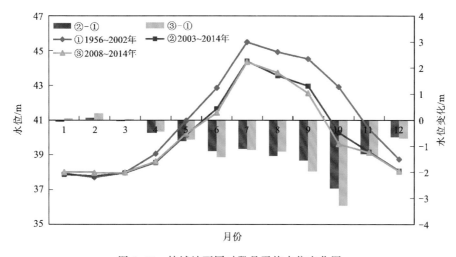

图 2.26　枝城站不同时段月平均水位变化图

2.2.3　沙市站

沙市站 1956～2014 年多年平均水位 35.82 m,历年最高水位 45.22 m(1998 年 8 月 17 日),历年最低水位 30.02 m(2003 年 2 月 10 日),极值比 1.5(表 2.12)。沙市站年最高水位主要集中出现在 7 月和 8 月,约占 78%,年最低水位主要集中出现在 2 月和 3 月,约占 81.4%。

从图 2.27、图 2.28 和表 2.12 可以看出,较 1956～2002 年,沙市站 2003～2014 年年最高水位、年最低水位出现时间分布并没有发生明显变化,12 月～次年 4 月最低水位有所升高。沙市站不同时段年月特征水位变化情况见表 2.12 和图 2.29、图 2.30,较 1956～2002 年,沙市站 2003～2014 年、2008～2014 年多年平均水位分别降低 1.59 m、1.69 m,各月多年平均水位均降低达 1 m 以上,其中 10 月降幅最大,分别降低 3.00 m、3.73 m,9 月和 11 月也分别降低 1.47 m、1.83 m 和 2.17 m、2.30 m,1～3 月变幅均在 1～1.5 m。

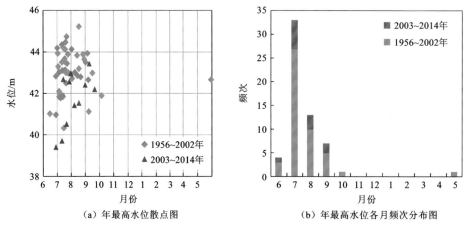

图 2.27　沙市站历年最高水位散点及各月频次分布图

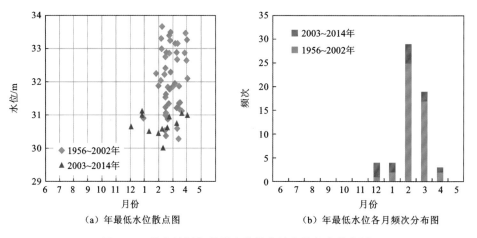

图 2.28　沙市站历年最低水位散点及各月频次分布图

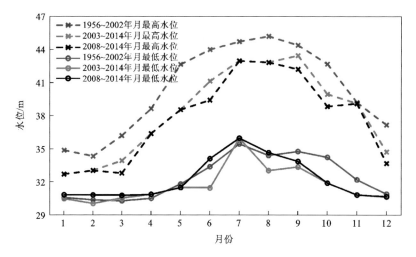

图 2.29　沙市站不同时段月极值水位变化图

表 2.12　沙市站年月特征水位变化表

时段	类别	1月	2月	3月	4月	5月	6月	7月	8月	9月	10月	11月	12月	年
1956~2014 年	平均值/m	32.49	32.16	32.51	33.77	35.94	37.77	40.27	39.67	39.15	37.32	35.17	33.34	35.82
	最高值/m	34.88	34.34	36.20	38.66	42.66	44.00	44.74	45.22	44.41	42.69	39.22	37.17	45.22
	日期	1966-1-1	1967-2-25	1968-3-29	1961-4-1	1963-5-1	1956-6-1	1999-7-21	1998-8-17	1998-9-1	1964-10-1	1964-11-1	1967-12-1	1998-8-17
	最低值/m	30.46	30.02	30.28	30.51	31.47	31.42	35.45	33.02	33.35	31.90	30.81	30.62	30.02
	日期	2004-1-31	2003-2-10	1999-3-14	1999-4-1	2013-5-5	2003-6-10	2001-7-29	2006-8-22	2006-9-28	2013-10-23	2013-11-11	2006-12-28	2003-2-10
1956~2002 年 ①	平均值/m	32.77	32.41	32.77	34.09	36.21	38.04	40.48	39.93	39.45	37.93	35.61	33.75	36.14
	最高值/m	34.88	34.34	36.20	38.66	42.66	44.00	44.74	45.22	44.41	42.69	39.22	37.17	45.22
	日期	1966-1-1	1967-2-25	1968-3-29	1961-4-1	1963-5-1	1956-6-1	1999-7-21	1998-8-17	1998-9-1	1964-10-1	1964-11-1	1967-12-1	1998-8-17
	最低值/m	30.58	30.37	30.52	30.51	31.82	33.39	35.45	34.40	34.77	34.25	32.21	30.90	30.28
	日期	1993-1-31	1993-2-16	1999-3-14	1999-4-1	1998-5-1	1993-6-4	2001-7-29	1994-8-25	1997-9-19	1996-10-31	1992-11-28	1992-12-30	1999-3-14
2003~2014 年 ②	平均值/m	31.37	31.17	31.52	32.52	34.90	36.71	39.44	38.66	37.98	34.93	33.44	31.73	34.55
	最高值/m	32.70	33.03	33.92	36.37	38.55	41.13	42.97	42.83	43.44	39.95	39.11	34.71	43.44
	日期	2011-1-25	2009-2-24	2006-3-18	2008-4-29	2012-5-31	2007-6-23	2007-7-31	2012-8-1	2004-9-9	2005-10-7	2008-11-8	2004-12-1	2004-9-9
	最低值/m	30.46	30.02	30.52	30.85	31.47	31.42	35.94	33.02	33.35	31.90	30.81	30.62	30.02
	日期	2004-1-31	2003-2-10	2003-3-3	2014-4-2	2013-5-5	2003-6-10	2006-7-31	2006-8-22	2006-9-28	2013-10-23	2013-11-11	2006-12-28	2003-2-10
2008~2014 年 ③	平均值/m	31.48	31.37	31.43	32.50	34.94	36.58	39.41	38.89	37.62	34.20	33.31	31.54	34.45
	最高值/m	32.70	33.03	32.79	36.37	38.55	39.42	42.97	42.83	42.21	38.85	39.11	33.68	42.97
	日期	2011-1-25	2009-2-24	2011-3-31	2008-4-29	2012-5-31	2011-6-28	2012-7-30	2012-8-1	2014-9-21	2014-10-1	2008-11-8	2008-12-2	2012-7-30
	最低值/m	30.81	30.80	30.76	30.85	31.47	34.10	35.96	34.65	33.86	31.90	30.81	30.66	30.66
	日期	2014-1-30	2014-2-1	2014-3-10	2014-4-2	2013-5-5	2011-6-13	2013-7-1	2011-8-29	2011-9-11	2013-10-23	2013-11-11	2013-12-3	2013-12-3
②-①	平均值/m	-1.40	-1.24	-1.25	-1.57	-1.31	-1.33	-1.04	-1.27	-1.47	-3.00	-2.17	-2.02	-1.59
③-①	平均值/m	-1.29	-1.04	-1.34	-1.59	-1.27	-1.46	-1.07	-1.04	-1.83	-3.73	-2.30	-2.21	-1.69

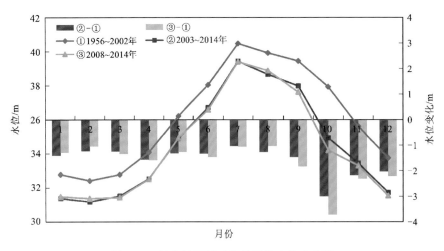

图 2.30　沙市站不同时段月平均水位变化图

2.2.4　螺山站

螺山站 1956～2014 年多年平均水位 23.65 m,历年最高水位 34.95 m(1998 年 8 月 20 日),历年最低水位 15.56 m(1960 年 2 月 16 日),极值比 2.2(表 2.13)。螺山站年最高水位主要集中出现在 7 月和 8 月,约占 78%,年最低水位主要集中出现在 12 月～次年 2 月,约占 86.4%。

从图 2.31、图 2.32 和表 2.13 可以看出,较 1956～2002 年,螺山站 2003～2014 年年最高水位、年最低水位出现时间分布并没有发生明显变化,各月最低水位均有所升高,除 2 月和 11 月外的各月最高水位均有所降低。螺山站不同时段年月特征水位变化情况见表 2.13 和图 2.33、图 2.34,较 1956～2002 年,螺山站 2003～2014 年、2008～2014 年多年平均水位分别升高 0.13 m、0.14 m,1～6 月、12 月各月多年平均水位均升高,其中 1～3 月升高幅度在 1～1.5 m,12 月、4～6 月升高幅度在 0.5 m 以内;7 月、9～11 月各月多年平均水位均降低,其中 7 月、9 月、11 月降幅在 0.7 m 以内,10 月降幅分别达 1.83 m、2.18 m。

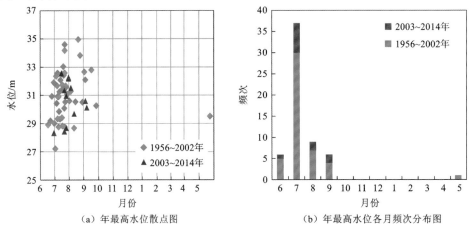

（a）年最高水位散点图　　　　　（b）年最高水位各月频次分布图

图 2.31　螺山站历年最高水位散点及各月频次分布图

表 2.13 螺山站年月特征水位变化表

时段	类别	1月	2月	3月	4月	5月	6月	7月	8月	9月	10月	11月	12月	年
1956~2014年 ①	平均值/m	18.81	18.85	20.04	22.18	24.91	26.59	29.10	28.08	27.22	25.15	22.55	20.00	23.65
	最高值/m	23.80	23.65	26.42	26.73	30.29	32.58	34.60	34.95	34.30	30.46	28.42	25.10	34.95
	日期	1998-1-20	2005-2-21	1992-3-30	1961-4-1	2002-5-18	1998-6-30	1999-7-22	1998-8-20	1998-9-1	1964-10-1	2008-11-12	1982-12-4	1998-8-20
	最低值/m	15.70	15.56	16.19	17.11	19.23	20.68	23.14	20.86	20.67	19.47	18.36	16.51	15.56
	日期	1961-1-1	1960-2-1	1960-3-1	1963-4-1	1959-5-1	1969-6-11	1963-7-1	1972-8-29	1959-9-1	1959-10-1	1957-11-1	1956-12-1	1960-2-16
1956~2002年 ②	平均值/m	18.54	18.58	19.75	22.13	24.90	26.50	29.18	28.10	27.30	25.52	22.68	19.95	23.62
	最高值/m	23.80	23.61	26.42	26.73	30.29	32.58	34.60	34.95	34.30	30.46	28.00	25.10	34.95
	日期	1998-1-20	1990-2-27	1992-3-30	1961-4-1	2002-5-18	1998-6-30	1999-7-22	1998-8-20	1998-9-1	1964-10-1	2000-11-1	1982-12-4	1998-8-20
	最低值/m	15.70	15.56	16.19	17.11	19.23	20.68	23.14	20.86	20.67	19.47	18.36	16.51	15.56
	日期	1961-1-1	1960-2-1	1960-3-1	1963-4-1	1959-5-1	1969-6-11	1963-7-1	1972-8-29	1959-9-1	1959-10-1	1957-11-1	1956-12-1	1960-2-16
2003~2014年 ③	平均值/m	19.86	19.89	21.20	22.36	24.93	26.95	28.76	27.97	26.92	23.69	22.02	20.16	23.75
	最高值/m	22.09	23.65	23.67	26.11	28.73	30.52	32.57	32.17	30.60	28.40	28.42	23.71	32.57
	日期	2003-1-1	2005-2-21	2009-3-9	2010-4-26	2003-5-22	2010-6-28	2003-7-15	2012-8-1	2005-9-4	2014-10-1	2008-11-12	2008-12-1	2003-7-15
	最低值/m	18.33	18.18	18.84	19.92	20.29	22.34	25.48	22.01	20.97	19.96	19.27	18.85	18.18
	日期	2004-1-31	2004-2-3	2004-3-1	2010-4-1	2011-5-3	2011-6-1	2011-7-31	2006-8-23	2006-9-30	2013-10-30	2009-11-28	2006-12-30	2004-2-3
2008~2014年	平均值/m	19.93	19.82	20.89	22.61	25.02	27.00	28.73	28.27	26.72	23.34	22.30	20.30	23.76
	最高值/m	21.80	21.18	23.67	26.11	28.48	30.52	32.28	32.17	30.13	28.40	28.42	23.71	32.28
	日期	2013-1-2	2011-2-1	2009-3-9	2010-4-26	2012-5-31	2010-6-28	2010-7-30	2012-8-1	2008-9-7	2014-10-1	2008-11-12	2008-12-1	2010-7-30
	最低值/m	18.91	18.93	18.90	19.92	20.29	22.34	25.48	23.29	21.76	19.96	19.27	19.13	18.90
	日期	2008-1-10	2008-2-3	2010-3-2	2010-4-1	2011-5-3	2011-6-1	2011-7-31	2011-8-31	2011-9-15	2013-10-30	2009-11-28	2013-12-12	2010-3-2
②-①	平均值/m	1.32	1.31	1.45	0.23	0.03	0.45	-0.42	-0.13	-0.38	-1.83	-0.66	0.21	0.13
③-①	平均值/m	1.39	1.24	1.14	0.48	0.12	0.50	-0.45	0.17	-0.58	-2.18	-0.38	0.35	0.14

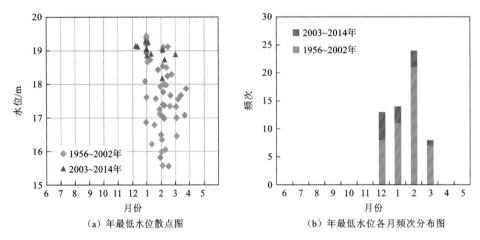

（a）年最低水位散点图　　　　　　（b）年最低水位各月频次分布图

图 2.32　螺山站历年最低水位散点及各月频次分布图

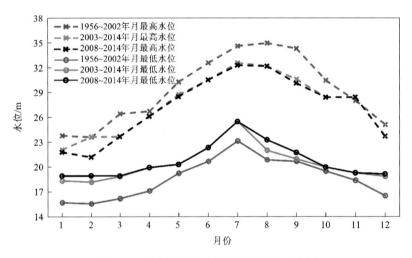

图 2.33　螺山站不同时段月极值水位变化图

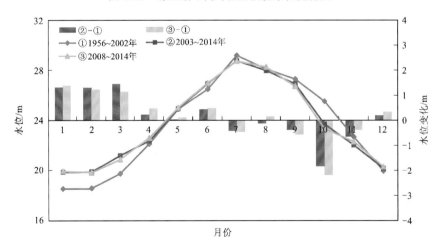

图 2.34　螺山站不同时段月平均水位变化图

2.2.5　汉口站

汉口站 1956~2014 年多年平均水位 18.94 m,历年最高水位 29.43 m(1998 年 8 月 20 日),历年最低水位 11.7 m(1961 年 2 月 5 日),极值比 2.5(表 2.14)。汉口站年最高水位主要集中出现在 7 月和 8 月,约占 76.3%,年最低水位主要集中出现在 12 月~次年 2 月,约占 84.7%。

从图 2.35,图 2.36 和表 2.14 可以看出,较 1956~2002 年,汉口站 2003~2014 年年最高水位、年最低水位出现时间分布并没有发生明显变化,12 月~次年 4 月各月最低水位均有所升高,各月最高水位均有所降低。汉口站不同时段年月特征水位变化情况见表 2.14 和图 2.37,图 2.38,较 1956~2002 年,汉口站 2003~2014 年、2008~2014 年多年平均水位分别降低 0.30 m、0.34 m,1~3 月、6 月各月多年平均水位均升高,其中 1~3 月升高幅度在 0.5~1 m,6 月升高幅度在 0.2 m 以内;4~5 月、7~12 月各月多年平均水位均降低,其中 4 月、5 月、8 月、12 月降幅均在 0.5 m 以内,10 月降幅分别达 2.08 m、2.45 m,9 月和 11 月降幅分别达 0.63 m、0.79 m 和 1.21 m、1.07 m。

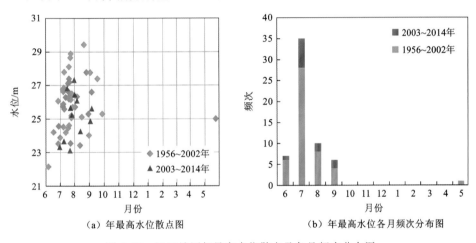

（a）年最高水位散点图　　　　　　　（b）年最高水位各月频次分布图

图 2.35　汉口站历年最高水位散点及各月频次分布图

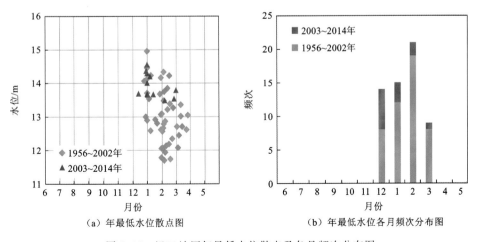

（a）年最低水位散点图　　　　　　　（b）年最低水位各月频次分布图

图 2.36　汉口站历年最低水位散点及各月频次分布图

表2.14 汉口站年月特征水位变化表

时段	类别	1月	2月	3月	4月	5月	6月	7月	8月	9月	10月	11月	12月	年
1956~2014年	平均值/m	14.15	14.15	15.41	17.54	20.21	21.86	24.18	23.21	22.40	20.51	17.99	15.41	18.94
	最高值/m	18.93	19.13	22.00	22.26	25.05	27.28	29.10	29.43	28.98	25.72	23.32	20.37	29.43
	日期	1998-1-21	1990-2-26	1992-3-31	1981-4-22	2002-5-20	1998-6-30	1998-7-31	1998-8-20	1998-9-1	1964-10-1	2000-11-1	1982-12-4	1998-8-20
	最低值/m	11.78	11.70	11.84	13.01	14.76	16.80	18.59	16.93	15.86	14.58	14.21	12.78	11.70
	日期	1979-1-30	1961-2-1	1979-3-9	1979-4-17	1979-5-1	2011-6-1	1963-7-1	1972-8-30	2006-9-30	2013-10-30	2009-11-30	1956-12-1	1961-2-5
1956~2002年 ①	平均值/m	13.99	13.99	15.22	17.61	20.31	21.84	24.33	23.28	22.53	20.94	18.24	15.47	19.00
	最高值/m	18.93	19.13	22.00	22.26	25.05	27.28	29.10	29.43	28.98	25.72	23.32	20.37	29.43
	日期	1998-1-21	1990-2-26	1992-3-31	1981-4-22	2002-5-20	1998-6-30	1998-7-31	1998-8-20	1998-9-1	1964-10-1	2000-11-1	1982-12-4	1998-8-20
	最低值/m	11.78	11.70	11.84	13.01	14.76	16.90	18.59	16.93	16.70	15.56	14.24	12.78	11.70
	日期	1979-1-30	1961-2-1	1979-3-9	1979-4-17	1979-5-1	1969-6-13	1963-7-1	1972-8-30	1959-9-1	1959-10-1	1992-11-30	1956-12-1	1961-2-5
2003~2014年 ②	平均值/m	14.76	14.75	16.16	17.25	19.81	21.90	23.62	22.92	21.90	18.86	17.03	15.18	18.70
	最高值/m	17.55	18.71	18.43	21.42	23.51	25.75	27.31	27.23	25.62	23.21	22.77	19.10	27.31
	日期	2003-1-1	2005-2-22	2009-3-10	2010-4-27	2003-5-23	2010-6-29	2010-7-30	2010-8-1	2005-9-5	2014-10-1	2008-11-13	2008-12-1	2010-7-30
	最低值/m	13.66	13.49	13.79	15.03	14.86	16.80	20.35	17.08	15.86	14.58	14.21	13.68	13.49
	日期	2007-1-1	2014-2-6	2004-3-1	2007-4-20	2011-5-4	2011-6-1	2011-7-31	2006-8-25	2006-9-30	2013-10-30	2009-11-30	2006-12-31	2014-2-6
2008~2014年 ③	平均值/m	14.70	14.55	15.77	17.40	19.88	21.98	23.59	23.17	21.74	18.49	17.17	15.23	18.66
	最高值/m	16.45	15.91	18.43	21.42	23.47	25.75	27.31	27.23	24.87	23.21	22.77	19.10	27.31
	日期	2013-1-4	2011-2-1	2009-3-10	2010-4-27	2012-5-31	2010-6-29	2010-7-30	2010-8-1	2008-9-2	2014-10-1	2008-11-13	2008-12-1	2010-7-30
	最低值/m	13.67	13.49	13.79	15.20	14.86	16.80	20.35	18.68	16.97	14.58	14.21	13.69	13.49
	日期	2008-1-13	2014-2-6	2010-3-1	2011-4-30	2011-5-4	2011-6-1	2011-7-31	2011-8-31	2011-9-13	2013-10-30	2009-11-30	2013-12-13	2014-2-6
②-①	平均值/m	0.77	0.76	0.94	-0.36	-0.50	0.06	-0.71	-0.36	-0.63	-2.08	-1.21	-0.29	-0.30
③-①	平均值/m	0.71	0.56	0.55	-0.21	-0.43	0.14	-0.74	-0.11	-0.79	-2.45	-1.07	-0.24	-0.34

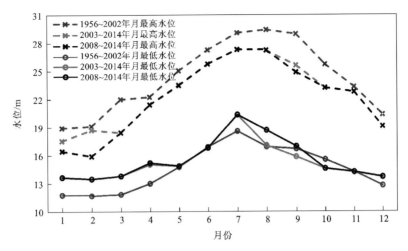

图 2.37　汉口站不同时段月极值水位变化图

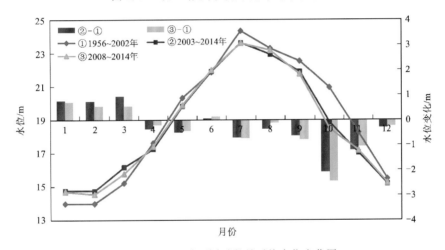

图 2.38　汉口站不同时段月平均水位变化图

2.2.6　大通站

大通站 1956～2014 年多年平均水位 8.56 m,历年最高水位 16.32 m(1998 年 8 月 2 日),历年最低水位 3.14 m(1961 年 2 月 3 日),极值比 5.2(表 2.15)。大通站年最高水位主要集中出现在 6 月和 7 月,约占 72.9%,年最低水位主要集中出现在 12 月～次年 2 月,约占 93.2%。

从图 2.39,图 2.40 和表 2.15 可以看出,较 1956～2002 年,大通站 2003～2014 年年最高水位、年最低水位出现时间分布并没有发生明显变化,12 月～次年 4 月各月最低水位均有所升高,各月最高水位均有所降低。大通站不同时段年月特征水位变化情况见表 2.15 和图 2.41、图 2.42,较 1956～2002 年,大通站 2003～2014 年、2008～2014 年多年平均水位分别降低 0.46 m、0.42 m,1～3 月各月多年平均水位均升高,升高幅度在 0.5 m以内;4～12 月各月多年平均水位均降低,其中 10 月、11 月降幅分别达 1.59 m、1.77 m 和1.22 m、1.05 m,6 月、8 月、12 月降幅均在 0.5 m 以内,5 月、7 月、9 月降幅在 0.6～0.9 m,4 月降幅分别为 0.62 m、0.45 m。

表 2.15　大通站年月特征水位变化表

时段	类别	1月	2月	3月	4月	5月	6月	7月	8月	9月	10月	11月	12月	年
1956~2014年 ①	平均值/m	4.85	5.03	6.16	7.75	9.69	10.93	12.47	11.65	10.94	9.61	7.67	5.72	8.56
	最高值/m	9.24	8.91	11.79	12.01	13.86	15.74	16.29	16.32	15.61	13.15	12.24	9.22	16.32
	日期	1998-1-22	1990-2-28	1992-3-31	1992-4-3	1975-5-25	1998-6-30	1998-7-31	1998-8-2	1998-9-1	1988-10-1	1983-11-1	1975-12-1	1998-8-2
	最低值/m	3.23	3.14	3.45	4.14	5.25	6.30	8.00	6.57	5.94	4.98	4.68	3.75	3.14
	日期	1959-1-1	1961-2-1	1968-3-10	1974-4-3	2011-5-3	2011-6-3	1963-7-1	2006-8-30	2006-9-30	2013-10-30	2013-11-30	1956-12-1	1961-2-3
1956~2002年 ②	平均值/m	4.78	4.95	6.06	7.88	9.85	10.99	12.64	11.74	11.08	9.93	7.92	5.77	8.65
	最高值/m	9.24	8.91	11.79	12.01	13.86	15.74	16.29	16.32	15.61	13.15	12.24	9.22	16.32
	日期	1998-1-22	1990-2-28	1992-3-31	1992-4-3	1975-5-25	1998-6-30	1998-7-31	1998-8-2	1998-9-1	1988-10-1	1983-11-1	1975-12-1	1998-8-2
	最低值/m	3.23	3.14	3.45	4.14	6.05	6.87	8.00	7.52	6.38	5.69	4.83	3.75	3.14
	日期	1959-1-1	1961-2-1	1968-3-10	1974-4-3	1979-5-3	2000-6-1	1963-7-1	1972-8-31	1959-9-1	1978-10-30	1979-11-29	1956-12-1	1961-2-3
2003~2014年 ③	平均值/m	5.14	5.33	6.56	7.26	9.07	10.70	11.81	11.29	10.40	8.34	6.70	5.51	8.19
	最高值/m	7.64	8.74	9.33	11.24	12.21	14.16	14.59	14.34	13.70	11.39	10.68	8.92	14.59
	日期	2003-1-1	2005-2-24	2012-3-14	2010-4-28	2010-5-28	2010-6-29	2010-7-14	2010-8-1	2005-9-7	2003-10-1	2008-11-16	2008-12-1	2010-7-14
	最低值/m	4.09	3.79	4.08	5.24	5.25	6.30	9.44	6.57	5.94	4.98	4.68	4.28	3.79
	日期	2008-1-3	2004-2-8	2004-3-2	2011-4-13	2011-5-3	2011-6-3	2011-7-31	2006-8-30	2006-9-30	2013-10-30	2013-11-30	2013-12-13	2004-2-8
2008~2014年	平均值/m	5.15	5.27	6.47	7.43	9.16	10.83	11.85	11.44	10.28	8.16	6.87	5.71	8.23
	最高值/m	6.86	6.27	9.33	11.24	12.21	14.16	14.59	14.34	12.44	11.37	10.68	8.92	14.59
	日期	2013-1-6	2010-2-15	2012-3-14	2010-4-28	2010-5-28	2010-6-29	2010-7-14	2010-8-1	2008-9-7	2014-10-1	2008-11-16	2008-12-1	2010-7-14
	最低值/m	4.09	4.18	4.28	5.24	5.25	6.30	9.44	8.96	6.86	4.98	4.68	4.28	4.09
	日期	2008-1-3	2014-2-11	2008-3-3	2011-4-13	2011-5-3	2011-6-3	2011-7-31	2011-8-31	2011-9-15	2013-10-30	2013-11-30	2013-12-13	2008-1-3
②-①	平均值/m	0.36	0.38	0.50	-0.62	-0.78	-0.29	-0.83	-0.45	-0.68	-1.59	-1.22	-0.26	-0.46
③-①	平均值/m	0.37	0.32	0.41	-0.45	-0.69	-0.16	-0.79	-0.30	-0.80	-1.77	-1.05	-0.06	-0.42

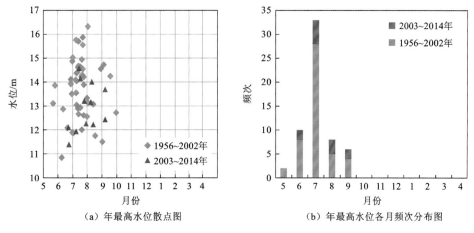

图 2.39　大通站历年最高水位散点及各月频次分布图

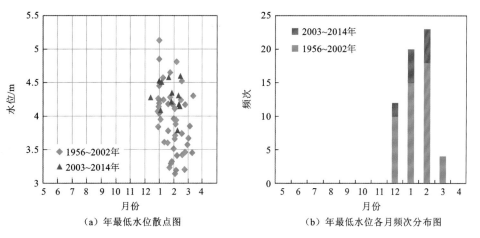

图 2.40　大通站历年最低水位散点及各月频次分布图

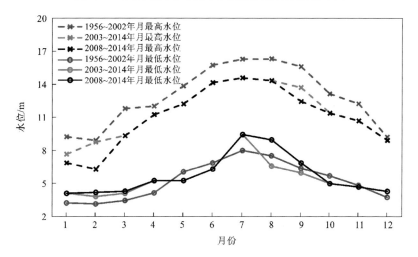

图 2.41　大通站不同时段月极值水位变化图

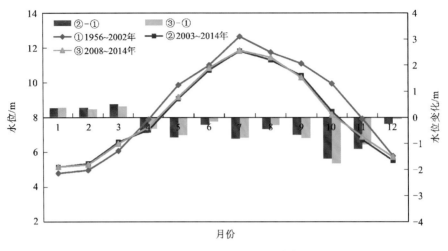

图 2.42　大通站不同时段月平均水位变化图

2.3　长江中游主要控制站水位流量关系变化

2.3.1　宜昌站

　　宜昌站测验断面位于三峡水利枢纽下游 44.8 km,葛洲坝水利枢纽下游 6.8 km。本站水位流量关系主要受洪水涨落、断面冲淤、葛洲坝调度及下游清江出流顶托等因素影响,中、高水时多为绳套形。枯水(流量少于 10 000 m³/s)时主要受上游来水影响,水位流量关系一般为单一关系。

　　三峡水库蓄水后,根据 2003～2014 年实测大断面成果,计算出不同水位级对应的过水断面面积,见表 2.16 和图 2.43。

表 2.16　宜昌站 2003～2014 年各级水位下断面面积变化统计表

水位 /m	2003 年 面积/m²	与 2003 年相比面积变化百分比/%										
		2004 年	2005 年	2006 年	2007 年	2008 年	2009 年	2010 年	2011 年	2012 年	2013 年	2014 年
27	1 118	2.43	3.47	−0.69	3.72	2.64	3.64	2.23	3.38	4.07	2.11	3.22
28	1 439	2.28	3.39	−0.29	3.63	2.61	3.50	2.18	3.33	3.96	2.24	3.29
29	1 793	2.21	3.40	0.20	3.60	2.68	3.53	2.30	3.40	4.00	2.47	3.47
30	2 164	2.27	3.37	0.50	3.54	2.74	3.61	2.33	3.34	3.96	2.58	3.56
31	2 556	2.23	3.26	0.63	3.42	2.70	3.56	2.28	3.17	3.78	2.56	3.50
32	2 991	2.20	3.23	0.83	3.41	2.78	3.55	2.41	3.20	3.78	2.67	3.53
33	3 465	2.26	3.22	1.06	3.37	2.82	3.57	2.52	3.23	3.78	2.76	3.55
34	3 979	2.28	3.15	1.17	3.30	2.78	3.48	2.51	3.16	3.67	2.74	3.47
35	4 520	2.08	2.89	1.05	3.03	2.53	3.19	2.30	2.91	3.36	2.50	3.19

续表

水位 /m	2003 年 面积/m²	与 2003 年相比面积变化百分比/%										
		2004 年	2005 年	2006 年	2007 年	2008 年	2009 年	2010 年	2011 年	2012 年	2013 年	2014 年
36	5 086	1.93	2.69	0.98	2.80	2.32	2.96	2.11	2.66	3.06	2.25	2.93
37	5 676	1.80	2.52	0.92	2.62	2.16	2.76	1.97	2.48	2.85	2.10	2.73
38	6 283	1.70	2.37	0.86	2.47	2.02	2.59	1.85	2.34	2.68	1.97	2.57
39	6 913	1.61	2.24	0.81	2.33	1.90	2.44	1.74	2.20	2.52	1.86	2.44
40	7 556	1.53	2.13	0.77	2.21	1.80	2.31	1.65	2.08	2.39	1.76	2.32
41	8 216	1.45	2.03	0.73	2.11	1.71	2.19	1.57	1.97	2.27	1.67	2.20
42	8 894	1.38	1.93	0.70	2.00	1.62	2.08	1.50	1.87	2.15	1.59	2.10
43	9 597	1.32	1.83	0.66	1.90	1.54	1.97	1.42	1.78	2.05	1.51	1.99
44	10 320	1.25	1.73	0.62	1.80	1.46	1.87	1.36	1.70	1.95	1.44	1.89
45	11 052	1.20	1.65	0.58	1.71	1.38	1.78	1.29	1.62	1.86	1.37	1.81
46	11 790	1.15	1.58	0.56	1.64	1.32	1.70	1.24	1.55	1.78	1.31	1.73
47	12 534	2.43	3.47	−0.69	3.72	2.64	3.64	2.23	3.38	4.07	2.11	3.22
48	13 282	2.28	3.39	−0.29	3.63	2.61	3.50	2.18	3.33	3.96	2.24	3.29
49	14 036	2.21	3.40	0.20	3.60	2.68	3.53	2.30	3.40	4.00	2.47	3.47
50	14 796	2.27	3.37	0.50	3.54	2.74	3.61	2.33	3.34	3.96	2.58	3.56
51	15 562	2.23	3.26	0.63	3.42	2.70	3.56	2.28	3.17	3.78	2.56	3.50
52	16 332	2.20	3.23	0.83	3.41	2.78	3.55	2.41	3.20	3.78	2.67	3.53
53	17 106	2.26	3.22	1.06	3.37	2.82	3.57	2.52	3.23	3.78	2.76	3.55
54	17 883	2.28	3.15	1.17	3.30	2.78	3.48	2.51	3.16	3.67	2.74	3.47

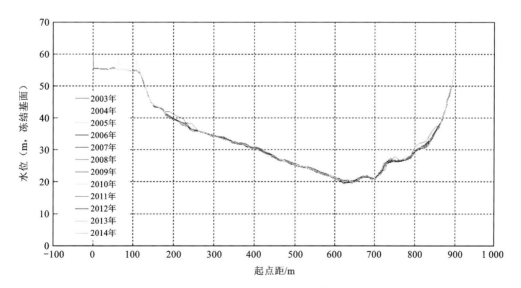

图 2.43　宜昌站 2003～2014 年实测大断面图

2003 年宜昌站断面左边坡略有冲刷,主槽略有淤积,至 2004 年以后断面其本稳定。水位在 41 m 以下,2014 年断面与其他年份相比变化略有变大,随着水位的升高,断面年际的变化逐渐变小,表明历年水位流量关系变化与大断面冲淤变化关系不明显。

总体而言,三峡水库蓄水后宜昌站年际断面面积变化不大。根据 2003~2014 年宜昌站实测水位流量资料,点绘枯水水位流量关系,点据呈带状分布。从历年定线汇总结果来看,2014 年关系线比 2003 年关系线发生一定程度右偏,见图 2.44。

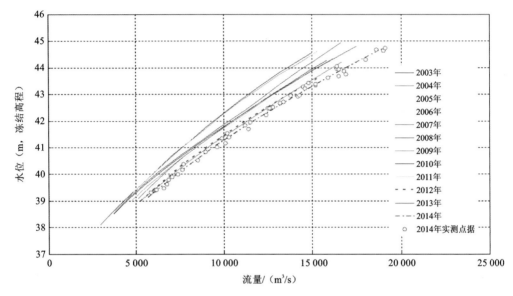

图 2.44 宜昌站 2003~2014 年低水水位流量关系图

宜昌站相同流量下水位变化见表 2.17。可以看出,2014 年与 2003 年相比,当流量为 6 000 m³/s 时,水位降低 0.73 m;当流量为 8 000 m³/s 时,水位累积降低 0.86 m;当流量为 12 000 m³/s 时,水位累积降低 1.15 m。

表 2.17 宜昌站同流量水位变化

流量 /(m³/s)	与 2003 年相比水位变化/m										
	2004 年	2005 年	2006 年	2007 年	2008 年	2009 年	2010 年	2011 年	2012 年	2013 年	2014 年
4 000	−0.04	−0.06	−0.06	−0.10	−0.12						
6 000	0.00	−0.09	−0.17	−0.11	−0.16	−0.29	−0.39	−0.47	−0.61	−0.63	−0.73
8 000	0.00	−0.13	−0.27	−0.28	−0.33	−0.40	−0.40	−0.51	−0.67	−0.73	−0.86
10 000	−0.02	−0.17	−0.42	−0.43	−0.50	−0.55	−0.52	−0.66	−0.83	−0.88	−1.01
12 000	−0.07	−0.19	−0.53	−0.49	−0.61	−0.65	−0.61	−0.76	−0.96	−1.00	−1.15

注:—表示降低

2.3.2 沙市站

沙市站位于荆江河段的上游,是荆江河道的防洪控制水情站。荆江河段为冲积性平原河流,河道蜿蜒曲折,沙市水文站的水位流量关系变化对荆江河道的泄洪能力、洪水预报及防洪抢险都有很大的影响。

沙市站上游有松滋、太平两口,下游有藕池口分流入洞庭湖,在纳汇湘江、资江、沅江、澧水四水之后,又于城陵矶(莲花塘)入汇长江。因此,影响沙市站水位流量关系的因素非常复杂,除了洪水涨落的影响之外,变动回水、河槽冲淤的影响非常大,也很复杂。

三峡水库蓄水后,根据 2003～2014 年实测大断面成果,计算出不同水位级对应的过水断面面积,见表 2.18 和图 2.45。

表 2.18　沙市站 2003～2014 年各级水位下断面面积变化统计表

水位 /m	2003 年 面积/m²	与 2003 年相比面积变化百分比/%										
		2004 年	2005 年	2006 年	2007 年	2008 年	2009 年	2010 年	2011 年	2012 年	2013 年	2014 年
25	940	31.9	117.7	−31.9	−12.7	76.1	66.5	54.4	145.4	32.0	63.0	82.3
26	1 470	29.9	79.1	−22.0	−0.5	63.4	52.3	47.7	103.6	41.3	55.3	83.2
27	2 115	24.0	54.0	−12.6	9.1	56.4	46.5	39.3	76.2	41.7	54.9	75.6
28	2 816	20.8	39.5	−3.1	17.4	54.4	45.6	33.3	60.9	41.3	52.8	69.0
29	3 572	19.1	29.9	6.2	22.5	51.8	44.5	29.5	51.5	40.9	50.0	62.8
30	4 455	15.0	20.7	9.3	22.5	45.9	39.7	27.1	43.8	37.0	44.2	54.5
31	5 506	10.7	11.7	8.2	18.7	37.8	32.5	22.4	35.8	30.5	36.3	44.5
32	6 589	9.1	5.9	7.0	15.9	31.8	27.2	18.8	30.0	25.6	30.4	37.3
33	7 686	7.9	4.2	6.2	13.8	27.4	23.4	16.2	25.8	22.0	26.1	32.0
34	8 791	7.0	3.7	5.6	12.2	24.1	20.6	14.3	22.7	19.4	23.0	28.1
35	9 898	6.3	3.5	5.1	11.0	21.6	18.5	12.9	20.3	17.4	20.6	25.1
36	11 010	5.7	3.2	4.7	10.1	19.6	16.8	11.8	18.4	15.8	18.7	22.7
37	12 127	5.3	3.0	4.4	9.3	17.9	15.4	10.8	16.9	14.5	17.1	20.8
38	13 248	4.9	2.8	4.2	8.6	16.6	14.2	10.0	15.6	13.4	15.8	19.1
39	14 373	4.5	2.7	4.0	8.1	15.4	13.3	9.4	14.5	12.5	14.7	17.8
40	15 501	4.2	2.5	3.8	7.6	14.4	12.4	8.8	13.6	11.7	13.8	16.6
41	16 641	3.9	2.4	3.6	7.1	13.5	11.7	8.3	12.8	11.0	12.9	15.5
42	17 889	3.4	2.0	2.9	6.3	12.2	10.4	7.7	11.8	10.1	11.9	14.3
43	19 289	3.2	1.7	1.6	5.8	10.2	8.6	7.1	10.9	9.3	10.9	13.1

当沙市站水位为 35 m 时,2003 年断面面积为 9 898 m²,2014 年断面面积变为 12 383 m²,增加了 25.1%;当水位由 35 m 增到 38 m 时,2014 年与 2003 年相比,断面面积增加幅度由 25.1% 降至 19.1%。随着水位升高,三峡蓄水后 2003～2014 年,清水下泄使沙市站断面年际变化冲淤互现,但总体断面面积变化逐渐增大,导致其相应同一流量下水位有不同程度下降。

根据沙市站 2003～2014 年实测水位流量资料拟定水位流量关系曲线,结果见表2.19 和图 2.46。

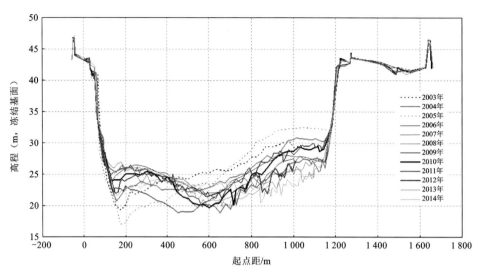

图 2.45　沙市站 2003～2014 年实测大断面图

表 2.19　沙市站同流量水位变化

流量	与 2003 年相比水位变化/m										
/(m³/s)	2004 年	2005 年	2006 年	2007 年	2008 年	2009 年	2010 年	2011 年	2012 年	2013 年	2014 年
5 000	−0.32	−0.34	−0.53	−0.59	−0.50						
6 000	−0.31	−0.31	−0.44	−0.48	−0.43	−0.76	−1.01	−1.28	−1.30	−1.50	−1.60
7 000	−0.32	−0.31	−0.40	−0.44	−0.36	−0.73	−0.82	−1.15	−1.20	−1.34	−1.43
10 000	−0.34	−0.23	−0.30	−0.38	−0.28	−0.66	−0.69	−0.99	−1.09	−1.11	−1.28
14 000	−0.25	0.16	0.04	0.02	−0.23	−0.38	−0.42	−0.65	−0.75	−0.84	−0.95

注：−表示降低

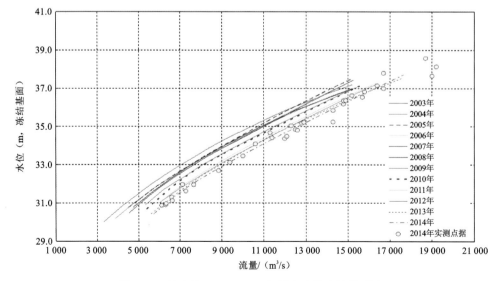

图 2.46　沙市站 2003～2014 年低水水位流量关系图

结合表 2.19 和图 2.46 可以看出,2014 年与 2003 年相比,当流量为 6 000 m³/s 时,水位下降约 1.60 m;当流量为 10 000 m³/s 时,水位下降约 1.28 m;当流量为 14 000 m³/s 时,水位下降约 0.95 m。2014 年与 2003 年相比,随着流量增大,水位降低值逐渐收窄。

2.3.3　螺山站

螺山站上距洞庭湖出口 30.5 km,是洞庭湖出流与荆江来水的控制站。下游 35 km 有陆水河在陆溪口汇入长江,下游约 210 km 有长江的最大支流汉江在武汉市入汇,这些支流的涨落对螺山站的水位、流量有一定影响。

三峡水库蓄水后,根据 2003~2014 年实测大断面成果,计算出不同水位级对应的过水断面面积,见表 2.20 和图 2.47。2003 年以后左边主槽略有冲刷,右边主槽略有淤积,断面基本稳定。由表 2.20 可见,当螺山站水位 25.0 m 时,断面面积 2003~2006 年逐年增大,2006 年比 2003 年增大 2.3%,2007 至 2008 年又恢复到与 2003 年水平相当,2009~2010 年又逐年减少,2010 年比 2003 年减少 1.0%,2011 年又比 2003 年增大了 3.3%;2012 年断面面积又有减小,相比 2003 年减少 2.3%;2014 年断面面积减少,相比 2003 年减少 0.9%。综上所述,螺山站断面变化在三峡水库运行后变化不大,基本保持稳定。

表 2.20　螺山站 2003~2014 年各级水位下断面面积变化统计表

水位 /m	2003 年 面积/m²	与 2003 年相比面积变化百分比/%										
		2004 年	2005 年	2006 年	2007 年	2008 年	2009 年	2010 年	2011 年	2012 年	2013 年	2014 年
17	5 859	4.8	2.4	4.5	−1.7	3.6	6.7	1.4	13.7	−0.2	6.6	7.5
18	7 011	4.3	2.6	4.2	−1.5	2.9	5.1	0.6	11.3	−0.9	5.1	6.1
19	8 246	3.5	2.6	3.8	−1.4	2.2	3.5	−0.1	9.0	−1.7	3.6	4.8
20	9 547	2.9	2.6	3.5	−1.1	1.7	2.2	−0.7	7.2	−2.0	2.4	3.7
21	10 930	2.3	2.6	3.1	0.1	1.2	0.9	−1.2	5.5	−2.5	1.3	2.7
22	12 419	1.4	2.7	3.0	0.5	0.6	−0.6	−1.4	4.4	−2.9	0.2	1.6
23	13 964	1.1	2.5	2.7	0.5	0.6	−1.7	−1.2	3.9	−2.5	−0.4	0.4
24	15 530	1.0	2.3	2.5	0.5	0.5	−2.4	−1.1	3.6	−2.3	−0.4	−0.6
25	17 107	0.9	2.1	2.3	0.4	0.5	−2.2	−1.0	3.3	−2.1	−0.4	−0.9
26	18 697	0.8	1.9	2.1	0.4	0.5	−2.0	−0.9	3.0	−1.9	−0.3	−0.8
27	20 300	0.8	1.8	1.9	0.4	0.4	−1.8	−0.8	2.8	−1.7	−0.3	−0.7
28	21 916	0.7	1.6	1.8	0.3	0.4	−1.7	−0.7	2.6	−1.6	−0.3	−0.7
29	23 543	0.7	1.5	1.6	0.3	0.3	−1.6	−0.7	2.4	−1.5	−0.3	−0.6
30	25 194	0.7	1.4	1.5	0.3	0.3	−1.4	−0.7	2.3	−1.3	−0.2	−0.6
31	26 923	0.7	1.3	1.4	0.3	0.2	−1.3	−0.6	2.2	−1.3	−0.2	−0.7
32	28 703	0.6	1.2	1.3	0.2	0.2	−1.2	−0.6	2.1	−1.2	−0.2	−0.6
33	30 488	0.6	1.2	1.2	0.2	0.2	−1.1	−0.6	2.0	−1.1	−0.2	−0.6

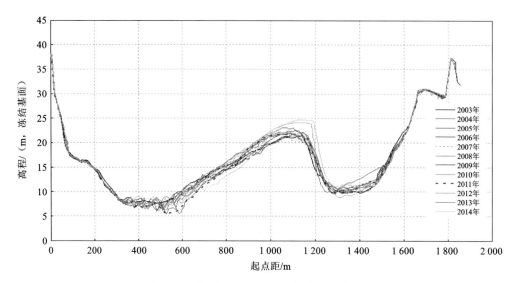

图 2.47　螺山站 2003～2014 年实测大断面图

　　三峡水库蓄水后,根据螺山站 2003～2014 年枯水期实测水位流量成果点绘水位流量关系图,见图 2.48。由表 2.21 可以看出,2004～2014 年,水位流量关系线年际有所摆动,总体有所下降。2014 年与 2003 年相比,螺山站流量为 10 000 m³/s 时,水位下降 0.99 m,下降主要发生在 2011～2014 年。

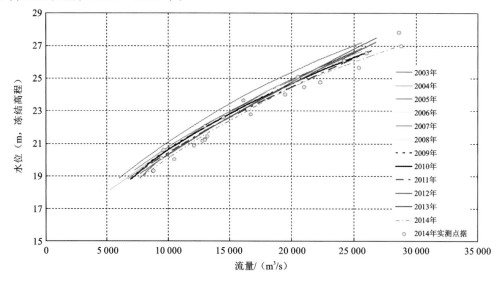

图 2.48　螺山站 2003～2014 年低水水位流量关系图

表 2.21　螺山站同流量水位变化

流量 /(m³/s)	与2003年相比水位变化/m										
	2004 年	2005 年	2006 年	2007 年	2008 年	2009 年	2010 年	2011 年	2012 年	2013 年	2014 年
8 000	−0.42	−0.29	−0.47	−0.47	−0.52	−0.54	−0.57	−0.59	−0.73	−0.79	−0.99
10 000	−0.44	−0.30	−0.47	−0.47	−0.42	−0.42	−0.47	−0.67	−0.79	−0.81	−0.99
14 000	−0.55	−0.43	−0.43	−0.43	−0.50	−0.58	−0.60	−0.81	−0.81	−0.82	−1.02
16 000	−0.59	−0.54	−0.51	−0.51	−0.58	−0.65	−0.66	−0.89	−0.83	−0.84	−1.06
18 000	−0.53	−0.52	−0.45	−0.45	−0.61	−0.69	−0.71	−0.92	−0.75	−0.79	−1.01

注：一表示降低

2.3.4　汉口站

汉口站位于湖北省武汉市，上承荆江、洞庭湖和汉江来水，下游有鄂东北各支流汇入，距下游鄱阳湖口 299 km。这些支流来水和湖泊出流的变化可以改变洪水涨落率、水面比降及回水顶托等因素对汉口站水位流量关系的影响，因此，汉口站水位流量关系以水力因素的影响为主，对于低水部分主要受本河段断面冲淤变化。

三峡水库蓄水后，根据 2003～2014 年实测大断面成果，计算出不同水位级对应的过水断面面积，见表 2.22 和图 2.49。

表 2.22　汉口站 2003～2014 年各级水位下断面面积变化统计表

水位 /m	2003 年 面积/m²	与2003年相比面积变化百分比/%										
		2004 年	2005 年	2006 年	2007 年	2008 年	2009 年	2010 年	2011 年	2012 年	2013 年	2014 年
8	2 286	4.64	22.92	14.48	33.33	18.55	83.16	48.03	−14.48	39.81	67.6	51.0
9	3 550	1.6	15.1	2.8	19.4	10.1	50.8	35.3	−14.2	22.1	39.7	34.8
10	4 948	−1.5	10.6	−1.4	10.9	3.8	33.5	26.5	−13.8	12.8	24.8	26.0
11	6 408	−3.7	8.0	−3.2	5.8	−0.4	23.1	20.6	−12.1	7.0	16.6	21.3
12	7 883	−3.9	6.7	−3.7	3.0	−3.0	17.0	16.9	−10.3	3.5	11.9	17.8
13	9 370	−3.3	5.9	−2.9	1.3	−3.9	13.0	14.3	−8.9	1.7	9.4	14.6
14	10 873	−2.7	5.3	−2.2	0.9	−4.1	10.9	12.5	−7.8	1.0	7.7	12.2
15	12 403	−2.3	4.8	−1.8	1.0	−3.9	9.1	11.0	−7.1	0.6	6.4	10.3
16	13 951	−2.0	4.3	−1.5	0.9	−3.5	7.8	9.8	−6.5	0.4	5.4	8.8
17	15 512	−1.8	3.9	−1.3	0.9	−3.1	6.8	8.8	−5.9	0.4	4.7	7.6
18	17 083	−1.6	3.6	−1.1	0.9	−2.8	6.1	7.9	−5.3	0.4	4.3	6.8
19	18 660	−1.4	3.4	−0.9	0.9	−2.5	5.6	7.2	−4.8	0.4	3.9	6.1
20	20 244	−1.3	3.2	−0.7	0.9	−2.3	5.3	6.6	−4.3	0.4	3.7	5.6
21	21 834	−1.1	3.0	−0.6	0.9	−2.0	5.0	6.1	−3.9	0.5	3.5	5.2
22	23 437	−1.0	2.9	−0.5	0.9	−1.9	4.7	5.7	−3.6	0.5	3.3	4.8
23	25 059	−0.8	2.7	−0.3	1.0	−1.7	4.4	5.3	−3.3	0.5	3.1	4.4
24	26 753	−0.7	2.6	0.0	1.2	−1.3	4.4	5.1	−2.8	0.7	3.2	4.4
25	28 529	−0.6	2.5	0.0	1.2	−1.1	4.2	4.9	−2.6	0.8	3.1	4.1
26	30 381	−0.6	2.4	0.1	1.1	−1.0	4.0	4.6	−2.4	0.7	2.9	3.8

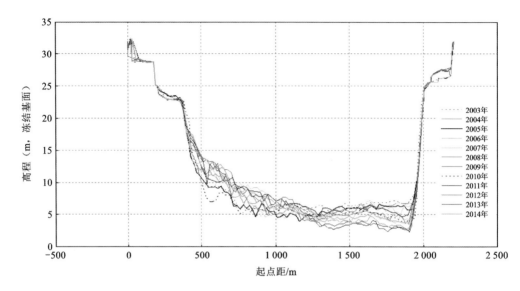

图 2.49　汉口站 2003～2014 年实测大断面图

由表 2.22 和图 2.49 可知,断面变化主要表现为冲槽淤滩和冲滩淤槽两种形式相互交错出现,一般发生在主槽及左岸的滩地。水位 15 m 以上,2013～2014 年较 2003 年断面冲淤变化有逐步增大趋势。河槽冲淤变化导致断面变化对历年水位流量关系存在不同程度的影响,低水水位流量关系线仍出现逐渐往右偏移趋势变化。

三峡水库蓄水后,依据汉口站各年枯水期实测水位流量成果点绘水位流量关系图(图 2.50)。三峡蓄水后逐年低水部分水位流量略向右侧偏移,2003 年线位于关系线上方,2007～2014 年线偏向关系线下方,总体来看偏离程度随着时间推移逐渐偏大。当流量 10 000 m³/s 时,2014 年水位较 2003 年降低约 1.05 m,其中 2013 年水位较 2003 年降低约 1.18 m,2014 年与 2013 年相比降低略有减少。当流量 15 000 m³/s 时,2014 年水位较 2003 年降低约 1.05 m(表 2.23)。

表 2.23　汉口站同流量水位变化

流量 /(m³/s)	与 2003 年相比水位变化/m										
	2004 年	2005 年	2006 年	2007 年	2008 年	2009 年	2010 年	2011 年	2012 年	2013 年	2014 年
10 000	−0.17	−0.25	−0.35	−0.35	−0.53	−0.66	−0.63	−0.90	−1.11	−1.18	−1.05
15 000	−0.51	−0.52	−0.52	−0.59	−0.61	−0.71	−0.50	−0.96	−0.98	−1.00	−1.05
20 000	−0.63	−0.55	−0.55	−0.58	−0.57	−0.69	−0.31	−0.89	−0.78	−0.87	−0.91
25 000	−0.49	−0.33	−0.33	−0.33	−0.33	−0.45	−0.21	−0.62	−0.29	−0.51	−0.68

注:—表示降低

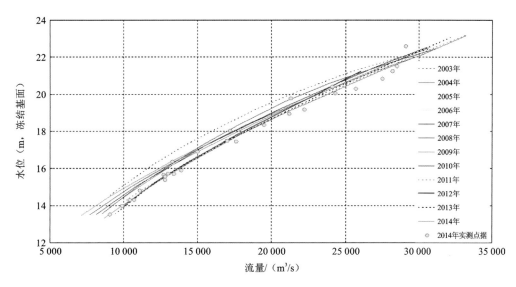

图 2.50　汉口站 2003～2014 年低水水位流量关系图

2.4　本 章 小 结

本章根据宜昌站、枝城站、沙市站、螺山站、汉口站、大通站 1956～2014 年系列资料，以三峡工程运行的 2003 年为分界点，采用统计分析方法，识别了长江中下游干流不同时期径流、水位、水位流量关系时空变化特征，主要结论如下。

（1）受上游来水偏枯及三峡工程运行影响，长江中游干流年径流量有所减少，且减少时段主要为三峡水库蓄水期 9～11 月；较 1956～2002 年，2003～2014 年宜昌站、枝城站、沙市站、螺山站、汉口站、大通站平均年径流量分别减少 319×10^8 m^3、334×10^8 m^3、170×10^8 m^3、468×10^8 m^3、356×10^8 m^3、537×10^8 m^3，减幅分别为 7.4%、7.5%、4.3%、7.3%、5%、6%，其中 9～11 月径流量分别减少 261×10^8 m^3、265×10^8 m^3、196×10^8 m^3、311×10^8 m^3、293×10^8 m^3、358×10^8 m^3，减幅分别为 18.9%、18.8%、15.7%、17.1%、14.3%、14.5%。长江中下游干流径流年内分配规律发生一定的变化，主要体现在汛期径流量占年径流量的比例减少，枯水期径流量占年径流量的比例增加，最枯三个月径流量分别增加 95×10^8 m^3、111×10^8 m^3、115×10^8 m^3、83×10^8 m^3、120×10^8 m^3、120×10^8 m^3，增幅分别为 29.1%、33.1%、34.1%、13.6%、16.9%、12.6%。年最大流量和年最小流量出现时间分布没有发生明显变化，仅年最小流量有所增大。

（2）三峡工程运行后，长江中游干流年平均水位有所降低，较 1956～2002 年，2003～2014 年宜昌站、枝城站、沙市站多年平均水位分别降低 1.26 m、0.93 m、1.59 m，各月水位均降低（枝城站 2 月除外），其中 10 月水位降幅最大，分别降低 3.31 m、2.63 m、3 m；螺山站、汉口站、大通站 7～11 月各月水位均降低，三站均 10 月降幅最大，分别降低 1.83 m、

2.08 m、1.59 m,1～3 月各月水位均升高,增幅分别为 1.31～1.46 m、0.75～0.94 m、0.36～0.5 m。较 1956～2002 年,六站 2003～2014 年年最高水位、年最低水位出现时间分布并没有发生明显变化,12 月～次年 4 月最低水位有所升高。

（3）三峡工程运行后,长江中游主要水文站中枯流量水位降低明显。2014 年与 2003 年相比,宜昌站 6 000 m³/s、8 000 m³/s 和 10 000 m³/s 时,各级流量平均水位分别降低 0.73 m 和 0.86 m 和 1.01 m;沙市站 7 000 m³/s、10 000 m³/s 和 14 000 m³/s 时,各级流量平均水位分别降低 1.43 m 和 1.28 m 和 0.95 m;螺山站流量 10 000 m³/s、14 000 m³/s、18 000 m³/s 时,各级流量平均水位分别降低 0.99 m 和 1.02 m 和 1.01 m;汉口站流量 15 000 m³/s、20 000 m³/s 和 25 000 m³/s 时,各级流量平均水位分别降低 1.05 m、0.91 m 和 0.68 m。

第 3 章 洞庭湖区水情时空变化特征

本章依据洞庭湖水系的水文观测资料,以三峡工程运行的 2003 年为分界点,分析洞庭湖区的水文要素时空变化过程和特征。

3.1 洞庭湖入湖水量变化

洞庭湖入湖水量主要来自湘江、资江、沅江、澧水四水和荆江三口分流,从城陵矶(七里山)站出流汇入长江。

采用湘江湘潭站、资江桃江站、沅江桃源站、澧水石门站合成流量代表洞庭湖四水入湖水量,松滋河新江口站和沙道观站、虎渡河弥陀寺站、藕池河康家港站和管家铺站合成流量代表荆江三口入湖水量,城陵矶(七里山)站流量代表洞庭湖出湖入江水量。

3.1.1 荆江三口径流

1. 年内分配

荆江三口合成年最大日均流量一般分布在 6～10 月,主要集中出现在 7～9 月,约占总年数的 91.5%;年最小日均流量一般分布在 12 月～次年 4 月,主要集中在 2～4 月,约占总年数的 91.5%。

从图 3.1 和图 3.2 可以看出,较 1956～2002 年,2003～2014 年荆江三口合成年最大日均流量和年最小日均流量出现时间分布没有发生明显变化。

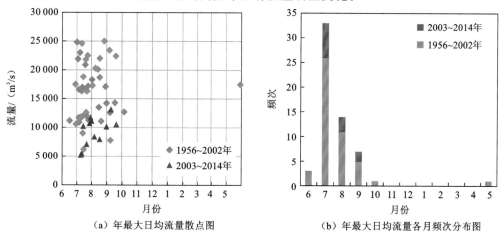

(a) 年最大日均流量散点图　　(b) 年最大日均流量各月频次分布图

图 3.1　荆江三口合成历年最大日均流量散点及各月频次分布图

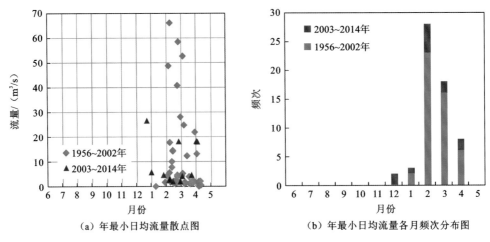

（a）年最小日均流量散点图　　　　　　（b）年最小日均流量各月频次分布图

图 3.2　荆江三口合成历年最小日均流量散点及各月频次分布图

从表 3.1 可以看出，较 1956～2002 年，荆江三口合成 2003～2014 年 10～12 月、1 月、3～5 月各月平均径流量占年径流量的比例均减少，其中 10 月减幅最大，达 5.3%，11 月减少 0.9%，12 月、1 月、3 月各月分配分别由 0.68%、0.14%、0.22% 减少为 0.27%、0.13%、0.16%，4 月、5 月分别减少 0.4%、0.1%，2 月占年比由 0.06% 增加到 0.1%，6～10 月各月占年比分别增加 0.4%、3.4%、2.2%、1.1%，汛期 6～10 月径流占年径流量比例增加 1.8%，枯水期 1～3 月径流量占年径流量的比例由 0.42% 减少为 0.39%；2008～2014 年 3～4 月、6 月、9～12 月各月平均径流量占年径流量的比例均减少，其中 10 月减幅最大，达 7%，4 月、9 月、11 月分别减少 0.1%、0.8%、0.4%，12 月占年比由 0.68% 减少为 0.27%，1 月、2 月占年比分别由 0.14% 增加为 0.2%、0.06% 增加为 0.15%，5 月、7 月、8 月占年比分别增加 0.6%、4.3%、3.8%，汛期 6～10 月径流量占年径流量的比例增加 0.2%，枯水期 1～3 月径流量占年径流量的比例由 0.42% 增加为 0.51%。

2. 年际变化

较 1956～2002 年，荆江三口合成年径流量 1956～2014 年变差系数 C_v 由 0.365 增大至 0.420，历年最大年径流量均为 1 737×10^8 m^3（1964 年），最小年径流量由 344×10^8 m^3（1994 年）减少至 183×10^8 m^3（2006 年），相应极值比由 5.1 增大到 9.5，年径流量年际变化较大（表 3.2）。

荆江三口合成入流不同时段径流量及其变化见表 3.3 和图 3.3。较 1956～2002 年，荆江三口合成入流 2003～2014 年平均年径流量减少 414.6×10^8 m^3，减幅 45.8%；2008～2014 年平均年径流量减少 416.3×10^8 m^3，减幅 46%；1～12 月各月平均流量均减少。

较 1956～2002 年，荆江三口合成入流 2003～2014 年平均 9～11 月各月径流量分别减少 73.17×10^8 m^3、72.06×10^8 m^3、17.77×10^8 m^3，减幅分别为 42.8%、71.8%、60.9%，9～11 月径流量减少 163×10^8 m^3，减幅 54.2%；枯水期 1～3 月减少 1.944×10^8 m^3，减幅 50.6%。

较 1956～2002 年，荆江三口合成入流 2008～2014 年平均 9～11 月各月径流量分别减少 82.51×10^8 m^3、80.31×10^8 m^3、15.47×10^8 m^3，减幅分别为 48.2%、80%、53%，9～11 月径流量减少 178.3×10^8 m^3，减幅 59.3%；枯水期 1～3 月减少 1.355×10^8 m^3，减幅 35.3%。

表 3.1　洞庭湖入湖径流量年内分配变化表

站名	时段	多年平均年径流量/(×10⁸ m³)	年径流量各月分配/%												汛期径流量占年比/%	枯水期径流量占年比/%
			1月	2月	3月	4月	5月	6月	7月	8月	9月	10月	11月	12月		
荆江三口	1956~2014 年	821	0.14	0.07	0.21	1.2	5.2	11.3	26.3	22.4	19.0	10.4	3.1	0.63	89.5	0.42
	① 1956~2002 年	905	0.14	0.06	0.22	1.2	5.2	11.3	25.8	22.2	18.9	11.1	3.2	0.68	89.3	0.42
	② 2003~2014 年	490	0.13	0.10	0.16	0.8	5.1	11.7	29.3	24.4	20.0	5.8	2.3	0.27	91.1	0.39
	③ 2008~2014 年	489	0.20	0.15	0.17	1.1	5.8	11.1	30.2	26.0	18.1	4.1	2.8	0.27	89.5	0.51
	②－①	−415	−0.01	0.04	−0.05	−0.4	−0.1	0.4	3.5	2.2	1.1	−5.3	−0.9	−0.41	1.8	−0.03
	③－①	−416	0.06	0.09	−0.06	−0.1	0.6	−0.2	4.4	3.8	−0.8	−7.0	−0.4	−0.41	0.2	0.09
洞庭四水	1956~2014 年	1648	3.5	4.5	7.6	12.1	16.7	16.6	12.7	8.1	5.5	4.7	4.7	3.4	58.0	11.4
	① 1956~2002 年	1674	3.3	4.4	7.5	12.5	16.7	16.5	12.6	8.3	5.4	4.9	4.6	3.3	58.3	11.0
	② 2003~2014 年	1548	4.6	4.9	8.3	10.5	16.4	17.4	12.8	7.3	5.6	3.8	4.8	3.7	57.1	13.2
	③ 2008~2014 年	1551	4.4	4.1	7.6	11.3	15.8	17.1	12.1	7.1	6.0	4.4	6.0	4.1	56.4	12.6
	②－①	−125	1.3	0.5	0.8	−2.0	−0.3	0.9	0.2	−1.0	0.2	−1.1	0.2	0.4	−1.2	2.2
	③－①	−123	1.1	−0.3	0.1	−1.2	−0.9	0.6	−0.5	−1.2	0.6	−0.5	1.4	0.8	−1.9	1.6

注:荆江三口合成汛期为 6~10 月,枯水期为 1~3 月;洞庭四水合成汛期为 4~7 月,枯水期为 12 月~次年 2 月,本书下同

表 3.2　荆江三口入湖年径流特征值统计表

时段	均值 /(×10⁸ m³)	C_v	实测最大值		实测最小值		$W_{最大}/W_{最小}$
			径流量/(×10⁸ m³)	年份	径流量/(×10⁸ m³)	年份	
1956～2002 年	905	0.365	1 737	1964	344	1994	5.1
1956～2014 年	821	0.420	1 737	1964	183	2006	9.5

表 3.3　荆江三口合成不同时段径流量及其变化表

时段	类别	年平均值	9月	10月	11月	9～11月	1～3月
1956～2014 年	径流量/(×10⁸ m³)	820.5	156.20	85.70	25.58	267.4	3.444
① 1956～2002 年	径流量/(×10⁸ m³)	904.9	171.10	100.40	29.19	300.6	3.839
② 2003～2014 年	径流量/(×10⁸ m³)	490.2	97.88	28.29	11.42	137.6	1.896
③ 2008～2014 年	径流量/(×10⁸ m³)	488.5	88.54	20.05	13.72	122.3	2.484
②－①	径流量/(×10⁸ m³)	−414.6	−73.17	−72.06	−17.77	−163.0	−1.944
	百分比/%	−45.8	−42.80	−71.80	−60.90	−54.2	−50.600
③－①	径流量/(×10⁸ m³)	−416.3	−82.51	−80.31	−15.47	−178.3	−1.355
	百分比/%	−46.0	−48.20	−80.00	−53.00	−59.3	−35.300

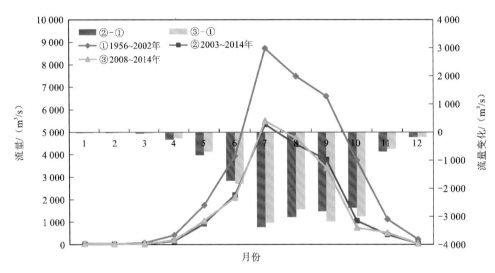

图 3.3　荆江三口合成不同时段月平均流量及其变化对比图

3.1.2　洞庭四水径流

1. 年内分配

洞庭四水合成年最大日均流量一般分布在 4～11 月,主要集中出现在 5～7 月,约占总年数的 83.1%;年最小日均流量一般分布在 9 月～次年 2 月,主要集中在 12 月～次年 1 月,约占总年数的 67.8%。

从图 3.4 和图 3.5 可以看出,较 1956～2002 年,2003～2014 年洞庭四水合成年最大日均流量和年最小日均流量出现时间分布没有发生明显变化。

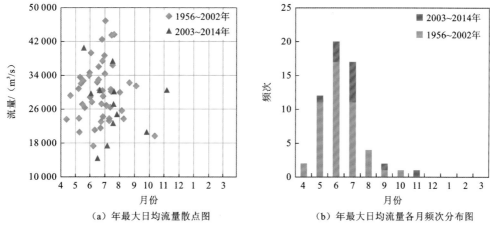

（a）年最大日均流量散点图　　　　　　　（b）年最大日均流量各月频次分布图

图 3.4　洞庭四水合成历年最大日均流量散点及各月频次分布图

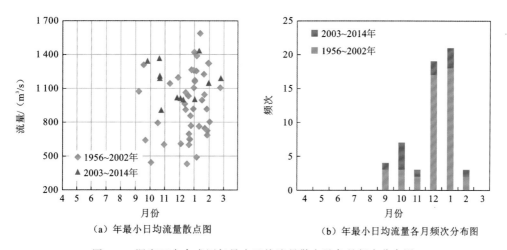

（a）年最小日均流量散点图　　　　　　　（b）年最小日均流量各月频次分布图

图 3.5　洞庭四水合成历年最小日均流量散点及各月频次分布图

从表 3.1 可以看出,较 1956～2002 年,洞庭四水合成 2003～2014 年 4 月、5 月、8 月、10 月各月平均径流量占年径流量的比例分别减少 2%、0.3%、1%、1.1%,1 月、2 月、3 月、6 月各月占年比分别增加 1.3%、0.5%、0.8%、0.9%,7 月、9 月、11 月、12 月各月占年比增加 0.1%～0.3%,汛期 4～7 月径流量占年径流量的比例减少 1.2%,枯水期 12 月～次年 2 月径流量占年径流量的比例增加 2.2%;2008～2014 年 2 月、4 月、5 月、7 月、8 月、10 月各月平均径流量占年径流量的比例分别减少 0.3%、1.1%、0.9%、0.6%、1.2%、0.5%,1 月、3 月、6 月、9 月、11 月、12 月各月占年比分别增加 1.2%、0.1%、0.7%、0.5%、1.4%、0.8%,汛期 4～7 月径流量占年径流量的比例减少 1.9%,枯水期 12 月～次年 2 月径流量占年径流量的比例增加 1.6%。

2. 年际变化

较 1956～2002 年,洞庭四水合成年径流量 1956～2014 年变差系数 C_v 变化不大,历年最大年径流量均为 $2\,333 \times 10^8$ m³（2002 年），最小年径流量由 $1\,145 \times 10^8$ m³（1963 年）减少至 $1\,027 \times 10^8$ m³（2011 年），相应极值比由 2 增大到 2.3，年径流量变差系数和年际变幅不大，年径流量较稳定（表 3.4）。

表 3.4　四水入湖年径流特征值统计表

时段	均值 /（$\times 10^8$ m³）	C_v	实测最大值		实测最小值		$W_{最大}/W_{最小}$
			径流量/（$\times 10^8$ m³）	年份	径流量/（$\times 10^8$ m³）	年份	
1956～2002 年	1 674	0.176	2 333	2002	1 145	1963	2.0
1956～2014 年	1 648	0.173	2 333	2002	1 027	2011	2.3

洞庭四水合成入流不同时段径流量及其变化见表 3.5 和图 3.6。较 1956～2002 年，洞庭四水合成入流 2003～2014 年平均年径流量减少 125×10^8 m³，减幅 7.5%，9～11 月各月径流量均减少；2008～2014 年平均年径流量减少 123×10^8 m³，减幅 7.3%，10 月径流量减少。

表 3.5　洞庭四水合成入流不同时段径流量及其变化表

时段	类别	年平均值	9 月	10 月	11 月	9～11 月	12 月～次年 2 月
1956～2014 年	径流量/（$\times 10^8$ m³）	1 648	90.00	76.72	76.89	243.6	188.9
① 1956～2002 年	径流量/（$\times 10^8$ m³）	1 674	91.00	81.34	77.55	249.9	183.4
② 2003～2014 年	径流量/（$\times 10^8$ m³）	1 548	86.08	58.66	74.31	219.1	209.7
③ 2008～2014 年	径流量/（$\times 10^8$ m³）	1 551	92.47	67.95	93.01	253.4	192.2
②－①	径流量/（$\times 10^8$ m³）	−125	−4.92	−22.68	−3.24	−30.8	26.3
	百分比/%	−7.5	−5.40	−27.90	−4.20	−12.3	14.4
③－①	径流量/（$\times 10^8$ m³）	−123	1.47	−13.38	15.46	3.5	8.8
	百分比/%	−7.3	1.60	−16.50	19.90	1.4	4.8

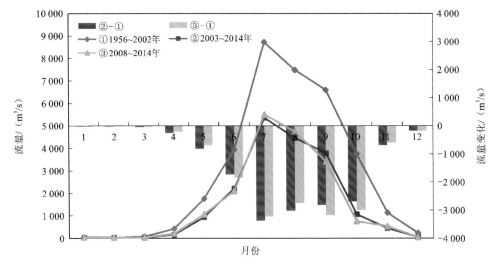

图 3.6　洞庭四水合成不同时段月平均流量及其变化对比图

　　较 1956～2002 年,洞庭四水合成入流 2003～2014 年平均 9～11 月各月径流量分别减少 4.92×10^8 m^3、22.67×10^8 m^3、3.24×10^8 m^3,减幅分别为 5.4%、27.9%、4.2%,9～11 月径流量减少 30.8×10^8 m^3,减幅 12.3%;枯水期 12 月～次年 2 月增加 26.3×10^8 m^3,增幅 14.4%。

　　较 1956～2002 年,洞庭四水合成入流 2008～2014 年平均 9 月、11 月各月径流量分别增加 1.47×10^8 m^3、15.46×10^8 m^3,增幅分别为 1.6%、19.9%,10 月径流量减少 13.38×10^8 m^3,减幅 16.5%,9～11 月径流量合计增加 3.5×10^8 m^3,增幅 1.4%;枯水期 12 月～次年 2 月增加 8.8×10^8 m^3,增幅 4.8%。

3.2　洞庭湖出湖水量变化

3.2.1　年内分配

　　城陵矶(七里山)站年最大日均流量一般分布在 4～9 月和 11 月,主要集中出现在 6 月和 7 月,约占总年数的 79.7%;年最小日均流量一般分布在 9 月～次年 3 月,主要集中在 12 月～次年 1 月,约占总年数的 72.9%。

　　从图 3.7 和图 3.8 可以看出,较 1956～2002 年,2003～2014 年城陵矶(七里山)站年最大日均流量和年最小日均流量出现时间分布没有发生明显变化。

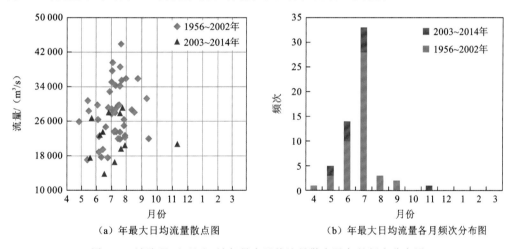

(a) 年最大日均流量散点图　　　　　　　(b) 年最大日均流量各月频次分布图

图 3.7　城陵矶(七里山)站年最大日均流量散点及各月频次分布图

　　从表 3.6 可以看出,较 1956～2002 年,城陵矶(七里山)站 2003～2014 年 4 月、7～11 月各月平均径流量占年径流量的比例均减少,其中 10 月减幅最大,达 2.2%,4 月、11 月分别减少 0.1%、0.2%,7 月、8 月、9 月分别减少 2%、0.8%、1.2%,1 月、2 月、3 月、5 月、6 月、12 月分别增加 1.2%、0.9%、1.6%、0.6%、2%、0.2%,汛期 4～7 月量径流量占年径流量的比例增加 0.5%,枯水期 12 月～次年 2 月径流量占年径流量的比例增加 2.3%;2008～2014 年 7～10 月各月平均径流量占年径流量的比例分别减少 2.6%、0.5%、1.3%、2%,1～6 月、11～12 月各月占年比均增加,其中 1 月、3 月、6 月、11 月分别增加 1%、0.8%、2.1%、0.8%,

表 3.6 洞庭湖出湖径流年内分配变化表

时段	多年平均年径流量/(×10⁸ m³)	年径流各月分配/%												汛期径流量		枯水期径流量	
		1月	2月	3月	4月	5月	6月	7月	8月	9月	10月	11月	12月	占年比/%		占年比/%	
1956~2014年	2 758	2.6	3.1	5.3	8.1	12.2	13.1	16.5	13.0	10.5	7.7	4.9	2.9	50.0		8.6	
① 1956~2002年	2 868	2.4	2.9	5.0	8.2	12.1	12.8	16.8	13.1	10.7	8.1	5.0	2.9	49.9		8.2	
② 2003~2014年	2 325	3.6	3.8	6.6	8.1	12.7	14.8	14.8	12.3	9.5	5.9	4.8	3.1	50.4		10.5	
③ 2008~2014年	2 342	3.4	3.1	5.8	8.6	12.5	14.9	14.3	12.7	9.4	6.1	5.8	3.5	50.2		10.0	
②−①	−543	1.2	0.9	1.6	−0.1	0.6	2.0	−2.0	−0.8	−1.2	−2.2	−0.2	0.2	0.5		2.3	
③−①	−527	1.0	0.2	0.8	0.4	0.4	2.1	−2.5	−0.4	−1.3	−2.0	0.8	0.6	0.3		1.8	

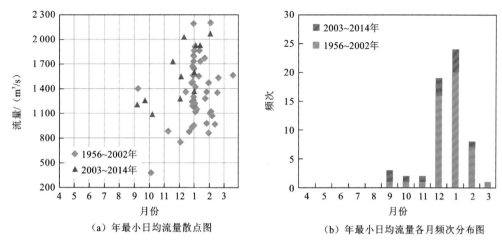

（a）年最小日均流量散点图　　　　（b）年最小日均流量各月频次分布图

图 3.8　城陵矶(七里山)站年最小日均流量散点及各月频次分布图

2 月、4 月、5 月、12 月分别增加 0.2％、0.4％、0.4％、0.6％，汛期 4～7 月径流量占年径流量的比例增加 0.3％，枯水期 12 月～次年 2 月径流量占年径流量的比例增加 1.8％。

3.2.2　年际变化

　　较 1956～2002 年，城陵矶(七里山)站年径流量 1956～2014 年变差系数 C_v 变化不大，历年最大年径流量均为 4 008×10^8 m^3(1998 年)，最小年径流量由 1 990×10^8 m^3(1978 年)减少至 1 457×10^8 m^3(2011 年)，相应极值比由 2.0 增大到 2.7，年径流量变差系数和年际变幅不大，年径流量较稳定(表 3.7)。

表 3.7　洞庭湖出湖年径流特征值统计表

时段	均值 /(×10^8 m^3)	C_v	实测最大值		实测最小值		$W_{最大}/W_{最小}$
			径流量/(×10^8 m^3)	年份	径流量/(×10^8 m^3)	年份	
1956～2002 年	2 868	0.173	4 008	1998	1 990	1978	2.0
1956～2014 年	2 758	0.190	4 008	1998	1 475	2011	2.7

　　城陵矶(七里山)站不同时段径流量及其变化见表 3.8 和图 3.9。较 1956～2002 年，城陵矶(七里山)站 2003～2014 年平均年径流量减少 543×10^8 m^3，减幅 18.9％，4～12 月各月径流量均减少；2008～2014 年平均年径流量减少 527×10^8 m^3，减幅 18.4％，9～11 月各月径流量均减少。

表 3.8　城陵矶(七里山)站不同时段径流量及其变化表

时段	类别	年平均值	9 月	10 月	11 月	9～11 月	1～3 月
1956～2014 年	径流量/(×10^8 m^3)	2 758	289.5	212.9	136.4	638.8	237.3
① 1956～2002 年	径流量/(×10^8 m^3)	2 868	306.9	232.4	142.6	681.9	234.2
② 2003～2014 年	径流量/(×10^8 m^3)	2 325	221.4	136.5	111.9	469.9	249.0
③ 2008～2014 年	径流量/(×10^8 m^3)	2 342	220.4	142.6	134.8	497.9	227.6

续表

时段	类别	年平均	9 月	10 月	11 月	9～11 月	1～3 月
②－①	径流量/(×10⁸ m³)	－543	－85.5	－95.9	－30.7	－212.0	14.8
	百分比/%	－18.9	－27.8	－41.3	－21.5	－31.1	6.3
③－①	径流量/(×10⁸ m³)	－527	－86.5	－89.8	－7.8	－184.0	－6.6
	百分比/%	－18.4	－28.2	－38.6	－5.5	－27.0	－2.8

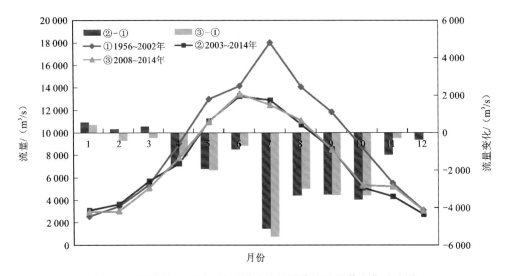

图 3.9　城陵矶(七里山)站不同时段月平均流量及其变化对比图

较 1956～2002 年,城陵矶(七里山)站 2003～2014 年平均 9～11 月各月径流量分别减少 85.5×10⁸ m³、95.9×10⁸ m³、30.7×10⁸ m³,减幅分别为 27.8%、41.3%、21.5%,9～11 月径流量减少 212.1×10⁸ m³,减幅 31.1%;枯水期 12 月～次年 2 月增加 14.8×10⁸ m³,增幅 6.3%。

较 1956～2002 年,城陵矶(七里山)站 2008～2014 年平均 9～11 月各月径流量分别减少 86.5×10⁸ m³、89.8×10⁸ m³、7.8×10⁸ m³,增幅分别为 28.2%、38.6%、5.5%,9～11 月径流量合计减少 184×10⁸ m³,减幅 27%;枯水期 12 月～次年 2 月增加 6.6×10⁸ m³,增幅 2.8%。

3.3　洞庭湖区水位变化

洞庭湖区由东洞庭、南洞庭、西洞庭组成,出口在东洞庭的城陵矶,本节以鹿角站、小河咀站、南咀站为湖区代表水位站,城陵矶(七里山)水位站代表出口(各站位置示意图见图 3.10),根据各站 1956～2014 年水位资料,分析洞庭湖区的水位变化规律。

3.3.1　鹿角站

鹿角站 1956～2014 年多年平均水位 25.7 m,历年最高水位 36.14 m(1998 年 8 月 20 日),历年最低水位 18.71 m(1957 年 1 月 11 日),极值比 1.9(表 3.9)。鹿角站年最高水位主要集中出现在 7 月,约占 61%,年最低水位主要集中出现在 12 月～次年 2 月,约占 91.5%。

表 3.9　鹿角站年月特征水位变化表

时段	类别	1月	2月	3月	4月	5月	6月	7月	8月	9月	10月	11月	12月	年
1956~2014年	平均值/m	21.63	22.13	23.32	24.98	26.88	28.16	30.35	29.30	28.48	26.49	24.24	22.24	25.70
	最高值/m	26.63	26.68	28.88	28.68	32.08	34.06	35.91	36.14	35.43	31.63	30.29	27.24	36.14
	日期	1998-1-18	2005-2-19	1992-3-29	1961-4-1	2002-5-18	1998-6-30	1999-7-23	1998-8-20	1998-9-1	1964-10-1	2008-11-11	1982-12-3	1998-8-20
	最低值/m	18.71	18.98	19.54	20.22	22.30	22.89	24.73	22.61	22.61	21.60	20.54	18.87	18.71
	日期	1957-1-1	1961-2-1	1963-3-1	1974-4-4	2011-5-10	1963-6-1	1963-7-1	1972-8-29	1972-9-4	2013-10-29	1956-11-1	1956-12-1	1957-1-1
1956~2002年①	平均值/m	21.50	22.09	23.23	25.06	26.89	28.06	30.43	29.32	28.55	26.85	24.39	22.28	25.74
	最高值/m	26.63	26.37	28.88	28.68	32.08	34.06	35.91	36.14	35.43	31.63	29.26	27.24	36.14
	日期	1998-1-18	1995-2-26	1992-3-29	1961-4-1	2002-5-18	1998-6-30	1999-7-23	1998-8-20	1998-9-1	1964-10-1	2000-11-1	1982-12-3	1998-8-20
	最低值/m	18.71	18.98	19.54	20.22	22.73	22.89	24.73	22.61	22.61	21.84	20.54	18.87	18.71
	日期	1957-1-1	1961-2-1	1963-3-1	1974-4-4	1959-5-1	1963-6-1	1963-7-1	1972-8-29	1972-9-4	1959-10-1	1956-11-1	1956-12-1	1957-1-1
2003~2014年②	平均值/m	22.13	22.31	23.70	24.69	26.83	28.53	30.03	29.23	28.20	25.09	23.67	22.07	25.55
	最高值/m	24.43	26.10	26.10	28.49	30.66	32.11	33.83	33.48	31.79	29.66	30.29	25.08	33.83
	日期	2003-1-1	2005-2-19	2009-3-7	2010-4-25	2003-5-21	2010-6-27	2003-7-15	2012-8-1	2005-9-5	2014-10-1	2008-11-11	2008-12-1	2003-7-15
	最低值/m	20.22	20.15	20.90	22.20	22.30	23.91	26.73	23.81	22.61	21.60	21.05	20.74	20.15
	日期	2004-1-31	2004-2-2	2010-3-2	2010-4-1	2011-5-10	2011-6-1	2011-7-30	2006-8-24	2006-9-29	2013-10-29	2009-11-26	2003-12-31	2004-2-2
2008~2014年③	平均值/m	22.11	22.08	23.33	24.92	26.89	28.58	30.01	29.52	28.02	24.79	24.03	22.28	25.56
	最高值/m	24.21	23.18	26.10	28.49	30.05	32.11	33.53	33.48	31.41	29.66	30.29	25.08	33.53
	日期	2013-1-1	2013-2-24	2009-3-7	2010-4-25	2012-5-31	2010-6-27	2012-7-29	2012-8-1	2008-9-7	2014-10-1	2008-11-11	2008-12-1	2012-7-29
	最低值/m	21.03	20.91	20.90	22.20	22.30	23.91	26.73	24.58	23.16	21.60	21.05	21.01	20.90
	日期	2008-1-9	2010-2-28	2010-3-2	2010-4-1	2011-5-10	2011-6-1	2011-7-30	2011-8-31	2011-9-14	2013-10-29	2009-11-26	2009-12-6	2010-3-2
②－①	平均值/m	0.63	0.22	0.47	-0.37	-0.06	0.47	-0.40	-0.09	-0.35	-1.76	-0.72	-0.21	-0.19
③－①	平均值/m	0.61	-0.01	0.10	-0.14	-0.00	0.52	-0.42	0.20	-0.53	-2.06	-0.36	0.00	-0.18

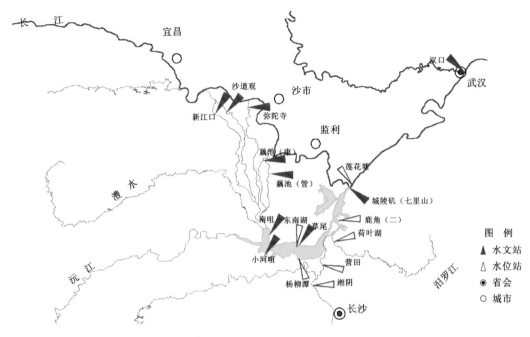

图 3.10　洞庭湖区主要水位站与长江干流莲花塘站位置图

　　从图 3.11、图 3.12 和表 3.9 可以看出,较 1956~2002 年,鹿角站 2003~2014 年年最高水位、年最低水位出现时间分布并没有发生明显变化,11 月~次年 4 月各月最低水位均升高,除 2 月和 11 月的各月最高水位均降低。鹿角站不同时段年月特征水位变化情况见表 3.9 和图 3.13、图 3.14,较 1956~2002 年,鹿角站 2003~2014 年、2008~2014 年多年平均水位分别降低 0.19 m、0.18 m,1 月、3 月、6 月各月多年平均水位均升高,升高幅度在0.1~0.63 m;4 月、5 月、7 月、9~11 月各月平均水位均降低,其中 10 月降幅最大,分别达1.76 m、2.06 m,9 月降幅分别达 0.35 m、0.53 m,11 月降幅分别达 0.72 m、0.36 m。

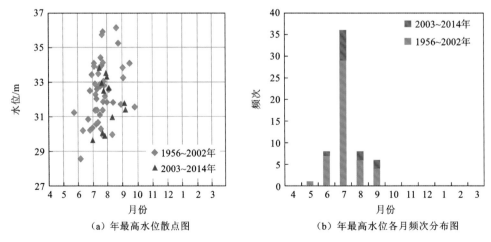

（a）年最高水位散点图　　　　　　（b）年最高水位各月频次分布图

图 3.11　鹿角站历年最高水位散点及各月频次分布图

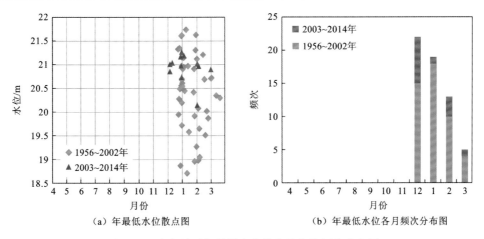

（a）年最低水位散点图　　　　　（b）年最低水位各月频次分布图

图 3.12　鹿角站历年最低水位散点及各月频次分布图

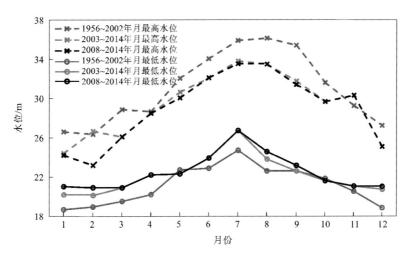

图 3.13　鹿角站不同时段月极值水位变化图

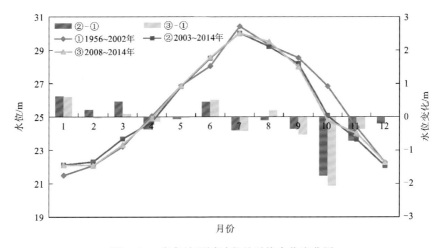

图 3.14　鹿角站不同时段月平均水位变化图

3.3.2　小河咀站

　　小河咀站 1956～2014 年多年平均水位 30 m,历年最高水位 37.57 m(1996 年 7 月 21日),历年最低水位 27.81 m(1992 年 12 月 8 日),极值比 1.4(表 3.10)。小河咀站年最高水位主要集中出现在 7 月,约占 57.6%,年最低水位主要集中出现在 12 月～次年 2 月,约占 84.7%。

　　从图 3.15、图 3.16 和表 3.10 可以看出,较 1956～2002 年,小河咀站 2003～2014 年年最高水位、年最低水位出现时间分布并没有发生明显变化,11 月～次年 3 月各月最低水位均变化很小,除 11 月的各月最高水位均降低。小河咀站不同时段年月特征水位变化情况见表 3.10 和图 3.17、图 3.18,较 1956～2002 年,小河咀站 2003～2014 年、2008～2014 年多年平均水位分别降低 0.38 m、0.41 m,4～12 月各月多年平均水位均降低,其中 10 月降幅最大,分别降低 1.08 m、1.10 m,其余各月降低幅度在 0.19～0.66 m;1～3 月变幅在 −0.32～0.02 m。

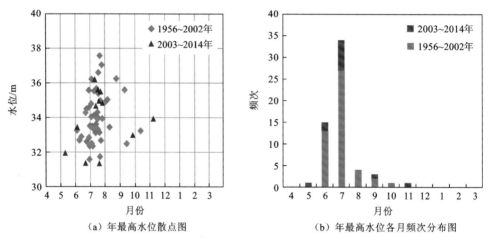

（a）年最高水位散点图　　　　　　　　（b）年最高水位各月频次分布图

图 3.15　小河咀站历年最高水位散点及各月频次分布图

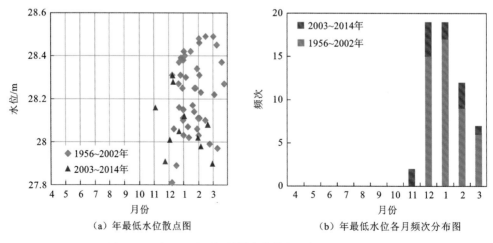

（a）年最低水位散点图　　　　　　　　（b）年最低水位各月频次分布图

图 3.16　小河咀站历年最低水位散点及各月频次分布图

表 3.10　小河咀站年月特征水位变化表

时段	类别	1月	2月	3月	4月	5月	6月	7月	8月	9月	10月	11月	12月	年
1956~2014 年	平均值/m	28.60	28.74	29.14	29.79	30.61	31.15	32.04	31.19	30.73	29.89	29.32	28.73	30.00
	最高值/m	30.29	30.36	32.22	32.09	34.65	35.88	37.57	36.70	35.61	33.23	33.94	31.77	37.57
	日期	1991-1-29	1991-2-17	1998-3-13	1964-4-1	2002-5-16	1999-6-30	1996-7-21	1998-8-1	1998-9-1	1994-10-13	2008-11-9	1982-12-1	1996-7-21
	最低值/m	28.02	27.92	26.68	28.19	28.17	28.93	29.17	28.59	28.23	28.04	27.91	27.81	27.81
	日期	1974-1-12	2010-2-28	1957-3-1	1999-4-2	2011-5-14	2011-6-4	2001-7-31	2006-8-24	2006-9-28	2009-10-20	2009-11-24	1992-12-8	1992-12-8
① 1956~2002 年	平均值/m	28.59	28.77	29.14	29.86	30.65	31.19	32.15	31.31	30.85	30.11	29.43	28.79	30.08
	最高值/m	30.29	30.36	32.22	32.09	34.65	35.88	37.57	36.70	35.61	33.23	33.71	31.77	37.57
	日期	1991-1-29	1991-2-17	1998-3-13	1964-4-1	2002-5-16	1999-6-30	1996-7-21	1998-8-1	1998-9-1	1994-10-13	1982-11-30	1982-12-1	1996-7-21
	最低值/m	28.02	27.99	26.68	28.19	28.71	29.27	29.17	28.67	28.67	28.61	27.96	27.81	27.81
	日期	1974-1-12	1999-2-24	1957-3-1	1999-4-2	1988-5-1	1963-6-1	2001-7-31	1972-8-29	1997-9-19	1992-10-27	1992-11-30	1992-12-8	1992-12-8
② 2003~2014 年	平均值/m	28.61	28.62	28.92	29.51	30.44	31.00	31.62	30.72	30.24	29.03	28.89	28.50	29.70
	最高值/m	29.35	30.25	30.43	31.76	33.73	33.71	36.21	34.00	32.99	31.34	33.94	29.74	36.21
	日期	2003-1-28	2003-2-28	2003-3-1	2009-4-26	2003-5-20	2010-6-27	2003-7-11	2012-8-1	2013-9-27	2013-10-1	2008-11-9	2014-12-1	2003-7-11
	最低值/m	28.02	27.92	27.90	28.46	28.17	28.93	29.43	28.59	28.23	28.04	27.91	27.92	27.90
	日期	2008-1-31	2010-2-28	2010-3-1	2011-4-15	2011-5-14	2011-6-4	2011-7-27	2006-8-24	2006-9-28	2009-10-20	2009-11-24	2009-12-1	2010-3-1
③ 2008~2014 年	平均值/m	28.52	28.45	28.92	29.58	30.37	30.99	31.55	30.84	30.19	29.01	29.07	28.50	29.67
	最高值/m	28.98	29.04	30.01	31.76	32.66	33.71	35.62	34.00	32.99	31.34	33.94	29.74	35.62
	日期	2011-1-8	2009-2-28	2009-3-7	2009-4-26	2012-5-14	2010-6-27	2014-7-18	2012-8-1	2013-9-27	2013-10-1	2008-11-9	2014-12-1	2014-7-18
	最低值/m	28.02	27.92	27.90	28.46	28.17	28.93	29.43	28.59	28.29	28.04	27.91	27.92	27.90
	日期	2008-1-31	2010-2-28	2010-3-1	2011-4-15	2011-5-14	2011-6-4	2011-7-27	2011-8-31	2011-9-14	2009-10-20	2009-11-24	2009-12-1	2010-3-1
②-①	平均值/m	0.02	-0.15	0.00	-0.35	-0.21	-0.19	-0.53	-0.59	-0.61	-1.08	-0.54	-0.29	-0.38
③-①	平均值/m	-0.07	-0.32	-0.22	-0.28	-0.28	-0.20	-0.60	-0.47	-0.66	-1.10	-0.36	-0.29	-0.41

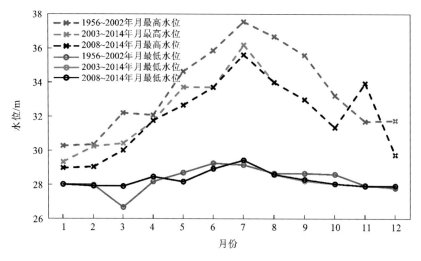

图 3.17　小河咀站不同时段月极值水位变化图

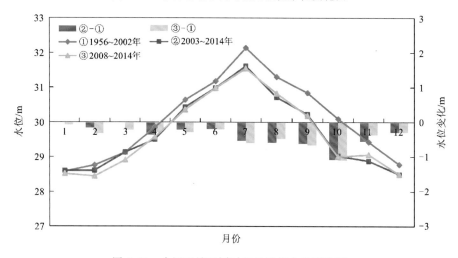

图 3.18　小河咀站不同时段月平均水位变化图

3.3.3　南咀站

　　南咀站 1956～2014 年多年平均水位 30.1 m,历年最高水位 37.62 m(1996 年 7 月 21 日),历年最低水位 27.69 m(1992 年 12 月 23 日),极值比 1.4(表 3.11)。南咀站年最高水位主要集中出现在 7 月,约占 61%,年最低水位主要集中出现在 12 月～2 月,约占 86.4%。

　　从图 3.19、图 3.20 和表 3.11 可以看出,较 1956～2002 年,南咀站 2003～2014 年年最高水位、年最低水位出现时间分布并没有发生明显变化,12 月～次年 4 月最低水位均略有升高,除 11 月的各月最高水位均降低。南咀站不同时段年月特征水位变化情况见表 3.11 和图 3.21、图 3.22,较 1956～2002 年,南咀站 2003～2014 年、2008～2014 年多年平均水位分别降低 0.41 m、0.44 m,4～12 月各月多年平均水位均降低,其中 10 月降幅最大,分别降低 1.3 m、1.38 m,其余各月降低幅度在 0.27～0.72 m;1～3 月变幅在 −0.20～0.08 m。

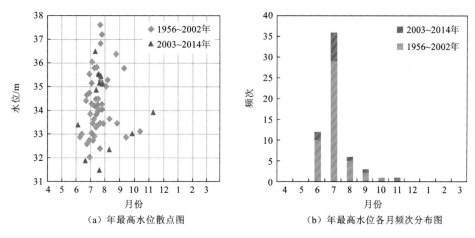

（a）年最高水位散点图　　　　　　　（b）年最高水位各月频次分布图

图 3.19　南咀站历年最高水位散点及各月频次分布图

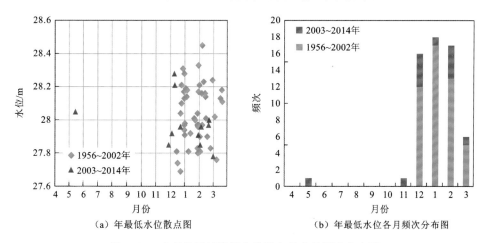

（a）年最低水位散点图　　　　　　　（b）年最低水位各月频次分布图

图 3.20　南咀站历年最低水位散点及各月频次分布图

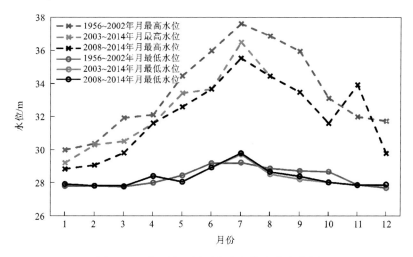

图 3.21　南咀站不同时段月极值水位变化图

表 3.11　南咀站年月特征水位变化表

时段	类别	1月	2月	3月	4月	5月	6月	7月	8月	9月	10月	11月	12月	年
1956~2014年	平均值/m	28.42	28.52	28.96	29.67	30.63	31.32	32.46	31.66	31.21	30.23	29.41	28.65	30.10
	最高值/m	29.99	30.37	31.92	32.11	34.47	35.98	37.62	36.87	35.95	33.12	33.93	31.73	37.62
	日期	1991-1-28	1990-2-24	1998-3-13	1964-4-1	2002-5-16	1999-6-30	1996-7-21	1998-8-19	1998-9-1	1994-10-13	2008-11-10	1982-12-1	1996-7-21
	最低值/m	27.80	27.81	27.76	28.00	28.05	28.92	29.23	28.52	28.21	28.02	27.85	27.69	27.69
	日期	1961-1-1	1961-2-1	1996-3-9	1999-4-2	2011-5-14	2011-6-1	2001-7-30	2006-8-24	2006-9-28	2009-10-20	2009-11-28	1992-12-23	1992-12-23
1956~2002年 ①	平均值/m	28.40	28.53	28.95	29.75	30.70	31.37	32.56	31.77	31.34	30.50	29.55	28.71	30.19
	最高值/m	29.99	30.37	31.92	32.11	34.47	35.98	37.62	36.87	35.95	33.12	31.99	31.73	37.62
	日期	1991-1-28	1990-2-24	1998-3-13	1964-4-1	2002-5-16	1999-6-30	1996-7-21	1998-8-19	1998-9-1	1994-10-13	1989-11-8	1982-12-1	1996-7-21
	最低值/m	27.80	27.81	27.76	28.00	28.44	29.19	29.23	28.87	28.72	28.67	27.87	27.69	27.69
	日期	1961-1-1	1961-2-1	1996-3-9	1999-4-2	1988-5-1	1988-6-11	2001-7-30	1972-8-28	1997-9-19	1992-10-27	1992-11-30	1992-12-23	1992-12-23
2003~2014年 ②	平均值/m	28.48	28.49	28.98	29.36	30.37	31.09	32.08	31.23	30.70	29.20	28.90	28.42	29.78
	最高值/m	29.21	30.30	30.52	31.60	33.43	33.67	36.50	34.45	33.48	31.59	33.93	29.78	36.50
	日期	2003-1-1	2003-2-28	2003-3-1	2009-4-26	2003-5-20	2010-6-27	2003-7-11	2012-8-1	2008-9-1	2014-10-31	2008-11-10	2014-12-1	2003-7-11
	最低值/m	27.91	27.81	27.78	28.40	28.05	28.92	29.73	28.52	28.21	28.02	27.85	27.89	27.78
	日期	2010-2-28	2010-2-28	2010-3-2	2011-4-15	2011-5-14	2011-6-1	2006-7-31	2006-8-24	2006-9-28	2009-10-20	2009-11-28	2009-12-1	2010-3-2
2008~2014年 ③	平均值/m	28.40	28.33	28.76	29.44	30.30	31.07	32.03	31.38	30.62	29.12	29.09	28.43	29.75
	最高值/m	28.82	29.06	29.81	31.60	32.58	33.67	35.53	34.45	33.48	31.59	33.93	29.78	35.53
	日期	2011-1-14	2009-2-28	2009-3-8	2009-4-26	2012-5-15	2010-6-27	2014-7-18	2012-8-1	2008-9-1	2014-10-31	2008-11-10	2014-12-1	2014-7-18
	最低值/m	27.91	27.81	27.78	28.40	28.05	28.92	29.79	28.65	28.38	28.02	27.85	27.89	27.78
	日期	2008-1-30	2010-2-28	2010-3-2	2011-4-15	2011-5-14	2011-6-1	2011-7-20	2011-8-31	2011-9-14	2009-10-20	2009-11-28	2009-12-1	2010-3-2
②-①	平均值/m	0.08	-0.04	0.03	-0.39	-0.33	-0.28	-0.48	-0.54	-0.64	-1.30	-0.65	-0.29	-0.41
③-①	平均值/m	0.00	-0.20	-0.19	-0.31	-0.40	-0.30	-0.53	-0.39	-0.72	-1.38	-0.46	-0.28	-0.44

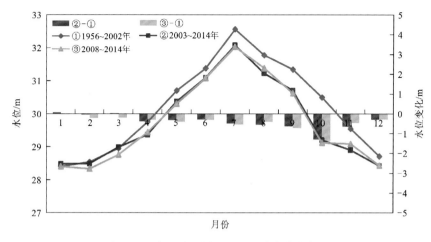

图 3.22　南咀站不同时段月平均水位变化图

3.3.4　城陵矶(七里山)站

城陵矶(七里山)站 1956～2014 年多年平均水位 24.8 m,历年最高水位 35.94 m (1998 年 8 月 20 日),历年最低水位 17.27 m(1960 年 2 月 16 日),极值比 2.1(表 3.12)。城陵矶(七里山)站年最高水位主要集中出现在 7 月,约占 62.7%,年最低水位主要集中出现在 12 月～次年 2 月,约占 84.7%。

从图 3.23、图 3.24 和表 3.12 可以看出,较 1956～2002 年,城陵矶(七里山)站 2003～2014 年年最高水位、年最低水位出现时间分布并没有发生明显变化,各月最低水位均升高,除 2 月和 11 月的各月最高水位均降低。城陵矶(七里山)站不同时段年月特征水位变化情况见表 3.12 和图 3.25、图 3.26,较 1956～2002 年,城陵矶(七里山)站 2003～2014 年、2008～2014 年多年平均水位分别升高 0.16 m、0.18 m,1～6 月、12 月各月多年平均水位均升高,其中 1～3 月升高幅度在 1.14～1.42 m,其余各月升高幅度在 0.6 m 以内;7 月、9～11 月各月平均水位均降低,其中 10 月降幅最大,分别达 1.76 m、2.12 m,7 月降幅分别为 0.34 m、0.36 m,9 月降幅分别为 0.33 m、0.52 m,11 月降幅分别为 0.57 m、0.29 m。

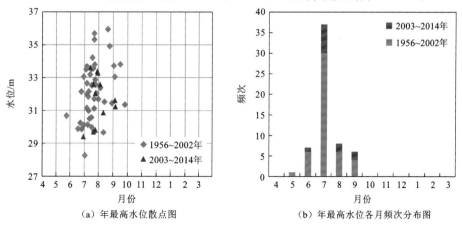

（a）年最高水位散点图　　　　　（b）年最高水位各月频次分布图

图 3.23　城陵矶(七里山)站历年最高水位散点及各月频次分布图

表 3.12　城陵矶(七里山)站年月特征水位变化表

时段	类别	1月	2月	3月	4月	5月	6月	7月	8月	9月	10月	11月	12月	年
1956~2014年	平均值/m	20.15	20.21	21.33	23.39	26.03	27.66	30.11	29.08	28.25	26.20	23.67	21.23	24.80
	最高值/m	24.93	24.76	27.51	27.84	31.49	33.70	35.68	35.94	35.26	31.43	29.76	26.45	35.94
	日期	1998-1-19	2005-2-21	1992-3-30	1961-4-1	2002-5-18	1998-6-30	1999-7-22	1998-8-20	1998-9-1	1964-10-1	2008-11-11	1982-12-4	1998-8-20
	最低值/m	17.36	17.27	17.64	18.38	20.33	21.59	24.17	22.01	21.81	20.73	19.69	18.05	17.27
	日期	1961-1-1	1960-2-1	1963-3-1	1963-4-1	1959-5-1	1969-6-1	1963-7-1	1972-8-29	1959-9-1	1959-10-1	1956-11-1	1956-12-1	1960-2-16
1956~2002年 ①	平均值/m	19.88	19.96	21.04	23.33	26.00	27.55	30.18	29.10	28.32	26.56	23.79	21.19	24.77
	最高值/m	24.93	24.70	27.51	27.84	31.49	33.70	35.68	35.94	35.26	31.43	29.02	26.45	35.94
	日期	1998-1-19	1990-2-27	1992-3-30	1961-4-1	2002-5-18	1998-6-30	1999-7-22	1998-8-20	1998-9-1	1964-10-1	2000-11-1	1982-12-4	1998-8-20
	最低值/m	17.36	17.27	17.64	18.38	20.33	21.59	24.17	22.01	21.81	20.73	19.69	18.05	17.27
	日期	1961-1-1	1960-2-1	1963-3-1	1963-4-1	1959-5-1	1969-6-11	1963-7-1	1972-8-29	1959-9-1	1959-10-1	1956-11-1	1956-12-1	1960-2-16
2003~2014年 ②	平均值/m	21.18	21.21	22.46	23.60	26.13	28.08	29.84	29.02	27.99	24.80	23.22	21.40	24.93
	最高值/m	23.18	24.76	24.87	27.29	29.88	31.67	33.61	33.32	31.62	29.46	29.76	24.80	33.61
	日期	2003-1-1	2005-2-21	2009-3-8	2010-4-26	2003-5-22	2010-6-28	2003-7-14	2012-8-1	2005-9-5	2014-10-1	2008-11-11	2008-12-1	2003-7-14
	最低值/m	19.43	19.31	20.17	21.15	21.48	23.53	26.51	23.21	22.25	21.19	20.54	20.10	19.31
	日期	2004-1-31	2004-2-2	2004-3-1	2010-4-1	2011-5-3	2011-6-1	2011-7-31	2006-8-23	2006-9-29	2013-10-29	2009-11-27	2003-12-31	2004-2-2
2008~2014年 ③	平均值/m	21.25	21.15	22.18	23.85	26.22	28.14	29.82	29.33	27.80	24.44	23.50	21.52	24.95
	最高值/m	23.15	22.36	24.87	27.29	29.67	31.67	33.38	33.32	31.24	29.46	29.76	24.80	33.38
	日期	2013-1-2	2011-2-1	2009-3-8	2010-4-26	2012-5-31	2010-6-28	2012-7-29	2012-8-1	2008-9-6	2014-10-1	2008-11-11	2008-12-1	2012-7-29
	最低值/m	20.27	20.23	20.20	21.15	21.48	23.53	26.51	24.34	22.89	21.19	20.54	20.41	20.20
	日期	2008-1-10	2010-2-27	2010-3-2	2010-4-1	2011-5-3	2011-6-1	2011-7-31	2011-8-31	2011-9-15	2013-10-29	2009-11-27	2013-12-12	2010-3-2
②-①	平均值/m	1.30	1.25	1.42	0.27	0.13	0.53	-0.34	-0.08	-0.33	-1.76	-0.57	0.21	0.16
③-①	平均值/m	1.37	1.19	1.14	0.52	0.22	0.59	-0.36	0.23	-0.52	-2.12	-0.29	0.33	0.18

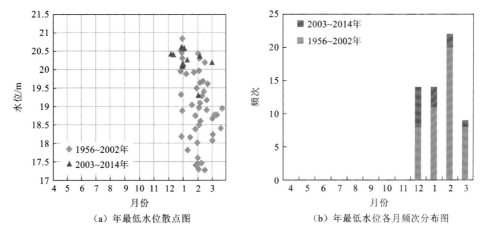

（a）年最低水位散点图　　　　　　　　（b）年最低水位各月频次分布图

图 3.24　城陵矶(七里山)站历年最低水位散点及各月频次分布图

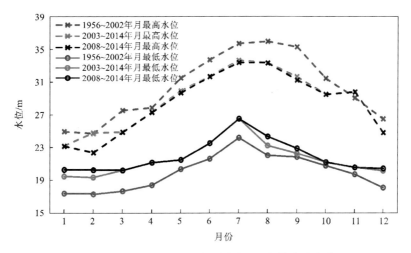

图 3.25　城陵矶(七里山)站不同时段月极值水位变化图

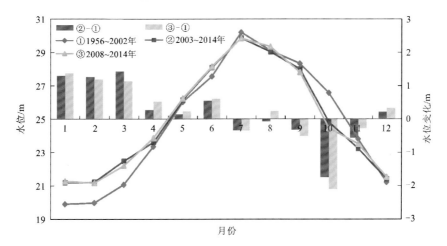

图 3.26　城陵矶(七里山)站不同时段月平均水位变化图

3.4　本章小结

本章以三峡工程运行的 2003 年为分界点,采用统计分析方法,分析了洞庭湖区的水文时空变化过程和特征,主要结论如下。

(1) 三峡工程运行以后,荆江三口合成平均年径流量有所减少,且减少主要发生在三峡蓄水期 9～11 月。较 1956～2002 年,2003～2014 年荆江三口合成平均年径流量减少 414.6×10^8 m^3,减幅 45.8%,其中 9～11 月径流量减少 163×10^8 m^3,减幅 54.2%,枯水期 1～3 月减少 1.944×10^8 m^3,减幅 50.6%。

洞庭四水年径流量减少,较 1956～2002 年,2003～2014 年洞庭四水合成平均年径流量减少 125×10^8 m^3,减幅 7.5%,9～11 月径流量减少 30.8×10^8 m^3,减幅 12.3%,枯水期 12 月～次年 2 月增加 26.3×10^8 m^3,增幅 14.4%。

三口来水量和洞庭四水来水量的减少共同导致洞庭湖年均出湖水量减少,较 1956～2002 年,2003～2014 年城陵矶(七里山)站平均年径流量减少 543×10^8 m^3,减幅 18.9%,9～11 月径流量减少 212.1×10^8 m^3,减幅 31.1%,枯水期 12 月～次年 2 月增加 14.8×10^8 m^3,增幅 6.3%。

(2) 三峡水库运行前后,洞庭湖区的年最高水位、年最低水位出现时间分布并没有发生明显变化;湖区年平均水位有所降低,降幅最大的为 10 月,较 1956～2002 年,2003～2014 年南咀站、小河咀站及鹿角站多年平均水位分别下降 0.40 m、0.38 m 及 0.19 m,其中 10 月平均水位降幅较大,分别下降 1.30 m、1.07 m 和 1.77 m;出湖站年平均水位相差不大,较 1956～2002 年,2003～2014 年城陵矶(七里山)站多年平均水位升高 0.16 m,但 10 月水位降低较大,水位下降 1.76 m。

第4章 鄱阳湖区水情时空变化特征

本章依据鄱阳湖水系的水文观测资料,以三峡水利枢纽运行的 2003 年为分界点,分析鄱阳湖区的水文要素时空变化过程和特征。

4.1 鄱阳湖入湖水量变化

4.1.1 五河控制站径流

鄱阳湖水系由赣江、抚河、信江、饶河、修水五河组成,五河七口控制站分别为赣江的外洲站、抚河的李家渡站、信江的梅港站、饶河的虎山和渡峰坑站、修水的虬津和万家埠站,出湖水量由湖口水文站控制。现以五河七口合计水量作为鄱阳湖区主要入湖水量,以湖口站水量表征出湖水量。

1. 径流特征

1)平均流量

表 4.1～表 4.3 分别给出了鄱阳湖五河七口各控制站在不同时段多年入湖平均流量。1956～2014 年,五湖七口控制站汛期 4～7 月径流量占全年径流量的 52.0%～69.7%,各站中渡峰坑站比例最大;非汛期 11 月～次年 1 月仅占全年径流量的 5.65%～15.49%,各站中虬津站比例最大。

相比 1956～2002 年,鄱阳湖五河七口控制站 2003～2014 年平均年径流量均有所降低,其中外洲站减少 47.6×10^8 m³、李家渡站减少 17.1×10^8 m³。从减少比例来看,虬津站的年径流量减少比例较大,达 18.6%,其次为李家渡站,为 13.4%,而梅港站年径流减少比例最小,仅为 1.5%,综合表明修水和抚河在 2003 年后水量相对变化较大,而信江变化较小。

表 4.1 鄱阳湖五河七口控制站 1956～2002 年入湖平均流量　　（单位:m³/s）

站名	1 月	2 月	3 月	4 月	5 月	6 月	7 月	8 月	9 月	10 月	11 月	12 月	年
外洲站	833	1 230	2 240	3 660	4 290	4 780	2 670	1 800	1 570	1 160	1 010	785	2 170
李家渡站	152	261	479	741	862	1 040	492	202	163	138	166	143	403
梅港站	207	365	663	1 010	1 150	1 500	729	333	275	196	201	177	567
虎山站	69.4	130	248	423	491	579	375	139	81.9	62.5	58.9	53.4	226
渡峰坑站	35.0	71.6	145	263	308	394	286	112	48.8	36.7	31.8	24.5	146
虬津站	155	190	275	399	554	616	445	303	221	163	164	153	303
万家埠站	40.4	59.4	99.3	167	212	257	177	109	72.1	51.7	48.5	36.7	111

表 4.2　鄱阳湖五河七口控制站 2003～2014 年入湖平均流量　　（单位：m³/s）

站名	1 月	2 月	3 月	4 月	5 月	6 月	7 月	8 月	9 月	10 月	11 月	12 月	年
外洲站	932	1 160	2 100	3 000	4 109	4 710	2 350	1 680	1 340	827	967	1 030	2 020
李家渡站	142	246	503	575	734	1 020	331	176	103	52.1	144	165	349
梅港站	210	419	751	912	1 050	1 450	581	436	295	158	221	220	559
虎山站	68.6	152	289	302	388	565	258	134	88.4	46.3	63.7	76.6	203
渡峰坑站	28.6	84.3	178	174	250	334	266	112	43.5	28.7	28.2	32.1	130
虬津站	273	173	378	335	435	250	239	201	195	140	161	181	247
万家埠站	38.6	57.6	108	128	193	216	140	93	105	44.3	58.1	47.0	102

表 4.3　鄱阳湖五河七口控制站 1956～2014 年入湖平均流量　　（单位：m³/s）

站名	1 月	2 月	3 月	4 月	5 月	6 月	7 月	8 月	9 月	10 月	11 月	12 月	年
外洲站	853	1 220	2 210	3 530	4 250	4 760	2 610	1 770	1 520	1 100	1 010	835	2 140
李家渡站	150	258	484	707	836	1 040	459	197	151	121	162	147	393
梅港站	208	376	681	991	1 130	1 490	699	354	279	188	205	186	566
虎山站	69.2	134	256	398	470	576	351	138	83.3	59.2	59.9	58.1	221
渡峰坑站	33.7	74.2	152	245	296	382	282	112	47.7	35.1	31.0	26.1	143
虬津站	179	187	296	386	529	541	403	283	216	159	163	159	292
万家埠站	40.1	59.1	101	159	208	249	169	106	78.7	50.2	50.5	38.8	109

2）极值流量

表 4.4 给出了鄱阳湖五河七口极值流量。外洲站、李家渡站、梅港站、万家埠站在 2003～2014 年出现历年最大流量,其外洲站最大达 21 200 m³/s(2010 年 6 月 22 日),李家渡为 10 600 m³/s(2010 年 6 月 21 日),梅港站最大达 13 800 m³/s(2010 年 6 月 20 日),万家埠为 4 330 m³/s(2005 年 9 月 4 日),其他站点历年最大流量均发生在 2003 年以前,尤以虬津流量较大,最高达 9 060 m³/s(1977 年 6 月 16 日)。

表 4.4　鄱阳湖五河七口控制站极值流量

站名	1956～2002 年				2003～2014 年			
	年最大流量 /(m³/s)	发生日期	年最小流量 /(m³/s)	发生日期	年最大流量 /(m³/s)	发生时间	年最小流量 /(m³/s)	发生日期
外洲站	20 100	1982-6-20	179	1963-11-3	21 200	2010-6-22	265	2004-1-9
李家渡站	9 430	1998-6-23	0.059	1967-9-3	10 600	2010-6-21	0.98	2008-12-11
梅港站	13 300	1998-6-6	6.05	1997-1-14	13 800	2010-6-20	27.7	2003-11-8
虎山站	9 160	1967-6-20	4.8	1967-10-10	7 410	2011-6-16	7.3	2013-11-8
渡峰坑站	8 170	1998-6-26	1.28	1978-8-27	5 250	2010-7-15	1.7	2007-12-31
虬津站	9 060	1977-6-16	4.67	1983-1-10	2 890	2014-7-17	5.47	2004-4-25
万家埠站	3 220	1993-7-4	2.12	1963-4-12	4 330	2005-9-4	6.2	2009-1-11

值得注意的是各站历年最小流量均发生在 2003 年以前,尤以李家渡站流量最小,达 $0.059\,\mathrm{m^3/s}$(1967 年 9 月 3 日)。

2. 年内变化

1)径流年内变化

以 2003 年为界,分时段分析各月径流量占年径流量的比值,表 4.5 给出了不同时段五河七口控制站月径流年内分配。图 4.1 为 2003~2014 年相对于 1956~2002 年年内分配比差值。

表 4.5 鄱阳湖五河七口控制站月径流年内分配 （单位:%）

站名	时段	1 月	2 月	3 月	4 月	5 月	6 月	7 月	8 月	9 月	10 月	11 月	12 月
外洲站	1956~2014 年	3.42	4.37	8.73	13.49	17.18	18.23	10.32	6.98	5.72	4.31	3.93	3.32
	1956~2002 年	3.26	4.35	8.69	13.88	17.26	18.12	10.33	6.92	5.73	4.46	3.91	3.07
	2003~2014 年	4.03	4.45	8.89	11.98	16.85	18.65	10.28	7.21	5.66	3.70	4.01	4.29
李家渡站	1956~2014 年	3.44	5.18	11.00	15.12	17.93	21.35	9.45	4.17	3.05	2.57	3.49	3.25
	1956~2002 年	3.30	5.06	10.46	15.56	18.16	20.83	9.90	4.09	3.16	2.88	3.52	3.09
	2003~2014 年	3.99	5.63	13.12	13.43	17.02	23.37	7.68	4.49	2.61	1.38	3.37	3.91
梅港站	1956~2014 年	3.05	5.23	10.44	14.70	17.32	20.96	10.01	5.44	4.15	2.88	3.06	2.77
	1956~2002 年	3.00	5.10	10.24	15.01	17.66	20.94	10.37	5.05	3.99	2.96	3.00	2.68
	2003~2014 年	3.27	5.72	11.20	13.47	16.00	21.02	8.61	6.96	4.76	2.56	3.30	3.14
虎山站	1956~2014 年	2.59	4.87	9.99	14.80	18.58	21.20	12.68	5.27	3.10	2.31	2.36	2.25
	1956~2002 年	2.45	4.61	9.60	15.57	19.13	20.47	13.25	5.23	2.90	2.39	2.29	2.11
	2003~2014 年	3.13	5.92	11.52	11.82	16.41	24.02	10.45	5.45	3.86	1.98	2.62	2.81
渡峰坑站	1956~2014 年	2.02	4.22	9.16	14.11	18.60	21.60	15.42	6.36	2.79	2.09	1.95	1.69
	1956~2002 年	2.00	3.94	8.74	15.08	18.99	21.58	15.00	6.17	2.74	2.18	1.96	1.62
	2003~2014 年	2.09	5.30	10.78	10.38	17.10	21.66	17.02	7.07	2.97	1.77	1.91	1.97
虬津站	1956~2014 年	5.65	5.10	8.81	10.87	15.22	14.76	11.13	8.04	6.05	4.53	4.90	4.94
	1956~2002 年	4.56	5.12	7.84	10.91	15.63	16.26	11.85	8.21	5.85	4.50	4.66	4.63
	2003~2014 年	9.89	5.03	12.61	10.74	13.62	8.89	8.32	7.36	6.84	4.66	5.85	6.19
万家埠站	1956~2014 年	3.11	4.26	8.01	11.99	16.32	18.66	12.47	8.28	5.92	3.94	3.95	3.08
	1956~2002 年	3.07	4.28	7.80	12.47	16.75	18.87	12.65	8.22	5.27	3.97	3.75	2.91
	2003~2014 年	3.30	4.21	8.82	10.11	14.63	17.87	11.78	8.48	8.47	3.85	4.73	3.74

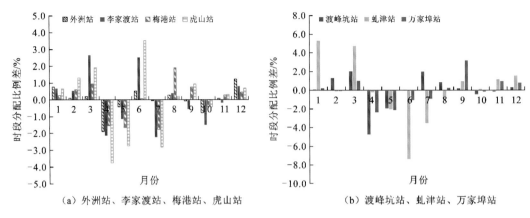

图 4.1　鄱阳湖五河七口控制站径流年内分配时段差

由表可知,五河控制站径流年内分配受汛期降雨影响,呈单峰分布,表现出汛期偏多,非汛期偏少的特点。1956～2014 年外洲站汛期 4～7 月集中了 59.22％的年径流量,尤以 6 月分配比最高(18.23％);而非汛期 11 月～次年 1 月径流量仅占 10.67％,12 月最小(3.32％)。2003～2014 年汛期 4～7 月径流分配比(57.76％)较 1956～2002 年(59.59％)减少 1.83％,而非汛期 11 月～次年 1 月则相应增加 2.09％。

李家渡站、梅港站、虎山站所表现出的径流年内分配特征与外洲站类似,时段分配差异也较一致,不同点在于增量上的差异。相比外洲站、李家渡站,虎山站年内分配差异变化较剧烈,其中 6 月增幅达 3.55％,7 月减幅达 2.80％。

渡峰坑站、虬津站、万家埠站径流年内分配与外洲站有所不同,年内分配时段差主要表现在主汛期 6 月。2003～2014 年,除了渡峰坑站较 1956～2002 年增加 0.08％外,虬津站、万家埠站分别下降 7.37％和 1.00％。

2) 最大流量年内分布

根据五河控制站逐日流量资料,统计年内最大流量在年内不同时段出现频次,见表 4.6。五河最大流量在年内的出现时间高度集中于 4～7 月。外洲站 1956～2014 年,年内最大洪水出现在 4～7 月的频次为 54 次,占总频次的比例为 91.5％,其中 1956～2002 年为 89.4％,2003～2014 年为 100％,显然 2003 年后最大流量出现时间更加集中。李家渡站和梅港站 1956～2014 年,年内最大洪水出现在 4～7 月的频次占总频次的比例分别为 93.2％、94.9％,同样 2003 年后最大流量出现时间更加集中。而虎山站、渡峰坑站、虬津站、万家埠站 1956～2014 年,年内最大洪水出现在 4～7 月的频次占总频次的比例分别为 94.9％、91.5％、78.0％、88.1％,2003 年后最大流量出现时间的集中度都有所降低,虬津站在 2003 年后最大洪水出现时间较分散。

表 4.6　鄱阳湖五河七口控制站最大流量出现频次

站名	时段	1月	2月	3月	4月	5月	6月	7月	8月	9月	10月	11月	12月
外洲站	1956~2014年	0	0	3	8	13	26	7	2	0	0	0	0
	1956~2002年	0	0	3	7	10	19	6	2	0	0	0	0
	2003~2014年	0	0	0	1	3	7	1	0	0	0	0	0
李家渡站	1956~2014年	0	1	0	7	12	26	10	1	2	0	0	0
	1956~2002年	0	1	0	7	9	18	9	1	2	0	0	0
	2003~2014年	0	0	0	0	3	8	1	0	0	0	0	0
梅港站	1956~2014年	0	1	1	7	6	34	9	1	0	0	0	0
	1956~2002年	0	1	1	6	4	25	9	1	0	0	0	0
	2003~2014年	0	0	0	1	2	9	0	0	0	0	0	0
虎山站	1956~2014年	0	1	0	8	7	28	13	1	0	1	0	0
	1956~2002年	0	0	0	7	5	22	12	0	0	1	0	0
	2003~2014年	0	1	0	1	2	6	1	1	0	0	0	0
渡峰坑站	1956~2014年	0	1	0	3	10	26	15	4	0	0	0	0
	1956~2002年	0	0	0	3	8	22	11	3	0	0	0	0
	2003~2014年	0	1	0	0	2	4	4	1	0	0	0	0
虬津站	1956~2014年	0	1	1	5	12	18	11	4	5	1	1	0
	1956~2002年	0	1	0	4	10	16	10	3	3	0	0	0
	2003~2014年	0	0	1	1	2	2	1	1	2	1	1	0
万家埠站	1956~2014年	0	0	0	7	13	25	7	4	2	0	0	0
	1956~2002年	0	0	0	6	11	18	7	3	1	1	0	0
	2003~2014年	0	0	0	1	2	7	0	1	1	0	0	0

　　图 4.2 给出了各站最大流量年内分布散点图。各控制站最大流量在年内分布具有显著的单峰型特征,汛期是鄱阳湖入湖洪水的高发时节,五河 80% 以上大洪水均发生在 5~7 月。

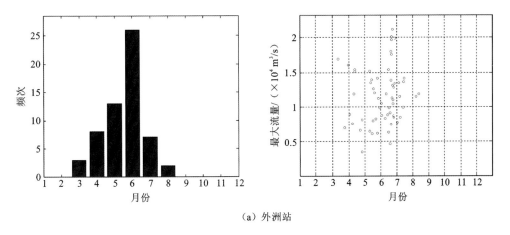

（a）外洲站

图 4.2　鄱阳湖五河七口控制站 1956~2014 年历年最大流量年内分布

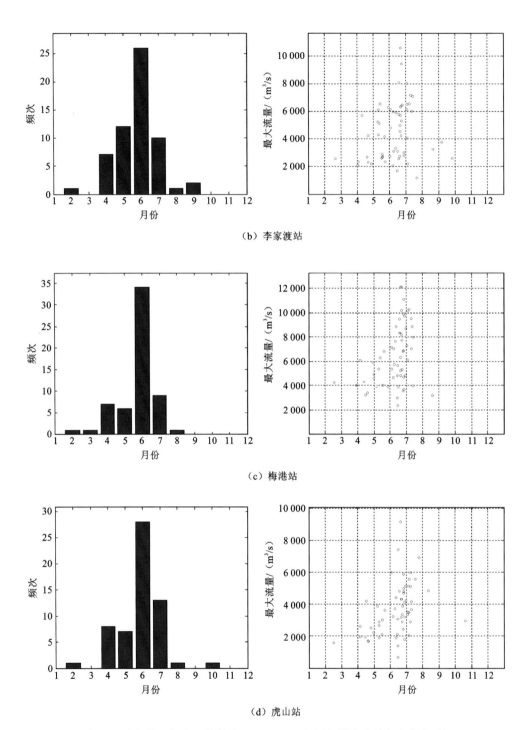

（b）李家渡站

（c）梅港站

（d）虎山站

图 4.2　鄱阳湖五河七口控制站 1956～2014 年历年最大流量年内分布（续）

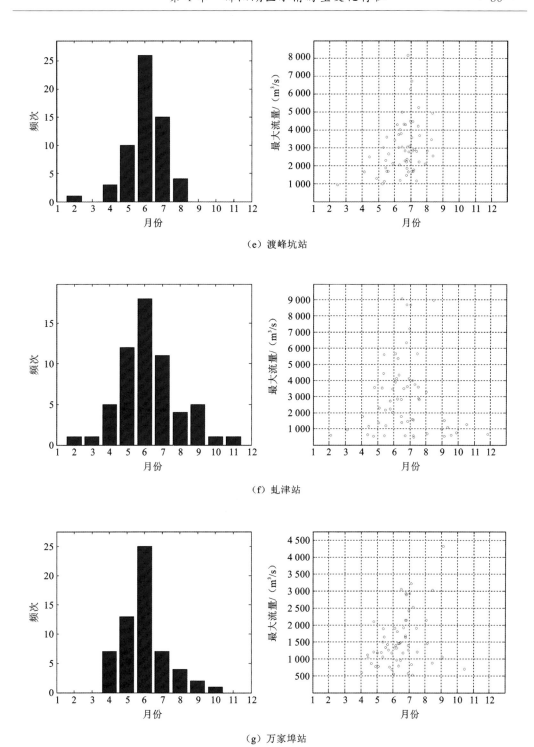

（e）渡峰坑站

（f）虬津站

（g）万家埠站

图 4.2　鄱阳湖五河七口控制站 1956～2014 年历年最大流量年内分布（续）

3）最小流量年内分布

根据五河控制站逐日流量资料,分析年内最小流量在年内不同时段出现频次,见表 4.7。五河最小流量在年内的出现时间主要集中于 11 月～次年 2 月。外洲站 1956～2014 年,年内最小流量出现在 11 月～次年 2 月的频次为 51 次,占总频次的比例为 86.4%,其中 1956～2002 年为 83.0%,2003～2014 年为 100%,显然 2003 年后最小流量出现在 11 月～次年 2 月的频次有所增加。李家渡站 1956～2014 年,年内最小流量出现在 11 月～次年 2 月的频次占总频次的比例为 25.4%,但年内最小流量多集中在 8～10 月,出现频次占总频次的比例为 57.6%,与灌溉引水有关。梅港站、虎山站、渡峰坑站、虬津站、万家埠站 1956～2014 年,年内最小流量出现在 11 月～次年 2 月的频次占总频次的比例分别为 71.2%、84.7%、72.9%、47.5%、62.7%,同样 2003 年后最小流量出现在 11 月～次年 2 月的频次有所增加。

表 4.7　鄱阳湖五河七口控制站最小流量出现频次

站名	时段	1 月	2 月	3 月	4 月	5 月	6 月	7 月	8 月	9 月	10 月	11 月	12 月
外洲站	1956～2014 年	18	10	2	1	0	0	0	0	3	2	6	17
	1956～2002 年	15	9	2	1	0	0	0	0	3	2	2	13
	2003～2014 年	3	1	0	0	0	0	0	0	0	0	4	4
李家渡站	1956～2014 年	4	3	2	1	0	1	6	7	15	12	5	3
	1956～2002 年	3	3	2	1	0	1	6	5	13	10	1	2
	2003～2014 年	1	0	0	0	0	0	0	2	2	2	4	1
梅港站	1956～2014 年	16	5	1	1	0	0	1	4	8	2	6	15
	1956～2002 年	12	4	1	1	0	0	1	4	8	2	5	9
	2003～2014 年	4	1	0	0	0	0	0	0	0	0	1	6
虎山站	1956～2014 年	23	3	2	0	0	0	0	0	5	2	11	13
	1956～2002 年	18	3	2	0	0	0	0	0	5	2	6	11
	2003～2014 年	5	0	0	0	0	0	0	0	0	0	5	2
渡峰坑站	1956～2014 年	17	2	1	0	1	0	0	0	3	5	6	8	16
	1956～2002 年	15	2	1	0	0	0	0	0	3	2	4	7	13
	2003～2014 年	2	0	0	0	1	0	0	0	3	2	1	3
虬津站	1956～2014 年	9	9	3	5	1	1	4	5	6	6	0	10
	1956～2002 年	8	9	3	4	0	0	4	5	4	5	0	5
	2003～2014 年	1	0	0	1	1	1	0	0	2	1	0	5
万家埠站	1956～2014 年	15	7	5	3	3	0	2	2	5	2	5	10
	1956～2002 年	9	6	4	3	2	0	2	2	5	2	3	9
	2003～2014 年	6	1	0	0	1	0	0	0	0	0	2	1

图 4.3 进一步给出了各站最小流量年内分布散点图。除李家渡站外,其他控制站最小流量最集中时段为 11 月～次年 2 月,尤以 12 月～次年 1 月最为突出。五河最小流量多出现于流域枯水期,这一情况是与流域降水的年内分布规律及年内用水过程相对应。

受上游水利工程调度、引水影响,特别是李家渡站上游有金临渠和赣抚平原灌区引水,导致五河 7～10 月也有最小流量出现,主要集中在枯水年份。由于枯水年份降水量偏少,而五河上游区域经济发展带来用水量的增加,容易造成枯水年份汛期流量偏低。

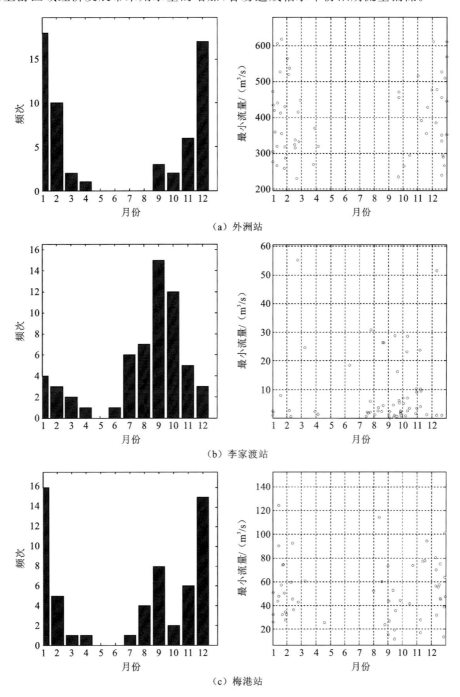

图 4.3　鄱阳湖五河七口控制站 1956～2014 年历年最小流量年内分布

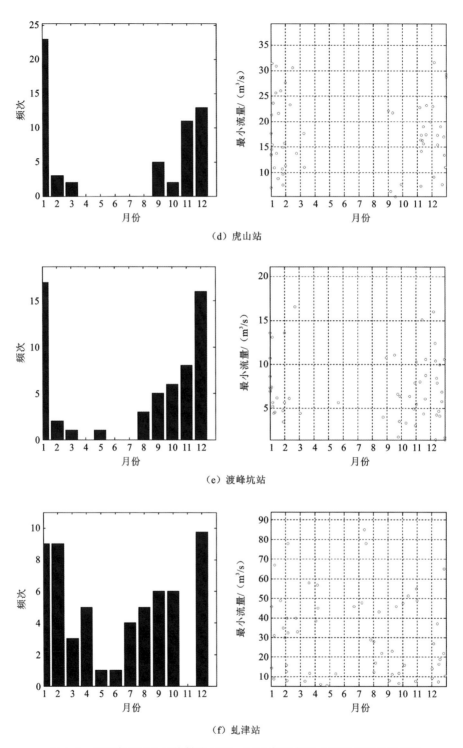

（d）虎山站

（e）渡峰坑站

（f）虬津站

图 4.3　鄱阳湖五河七口控制站 1956～2014 年历年最小流量年内分布（续）

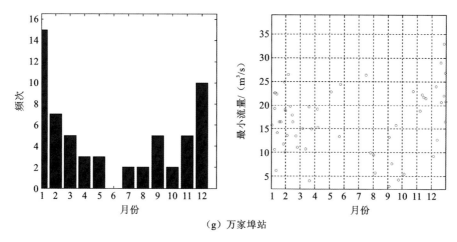

（g）万家埠站

图 4.3　鄱阳湖五河七口控制站 1956～2014 年历年最小流量年内分布（续）

3. 年际变化

1）径流年际变化及累积距平

图 4.4 给出五河控制站 1956～2014 年年平均流量年际变化及累积距平。1956～2014 年五河年平均流量的年际变化具有明显的阶段性规律，一致性表现为先降低后升高再降低的变化过程。外洲站、李家渡站、梅港站、虎山站的第一个变异点均发生在 20 世纪 80 年代前后，而渡峰坑站、虹津站、万家埠站的第一个变异点则发生在 20 世纪 60 年代前后。七个站点第二个变异点均发生在 21 世纪初期。径流的年际变化最大归因于受流域降水变化影响，但值得注意的是，2003 年后各站年平均径流经历了低谷期，而 2010 年以后，各站年平均径流又有了整体上升的变化趋势。

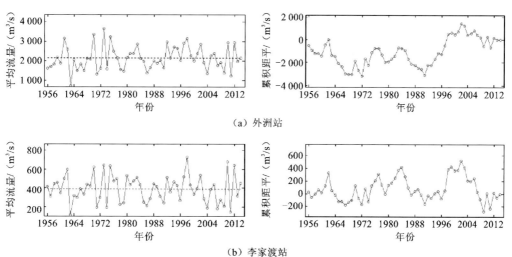

（a）外洲站

（b）李家渡站

图 4.4　鄱阳湖五河七口控制站 1956～2014 年年径流年际变化及累积距平

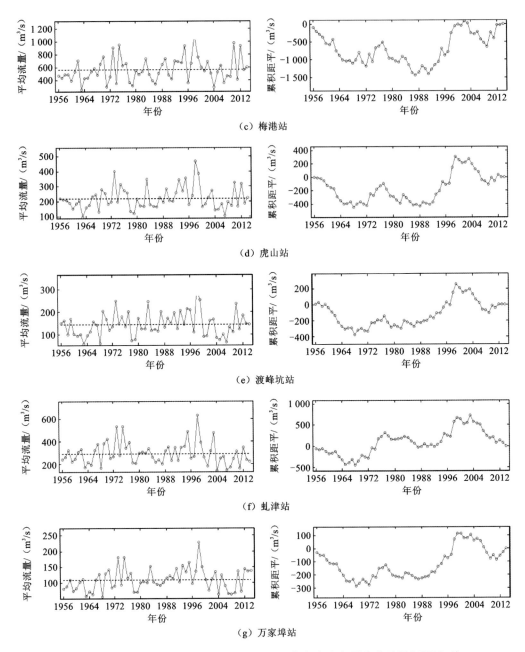

图 4.4　鄱阳湖五河七口控制站 1956～2014 年年径流年际变化及累积距平（续）

2）径流经验累积频率

进一步对比三峡蓄水前后径流差异，基于五河控制站逐日平均流量资料，计算经验累积频率 $P(x<X)$。图 4.5 给出了五河控制站不同时段径流经验累积频率曲线。

由图 4.5 可知，1956～2014 年与 1956～2002 年对应的经验累积频率曲线差异较小，而 2003～2014 年与 1956～2002 年序列对应的经验累积频率曲线存在一定差异，这种差

异主要表现在经验累积频率 70%~90%,尤以外洲站最为明显。外洲站在 1956~2002
年 5 000 m³/s 对应 90% 经验累积频率,而相应 2003~2014 年经验累积频率为 92%,显然
2003 年后外洲站径流发生了变化。由于其他站径流量较外洲站低,经验累积频率曲线表
现的差异没有外洲站明显。

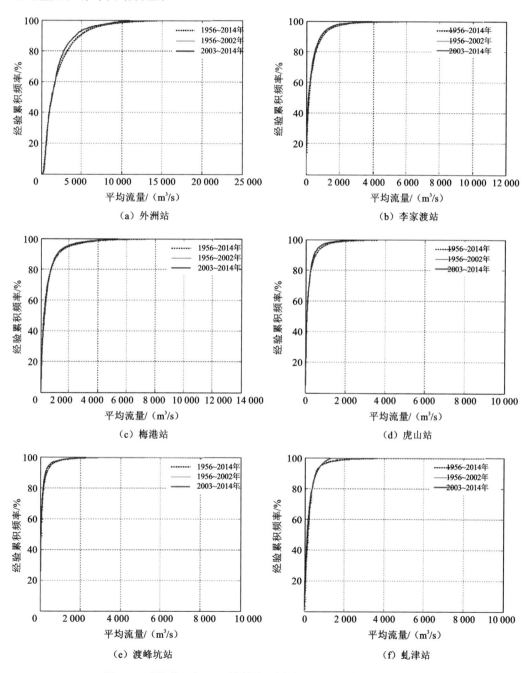

图 4.5　鄱阳湖五河七口控制站不同时段流量经验累积频率曲线

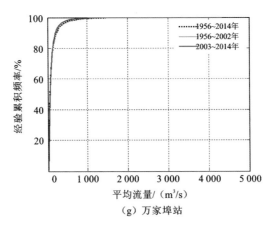

图 4.5　鄱阳湖五河七口控制站不同时段流量经验累积频率曲线(续)

4.1.2　五河合计径流

鄱阳湖五河七口控制站合计径流量约占总入湖径流量的 83.4%,以五河七口控制站合计径流量表征主要入湖径流量,以 2003 年为时间界点,分析入湖径流变化。

1. 地区组成

鄱阳湖流域径流主要由降雨补给,径流的地区分布与降水较一致。年径流的分布受气候、降水、地形、地质条件综合影响,既有地带性变化和垂直变化,也有局部地区的特殊变化。鄱阳湖流域水资源丰富,入湖多年平均流量为 4 630 m³/s,径流量为 1 462×10⁸ m³,径流深为 901 mm,最大为信江和乐安河,径流深在 1 000 mm 以上,最小为抚河李家渡站以上和赣江,径流深不足 900 mm。鄱阳湖流域主要控制站及区间多年平均径流量和汛期 3～8 月径流量见表 4.8。

表 4.8　鄱阳湖流域主要控制站 1956～2014 年多年平均径流

河名	站名	集水面积 /km²	年径流量 /(×10⁸ m³)	年平均流量 /(m³/s)	年径流深 /mm	3～8 月径流量 /(×10⁸ m³)
赣江	外洲	80 948	675	2 140	833	507
抚河	李家渡	15 811	124	392	782	98.5
信江	梅港	15 535	178	566	1 148	142
乐安河	虎山	6 374	69.8	221	1 094	58.0
昌江	渡峰坑	5 013	45.5	144	906	38.9
修水	虬津	9 914	92.1	292	928	64.6
潦河	万家埠	3 548	34.5	109	970	26.3
湖区区间	湖区区间	25 082	243	771	970	93.7
鄱阳湖	湖口	162 225	1 462	4 630	901	1 028

鄱阳湖流域主要控制站多年平均年径流地区组成见表 4.9。1956～2014 年,鄱阳湖

入流流量以赣江所占比重最大,占鄱阳湖流域年径流量的 46.14%,其次为湖区区间占 16.64%;除赣江、抚河年径流量占比小于面积比外,其他均大于面积比。相比 1956～2002 年径流地区组成,2003～2014 年径流地区组成发生了微小变化。除信江径流和区间径流组成比例分别增加 0.36% 和 3.34% 外,其他河流径流组成比例减少 0.08%～1.28%,尤以赣江减少最大,达 1.28%,潦水减少最小,仅为 0.08%。

表 4.9　鄱阳湖流域不同时段多年平均年径流地区组成

河名	站名	集水面积 /km²	占湖口总面积 百分比/%	流量占湖口/%			
				①1956～2002 年	②2003～2014 年	③1956～2014 年	②-①
赣江	外洲	80 948	49.90	46.39	45.11	46.14	-1.28
抚河	李家渡	15 811	9.75	8.63	7.81	8.47	-0.82
信江	梅港	15 535	9.58	12.14	12.50	12.21	0.36
乐安河	虎山	6 374	3.93	4.83	4.53	4.77	-0.30
昌江	渡峰坑	5 013	3.09	3.16	2.91	3.11	-0.25
修水	虬津	9 914	6.11	6.49	5.52	6.30	-0.97
潦水	万家埠	3 548	2.19	2.37	2.29	2.36	-0.08
湖区区间	湖区区间	25 082	15.46	15.99	19.33	16.64	3.34
鄱阳湖流域	湖口	162 225	100	100	100	100	—

2. 年内变化

1) 径流年内变化

鄱阳湖五河七口合计入湖径流年内分配受汛期降雨影响,呈单峰分布,表现出汛期偏多,非汛期偏少的特点。鄱阳湖(1956～2002 年)多年平均五河入湖年径流量 1 237.5×10⁸ m³,其中汛期 4～7 月径流量占年径流量的 61.34%(表 4.10),6 月比例最高,其次为 5 月;非汛期 11 月～次年 1 月仅占年径流量的 9.64%,最小为 12 月,仅为 2.94%,其次为 1 月,为 3.23%。

表 4.10　鄱阳湖五河七口 1956～2002 年入湖径流特征

径流特征	1月	2月	3月	4月	5月	6月	7月	8月	9月	10月	11月	12月	年
流量/(m³/s)	1 490	2 310	4 150	6 660	7 870	9 160	5 180	2 990	2 450	1 780	1 650	1 360	3 930
径流量/(×10⁸ m³)	40.0	56.3	111.1	172.7	210.7	237.3	138.7	80.2	63.5	47.8	42.9	36.3	1 237.5
年内分配比/%	3.23	4.55	8.98	13.96	17.03	19.18	11.21	6.48	5.13	3.86	3.47	2.94	100.00
最大流量/(m³/s)	15 700	13 100	28 400	27 100	34 800	48 000	36 300	20 100	19 700	11 200	14 700	10 200	48 000
发生时间/年	1998	1998	1998	1975	1970	1998	1989	1975	1999	1970	1997	1994	1998
最小流量/(m³/s)	370	391	415	332	1200	773	492	517	352	340	301	354	301
发生时间/年	1965	1987	1963	1963	1968	1963	1971	1963	1966	1963	1963	1978	1963

鄱阳湖(2003～2014 年)多年平均五河入湖年径流量 1 138.5×10⁸ m³,其中汛期 4～7 月占全年径流量的 58.46%(表 4.11),6 月径流比例依然最高,达 19.46%,其次为 5 月,占 16.85%;非汛期 11 月～次年 1 月仅占全年径流量的 11.85%,尤以 12 月径流比例提高最为明显。

表 4.11　鄱阳湖五河七口 2003～2014 年入湖径流特征

径流特征	1 月	2 月	3 月	4 月	5 月	6 月	7 月	8 月	9 月	10 月	11 月	12 月	年
流量/(m³/s)	1 690	2 300	4 310	5 430	7 160	8 550	4 160	2 830	2 170	1 300	1 640	1 760	3 610
径流量/(×10⁸ m³)	45.3	56.0	115.4	140.7	191.8	221.5	111.5	75.8	56.2	34.7	42.6	47.0	1 138.5
年内分配比/%	3.98	4.92	10.13	12.36	16.85	19.46	9.79	6.66	4.94	3.05	3.74	4.13	100.00
最大流量/(m³/s)	5 430	13 900	18 200	21 000	25 300	45 800	17 000	20 300	10 200	4 290	6 760	6 040	45 800
发生时间/年	2013	2005	2012	2010	2010	2010	2010	2012	2005	2010	2008	2003	2010
最小流量/(m³/s)	422	461	812	1 110	1 200	1 370	841	854	944	656	601	524	422
发生时间/年	2004	2004	2008	2011	2009	2011	2004	2004	2003	2004	2004	2004	2004

　　从表 4.12 可知,2003～2014 年鄱阳湖多年平均入湖年径流量较 1956～2002 年减少 $99.0×10^8$ m³。4～11 月各月均减少,以 4 月减少最多;7～8 月减少 $31.6×10^8$ m³;三峡水库蓄水期 9～11 月总体减少 $20.7×10^8$ m³,10 月减少最多,减少 $13.1×10^8$ m³,各月减少比例 0.7%～27.4%。12 月～次年 3 月径流量增加 $20.0×10^8$ m³,12 月径流量增加较多,达 $10.7×10^8$ m³,全年尤以 12 月径流比例提高最为明显。

表 4.12　鄱阳湖五河七口 2003 年前后系列入湖径流特征值变化

径流特征	1 月	2 月	3 月	4 月	5 月	6 月	7 月	8 月	9 月	10 月	11 月	12 月	年
流量/(m³/s)	200	−10	160	−1 230	−710	−610	−1 020	−160	−280	−480	−10	400	−320
径流量/(×10⁸ m³)	5.3	−0.3	4.3	−32.0	−18.9	−15.8	−27.2	−4.4	−7.3	−13.1	−0.3	10.7	−99.0
最大流量/(m³/s)	−10 300	800	−10 200	−6 100	−9 500	−2 200	−19 300	200	−9 500	−6 910	−7 940	−4 160	−2 200
最小流量/(m³/s)	52.0	70.0	397	778	0	597	349	337	592	316	300	170	121

　　图 4.6 给出了鄱阳湖五河七口合计各月径流分配比的箱线图。鄱阳湖七口合计入湖径流表现出 1～6 月各时段径流逐月递增,7～12 月径流逐月递减,整个日历年月径流呈先增后减的 S 型分布。由图 4.7 可知,2003～2014 年异常点较少,且线箱区间较窄,特别是汛期 6～7 月及非汛期 11～12 月尤为明显,表明几年来径流受上游水利工程调度的影响,入湖流量变化趋于稳定,极端异常事件降低。

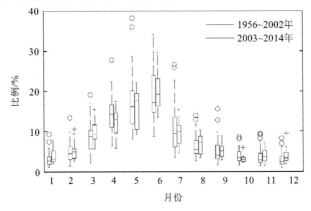

图 4.6　鄱阳湖五河七口合计各月径流分配比箱线图

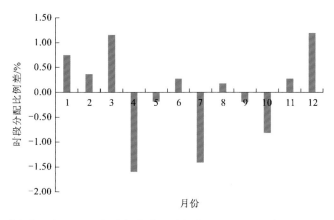

图 4.7　鄱阳湖五河七口月径流年内分配时段差(2003～2014 年－1956～2002 年)

2）最大流量年内分布

表 4.13 给出鄱阳湖五河七口合成最大日均流量在年内不同时段出现的频次。图 4.8 给出了五河七口合成最大流量年内分布散点图。由表 4.13 可知,鄱阳湖五河入湖最大流量在年内的出现时间高度集中于 4～7 月。1956～2014 年,年内入湖最大流量出现在 4～7 月的频次为 58 次,占总频次的比例为 98.3%,其中 1956～2002 年为 97.9%,2003～2014 年为 100%。

表 4.13　鄱阳湖五河七口合成最大流量不同时段出现的频次

时段	1 月	2 月	3 月	4 月	5 月	6 月	7 月	8 月	9 月	10 月	11 月	12 月
1956～2014 年	0	0	0	6	7	34	11	0	1	0	0	0
1956～2002 年	0	0	0	6	5	25	10	0	1	0	0	0
2003～2014 年	0	0	0	0	2	9	1	0	0	0	0	0

由图 4.8 可知,鄱阳湖五河七口合成最大流量在年内分布具有显著的单峰型特征,80% 以上大洪水均发生在 5～7 月。

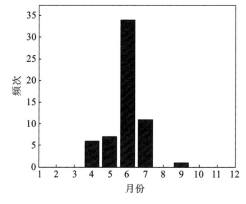

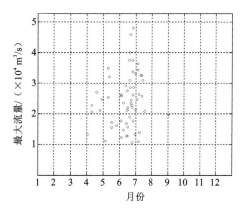

图 4.8　鄱阳湖 1956～2014 年五河七口合成最大流量年内分布

3）最小流量年内分布

表 4.14 给出鄱阳湖五河七口合成最小日均流量在年内不同时段出现的频次。鄱阳湖五河七口合成入湖最小流量高度集中于 11 月～次年 2 月（图 4.9）。1956～2014 年,年内最小流量出现在 11 月～次年 2 月的频次为 53 次,占总频次的比例为 89.8%,其中 1956～2002 年为 87.2%,2003～2014 年为 100%。

表 4.14　鄱阳湖五河七口合成最小流量不同时段出现的频次

时段	1 月	2 月	3 月	4 月	5 月	6 月	7 月	8 月	9 月	10 月	11 月	12 月
1956～2014 年	18	10	0	0	0	0	0	0	3	3	7	18
1956～2002 年	16	8	0	0	0	0	0	0	3	3	2	15
2003～2014 年	2	2	0	0	0	0	0	0	0	0	5	3

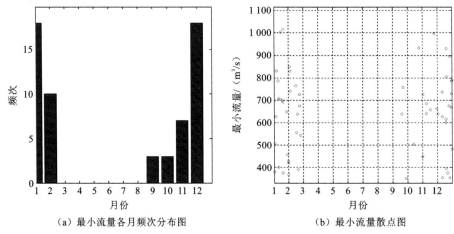

（a）最小流量各月频次分布图　　　　（b）最小流量散点图

图 4.9　鄱阳湖 1956～2014 年五河七口合成最小流量年内分布

3. 年际变化

1）径流年际变化及累积距平

图 4.10 给出了 1956～2014 年七口合计入湖平均流量年际变化及累积距平。1956～2014 年七口合计入湖平均流量的年际变化表现为先减后增的多阶段变化过程。入湖流量在 1956～1964 年为下降过程,1965～1975 年为上升过程,1976～1987 年为下降过程,1988～1998 年为上升过程,1999～2009 年为下降过程,而 2010～2014 年来年流量又有所上升。

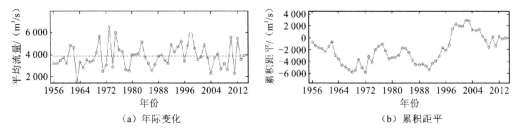

（a）年际变化　　　　　　　　　　　（b）累积距平

图 4.10　鄱阳湖 1956～2014 年五河七口入湖径流年际变化及累积距平

2）地区组成比例年际变化

图 4.11 给出了五河七口 1956～2014 年年径流地区组成比例年际变化及累积距平。赣江（外洲站）径流比例大致以 1980 年为界，呈现先增加后减少的特征；抚河（李家渡站）、修水（虬津站）、信江（梅港站）径流组成比例变化与赣江径流一致。乐安河（虎山站）、昌江（渡峰坑站）、潦水（万家埠站）径流组成比例变化规律较一致，大致以 1964 年和 2003 年为变异点，呈先减后增再减的阶段性变化。

由于赣江径流组成占五河总入流比例较大，达 46％以上，故五河合计总入流占湖口径流组成比例的变化过程与赣江变化较为一致，近 30 年来五河入湖总径流组成比例减少。

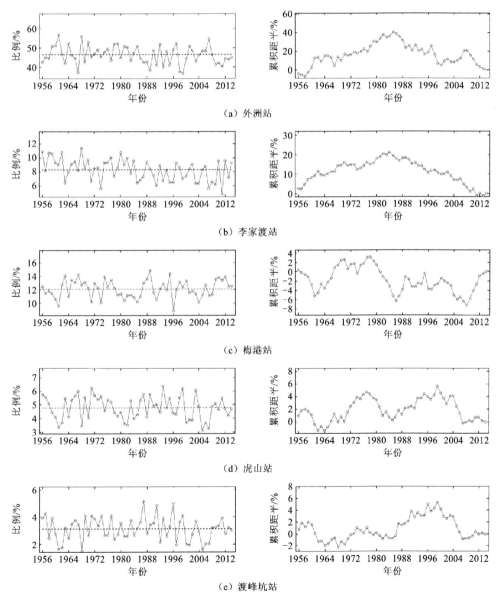

图 4.11　鄱阳湖五河七口 1956～2014 年入湖径流地区组成比例年际变化及累积距平

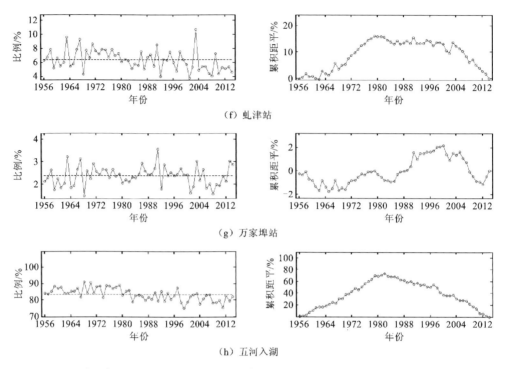

图 4.11　鄱阳湖五河七口 1956～2014 年入湖径流地区组成比例年际变化及累积距平(续)

3）经验累积频率

为定量评价 2003 年后鄱阳湖水资源量的变化,基于逐日平均流量资料,计算经验累积频率,如图 4.12 所示。1956～2014 年与 1956～2002 年序列对应的鄱阳湖五河七口合计入湖径流经验累积频率曲线差异很小,而 2003～2014 年与 1956～2002 年序列对应的经验累积频率曲线差异有所变化。1956～2002 年七口合计入湖流量 5 000 m³/s 对应 85% 经验累积频率,而相应的 2003～2014 年经验累积频率为 90%,表明 2003 年后鄱阳湖五河入湖径流量减少。

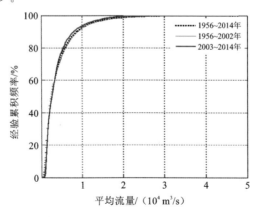

图 4.12　鄱阳湖五河七口不同时段入湖流量经验累积频率曲线

就 2003 年前后不同累积频率径流变化对比,经验累积频率低于 50% 的日平均流量均表现为 2003~2014 年大于 1956~2002 年,经验累积频率高于 50% 的日平均流量则表现为 2003~2014 年小于 1956~2002 年。经验累积频率表现的变化规律与径流变化特征较一致,2003 年后枯水期径流增加而汛期径流减少,使得日流量经验累积频率发生了变化。径流变化不仅受鄱阳湖流域气象要素变化的影响,同时还受上游水库调度、下垫面变化、流域用水等人类活动影响。

4.2　鄱阳湖出湖水量变化

4.2.1　年内分配

1. 径流年内变化

作为长江中下游典型的通江湖泊,鄱阳湖湖口出流受本流域五河来水及长江干流来水的双重影响,其历年趋势有所变化。自 2003 年三峡水库蓄水运行以来,长江中下游干流径流的年内分配发生了变化,干流水位也发生了变化,影响了鄱阳湖出流。鄱阳湖出湖流量以湖口站径流作为表征。

湖口站(1956~2002 年)多年平均出湖年径流量 $1\,477 \times 10^8$ m³,其中汛期 4~7 月占全年径流量的 53.45%(表 4.15),6 月比例最高,其次为 5 月;非汛期 11 月~次年 1 月仅占全年径流量的 12.03%,最少为 1 月,仅占 3.12%,其次为 12 月,为 3.47%。

表 4.15　鄱阳湖湖口 1956~2002 年径流特征

径流特征	1 月	2 月	3 月	4 月	5 月	6 月	7 月	8 月	9 月	10 月	11 月	12 月	年
流量/(m³/s)	1 720	2 480	4 450	7 040	8 190	8 750	6 000	4 780	3 800	3 860	3 100	1 920	4 670
径流量/($\times 10^8$ m³)	46.0	60.6	119.3	182.5	219.4	226.9	160.7	128.0	98.6	103.2	80.4	51.3	1 476.9
年内分配比/%	3.12	4.10	8.08	12.36	14.85	15.36	10.88	8.66	6.68	6.99	5.45	3.47	100.00
最大流量/(m³/s)	11 900	10 800	19 100	20 300	19 800	31 900	24 300	15 100	15 800	14 400	8 670	10 900	31 900
发生时间/年	1998	1998	1992	1992	1975	1998	1993	1999	1999	1988	1983	1997	1998
最小流量/(m³/s)	340	404	564	506	1 460	−2 820	−13 600	−6 220	−7 090	−4 770	−3 170	−310	−13 600
发生时间/年	1957	1963	1963	1963	1963	1980	1991	1981	1964	1971	1996	1967	1991

湖口站(2003~2014 年)多年平均出湖年径流量 $1\,413.1 \times 10^8$ m³,其中汛期 4~7 月占全年径流量的 50.89%(表 4.16),较 1956~2002 年减少 2.56%。6 月径流比例依然最高,达 16.27%,其次为 5 月,达 13.83%;非汛期 11 月~次年 1 月仅占全年径流量的 12.33%,较 2003 年前有所提高,尤以 1 月和 12 月径流比例提高最为明显。

表 4.16　鄱阳湖湖口 2003~2014 年径流特征

径流特征	1 月	2 月	3 月	4 月	5 月	6 月	7 月	8 月	9 月	10 月	11 月	12 月	年
流量/(m³/s)	2 150	2 730	5 070	6 070	7 300	8 870	5 100	4 860	3 620	3 490	2 250	2 180	4 470
径流量/($\times 10^8$ m³)	57.5	66.6	135.9	157.3	195.4	229.9	136.5	130.1	93.7	93.4	58.4	58.4	1 413.1

径流特征	1月	2月	3月	4月	5月	6月	7月	8月	9月	10月	11月	12月	年
年内分配比/%	4.07	4.71	9.62	11.13	13.83	16.27	9.66	9.21	6.63	6.61	4.13	4.13	100.00
最大流量/(m³/s)	6 050	10 100	14 800	16 500	16 600	24 000	19 100	15 800	10 600	7 490	7 020	7 250	24 000
发生时间/年	2013	2005	2012	2010	2010	2010	2010	2012	2005	2010	2008	2003	2010
最小流量/(m³/s)	790	774	1 280	1 810	1 670	428	−5 760	−5 710	−6 160	−297	−477	990	−6 160
发生时间/年	2004	2004	2004	2011	2011	2004	2003	2005	2003	2013	2008	2013	2003

　　2003～2014 年湖口多年平均出湖年径流量较 1956～2002 年减少 63.8×10^8 m³,平均流量减少 200 m³/s(表 4.17)。4～11 月径流量总体减少,6 和 8 月略有增加,其他月份减少,以 4 月减少最多;9～11 月总体径流量减少 36.7×10^8 m³,10 月减少 9.8×10^8 m³,各月平均流量减少 180～850 m³/s,各月减少比例 4.7%～27.4%,11 月减少最多。枯水期 12 月～次年 3 月各月径流量均增加,径流量年内占比提高,总体增加 42.2×10^8 m³,各月平均流量增加 250～620 m³/s,3 月增加最多。

表 4.17　鄱阳湖湖口 2003 年前后系列径流特征值变化

径流特征	1月	2月	3月	4月	5月	6月	7月	8月	9月	10月	11月	12月	年
流量/(m³/s)	430	250	620	−970	−890	120	−900	80	−180	−370	−850	260	−200
径流量/(×10⁸ m³)	11.5	6.0	16.6	−25.2	−24.0	3.0	−24.2	2.1	−4.9	−9.8	−22.0	7.1	−63.8
最大流量/(m³/s)	−5 850	−700	−4 300	−3 800	−3 200	−7 900	−5 200	700	−5 200	−6 910	−1 650	−3 650	−7 900
最小流量/(m³/s)	450	370	716	1 304	210	3 248	7 840	510	930	4 473	2 693	1 300	7 440

　　图 4.13 给出了鄱阳湖出湖各月径流分配比的箱线图。鄱阳湖出湖月径流变化与七口合计入湖径流较一致,均表现出 1～6 月各时段径流逐月递增,7～12 月径流逐月递减,整个日历年月径流呈先增后减的 S 型分布。由图 4.14 可知,2003～2014 年异常点较少,且线箱区间较窄,特别是汛期 6～7 月及非汛期 11～12 月尤为明显。

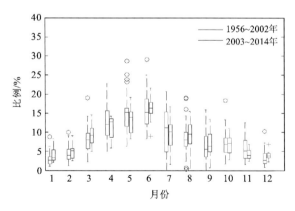

图 4.13　鄱阳湖湖口各月径流分配比箱线图

　　与鄱阳湖入湖水量变化相比,9～10 月出湖水量减少幅度为 5.0%～9.5%,要少于入湖;11 月出湖水量减少幅度为 27.4%,要远大于入湖;12 月出湖水量增加幅度为 13.8%,

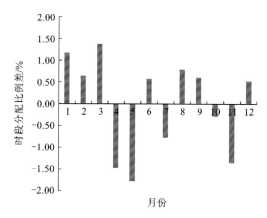

图 4.14 鄱阳湖湖口径流年内分配时段差(2003~2014 年－1956~2002 年)

少于入湖;1~3 月出湖水量增加幅度为 9.9%~25%,远大于入湖。

极值流量上,最大出湖流量除 8 月增加外,其他月份均减少。而最小出湖流量各月均增加,鄱阳湖 7~11 月倒灌(出湖流量为负值)现象减弱,9~11 月各月最大倒灌流量减少 930~4 470 m³/s,枯水期出流加快,12 月~次年 3 月最小出湖流量增加 370~1 300 m³/s。

2. 最大流量年内分布

基于湖口站逐日流量系列,统计鄱阳湖出湖最大流量年内不同时段出现的频次,见表 4.18。图 4.15 给出湖口站最大洪水年内分布散点图。

表 4.18 鄱阳湖湖口站最大流量不同时段出现的频次

时段	1 月	2 月	3 月	4 月	5 月	6 月	7 月	8 月	9 月	10 月	11 月	12 月
1956~2014 年	0	0	1	7	8	28	10	2	1	2	0	0
1956~2002 年	0	0	1	6	7	20	9	1	1	2	0	0
2003~2014 年	0	0	0	1	1	8	1	1	0	0	0	0

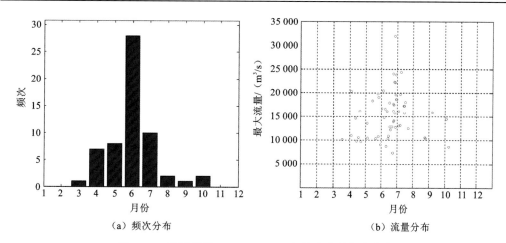

（a）频次分布　　　　　　　　　（b）流量分布

图 4.15 鄱阳湖湖口 1956~2014 年最大流量年内分布

　　由表 4.18 可知,鄱阳湖出湖流量受江湖关系及湖区调蓄作用,出湖最大流量出现频次相对入湖分散,1956~2014 年主要出现在 3~10 月,但 4~7 月出现频次达 53 次,占总频次的比例为 89.8%,其中 1956~2002 年为 89.4%,2003~2014 年为 91.7%。

　　由图 4.15 可知,鄱阳湖出湖最大流量在年内分布具有显著的单峰型特征,鄱阳湖有 80% 以上大洪水均发生在 5~7 月。

　　3. 最小流量年内分布

　　表 4.19 给出鄱阳湖出湖年内最小日均流量不同时段出现的频次。由于 7~9 月为长江主汛期,湖区受长江洪水顶托影响,而发生倒灌现象。若以因倒灌产生的负值流量作为出湖最小流量进行分析,则出湖最小流量发生时间由非汛期转移到汛期。1956~2014 年 7~9 月出现频次高达 45 次,其中 1956~2002 年 35 次,2003~2014 年 10 次。鄱阳湖湖口站 1956~2014 年最小日均流量年内分布见图 4.16。

表 4.19　鄱阳湖湖口站最小日均流量不同时段出现的频次

时段	1 月	2 月	3 月	4 月	5 月	6 月	7 月	8 月	9 月	10 月	11 月	12 月
1956~2014 年	2	0	0	0	0	1	16	10	19	6	1	4
1956~2002 年	1	0	0	0	0	1	12	8	15	6	0	4
2003~2014 年	1	0	0	0	0	0	4	2	4	0	1	0

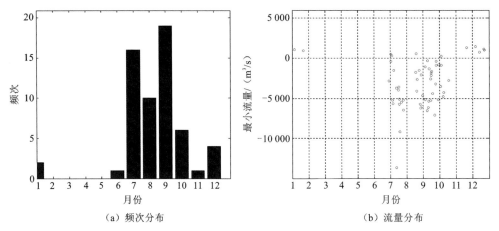

（a）频次分布　　　　　　　　　　（b）流量分布

图 4.16　鄱阳湖湖口站 1956~2014 年最小流量年内分布

4.2.2　年际变化

　　1. 出湖流量年际变化及累积距平

　　图 4.17 给出了 1956~2014 年湖口出湖年平均流量年际变化及累积距平。鄱阳湖湖口出湖流量年际变化过程总体与七口合计入湖流量较为一致。即出湖流量在 1956~1964 年为下降过程,1965~1975 年为上升过程,1976~1987 年为下降过程,1988~1998 年为上升过程,1999~2009 年为下降过程。2010 年后出湖流量有所上升,鄱阳湖出流主要受入湖径流和长江干流水位的影响。

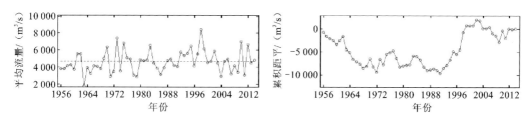

图 4.17　鄱阳湖湖口站 1956～2014 年年平均流量年际变化及累积距平

三峡水库运行后,2003～2014 年湖口多年平均出湖年径流量较 1956～2002 年减少。2003～2014 年 9 月和 10 月出湖流量较 1956～2002 年减少 187 m³/s 和 366 m³/s,减少比例分别为 4.9% 和 9.5%。与鄱阳湖入湖流量比较,2003 年后出湖流量减少比例有所降低,主要受长江干流来水与湖区调蓄双重影响,但这些影响并未拉大与入湖流量变化的差异。

2. 经验累积频率

1956～2014 年与 1956～2002 年对应的鄱阳湖湖口出湖径流经验累积频率曲线差异很小,而 2003～2014 年与 1956～2002 年对应的经验累积频率曲线差异有所变化,见图 4.18。1956～2002 年出湖流量 90% 的经验累积频率对应的流量为 9 900 m³/s,而相应 2003～2014 年为 9 120 m³/s,显然 2003 年后鄱阳湖出湖水量减少。

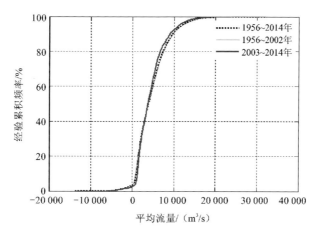

图 4.18　鄱阳湖不同时段出湖流量经验累积频率曲线

就 2003 年前后不同累积频率径流变化对比,经验累积频率低于 50% 的日平均流量均表现为 2003～2014 年大于 1956～2002 年,经验累积频率高于 50% 的日平均流量则表现为 2003～2014 年小于 1956～2002 年。经验累积频率表现的变化规律与径流变化特征较一致,由于 2003 年后枯水期出湖径流增加而汛期径流降低,日流量经验累积频率发生了变化。

受长江洪水顶托影响,鄱阳湖存在倒灌现象(出湖流量为负值)。由经验累积频率可知,2003～2014 年倒灌现象有所减少。

4.3　鄱阳湖湖区水位变化

4.3.1　水位特征

1. 湖区水位特征

鄱阳湖水位变化受五河和长江来水的双重影响,汛期长达半年(4~9月),其中4~6月为五河主汛期,7~8月为长江主汛期,湖区水位受长江洪水顶托或倒灌影响而壅高,水位长期维持高水位,湖面年最高水位一般出现在6~8月(见图4.19)。进入10月,受长江稳定退水影响,湖区水位持续下降,湖区年最低水位一般出现在12月~次年2月(见图4.20)。

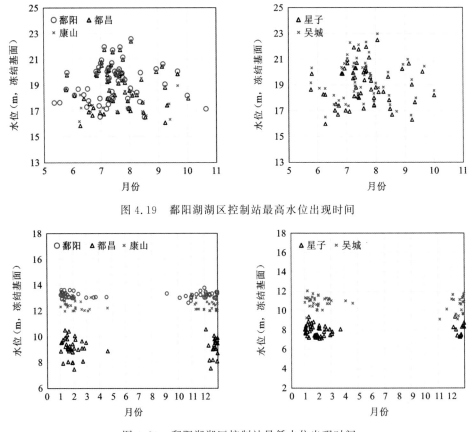

图 4.19　鄱阳湖湖区控制站最高水位出现时间

图 4.20　鄱阳湖湖区控制站最低水位出现时间

根据鄱阳湖区水位站网布设,以鄱阳、都昌、康山、吴城、星子水位站为鄱阳湖水情特点代表站,采用长历时逐日水位资料分析湖区水位特征。在1956~2014年实测资料中,鄱阳站历年最高水位22.6 m(冻结基面,本节下同),出现在1998年8月2日,历年最低水位12.62 m,出现在1978年10月24日,多年平均水位15.26 m,极值水位差9.98 m。鄱阳站最高水位主要集中在6~8月,占84.2%(其中7月占47.4%,6月占22.8%)。年最低水位主要出现在11月~次年2月,占83.1%(其中1月占39.0%,12月占27.1%)。

　　都昌站历年最高水位 22.41 m,出现在 1998 年 8 月 2 日,历年最低水位 7.47 m,出现在 2014 年 2 月 1 日,多年平均水位 13.61 m,极值水位差 14.94 m。都昌站最高水位主要集中在 6～8 月,占 86.4%(其中 7 月占 52.5%,6 月占 18.6%)。年最低水位主要出现在 12 月～次年 2 月,占 98.3%(其中 1 月占 40.7%,12 月占 40.7%)。康山站历年最高水位 22.42 m,出现在 1998 年 8 月 2 日,历年最低水位 11.98 m,出现在 2004 年 1 月 11 日,多年平均水位 15.06 m,极值水位差 10.44。康山站最高水位主要集中在 6～8 月,占 86.4%(其中 7 月占 54.2%,6 月占 18.6%)。年最低水位主要出现在 11 月～次年 2 月,占 91.5%(其中 12 月占 37.3%,1 月占 25.4%)。

　　吴城站历年最高水位 22.96 m,出现在 1998 年 8 月 2 日,历年最低水位 9.1 m,出现在 2009 年 11 月 4 日,多年平均水位 14.52 m。吴城站最高水位主要集中在 6～8 月,占 86.2%(其中 7 月占 51.7%,6 月占 20.7%)。年最低水位主要出现在 12 月～次年 2 月,占 91.5%(其中 12 月占 37.3%,1 月占 33.9%)。

　　星子站历年最高水位 22.5 m,出现在 1998 年 8 月 2 日;历年最低水位 7.12 m,出现在 2004 年 2 月 4 日;多年平均水位 13.42 m;星子站年最高水位主要出现在 6～8 月,占 86.0%(其中 7 月占 54.2%,6 月占 18.6%)。年最低水位主要出现在 12 月～次年 2 月,占 94.9%(其中 1 月占 42.4%,12 月占 32.2%)。表 4.20 给出不同时段鄱阳湖湖区水位特征统计结果。

表 4.20　鄱阳湖湖区水位特征　　　　　　　　(单位:m,冻结基面)

站点	时段	项目	1 月	2 月	3 月	4 月	5 月	6 月	7 月	8 月	9 月	10 月	11 月	12 月	年
鄱阳站	1956～2002 年	平均值	13.71	14.07	14.57	15.25	15.92	16.57	17.85	16.89	16.27	15.11	14.03	13.69	15.33
		最高值	16.79	16.91	17.94	18.14	19.98	22.03	22.56	22.60	21.63	18.70	17.40	16.39	22.60
		最低值	12.93	13.01	13.04	13.07	13.70	14.04	13.63	13.15	12.72	12.62	13.04	12.94	12.62
	2003～2014 年	平均值	13.75	14.10	14.79	15.01	15.58	16.55	16.77	16.36	15.63	14.06	13.72	13.64	15.00
		最高值	15.11	16.83	17.82	17.52	18.03	20.39	20.32	19.98	19.08	16.19	15.65	15.06	20.39
		最低值	13.12	13.14	13.51	13.46	13.05	13.42	14.28	13.05	13.00	12.78	12.79	12.92	12.78
都昌站	1956～2002 年	平均值	10.48	11.15	12.25	13.59	14.97	15.99	17.67	16.58	15.86	14.48	12.33	10.71	13.84
		最高值	15.09	14.54	17.62	17.87	19.78	21.79	22.36	22.41	21.44	18.47	17.14	14.53	22.41
		最低值	8.64	8.80	8.95	8.88	11.35	12.05	12.93	11.72	11.19	9.02	9.47	8.09	8.09
	2003～2014 年	平均值	9.41	9.90	11.56	12.33	13.89	15.69	16.60	15.98	14.89	12.31	10.53	9.50	12.72
		最高值	12.90	14.13	14.96	16.55	17.69	20.14	20.05	19.77	18.82	16.14	15.26	12.94	20.14
		最低值	7.50	7.47	8.09	8.09	8.73	9.89	13.65	11.17	10.00	8.14	8.03	7.54	7.47
康山站	1956～2002 年	平均值	13.44	13.89	14.46	15.09	15.72	16.43	17.71	16.73	16.12	15.03	13.88	13.41	15.16
		最高值	16.06	15.69	17.82	18.04	19.85	21.85	22.39	22.42	21.47	18.57	17.21	15.91	22.42
		最低值	12.00	12.00	12.00	12.22	13.60	13.92	13.10	12.64	12.21	12.15	12.08	12.00	12.00
	2003～2014 年	平均值	13.15	13.56	14.40	14.82	15.34	16.30	16.74	16.24	15.47	13.74	13.15	13.09	14.67
		最高值	14.89	15.97	16.42	17.02	17.88	20.25	20.10	19.81	18.90	16.28	15.09	15.08	20.25
		最低值	11.98	12.15	12.44	12.73	12.92	12.97	14.12	13.60	12.40	12.26	12.03	12.01	11.98

续表

站点	月份	项目	1月	2月	3月	4月	5月	6月	7月	8月	9月	10月	11月	12月	年
吴城站	1956~2002年	平均值	11.81	12.24	13.26	14.56	15.82	16.72	18.20	17.14	16.44	15.11	13.18	11.98	14.70
		最高值	15.86	15.94	18.20	18.40	20.32	22.34	22.91	22.96	22.03	19.04	17.71	14.96	22.96
		最低值	10.02	10.05	10.78	10.76	12.27	12.79	13.42	12.27	11.89	11.02	10.69	10.06	10.02
	2003~2014年	平均值	11.15	11.38	12.89	13.53	14.81	16.47	17.10	16.56	15.45	13.05	11.60	10.93	13.74
		最高值	13.80	14.44	16.23	17.48	18.33	20.66	20.58	20.32	19.40	16.37	15.87	13.72	20.66
		最低值	9.25	9.52	10.14	10.46	10.23	11.24	14.32	12.54	11.36	9.28	9.10	9.12	9.10
星子站	1956~2002年	平均值	9.01	9.66	11.14	13.06	14.89	16.09	17.86	16.76	16.00	14.58	12.15	9.80	13.42
		最高值	14.56	13.94	17.52	17.76	19.87	21.84	22.47	22.50	21.56	18.61	17.32	13.92	22.50
		最低值	7.22	7.16	7.22	7.52	10.48	11.54	12.83	11.90	10.71	9.18	8.26	7.32	7.16
	2003~2014年	平均值	8.69	9.02	10.82	11.69	13.80	15.79	16.84	16.17	15.06	12.38	10.42	9.00	12.47
		最高值	12.32	13.71	14.71	16.62	17.42	20.28	20.26	20.01	19.03	16.36	15.43	13.04	20.28
		最低值	7.22	7.12	7.22	7.52	8.67	10.03	12.83	10.63	9.54	8.13	8.00	7.29	7.12

由表 4.20 可知,1956~2002 年,鄱阳、都昌、康山、吴城、星子五站多年平均水位分别为 15.33 m、13.84 m、15.16 m、14.70 m、13.42 m,2003~2014 年相应站点的多年平均水位分别为 15.00 m、12.72 m、14.67 m、13.74 m 和 12.47 m,即 2003 年以来各站多年平均水位均有不同程度的降低,减少值分别为 0.33 m、1.12 m、0.49 m、0.96 m、1.05 m。

2. 湖口水位特征

湖口站 1956~2002 年多年平均水位 12.84 m(表 4.21),其中,4~6 月平均水位14.15 m,7~8 月平均水位 17.24 m,9~11 月平均水位 14.07 m,12 月~次年 3 月平均水位8.74 m。历年最高水位 22.53 m(1998 年 7 月 30 日),最低水位 5.91 m(1963 年 2 月 6 日)。

表 4.21　鄱阳湖湖口 1956~2002 年特征水位

特征水位	1月	2月	3月	4月	5月	6月	7月	8月	9月	10月	11月	12月	年
平均水位/m	7.93	8.16	9.63	12.06	14.51	15.88	17.79	16.69	15.89	14.42	11.91	9.24	12.84
最高水位/m	13.81	13.14	16.96	17.14	19.58	21.76	22.53	22.53	21.61	18.26	17.26	13.74	22.53
发生时间/年	1998	1990	1992	1992	1975	1998	1998	1998	1998	1982	1983	1982	1998
最低水位/m	6.07	5.91	6.09	7.04	9.66	10.94	12.42	11.41	10.34	8.98	7.98	6.48	5.91
发生时间/年	1979	1963	1963	1963	1979	2000	1963	1972	1959	1959	1956	1963	1963

湖口站 2003~2014 年多年平均水位 12.18 m(表 4.22),其中,4~6 月平均水位13.43 m,7~8 月平均水位 16.71 m,9~11 月平均水位 14.07 m,12 月~次年 3 月平均水位 8.92 m;历年最高水位 20.19 m(2010 年 7 月 18 日),最低水位 6.63 m(2004 年 2 月6 日)。

表 4.22　鄱阳湖湖口 2003～2014 年特征水位

特征水位	1 月	2 月	3 月	4 月	5 月	6 月	7 月	8 月	9 月	10 月	11 月	12 月	年
平均水位/m	8.27	8.49	10.21	11.18	13.52	15.58	16.76	16.06	14.94	12.23	10.23	8.70	12.18
最高水位/m	11.54	13.15	13.86	16.19	17.46	19.90	20.19	20.01	18.98	16.28	15.39	12.87	20.19
发生时间/年	2003	2005	2012	2010	2010	2010	2010	2010	2005	2014	2008	2008	2010
最低水位/m	7.03	6.63	7.09	8.64	8.42	9.90	13.72	10.29	9.26	7.99	7.86	7.16	6.63
发生时间/年	2004	2004	2004	2011	2011	2011	2011	2006	2006	2013	2013	2007	2004

较 1956～2002 年,2003～2014 年鄱阳湖湖口站多年平均水位降低 0.66 m,其中 4～12 月平均水位降低,1～3 月平均水位升高。4～7 月平均降低约 0.80 m,9～11 月平均降低约 1.61 m,以 10 月降低最多,达 2.19 m,其次为 7 月,减少 1.03 m;1～3 月平均水位升高 0.41 m,以 3 月升高较大,达 0.58 m。除 2 月最高水位变化较小外,其他各月最高水位降低 0.87～3.10 m。而 12 月～次年 4 月最低水位平均抬高约 0.99 m,汛期除 7 月外,其他各月均降低 0.99～1.24 m。

据历年极值水位在各月出现频次统计(图 4.21),湖口站最高水位主要集中在 6～9 月,占 96.6%(其中 7 月占 59.3%,6 月占 15.3%)。年最低水位主要出现在 12 月～次年 2 月,占 91.5%(其中 1 月占 35.6%,2 月占 28.8%,12 月占 27.1%)。

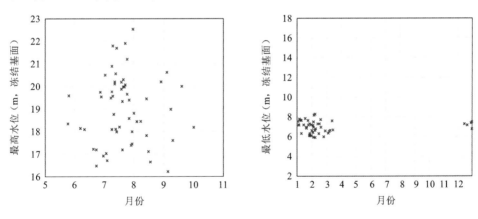

图 4.21　鄱阳湖湖口站极值水位出现时间

4.3.2　年内变化

鄱阳湖水位变化不仅受自身调蓄影响,还受五河入流和长江来水的双重影响。为分析三峡水库蓄水前后鄱阳湖区水位年内变化情况,统计 1956～2014 年年极值水位在各月出现的频次。

1. 湖区最高水位

湖区最高水位变化绝大部分取决于五河控制站入湖洪水流量变化,还受湖区与长江

复杂江湖关系影响。湖区最高水位高度集中于长江主汛期 6～8 月,较入湖洪水滞后(入
湖洪水高度集中在 5～7 月)。1956～2014 年,鄱阳站最高水位在 6～8 月出现 48 次,占
总次数的 84.2%,都昌站、康山站、吴城站、星子站、湖口站均出现 51 次,占总次数的
86.4%(图 4.22)。

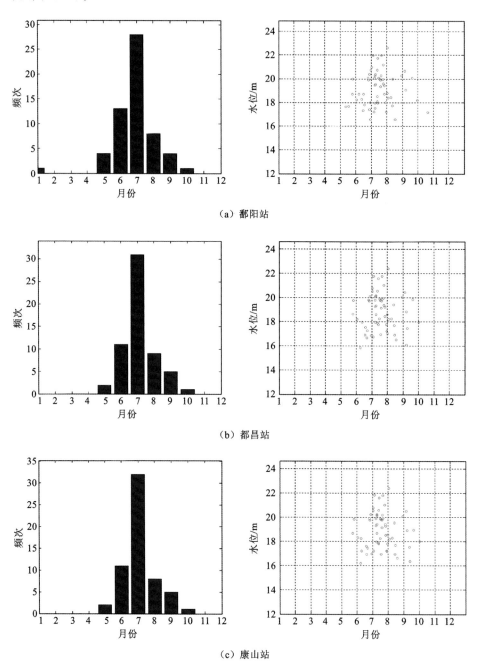

(a) 鄱阳站

(b) 都昌站

(c) 康山站

图 4.22　鄱阳湖湖区 1956～2014 年最高水位年内分布

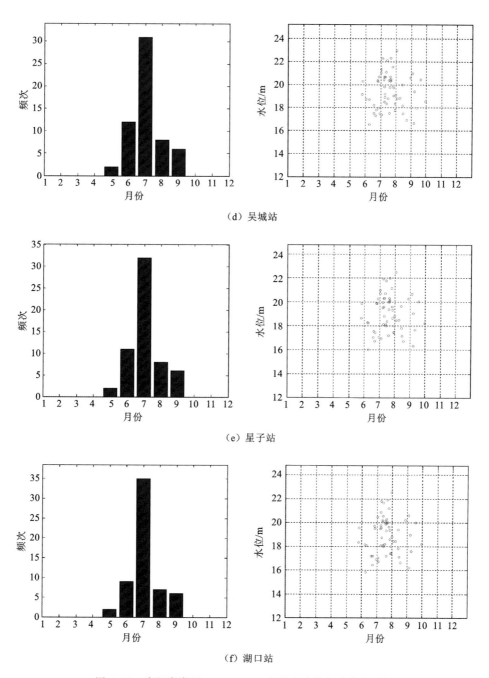

（d）吴城站

（e）星子站

（f）湖口站

图 4.22　鄱阳湖湖区 1956～2014 年最高水位年内分布（续）

2. 湖区最低水位

年最低水位主要集中在非汛期的 12 月～次年 2 月。在 1956～2014 年，鄱阳站最低水位在 12 月～次年 2 月出现 43 次，占总次数的 72.9%，都昌站出现 58 次，占总次数的

98.3%；康山站出现 45 次，占总次数的 76.3%；吴城站出现 54 次，占总次数的 91.5%；星子站出现 56 次，占总次数的 94.9%；湖口站出现 54 次，占总次数的 91.5%（图 4.23）。

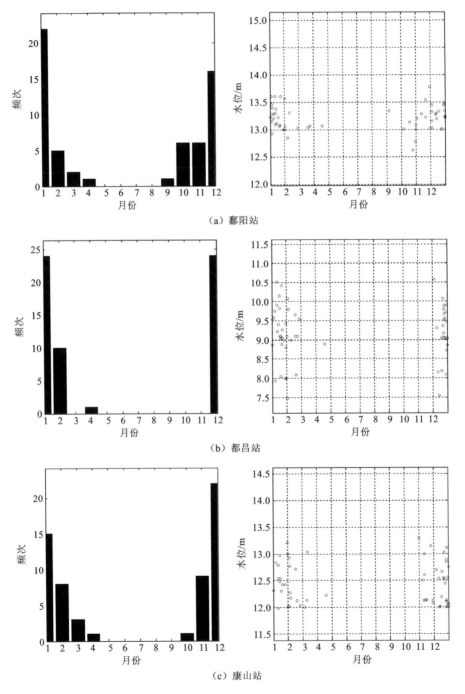

图 4.23　鄱阳湖区 1956～2014 年最低水位年内分布

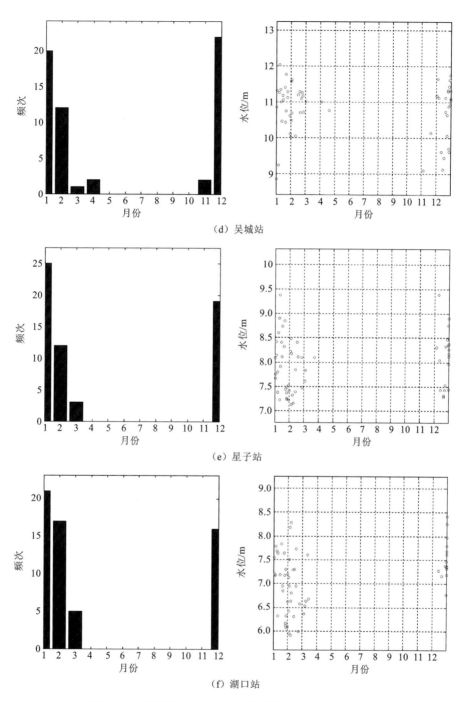

图 4.23　鄱阳湖区 1956～2014 年最低水位年内分布(续)

3. 湖区月平均水位

图 4.24 为鄱阳湖湖区各站不同时段月平均水位箱线图,从图中可以看出,较 1956～

2002 年,2003～2014 年都昌站、康山站、吴城站、星子站各月平均水位均降低,降低幅度分别为 0.30～2.17 m,0.07～1.29 m,0.25～2.06 m,0.31～2.20 m;鄱阳站 1～3 月分别增加 0.04 m、0.03 m 和 0.22 m,其他各月均减少,其中 7 月、8 月、9 月、10 月平均水位分别降低 1.08 m、0.52 m、0.64 m、1.05 m,其余各月平均水位变幅在 0.45 m 以内。

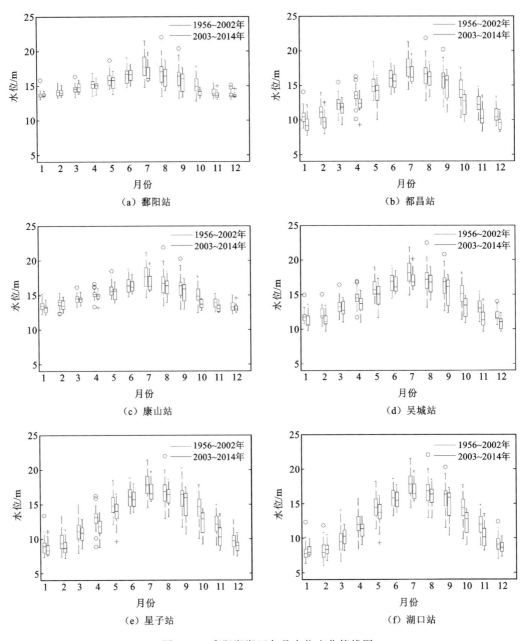

图 4.24　鄱阳湖湖区各月水位变化箱线图

2003 年后,湖口 1～3 月平均水位分别增加 0.34 m、0.33 m、0.58 m,其余各月平均水位降低 0.30～2.19 m,尤以 10 月降低最为显著,三峡水库蓄水期 9～11 月平均降低约 1.61 m。

4.3.3　年际变化

1. 水位年际变化及累积距平

依据 1956～2014 年湖区逐日水位资料统计得到年均水位。图 4.25 给出了湖区各站 1956～2014 年年平均水位年际变化及累积距平。

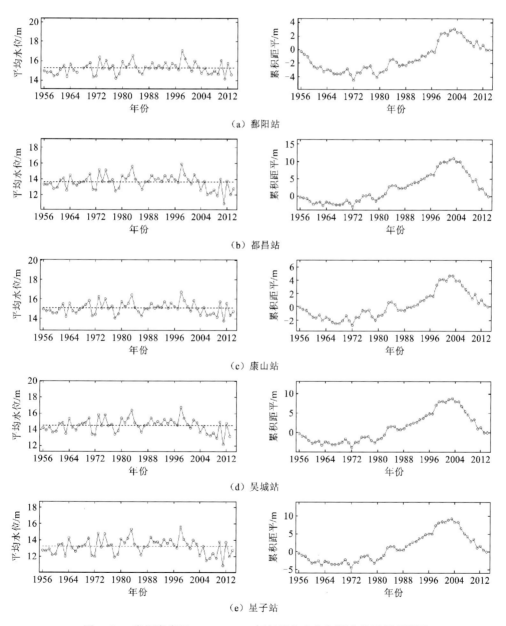

图 4.25　鄱阳湖湖区 1956～2014 年年平均水位年际变化及累积距平

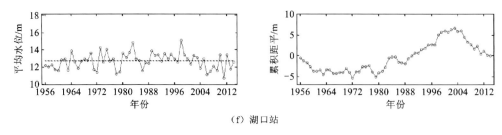

（f）湖口站

图 4.25　鄱阳湖湖区 1956～2014 年年平均水位年际变化及累积距平(续)

1956～2014 年湖区各站平均水位年际变化具有明显的阶段性规律。各站均以 1964 年和 2003 年为变异点,均表现为先增后降的变化过程。其中 1956～1964 年低于多年平均值,1965～2002 年高于多年平均值,2003 年后又低于多年平均值。整个累积距平为先降后升再降的变化趋势。

三峡水库运行后,2003～2014 年湖区鄱阳站、都昌站、康山站、吴城站、星子站、湖口站多年平均水位分别较 1956～2002 年平均水位降低 0.33 m、1.12 m、0.49 m、0.96 m、0.94 m、0.66 m,都昌站水位降低幅度最大,鄱阳站水位降低幅度最小。

这种水位降低的原因有两方面:一方面是鄱阳湖流域降水减少和流域人类活动影响导致五河水系总体入湖流量减少和湖区河床总体下切;另一方面是长江上来水减少和三峡水库蓄水运行影响,长江中下游流量减少,干流水位下降,降低长江对鄱阳湖顶托作用的同时,加大了鄱阳湖下泄动力,从而产生较大流量汇入长江,致使湖区水位降低。

2. 水位历时曲线

基于鄱阳湖各站逐日平均水位资料,采用水位历时曲线探讨不同时段不同频率下湖区水位。图 4.26 给出湖区各站不同时段水位历时曲线。

水位历时曲线(level duration curve,LDC)表示在某个时段内某个水位与高于或等于该水位所对应的时间之间的相关关系,即该时段内高于或等于某水位数值出现的历时。LDC 是一种简单而全面地、图示化地描述整个研究时段内水位状态下的变化特征的方法,可以较好地反映流域的水文特性。LDC 可以用不同的方法绘制,并具有各种不同的时段。构建水位历时曲线的方法主要包括总历时法和多年平均法。总历时法是指将给定时段内的日平均流量序列按照从大到小排序,然后求出各个流量的经验频率,以得到 LDC;多年平均法是先将每年的日平均流量按照从大到小排序,然后求出相应频率位置的各个年份的平均值,即为 LDC。总历时法所得到的 LDC 能较为真实地反映给定时段内的水位变化情况,多年平均法所得到的 LDC 能反映流域多年的平均水位特性,但它是一种虚拟曲线。本次分析采用总历时法得到 LDC。

图 4.26 给出了 1956～2002 年、2003～2014 年和 1956～2014 年鄱阳湖 LDC 对比。其中,1%、5% 相对历时对应的水位为极端高水位,10%、25% 相对历时对应的水位为较高水位。50% 相对历时对应的水位为正常水位,75%、90% 相对历时对应的水位为较低水位,95%、99% 相对历时对应的水位为极端低水位。

由图 4.26 可以看出,1956～2014 年与 1956～2002 年两个时段对应的湖区 LDC 比

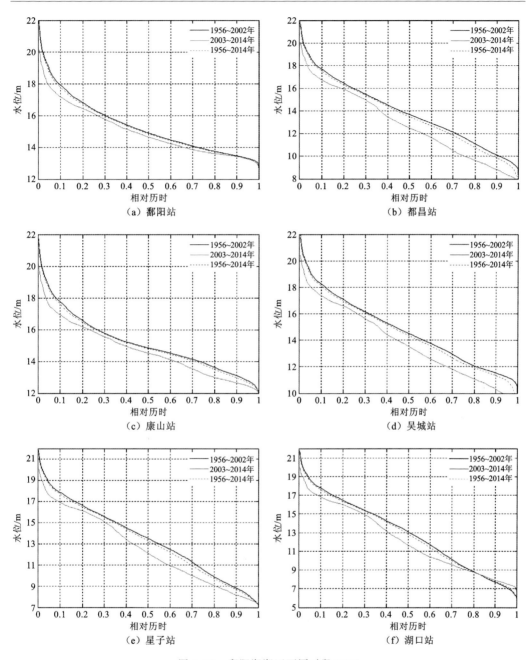

图 4.26   鄱阳湖湖区不同时段 LDC

较接近。而 2003~2014 年与 1956~2002 年相比,LDC 对应的极端高水位、较高水位、正常水位、较低水位均有一定的下降,而极端低水位差异较小,除湖口站有所增加外,其他站点均减少。以湖口站为例,对于 1%、5% 相对历时对应的极端高水位,2003~2014 年年序列较 1956~2002 年要分别低出 1.49 m、1.20 m;对于 50% 相对历时对应的正常水位,2003~2014 年年序列较 1956~2002 年要低出 1.40 m;对于 75% 相对历时对应的较低水位,2003~2014 年年序列较 1956~2002 年要低出 0.29 m。对于 95%、99%相对历时对应的极端低水位,2003~2014 年年序列较 1956~2002 年要分别高出 0.39 m、0.82 m。从不同频率水位变化来看,在气候变化、人类活动等综合影响下,近年来湖区水位变化主要体现为湖口 85%相对历时以上水位降低,85%相对历时以下极端低水位升高,50%相对历时对应的正常水位降低幅度较大,而湖区其他各站不同频率水位总体降低,星子站、都昌站中枯水降低显著,康山站、鄱阳站距离湖口相对较远,降低幅度相对要小。

4.4　本章小结

　　本章主要依据鄱阳湖五河入湖七口控制站(外洲站、李家渡站、虬津站、梅港站、虎山站、渡峰坑站、万家埠站)、鄱阳湖出口控制站(湖口站)及湖区水位控制站(鄱阳站、都昌站、康山站、吴城站、星子站)1956~2014 年长系列流量和水位资料,以三峡水利枢纽运行的 2003 年为分界点,分析了鄱阳湖不同时期的水情时空变化特征,主要结论如下。

　　(1) 鄱阳湖入湖径流主要由五河入流补给,五河 1956~2014 年多年平均径流占总入湖数量约 83.4%,五河入湖水量以赣江所占比重最大。鄱阳湖五河来水受五河干流梯级工程蓄水、流域气候变化及区域用水增加影响较大,主要表现为信江入湖径流组成比例呈显著上升变化,其他四河入湖径流比例呈减少变化,赣江径流变化是湖区五河入流组成变化的主因。

　　(2) 三峡水库蓄水以来,鄱阳湖径流总体偏枯,受长江上游控制性水库调度运行等影响,鄱阳湖出湖水量总体减少幅度少于入湖水量。鄱阳湖五河 2003~2014 年多年平均入湖年径流量减少 99.0×10^8 m³,减少幅度为 7.98%;2~11 月入湖径流量整体减少,12 月~次年 1 月略有增加。鄱阳湖湖口站出湖年径流量减少 63.8×10^8 m³,减少幅度 4.31%;4~11 月中,6 和 8 月出湖径流量略有增加,其他各月均减少;12 月~次年 3 月共增加 41.2×10^8 m³。

　　(3) 鄱阳湖入出湖最大流量年内分布具有显著的单峰型特征,90%以上年最大流量均出现在 4~7 月,最小流量主要出现在 11 月~次年 2 月,2003 年后出现次数比例有所增加。鄱阳湖湖口站 7~9 月受长江洪水顶托影响,易发生洪水倒灌现象,2003 年后倒灌现象有所减弱。最小出湖流量各月均增加,9~11 月各月最大倒灌流量减少 930~4 470 m³/s,枯水期出流加快。

　　(4) 鄱阳湖湖区水位受鄱阳湖五河和长江干流来水的双重影响。湖区最高水位高度集中于长江主汛期 6~8 月,较五河主汛期 5~7 月滞后,湖区年最低水位一般出现在 12 月~次年 2 月,2003 年后极值高低水位出现的时间段没有明显的变化。

　　(5) 三峡水库蓄水以来,湖区水位整体呈下降变化,枯水出现时间提前,枯水持续时间延长,部分站出现历史最低枯水位。2003~2014 年湖口站多年平均水位降低 0.66 m,其中 4~12 月平均水位降低,1~3 月平均水位升高;4~7 月平均降低约 0.80 m,9~11 月平均降低约 1.61 m,以 10 月降低最多(2.19 m);1~3 月平均水位升高 0.41 m,以 3 月升高较大(0.58 m)。极值水位上,除 2 月最高水位变化较小外,其他各月最高水位降低

(0.87～3.10 m);12 月～次年 4 月最低水位平均抬高 0.99 m,汛期除 7 月外,其余各月最低水位有所降低。湖区各站都昌附近水位变化幅度最大,各月平均水位降低 0.30～2.17 m,尤以 10 月降低最为显著,9～11 月平均水位降低 1.64 m,都昌站上游距离湖口越远影响越小。

(6) 鄱阳湖湖区近年水位下降的主要原因为:一是鄱阳湖流域降水减少和流域人类活动影响导致五河水系总体入湖流量减少和湖区河床总体下切;二是受长江上来水减少和三峡水库蓄水运行影响,长江中下游流量减少,干流水位下降,降低长江对鄱阳湖顶托作用的同时,加大了鄱阳湖下泄动力,从而产生较大流量汇入长江。三峡水库 9～11 月蓄水,导致长江中游干流来水量减少、水位降低,从而减弱了长江对鄱阳湖的顶托作用,使得湖口水位降低;10 月份由于蓄水量较大,湖区各站均出现水位显著降低的情况,11 月影响减小,且都昌站上游影响不显著;枯水期 1～3 月,三峡水库补水,使得湖口站平均水位呈现显著升高,而湖口站水位抬高的作用难以影响星子以上湖区水位。

第5章　长江中游江湖水情长历时变化规律

长历时水情变化是江湖关系的基本特征之一。本章充分利用长江中游江湖各站长历时径流资料,针对长江中游干流、洞庭湖、鄱阳湖水情变化,分别从趋势性、周期性和突变性角度,探讨江湖水情的长历时变化规律,为江湖水情叠加效应及相应驱动机制分析提供基础依据。

5.1　研究方法

5.1.1　趋势分析研究方法

1. Mann-Kendall(MK)趋势检验

在时间序列趋势分析中,Mann-Kendall 趋势检验是世界气象组织推荐并已广泛使用的非参数检验方法,最初由 Mann 和 Kendall 提出,许多学者不断应用 Mann-Kendall 趋势检验来分析降水、径流、气温和水质等要素时间序列的趋势变化(Mcleod,2011)。Mann-Kendall 趋势检验不需要样本遵从一定的分布,也不受少数异常值的干扰,适用水文、气象等非正态分布的数据,计算简便。

在 Mann-Kendall 趋势检验中,原假设 H0:时间序列数据$(x_1, \cdots, x_n)$是 n 个独立的、随机变量同分布的样本;备择假设 H1 是双边检验:对于所有的 $k, j < n$,且 $k \neq j$,x_k 和 x_j 的分布是不相同的,检验的统计变量 S 计算如下式:

$$S = \sum_{k=1}^{n-1} \sum_{j=k+1}^{n} \mathrm{sgn}(x_j - x_k) \tag{5.1}$$

式中:

$$\mathrm{sgn}(x_j - x_k) = \begin{cases} +1, & (x_j - x_k) > 0 \\ 0, & (x_j - x_k) = 0 \\ -1, & (x_j - x_k) < 0 \end{cases} \tag{5.2}$$

S 为正态分布,方差 $\mathrm{var}(S) = n(n-1)(2n+5)/18$,均值为 0。当 n 大于 10 时,标准的正态统计变量 z 通过下式计算:

$$z = \begin{cases} \dfrac{S-1}{\sqrt{\mathrm{var}(S)}}, & S > 0 \\ 0, & S = 0 \\ \dfrac{S+1}{\sqrt{\mathrm{var}(S)}}, & S < 0 \end{cases} \tag{5.3}$$

在 MK 的趋势检验中,在给定的 α 置信水平上,如果 $|z| \geqslant z_{\alpha/2}$,则原假设是不可接受

的，即在 α 置信水平上，时间序列数据存在明显的上升或者下降趋势。对于统计变量 z 大于 0 时，是向上趋势；z 小于 0 时，则是下降趋势。

在 MK 趋势检验中，检验的显著性水平为 $\alpha = 0.05$，文中有关趋势描述均是以此为依据，将不再赘述显著性水平。

trend-free pre-whitening Mann-Kendall(TFPW-MK) 为预置白处理的 Mann-Kendall 检验方法。与 MK 趋势检验相较，TFPW-MK 先将数据进行预置白处理(pre-whitening)，消除序列正向自相关性，避免趋势显著性被放大。在变化趋势不是非常显著的情况下对趋势性的检测更为有效。

2. Kendall 秩次相关检验

对序列 $x_1, x_2, \cdots, x_n$，先确定所有对偶值$(x_i, x_j, j > i)$ 中的 $x_i < x_j$ 的出现的个数(设为 p)。顺序的(i, j) 子集是：$(i = 1, j = 2, 3, 4, \cdots, n)$，$(i = 2, j = 3, 4, 5, \cdots, n)$，$\cdots$，$(i = n - 1, j = n)$。如果按顺序前进的值全部大于前一个值，这是一种上升趋势，p 为$(n - 1) + (n - 2) + \cdots + 1$，系为等差级数，则总和为$(n - 1)n / 2$。如果序列全部倒过来，则 $p = 0$，即为下降趋势。由此可知，对无趋势的序列，p 的数学期望 $E(p) = n(n - 1)/4$。

此检验的统计量：

$$U = \frac{\tau}{\left[\mathrm{var}(\tau)\right]^{1/2}} \tag{5.4}$$

其中

$$\tau = \frac{4p}{n(n-1)} - 1 \tag{5.5}$$

$$\mathrm{var}(\tau) = \frac{2(2n+5)}{9n(n-1)} \tag{5.6}$$

当 n 增加，U 很快收敛于标准化正态分布。

原假设为无趋势，当给定显著水平 α 后，在正态分布表中查出临界值 $U_{\alpha/2}$，当 $|U| < U_{\alpha/2}$ 时，接受原假设，即趋势不显著；当 $|U| > U_{\alpha/2}$，拒绝原假设，即趋势显著。

3. Spearman 秩次相关检验

分析序列 x_t 与时序 t 的相关关系，在运算时，x_t 用其秩次 R_t(即把 x_t 从大到小排列时，x_t 所对应的序号) 代表，t 仍为时序$(t = 1, 2, \cdots, n)$，秩次相关系数：

$$r = 1 - \frac{6 \sum\limits_{t=1}^{n} (R_t - t)^2}{n^3 - n} \tag{5.7}$$

式中：n 为序列长度。

相关系数 r 是否异于零，可采用 t 检验法。统计量 $T = r \left(\dfrac{n-4}{1-r^2} \right)^{1/2}$ 服从自由度为$(n-2)$ 的 t 分布。原假设无趋势，检验时，先计算得出 T，再选择显著水平，在 t 分布表中查出临界 $t_{\alpha/2}$，当 $|T| > t_{\alpha/2}$ 时，拒绝原假设，说明序列随时间有相依关系，即序列趋势显著；相反，接受原假设，趋势不显著。

4. 线性回归分析检验方法

随机变量 X_i 随自变量 t 变化,满足简单的线性回归方程:

$$X_i = a + bt_i \tag{5.8}$$

式中:a、b 为回归系数,按回归方法求出 a 和 b 的估计 $\hat{a}$ 和 $\hat{b}$,以及 $\hat{b}$ 的方差 $S_{\hat{b}}^2$,各计算公式如下:

$$\hat{b} = \frac{\sum_{t=1}^{n}(t - \bar{t})(x_t - \bar{x})}{\sum_{t=1}^{n}(t - \bar{t})^2} \tag{5.9}$$

$$\hat{a} = \bar{x} - \hat{b}\bar{t} \tag{5.10}$$

$$S_{\hat{b}}^2 = \frac{s^2}{\sum_{t=1}^{n}(t - \bar{t})^2} \tag{5.11}$$

其中

$$s^2 = \frac{\sum_{t=1}^{n}(x_t - \bar{x})^2 - \hat{b}^2 \sum_{t=1}^{n}(t - \bar{t})^2}{n - 2} \tag{5.12}$$

$$\bar{t} = \frac{1}{n}\sum_{t=1}^{n}t \tag{5.13}$$

$$\bar{x} = \frac{1}{n}\sum_{t=1}^{n}x_t \tag{5.14}$$

通过判别回归系数 b 的正负,线性回归分析方法能被用来检测水文序列的上升或者下降的趋势。t 检验被用来检验序列是否有显著变化趋势,定义统计变量

$$T = \frac{\hat{b}}{S_{\hat{b}}} \tag{5.15}$$

在给定显著性水平 $\alpha = 0.05$ 下,如果 $|T| > t_{\alpha/2}(n-2)$,说明该序列在显著性水平 $\alpha = 0.05$ 下,有显著的变化趋势。

5.1.2　突变分析研究方法

突变(跳跃)是指水文序列急剧变化的一种形式。检验突变是否存在于序列之中,多由分割样本的方法检验,在作分割检验时,应先定出分割点 τ,然后再用有关方法检验,采用有序聚类分析法来确定 τ。

以有序分类来推求最可能的干扰点 τ_0,其实质是求最优分割点,使同类之间的离差平方和较小,而类与类之间的离差平方和较大。

设可能分割点为 τ,则分割前后离差平方和表示为

$$V = \sum_{t=1}^{\tau}(x_t - \bar{x}_\tau)^2 \tag{5.16}$$

和

$$V_{n-\tau} = \sum_{t=\tau+1}^{n} (x_t - \overline{x}_{n-\tau})^2 \qquad (5.17)$$

其中

$$\overline{x}_{\tau} = \frac{1}{\tau} \sum_{t=1}^{\tau} x_t \qquad (5.18)$$

$$\overline{x}_{n-\tau} = \frac{1}{n-\tau} \sum_{t=\tau+1}^{n} x_t \qquad (5.19)$$

这样总离差平方和为

$$S_n(\tau) = V_{\tau} + V_{n-\tau} \qquad (5.20)$$

最优二分割:

$$S_n^* = \min_{1<\tau<n} \{S_n(\tau)\} \qquad (5.21)$$

满足上述条件的 τ 记为 τ_0,以此作为最可能的分割点。

找到分割点 τ_0 后,需对分割样本进行检验,本书采用秩和检验法和游程检验法进行跳跃成分显著性检验。

1. 秩和检验法

设跳跃前后,即分割点 τ_0 前后,两序列总体的分布函数各为 $F_1(x)$ 和 $F_2(x)$,从总体中分别抽取容量各为 n_1 和 n_2 样本,要求检验原假设: $F_1(x) = F_2(x)$。

把两个样本数据依大小次序排列并统一编号,规定每个数据在排列中所对应的序数称为该数的秩,对于相同的数值,则用它们的平均值作秩。现计容量小的样本各数值的秩之和为 W,将 W 作为统计量。秩和检验就是根据统计量 W 检验的。

当 $n_1, n_2 > 10$ 时,统计量 W 近似于正态分布:

$$N\left(\frac{n_1(n_1 + n_2 + 1)}{2}, \frac{n_1 n_2(n_1 + n_2 + 1)}{12}\right) \qquad (5.22)$$

于是可用 u 检验法,这时的统计量:

$$U = \frac{W - \dfrac{n_1(n_1 + n_2 + 1)}{2}}{\sqrt{\dfrac{n_1 n_2(n_1 + n_2 + 1)}{12}}} \qquad (5.23)$$

式(5.23)服从标准正态分布, n_1 为小样本容量。选择显著性水平 α,查正态分布临界值 $U_{\alpha/2}$。当 $|U| < \alpha/2$,接受原假设,即分割点 τ_0 前后两样本来自同一分布总体,表示跳跃不显著;相反,跳跃显著。

2. 游程检验法

对于某一观测值序列 x_t ($t = 1, 2, \cdots, n$),假设分割点 τ_0 前后的样本容量分别为 n_1 和 n_2。将观测序列按从小到大的顺序进行排列,把属于 n_1 的记为 A, n_2 的记为 B,这样得到一个新的序列,把每个连续出现同一字母的称为游程。每个游程所含元素的个数叫游程长。

当游程出现个数较期望的游程数为少时,就比较倾向于拒绝两个样本来自同一分布总体这一假设,因为此时长的游程出现得较多,这就表明个别样本中的元素有较大的密集现象,因此认为这两个样本不服从同一分布。本书中采用游程总个数检验法进行检验。

若容量为 n_1 和 n_2 的两个样本,分别来自两个总体。原假设为两个总体具有同样的分布函数。

当 $n_1,n_2 > 20$,游程总个数 K 迅速趋于正态分布:

$$N\left(1 + \frac{2n_1 n_2}{n}, \frac{2n_1 n_2(2n_1 n_2 - n)}{(n^2(n-1))}\right) \tag{5.24}$$

于是可用 u 检验法,这时的统计量:

$$U = \frac{K - \left(1 + \dfrac{2n_1 n_2}{n}\right)}{\sqrt{\dfrac{2n_1 n_2(2n_1 n_2 - n)}{n^2(n-1)}}} \tag{5.25}$$

服从标准正态分布。式中 $n = n_1 + n_2$ 为小样本容量。选择显著性水平 α,查正态分布临界值 $U_{\alpha/2}$。当 $|U| < U_{\alpha/2}$,接受原假设,即分割点 τ_0 前后两样本来自同一分布总体,表示跳跃不显著;相反,跳跃显著。

3. Pettitt 检验法

Pettitt 检验法最先由 Pettitt 用于检验突变点(Pettitt,1979),是一种非参数检验方法,前提是序列存在趋势性变化,其核心是通过检验时间序列要素均值变化的时间,来确定序列跃变时间。该检验使用 Mann-Whitney 统计量 $U_{t,N}$ 来检验同一个总体 $x(t)$ 的两个样本,统计量 $U_{t,N}$ 的公式:

$$U_{t,N} = U_{t-1,N} + \sum_{i=1}^{N} \text{sgn}(x_t - x_i), \quad t = 2,3,\cdots,N \tag{5.26}$$

式中:若 $x_t - x_i > 0$,则 $\text{sgn}(x_t - x_i) = 1$;若 $x_t - x_i = 0$,则 $\text{sgn}(x_t - x_i) = 0$;若 $x_t - x_i < 0$,则 $\text{sgn}(x_t - x_i) = -1$。

Pettitt 检验的零假设为序列无变异点,其统计量 K_N 和相关概率的显著性检验公式如下:

$$K_{t,N} = \max|U_{t,N}|, \quad 1 \leqslant t \leqslant N$$
$$p \cong 2\exp\{-6K_{t,N}/N^3 + N^2\} \tag{5.27}$$

式中:若 $p \leqslant 0.05$,则认为 t 点为显著变异点。由此检验出序列的一级变点;然后以变点为界将原系列分为两个序列继续检测新的变点,由此可检验出多级变点;最后根据具体成因分析,确定序列 $x(t)$ 变异点。

4. Mann-Kendall 突变检验

当 Mann-Kendall 趋势检验进一步用于检验序列突变时,检验统计量同上述 z 有所不同,通过构造一秩序列:

$$s_k = \sum_{i=1}^{k} \sum_{j}^{i-1} a_{ij}, \quad k = 2,3,\cdots,n \tag{5.28}$$

其中

$$a_{ij} = \begin{cases} 1, & x_i > x_j \\ 0, & x_i \leqslant x_j \end{cases}, \quad 1 \leqslant j \leqslant i \tag{5.29}$$

定义统计变量：

$$\mathrm{UF}_k = \frac{(s_k - E(s_k))}{\sqrt{\mathrm{var}(s_k)}}, \quad k = 1, 2, \cdots, n \tag{5.30}$$

$$E(s_k) = k(k-1)/4 \tag{5.31}$$

$$\mathrm{var}(s_k) = k(k-1)(2k+5)/72 \tag{5.32}$$

UF_k 为标准正态分布，给定显著性水平 α，若 $|\mathrm{UF}_k| > U_{\alpha/2}$，则表明序列存在明显的趋势变化。

将时间序列 x 按逆序排列，再按上式计算，同时使

$$\begin{cases} \mathrm{UB}_k = -\mathrm{UF}_{k'} \\ k' = n + 1 - k \end{cases}, \quad k = 1, 2, \cdots, n \tag{5.33}$$

通过分析统计序列 UF_k 和 UB_k 可以进一步分析序列 x 的趋势变化，而且可以明确突变的时间，指出突变的区域。若 UF_k 值大于 0，则表明序列呈上升趋势，小于 0 则表明呈下降趋势，当它们超过临界直线时，表明上升或下降趋势显著。如果 UF_k 和 UB_k 两条曲线出现交点，且交点在临界直线之间，那么交点对应的时刻就是突变开始的时刻。

5.1.3　周期分析研究方法

1. 累积解释方差图法

假设序列记为 $x_t (t = 1, 2, \cdots, T)$，若显著谐波个数为 d，则 x_t 表示为

$$x_t = \bar{x} + \sum_{j=1}^{d} \left(a_j \cos \frac{2\pi j}{T} t + b_j \sin \frac{2\pi j}{T} t \right) + \eta_t \tag{5.34}$$

式中：$\bar{x}$ 为序列 x_t 的均值；η_t 为剩余序列；系数 a_j 和 b_j 由下式计算：

$$\begin{cases} a_j = \dfrac{2}{T} \sum\limits_{t=1}^{T} (x_t - \bar{x}) \cos \dfrac{2\pi j}{T} t \\ b_j = \dfrac{2}{T} \sum\limits_{t=1}^{T} (x_t - \bar{x}) \sin \dfrac{2\pi j}{T} t \end{cases} \tag{5.35}$$

序列 $x_t (t = 1, 2, \cdots, T)$ 的方差为

$$S^2 = \frac{1}{T} \sum_{t=1}^{T} (x_t - \bar{x})^2 \tag{5.36}$$

根据上述公式可求得 x_t 的方差线谱 $c_{jj}^2 = (a_j^2 + b_j^2)/2, j = 1, 2, \cdots, k$，当 T 为偶数时，$k = T/2$；T 为奇数时 $k = (T-1)/2$，c_{jj}^2 为第 j 个谐波对序列方差 S^2 的贡献（解释方差）。c_{jj}^2 越大，表明第 j 个谐波的贡献越大，即对 x_t 周期变化的影响越显著，因此寻求显著谐波，实际上是寻求方差贡献较大的那些谐波。为了寻求方差贡献较大的那些谐波，将按 i 次序的 c_{jj}^2 从大到小依次累积得

$$W_m = \sum_{i=1}^{m} c_i^2, \quad m = 1, 2, \cdots, k \tag{5.37}$$

再将 W_m 除以方差 S^2，即

$$B_m = \frac{W_m}{S^2} = \frac{\sum\limits_{i=1}^{m} c_i^2}{S^2} \tag{5.38}$$

建立 B_m 和 m 的关系，并绘制在图上，可以显示出 B_m 随 m 急剧增加，然后缓慢增加，转折点对应的 m 为显著谐波的个数，记为 d。

2. 周期图法（方差线谱法）

若序列 x_t $(t = 1, 2, \cdots, n)$ 满足狄氏条件，可以展成傅里叶级数：

$$x_t = \mu_x + \sum_{j=1}^{l} (a_j \cos\omega_j t + b_j \sin\omega_j t) \tag{5.39}$$

或

$$x_t = \mu_x + \sum_{j=1}^{l} A_j \cos(\omega_j t + \theta_j) \tag{5.40}$$

式中：μ_x 为序列的均值；l 为谐波的总个数（n 为偶数时，$l = \frac{n}{2}$；n 为奇数时，$l = \frac{n-1}{2}$）；a_j, b_j 为各谐波分量的振幅（即傅氏系数），按式（5.39）计算：

$$\begin{cases} a_j = \dfrac{2}{n} \sum\limits_{t=1}^{n} x_t \cos\omega_j t \\ b_j = \dfrac{2}{n} \sum\limits_{t=1}^{n} x_t \sin\omega_j t \end{cases} \tag{5.41}$$

式中：角频率 $\omega_j = \dfrac{2\pi}{n} j$ $\left(\dfrac{2\pi}{n}\right.$ 为基本角频率$\left.\right)$；A_j 为谐波振幅；θ_j 为相位，按式（5.42）计算：

$$\begin{cases} A_j = \sqrt{a_j^2 + b_j^2} \\ \theta_j = \arctan\left(-\dfrac{b_j}{a_j}\right) \end{cases} \tag{5.42}$$

由于振幅 A_j 与角频率 ω_j 一一对应，且 $\dfrac{A_j^2}{2}$ 为 ω_j 对应的谐波的方差。因此实际工作中常建立 $\dfrac{A_j^2}{2} \sim \omega_j$ 二者的关系图，一般称此图为频谱或周期图。

在周期图中总可以找到一些较大的谐波的方差，其对应的周期 T_j 既有可能是真正的周期，也有可能是虚假的周期。为了选择真正的周期，可用费歇尔（Fisher）检验统计变量：

$$g_1 = \frac{A_m^2}{2S^2} \tag{5.43}$$

检验谐波分量的显著性。其中 A_m^2 为 $A_j^2 = a_j^2 + b_j^2$ 中的最大值；S^2 为序列 x_t 的方差。对于

$$k = \begin{cases} \dfrac{N}{2}, & N \text{ 为偶数} \\ (N-1)/2, & N \text{ 为奇数} \end{cases} \tag{5.44}$$

式（5.43）中 g_1 值超过临界值 g 的概率近似为

$$P_f \approx k\,(1-g)^{k-1} \tag{5.45}$$

在给定显著水平 α（即为 P_f），可求出临界值 g，若 $g_1 > g$ 被检验的这个谐波是显著的。

下一个最高的 A_2^2 的检验，统计量为

$$g_2 = \frac{A_2^2}{2S^2 - A_m^2} \tag{5.46}$$

若 $g_2 > g$，则被检验的这个谐波是显著的。如此下去，用式（5.47）A_j^2 递减的次序就可选出第 i 个谐波分量：

$$g_i = \frac{A_i^2}{2S^2 - \sum\limits_{j=1}^{i-1} A_j^2} \tag{5.47}$$

式中：" $\sum$ " 号中的 A_j^2 全部比 A_i^2 大。

3. 小波分析法

傅里叶分析确定了信号在整个时间域上的频谱特性，但不能反映某一局部时间附近的频谱特性，因此在时间域上没有任何分辨率。加窗傅里叶短时变换能实现时频局部化，但窗口的大小和形状固定，其分辨率是有限的。由于频率与周期成反比，反映信号高频成分需要窄的时间窗，反映低频成分需要宽的时间窗。1980 年法国工程师 Morlet 在继承和发展短时傅里叶变换的基础上提出了小波分析方法，小波分析涉及小波函数和小波变换。

1）小波函数

小波函数指的是具有振荡特性、能够迅速衰减到零的一类函数，也称基小波，其伸缩和平移构成一簇函数系：

$$\int_{-\infty}^{+\infty} \psi(t)\,\mathrm{d}t = 0 \tag{5.48}$$

式中：$\psi(t)$ 为基小波，其伸缩和平移构成一簇函数系：

$$\psi_{a,b}(t) = \mid a \mid^{-1/2} \psi\!\left(\frac{t-b}{a}\right), \quad a,b \in \mathbf{R}, a \neq 0 \tag{5.49}$$

式中：$\psi_{a,b}(t)$ 为分析小波或连续小波；a 为尺度因子，反映小波的周期长度；b 为时间因子，反映在时间上的平移。基本小波函数有 Mexican hat 小波、Wave 小波和 Morlet 小波等，本书中采用 Morlet 小波。

2）小波变换

令 $L^2(R)$ 表示定义在实轴上、可测的平方可积函数空间，则对于信号 $f(t) \in L^2(R)$，其连续小波变换为

$$W_f(a,b) = \mid a \mid^{-1/2} \int_{-\infty}^{+\infty} f(t)\,\overline{\psi\!\left(\frac{t-b}{a}\right)}\,\mathrm{d}t \tag{5.50}$$

式中：$\overline{\psi(t)}$ 为 $\psi(t)$ 的复共轭函数；$W_f(a,b)$ 称为小波系数。实际工作中，信号常常是离散的，如 $f(k\Delta t)(k=1,2,\cdots,N;\Delta t$ 为取样时间间隔），则式（5.50）的离散形式表达为

$$W_f(a,b) = \mid a \mid^{-1/2} \Delta t \sum_{k=1}^{N} f(k\Delta t)\,\overline{\psi\!\left(\frac{k\Delta t - b}{a}\right)} \tag{5.51}$$

式中:$W_f(a,b)$ 为时间序列 $f(t)$ 或 $f(k\Delta t)$ 通过单位脉冲响应的滤波器的输出,能同时反映时域参数 b 和频域参数 a 的特性。当 a 较小时,对频域的分辨率低,对时域的分辨率高;当 a 增大时,对频域的分辨率高,对时域的分辨率低。因此,小波变换能实现窗口的大小固定、形状可变的时频局部化。正是这个意义上小波变换被誉为数学显微镜。通过小波系数的分析,可识别研究对象多时间尺度演变特性。

Morlet 小波变换在水文时间序列多时间尺度分析中的应用,Morlet 小波为复数小波,其函数表达式为

$$\psi(t) = e^{i\omega_0 t} e^{-t^2/2} \tag{5.52}$$

式中:ω_0 为常数,且当 $\omega_0 \geqslant 5$ 时,Morlet 小波能满足允许性条件。复数小波较实型小波能更真实反映径流的各尺度周期性的大小及这些周期在时域中的分布。复数小波变换系数的模和实部是两个重要的变量。模的大小表示特征时间尺度信号的强弱,实部可表示不同特征时间尺度信号在不同时间的强弱和位相两方面的信息。

5.2　长江中游干流水情长历时变化规律

本节依据长江中游干流控制站 1956～2014 年径流量资料,从趋势性、突变性、周期性角度探讨长江中游干流的水情长历时变化规律。

5.2.1　趋势性规律

1. 滑动平均分析

滑动平均法是通过选择合适的滑动年限 K 值,使序列高频振荡的影响得以弱化,据此研究序列的趋势变化规律。为消除年径流量序列周期性的影响,一般选用与序列周期相近的年数作为 K 值。根据相关研究成果,年径流与太阳黑子活动有一定的关系,而太阳黑子活动是具有周期变化的,其周期的平均长度约为 11 年,短的只有 9 年,长的可达 14 年。因此,为分析方便起见,对年径流量一般取 11 年进行滑动平均统计。

宜昌站 1956～2014 年多年平均年径流量为 $4\,264 \times 10^8$ m³,年径流量序列及其滑动平均过程见图 5.1,年径流量模比系数及模比差积曲线过程见图 5.2。宜昌站年径流量序列 1964～1972 年、1998～2011 年处于下降期,1994～1998 年处于增加期,1973～1993 年、2012～2014 年基本处于波动期;2006 年年径流量为 $2\,848 \times 10^8$ m³,为 59 年系列的最小值,2011 年的 $3\,393 \times 10^8$ m³ 排在 59 年系列倒数第二位,2003～2014 年的 12 年,有 9 年年径流量小于 59 年均值 $4\,264 \times 10^8$ m³;从滑动平均过程可以看出,宜昌站年径流序列略显减少趋势;从模比系数及模比差积过程可以看出,宜昌站年径流年际丰、枯变化较频繁,但变幅不大。

枝城站 1956～2014 年多年平均年径流量为 $4\,376 \times 10^8$ m³,年径流量序列及其滑动平均过程见图 5.3,年径流量模比系数及模比差积曲线过程见图 5.4。枝城站年径流量序列 1964～1972 年、1998～2011 年处于下降期,1994～1998 年处于增加期,1973～1993 年、

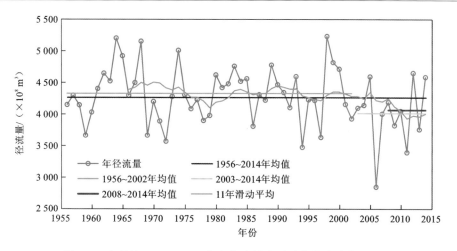

图 5.1　宜昌站 1956～2014 年年径流量序列及其滑动平均过程图

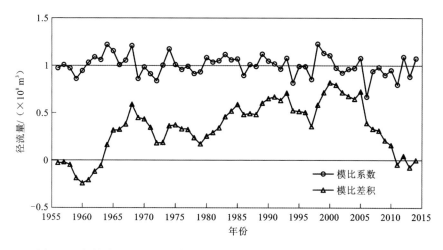

图 5.2　宜昌站 1956～2014 年年径流量模比系数及模比差积曲线过程图

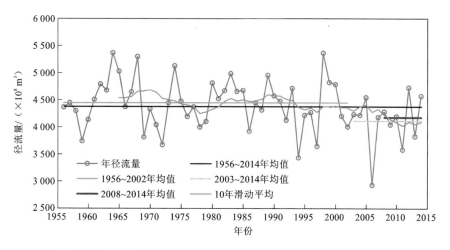

图 5.3　枝城站 1956～2014 年年径流量序列及其滑动平均过程图

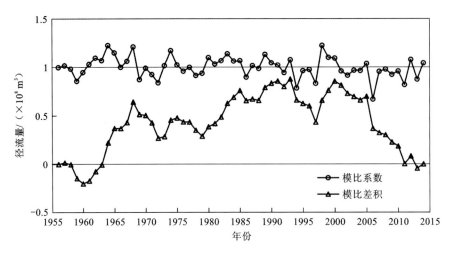

图 5.4　枝城站 1956～2014 年年径流量模比系数及模比差积曲线过程图

2012～2014 年基本处于波动期;2006 年年径流量为 2 928×10⁸ m³,为 59 年系列的最小值,2011 年的 3 583×10⁸ m³ 排在 59 年系列倒数第三位,2003～2014 年的 12 年,有 9 年年径流量小于 59 年均值 4 376×10⁸ m³;从滑动平均过程可以看出,枝城站年径流系列略显减少趋势;从模比系数及模比差积过程可以看出,枝城站年径流年际间丰、枯变化较频繁,但变幅不大。

　　沙市站 1956～2014 年多年平均年径流量为 3 905×10⁸ m³,年径流量序列及其滑动平均过程见图 5.5,年径流量模比系数及模比差积曲线过程见图 5.6。

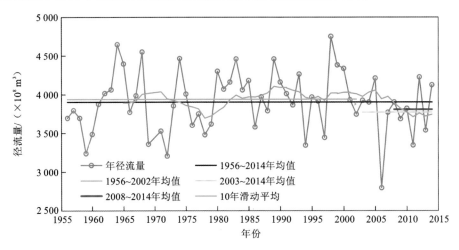

图 5.5　沙市站 1956～2014 年年径流量序列及其滑动平均过程图

　　从图 5.5、图 5.6 中可以看出,沙市站年径流量序列 1964～1972 年、1998～2011 年处于下降期,1994～1998 年处于增加期,1973～1993 年、2012～2014 年基本处于波动期;2006 年年径流量为 2 795×10⁸ m³,为 59 年系列的最小值,2011 年的 3 345×10⁸ m³ 排在59 年系列倒数第四位,2003～2014 年的 12 年,有 8 年年径流量小于 59 年均值 3 905×

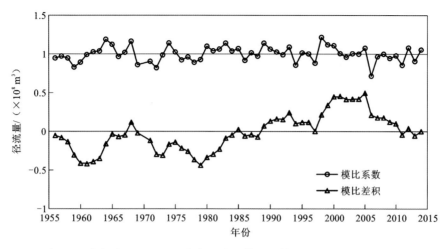

图 5.6　沙市站 1956～2014 年年径流量模比系数及模比差积曲线过程图

10^8 m³；从滑动平均过程可以看出，沙市站年径流系列无明显变化趋势；从模比系数及模比差积过程可以看出，沙市站年径流年际丰、枯变化较频繁，但变幅不大。

　　螺山站 1956 年～2014 年多年平均年径流量为 6 313×10^8 m³，年径流量序列及其滑动平均过程见图 5.7，年径流量模比系数及模比差积曲线过程见图 5.8。螺山站年径流量序列 1956～1997 年、2012～2014 年基本处于波动期，1998～2011 年处于下降期；2006 年年径流量为 4 647×10^8 m³，为 59 年系列的最小值，2011 年的 4 653×10^8 m³ 排在 59 年系列倒数第二位，2003～2014 年的 12 年，有 7 年年径流量小于 59 年均值 6 313×10^8 m³；从滑动平均过程可以看出，螺山站年径流系列无明显变化趋势；从模比系数及模比差积过程可以看出，螺山站年径流年际丰、枯变化较频繁，但变幅不大。

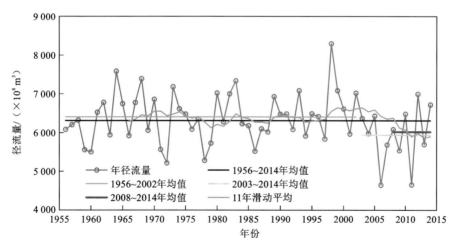

图 5.7　螺山站 1956～2014 年年径流量序列及其滑动平均过程图

　　汉口站 1956～2014 年多年平均年径流量为 6 992×10^8 m³，年径流量序列及其滑动平均过程见图 5.9，年径流量模比系数及模比差积曲线过程见图 5.10。2006 年年径流

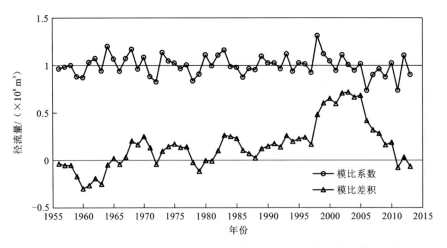

图 5.8　螺山站 1956~2014 年年径流量模比系数及模比差积曲线过程图

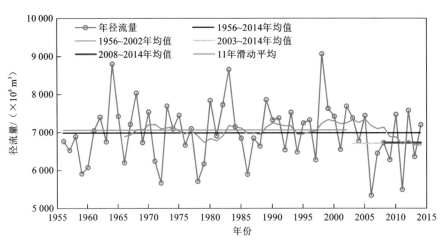

图 5.9　汉口站 1956~2014 年年径流量序列及其滑动平均过程图

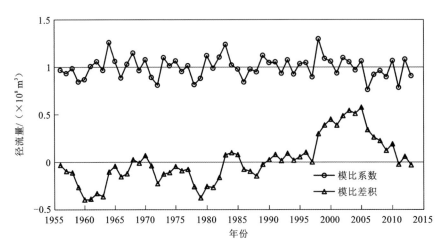

图 5.10　汉口站 1956~2014 年年径流量模比系数及模比差积曲线过程图

量为 5 341×10⁸ m³,为 59 年序列的最小值,2011 年的 5 495×10⁸ m³ 排在 59 年序列倒数
第二位,2003~2014 年的 12 年,有 7 年年径流量小于 59 年均值 6 992×10⁸ m³;汉口站年
径流序列历年基本围绕长序列均值附近波动,其中 1998~2006 年处于波动的下降阶段;
从滑动平均过程可以看出,长序列无明显变化趋势;从模比系数及模比差积过程可以看
出,汉口站年径流年际丰、枯变化较频繁,但变幅不大。

　　大通站 1956~2014 年多年平均年径流量为 8 807×10⁸ m³,年径流量序列及其滑动
平均过程见图 5.11,年径流量模比系数及模比差积曲线过程见图 5.12。2011 年年径流
量为 6 671×10⁸ m³,为 59 年序列的最小值,2006 年的 6 886×10⁸ m³ 排在 59 年序列倒数
第三位,2003~2014 年的 12 年,有 7 年年径流量小于 59 年均值 8 807×10⁸ m³;大通站年
径流序列历年基本围绕长序列均值附近波动,其中 1998~2006 年处于波动的下降阶段;
从滑动平均过程可以看出,长序列无明显变化趋势;从模比系数及模比差积过程可以看
出,大通站年径流年际丰、枯变化较频繁,但变幅不大。

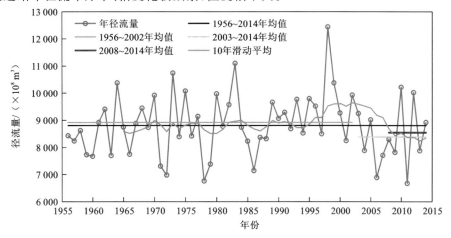

图 5.11　大通站 1956~2014 年年径流量序列及其滑动平均过程图

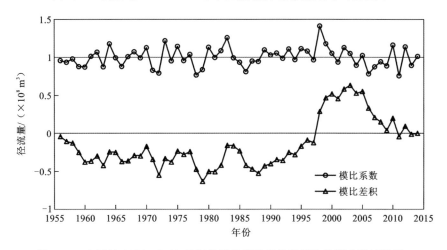

图 5.12　大通站 1956~2014 年年径流量模比系数及模比差积曲线过程图

2. 数理统计检验

采用长江中下游干流宜昌站、枝城站、沙市站、螺山站、汉口站、大通站 1956～2014 年实测径流量序列,在显著性水平 $\alpha=0.05$ 下,$U_{\alpha/2}=1.96$,$t_{\alpha/2}(59-2)=2.002$,各水文站年月径流量序列变化趋势检验成果见表 5.1。

从表 5.1 可以看出,各方法的检验结果基本一致。定义 c 为临界值,t 为统计量,当 $|t|>c$ 时,可认为变化趋势显著;当 $0.8c\leqslant|t|\leqslant1.0c$ 时,可认为变化趋势较为显著;当 $0.6c<|t|<0.8c$ 时,可认为变化趋势不太显著;当 $|t|\leqslant0.6c$ 时,可认为变化趋势不显著。

表 5.1　长江中下游干流 1956～2014 年实测径流量长期变化趋势检验结果表

类别	站点	MK 趋势检验	Kendall 检验	Spearman 检验	LRT 检验		变化趋势
年径流	宜昌站	−1.20	−1.21	0.68	−1.46	↓	不太显著
	枝城站	−1.52	−1.54	0.39	−1.81	↓	不太显著
	沙市站	0.12	0.10	−0.36	0.06	↑	不显著
	螺山站	−0.46	−0.48	−1.26	−0.63	↓	不显著
	汉口站	0.20	0.20	−1.70	−0.05	↑	不显著
	大通站	0.44	0.44	−0.58	0.49	↑	不显著
9 月径流量	宜昌站	−1.34	−1.42	0.08	−1.57	↓	不太显著
	枝城站	−1.46	−1.47	0.44	−1.65	↓	不太显著
	沙市站	−1.07	−1.12	−0.05	−1.15	↓	不显著
	螺山站	−0.89	−0.95	0.27	−0.74	↓	不显著
	汉口站	−0.86	−0.90	−0.53	−0.50	↓	不显著
	大通站	−0.10	−0.16	−2.42	0.22	↓	不显著
10 月径流量	宜昌站	−3.51*	−3.58*	3.10*	−4.07*	↓	显著
	枝城站	−3.60*	−3.62*	3.61*	−4.06*	↓	显著
	沙市站	−2.67*	−2.74*	2.76*	−2.94*	↓	显著
	螺山站	−3.18*	−3.24*	2.91*	−3.21*	↓	显著
	汉口站	−2.73*	−2.79*	2.07*	−2.77*	↓	显著
	大通站	−1.90	−1.93	1.18	−2.03*	↓	较显著
11 月径流量	宜昌站	−1.69	−1.77	1.11	−1.64	↓	较显著
	枝城站	−1.95	−1.96	1.15	−1.80	↓	较显著
	沙市站	−0.44	−0.52	1.19	−0.39	↓	不显著
	螺山站	−1.51	−1.62	−0.21	−1.12	↓	不太显著
	汉口站	−1.13	−1.21	0.14	−0.92	↓	不显著
	大通站	−1.13	−1.22	−0.49	−1.20	↓	不显著
9～11 月径流量	宜昌站	−2.37*	−2.39*	0.66*	−2.87*	↓	显著
	枝城站	−2.49*	−2.50*	1.60	−2.96*	↓	显著
	沙市站	−1.58	−1.60	0.49	−1.95	↓	不太显著
	螺山站	−1.79	−1.80	0.44	−2.00*	↓	较显著
	汉口站	−1.55	−1.56	−0.26	−1.65	↓	不太显著
	大通站	−0.66	−0.67	−0.62	−1.02	↓	不显著

续表

类别	站点	MK 趋势检验	Kendall 检验	Spearman 检验	LRT 检验		变化趋势
1~3 月 径流量	宜昌站	4.83*	4.83*	−4*	6.19*	↑	显著
	枝城站	4.73*	4.73*	−4.35*	6.21*	↑	显著
	沙市站	5.61*	5.61*	−4.51*	8.17*	↑	显著
12~次年 2 月 径流量	螺山站	2.91*	2.92*	−3.28*	3.09*	↑	显著
	汉口站	3.80*	3.80*	−4.17*	4.27*	↑	显著
	大通站	3.27*	3.27*	−5.02*	3.41*	↑	显著

注:LRT 为线性回归分析;＊代表显著,下同

　　对于年径流量序列,宜昌站、枝城站减少趋势不太显著,沙市站、螺山站、汉口站、大通站变化趋势不显著。

　　对于月(季)径流量序列,宜昌站、枝城站、沙市站、螺山站、汉口站、大通站六站 9~11月径流量序列均呈减少趋势,最枯三个月(1~3 月或 12 月~次年 2 月)径流量序列均呈增加趋势。在 5%显著性水平下,宜昌站、枝城站 9 月径流量序列减少趋势不太显著,沙市站、螺山站、汉口站、大通站四站 9 月径流量序列减少趋势不显著;宜昌站、枝城站、沙市站、螺山站、汉口站五站 10 月径流量序列减少趋势显著,大通站 10 月径流量序列减少趋势较显著;宜昌站、枝城站 11 月径流量序列减少趋势较显著,沙市站、汉口站、大通站三站11 月径流量序列减少趋势不显著,螺山站 11 月径流量序列减少趋势不太显著;宜昌站、枝城站 9~11 月径流量序列减少趋势显著,沙市站、汉口站 9~11 月径流量序列减少趋势不太显著,螺山站 9~11 月径流量序列减少趋势较显著,大通站 9~11 月径流量序列减少趋势不显著;宜昌站、枝城站、沙市站 1~3 月及螺山站、汉口站、大通站 12 月~次年 2 月径流量序列增加趋势均显著。

5.2.2　突变性规律

　　MK 突变检验方法指出,UF 和 UB 两条曲线出现交点,且交点在临界直线之间,那么交点对应时刻为突变开始时刻。长江中游干流控制站 1956~2014 年实测径流量序列MK 检验统计变化过程见图 5.13~图 5.18。

　　从长江中游控制站 1956~2014 年实测年径流量序列 MK 检验统计变化图(图 5.13)来看,在 1956~2014 年的 59 年里,各站径流中,只有一个突变点的是宜昌站、枝城站,突变时间在 2004 年左右。有两个以上突变点的有沙市站、螺山站、汉口站和大通站,第一突变点在 1956 年左右,第二突变点在 2003 年左右。特别是在 2003 年以后,上下趋势线存在多次交叉,表明该时段径流振荡剧烈,变化频繁。

　　图 5.14~图 5.17 给出了长江中游控制站 1956~2014 年 9~11 月径流量序列 MK检验统计变化过程。

　　9~11 月是三峡工程主要蓄水期,三峡工程蓄水减少下泄水量,造成长江中游来水发生变化。从长江中游控制站 1956~2014 年 9~11 月径流量序列 MK 检验统计变化图来看,普遍在 2003 年左右存在明显交叉突变点,说明三峡蓄水运行对长江中游水情影响较突出。

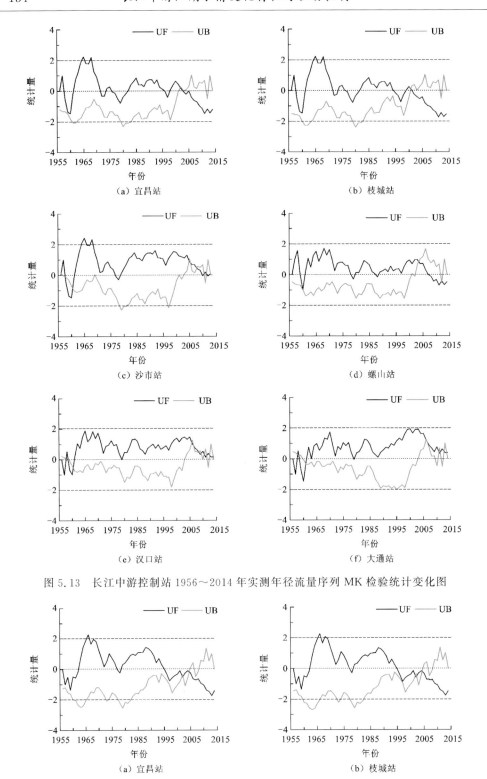

图 5.13 长江中游控制站 1956~2014 年实测年径流量序列 MK 检验统计变化图

图 5.14 长江中游控制站 1956~2014 年 9 月径流量序列 MK 检验统计变化图

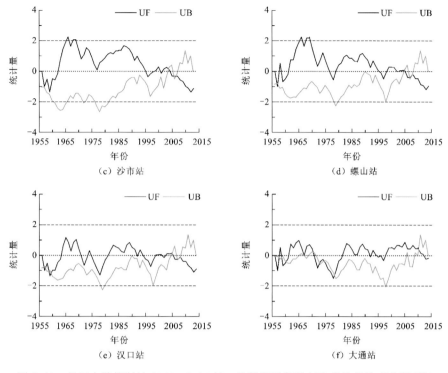

图 5.14　长江中游控制站 1956～2014 年 9 月径流量序列 MK 检验统计变化图(续)

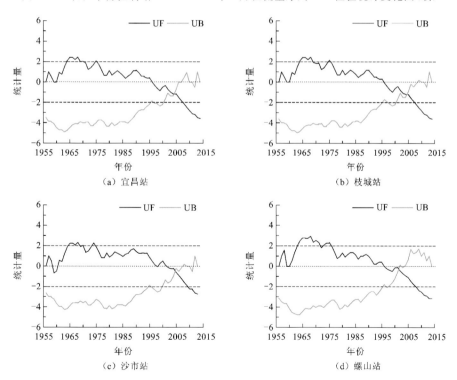

图 5.15　长江中游控制站 1956～2014 年 10 月径流量序列 MK 检验统计变化图

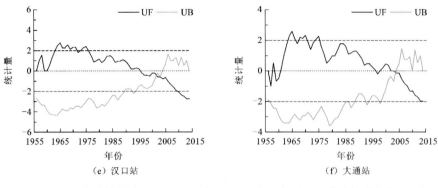

图 5.15　长江中游控制站 1956～2014 年 10 月径流量序列 MK 检验统计变化图(续)

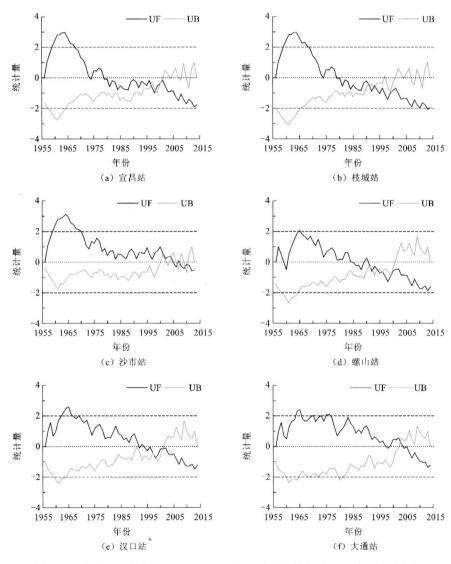

图 5.16　长江中游控制站 1956～2014 年 11 月径流量序列 MK 检验统计变化

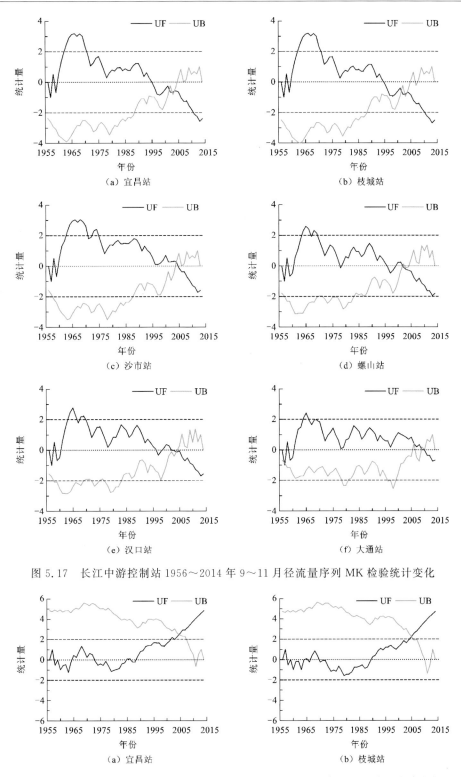

图 5.17　长江中游控制站 1956～2014 年 9～11 月径流量序列 MK 检验统计变化

图 5.18　长江中游控制站 1956～2014 年最枯三个月径流量序列 MK 检验统计变化

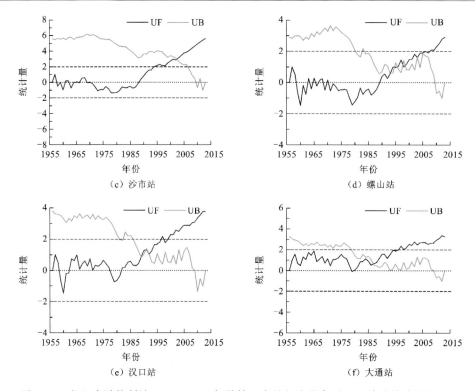

图 5.18　长江中游控制站 1956～2014 年最枯三个月径流量序列 MK 检验统计变化(续)

图 5.18 给出了长江中游控制站 1956～2014 年最枯三个月径流量序列 Mann-Kendall 突变检验统计变化过程。

由图 5.18 可知,各站 Mann-Kendall 突变上下趋势线在 95% 临界直线以外存在明显交叉,特别是宜昌站、枝城站、沙市站,由于距离三峡坝址相对大通站、汉口站近,受三峡蓄水运行影响明显,最枯三个月径流量变化在三峡蓄水节点(2003 年)附近存在明显突变,径流变化显著,显然三峡蓄丰补枯作用对长江中游枯水期径流影响较突出。

5.2.3　周期性规律

宜昌站 1951～2014 年年径流量序列(2003～2014 年受三峡水库调蓄影响的序列进行了还原处理)进行标准化处理后,分别计算出 Morlet 小波变换系数的模平方和实部。

1. 小波变换系数的实部

长江上游年径流量序列 Morlet 小波变换系数的实部时频分布见图 5.19(a)。年径流量呈明显的年际变化,存在 8～10 年、15～18 年两类尺度的周期性变化规律。其中 15～18 年时间尺度在 1970～2013 年表现明显,其中心时间尺度在 17 年左右,正负位相交替出现;8～10 年时间尺度在 1975～1990 年明显,在其他时段则表现得不是很明显,其中心时间尺度在 9 年左右。

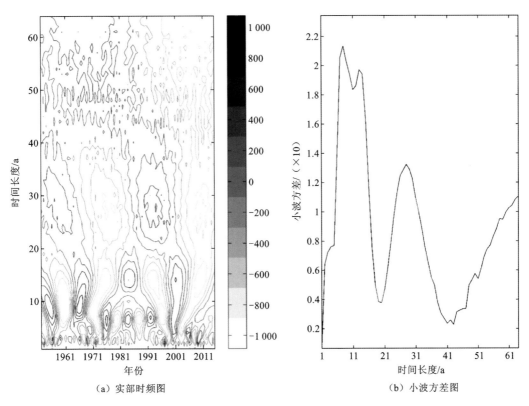

（a）实部时频图　　　　　　　　　　　　　（b）小波方差图

图 5.19　宜昌站年径流量序列小波变换系数实部时频图和小波方差图

2. 小波方差分析

长江上游年径流量序列小波方差图见图 5.19（b）。图 5.19（b）中主要有两个峰值，分别对应 9 年、28 年的时间尺度，第一峰值是 9 年，说明 9 年左右的周期振荡最强，为长江上游年径流量的第 1 周期，即主周期。

5.3　洞庭湖区水情长历时变化规律

本节依据洞庭湖区控制站 1956～2014 年径流量资料，从趋势性、突变性、周期性角度探讨其水情长历时变化规律。

5.3.1　趋势性规律

1. 滑动平均分析

荆江三口合成 1956～2014 年多年平均年径流量为 820.5×10^8 m³，年径流量序列及其滑动平均过程见图 5.20，年径流量模比系数及模比差积曲线过程见图 5.21。荆江三口合成年径流量序列 1964～2006 年持续处于下降期，2007～2014 年基本处于波动期；2006

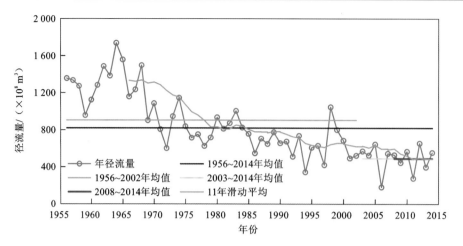

图 5.20　荆江三口合成 1956～2014 年年径流量序列及其滑动平均过程图

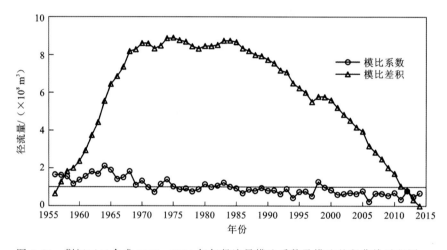

图 5.21　荆江三口合成 1956～2014 年年径流量模比系数及模比差积曲线过程图

年荆江三口合成年径流量为 182.6×10^8 m³，为 59 年系列的最小值，2011 年的 276.2×10^8 m³ 排在 59 年系列倒数第二位，2003～2014 年的 12 年年径流量均小于 59 年均值 820.5×10^8 m³；从滑动平均过程可以看出，荆江三口合成年径流系列呈明显减少趋势；从模比系数及模比差积过程可以看出，荆江三口合成年径流年际的丰、枯变化时间持续较长，变幅较大。

洞庭四水合成 1956～2014 年多年平均年径流量为 1648×10^8 m³，年径流量序列及其滑动平均过程见图 5.22，年径流量模比系数及模比差积曲线过程见图 5.23。

从图 5.22 和图 5.23 中可以看出，洞庭四水合成年径流量序列历年基本围绕多年平均波动，其中 2002～2011 年处于下降期；2006 年洞庭四水合成年径流量为 1027×10^8 m³，为 59 年系列的最小值，2003～2014 年的 12 年，有 8 年年径流量小于 59 年均值 1648×10^8 m³；从滑动平均过程可以看出，洞庭四水合成年径流系列并无明显变化趋势；从模比系数及模

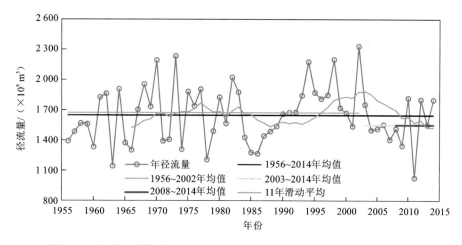

图 5.22　洞庭四水合成 1956～2014 年年径流量序列及其滑动平均过程图

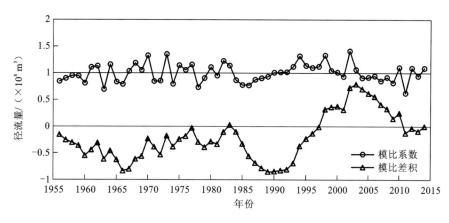

图 5.23　洞庭四水合成 1956～2014 年年径流量模比系数及模比差积曲线过程图

比差积过程可以看出,洞庭四水合成年径流年际丰、枯变化较频繁,但变幅不大。

城陵矶(七里山)站 1956～2014 年多年平均年径流量为 2758×10^8 m³,年径流量序列及其滑动平均过程见图 5.24,年径流量模比系数及模比差积曲线过程见图 5.25。城陵矶(七里山)站年径流量序列 1964～1990 年处于下降期,1990～1998 年处于上升期,1998～2011 年处于下降期;2011 年年径流量为 1475×10^8 m³,为 59 年系列的最小值,2003～2014 年的 12 年有 10 年年径流量均小于 59 年均值 2758×10^8 m³;从滑动平均过程可以看出,城陵矶(七里山)站年径流系列呈较明显减少趋势;从模比系数及模比差积过程可以看出,城陵矶(七里山)站年径流年际丰、枯变化较频繁,但变幅不大。

2. 数理统计检验

采用荆江三口合成、洞庭四水合成、城陵矶(七里山)站 1956～2014 年实测径流量系列,趋势检验成果见表 5.2。

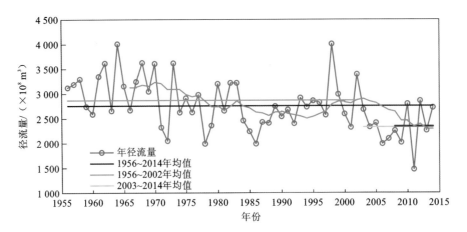

图 5.24　城陵矶(七里山)站 1956～2014 年年径流量序列及其滑动平均过程图

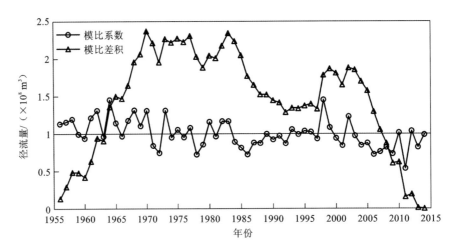

图 5.25　城陵矶(七里山)站 1956～2014 年年径流量模比系数及模比差积曲线过程图

表 5.2　洞庭湖区 1956～2014 年实测径流量长期变化趋势检验结果表

类别	站点	MK 趋势检验	Kendall 检验	Spearman 检验	LRT 检验	变化趋势	
年径流	荆江三口合成	−7.11*	−7.12*	8.06*	−10.55*	↓	显著
	洞庭四水合成	0.56	0.56	−1.08	0.53	↑	不显著
	城陵矶(七里山)	−3.3*	−3.33*	2.54*	−3.81*	↓	显著
9 月径流量	荆江三口合成	−4.55*	−4.56*	4.38*	−5.54*	↓	显著
	洞庭四水合成	1.37	1.38	−1.93	0.85	↑	不显著
	城陵矶(七里山)	−2.61*	−2.64*	0.24	−2.57*	↓	显著
10 月径流量	荆江三口合成	−6.96*	−6.96*	8.53*	−8.65*	↓	显著
	洞庭四水合成	−0.35	−0.36	−0.33	0.33	↓	不显著
	城陵矶(七里山)	−4.29*	−4.32*	4.49*	−4.57*	↓	显著

续表

类别	站点	M-K 趋势检验	Kendall 检验	Spearman 检验	LRT 检验	变化趋势	
11 月径流量	荆江三口合成	−6.25*	−6.26*	4.54*	−7.40*	↓	显著
	洞庭四水合成	−0.07	−0.07	−0.45	0.08	↓	不显著
	城陵矶（七里山）	−2.47*	−2.49*	0.19	−2.12*	↓	显著
9～11 月径流量	荆江三口合成	−6.34*	−6.35*	7.84*	−7.79*	↓	显著
	洞庭四水合成	0.58	0.57	−1.92	0.64	↑	不显著
	城陵矶（七里山）	−3.56*	−3.56*	2.11*	−4.00*	↓	显著
1～3 月径流量	荆江三口合成	−3.36*	−3.37*	1.80	−5.24*	↓	显著
12～次年 2 月年径流	洞庭四水合成	1.94	1.93	−1.98*	1.92	↑	较显著
	城陵矶（七里山）	0.76	0.77	−1.03	1.00	↑	不显著

　　荆江三口合成、城陵矶（七里山）站年径流量、9 月径流量、10 月径流量、11 月径流量、9～11 月径流量序列均呈显著减少趋势，洞庭四水合成年径流量、10 月径流量、11 月径流量、9～11 月径流量变化趋势不显著。

　　荆江三口合成 1～3 月径流量序列减少趋势显著，洞庭四水合成 12 月～次年 2 月径流量序列增加趋势较显著，洞庭四水合成 9 月径流量序列增加趋势不显著，城陵矶（七里山）站 12 月～次年 2 月径流量序列增加趋势不显著。

5.3.2　突变性规律

　　荆江三口合成、洞庭四水合成、城陵矶（七里山）站 1956～2014 年实测径流量序列 MK 检验统计变化过程见图 5.26～图 5.28。

　　由荆江三口合成 1956～2014 年实测径流量序列 MK 检验统计变化可知，年径流突变点在 1980 年左右，9 月、10 月径流突变点在 1986 年左右，11 月径流突变时间在 1976 年左右，而枯水期 1～3 月突变点在 1976 年左右。

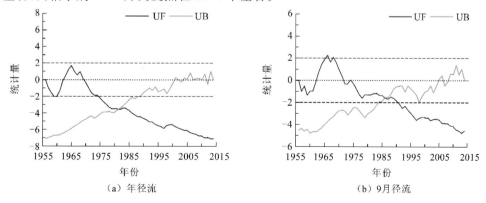

（a）年径流　　　　　　　　　　　　（b）9 月径流

图 5.26　荆江三口合成 1956～2014 年实测径流量序列 MK 检验统计变化图

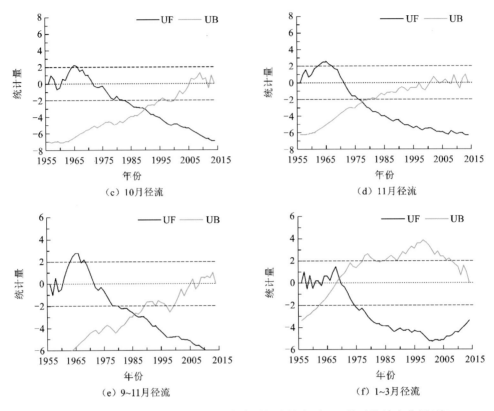

（c）10月径流　　　　　　　　　　　　（d）11月径流

（e）9~11月径流　　　　　　　　　　　（f）1~3月径流

图 5.26　荆江三口合成 1956～2014 年实测径流量序列 MK 检验统计变化图（续）

由洞庭四水合成 1956～2014 年实测径流量序列 MK 检验统计变化可知，洞庭四水合成年径流和 9 月径流存在多个突变交叉点，但相对突变变化不显著。10～11 月和 9～10 月突变点出现在 2003 年左右，突变显著。枯水期 12 月～次年 1 月突变点出现在 1986 年左右。

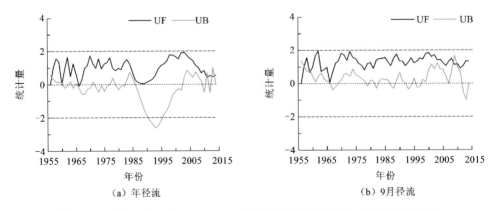

（a）年径流　　　　　　　　　　　　　（b）9月径流

图 5.27　洞庭四水合成 1956～2014 年实测径流量序列 MK 检验统计变化图

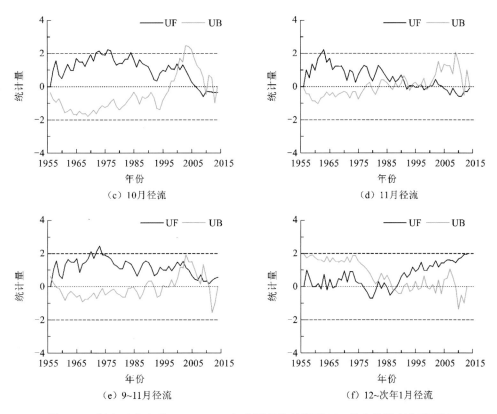

图 5.27　洞庭四水合成 1956～2014 年实测径流量序列 MK 检验统计变化图(续)

由城陵矶(七里山)站 1956～2014 年实测径流量序列 MK 检验统计变化可知,城陵矶(七里山)站年径流和 9 月径流存在两个突变交叉点,分别为 1975 年和 2000 年,2000 年后径流变化显著。10～11 月和 9～10 月突变点多出现在 1975～1985 年,突变显著。枯水期 12 月～次年 1 月突变点出现在 1986 年左右。

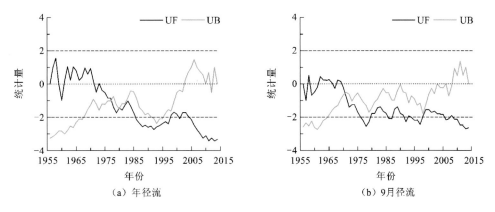

图 5.28　城陵矶(七里山)站 1956～2014 年实测径流量序列 MK 检验统计变化图

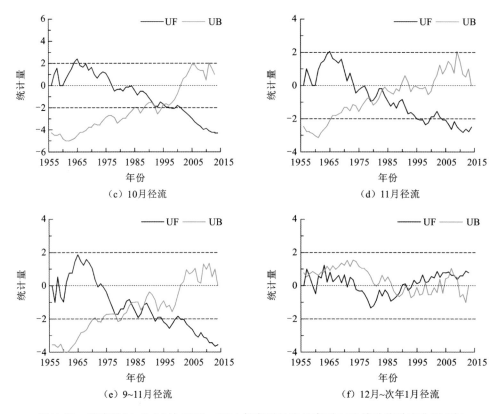

图 5.28　城陵矶(七里山)站 1956～2014 年实测径流量序列 MK 检验统计变化图(续)

5.3.3　周期性规律

洞庭四水合成 1956～2014 年年径流量序列进行标准化处理后,分别计算出 Morlet 小波变换系数的模平方和实部。

1. 小波变换系数的实部

洞庭四水合成年径流量序列 Morlet 小波变换系数的实部时频分布见图 5.29。年径流量呈明显的年际变化,存在 5～10 年、20～30 年两类尺度的周期性变化规律。其中 5～10 年时间尺度在 1966～1991 年表现明显,中心时间尺度在 6 年左右,正负位相交替出现;20～30 年时间尺度在 1961～2010 年表现明显,中心时间尺度在 25 年左右。

2. 小波方差分析

洞庭四水合成年径流量序列小波方差图见图 5.29。图 5.29(b)中主要有两个峰值,分别对应 22 年、7 年的时间尺度,第一峰值是 22 年,说明 22 年左右的周期振荡最强,为洞庭四水合成年径流量的第 1 周期,即主周期;第 2 周期为 7 年。

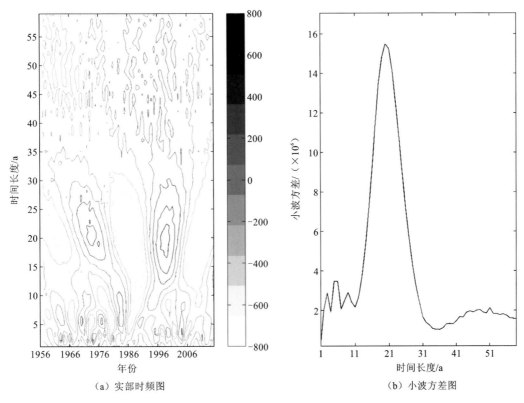

（a）实部时频图　　　　　　　　（b）小波方差图

图 5.29　洞庭四水合成年径流量序列小波变换系数实部时频图和小波方差图

5.4　鄱阳湖区水情长历时变化规律

本节依据鄱阳湖出入湖控制站 1956～2014 年径流资料,从趋势性、突变性、周期性角度探讨鄱阳湖区水情长历时变化规律。

5.4.1　趋势性规律

1. 径流趋势性分析

1) 五河入湖径流趋势性分析

(1) 年径流趋势性分析

绘制鄱阳湖五河历年入湖流量的趋势变化图,见图 5.30。采用 MK 趋势检验和 Spearman 方法,在 95% 的置信水平上分别对 1956～2014 年、1956～2002 年、2003～2014 年年径流的变化趋势进行检验。检验结果发现年径流在 1956～2014 年整体变化趋势不显著。而外洲站、梅港站、渡峰坑站、万家埠站年径流在 1956～2002 年呈显著上升变化,通过 95% 的置信水平检验,检验结果见表 5.3。七口合计入湖年径流在 1956～2002 年呈显著上升变化,通过 95% 的置信水平检验。虽然 2003～2014 年径流未通过显著性检验,但整体入湖径流较 2003 年前偏枯。

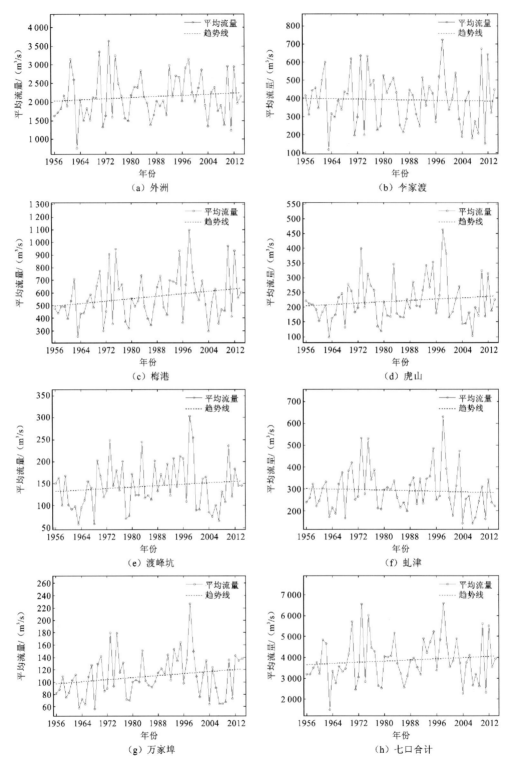

图 5.30　鄱阳湖五河七口 1956～2014 年入湖年径流趋势变化

表 5.3 鄱阳湖五河入湖年径流趋势检验结果

站名	时段	趋势	MK	Spearman	站名	时段	趋势	MK	Spearman
外洲站	1956~2014 年	—	1.11	1.05	渡峰坑站	1956~2014 年	—	0.85	0.65
	1956~2002 年	↑	2.16	2.11		1956~2002 年	↑	2.13	1.86
	2003~2014 年	—	0.72	0.31		2003~2014 年		1.43	1.34
李家渡站	1956~2014 年	—	−0.39	−0.44	虬津站	1956~2014 年	—	−0.17	−0.28
	1956~2002 年	—	0.64	0.59		1956~2002 年		1.10	1.05
	2003~2014 年	—	1.43	0.28		2003~2014 年		0.00	0.16
梅港站	1956~2014 年	—	1.60	1.45	万家埠站	1956~2014 年		1.29	1.32
	1956~2002 年	↑	2.40	2.49		1956~2002 年	↑	3.04	3.08
	2003~2014 年	—	1.97	0.73		2003~2014 年		0.18	0.76
虎山站	1956~2014 年	—	0.54	0.57	七口合计	1956~2014 年		1.22	1.02
	1956~2002 年	—	1.52	1.68		1956~2002 年	↑	1.98	2.11
	2003~2014 年	—	0.89	0.97		2003~2014 年	—	−0.16	−0.18

（2）月径流趋势性分析

图 5.31 具体给出了鄱阳湖五河入流合计各月径流的趋势变化。鄱阳湖 9 月、10 月入湖径流在 2003 年前呈显著的上升变化。虽然 2003 年后径流变化趋势不显著，但 2003～

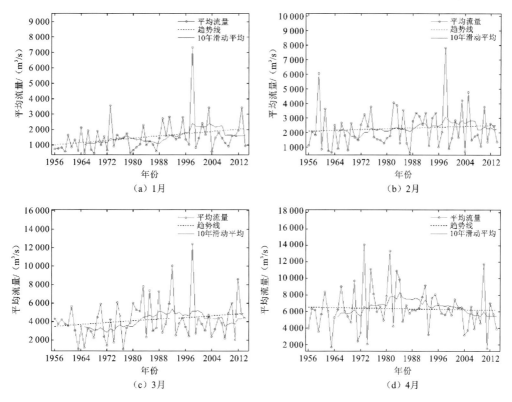

图 5.31 鄱阳湖五河七口 1956～2014 年合计月径流趋势变化

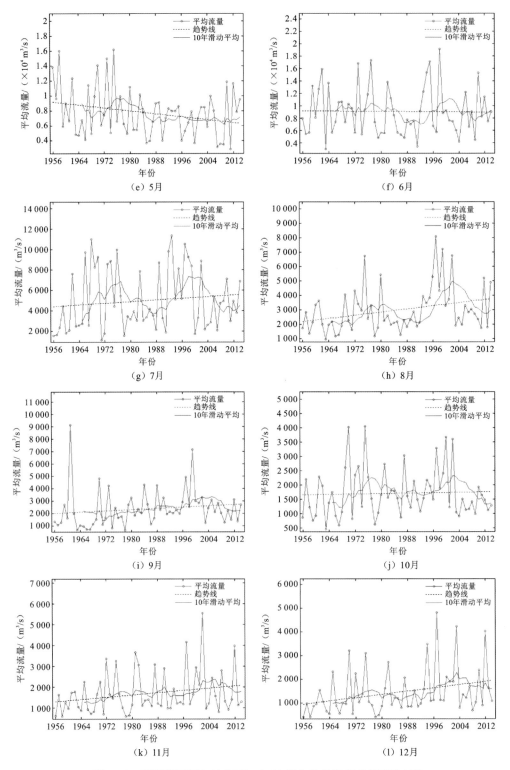

图 5.31　鄱阳湖五河七口 1956～2014 年合计月径流趋势变化(续)

2014 年多数径流低于平均线,尤以 10 月径流变化最为明显。1956～2002 年 9 月、10 月平均流量分别为 2 450 m³/s 和 1 780 m³/s,2003～2014 年 9 月、10 月平均流量分别为 2 170 m³/s 和 1 300 m³/s,三峡蓄水运行后,鄱阳湖 9 月和 10 月五河七口入湖流量分别减少 280 m³/s 和 480 m³/s,减少比例为 11.4% 和 27.0%。

同样采用 MK 和 Spearman 方法,在 95% 的置信水平上对五河七口入湖各月径流进行趋势检验,见表 5.4。由检验结果可知,汛期流量变化主要表现为 4～5 月呈显著下降变化趋势,6～9 月径流呈显著上升变化。由五河七口合计各月平均径流趋势检验结果可知,1956～2002 年,1 月、8～9 月、11～12 月五河七口合计入湖径流呈显著上升变化趋势,5 月呈显著减少变化,其他各月变化趋势不显著。

表 5.4　鄱阳湖五河七口入湖月径流趋势检验结果

站点	时段	1月	2月	3月	4月	5月	6月	7月	8月	9月	10月	11月	12月
	1956～2014 年	↑	—	—	—	—	—	—	↑	↑	0	↑	↑
外洲站	1956～2002 年	↑	—	—	↑	—	—	↑	↑	↑	—	↑	↑
	2003～2014 年	—	—	↑									
	1956～2014 年					↓							
李家渡站	1956～2002 年					↓			↑	↑			
	2003～2014 年								↑				
	1956～2014 年	↑	—	↑					↑	↑		↑	↑
梅港站	1956～2002 年	↑	—	↑		↓	↑	↑	↑			↑	↑
	2003～2014 年	—	—						↑		↑		
	1956～2014 年	↑				↓			↑				
虎山站	1956～2002 年	↑		↑		↑	↑	↑					↑
	2003～2014 年	—	—										
	1956～2014 年	↑						↑				↑	
渡峰坑站	1956～2002 年	↑						↑	↑			↑	
	2003～2014 年	—						↑					
	1956～2014 年	↑	—	↑	↓	↓	↓		↑	↑		↑	
虹津站	1956～2002 年	↑	↑	↑	↓		↓		↑	↑		↑	
	2003～2014 年	—	—									↓	↓
	1956～2014 年	↑	—						↑	↑		↑	
万家埠站	1956～2002 年	↑						↑	↑	↑			
	2003～2014 年	—											
	1956～2014 年	↑	—			↓						↑	↑
七口合计	1956～2002 年	↑	—			↓		↑	↑	↑		↑	↑
	2003～2014 年	—	—					↑		↑		—	—

（3）年内分配趋势性分析

基于月径流年际变化，进一步对径流的年内分配进行趋势检验。在 95% 的置信水平上分别对 1956～2014 年、1956～2002 年、2003～2014 年五河控制站各月径流年内分配的变化趋势进行检验，从趋势性角度探讨径流年内分配的变化，检验结果见表 5.5。趋势检验结果显示，1956～2014 年，大部分站点汛期 4～6 月径流分配比呈显著下降变化，8～9 月呈显著上升变化；而非汛期 11 月～次年 1 月径流分配比普遍存在显著上升趋势。

表 5.5　鄱阳湖五河入湖径流年内分配趋势检验结果

站点	时段	1月	2月	3月	4月	5月	6月	7月	8月	9月	10月	11月	12月
外洲站	1956～2014 年	↑	—	—	—	↓	—	—	↑	↑	—	—	↑
	1956～2002 年	↑	—	—	—	↓	↓	—	↑	—	—	—	—
	2003～2014 年	—	—	—	—	—	↓	—	—	—	—	—	—
李家渡站	1956～2014 年	—	—	—	—	↓	—	—	—	—	—	—	—
	1956～2002 年	—	—	—	—	↓	—	—	↑	↑	—	—	—
	2003～2014 年	—	—	—	—	—	—	↑	—	—	—	—	—
梅港站	1956～2014 年	↑	—	—	—	↓	—	—	↑	↑	↑	↑	↑
	1956～2002 年	↑	—	—	—	↓	—	—	↑	—	↑	—	—
	2003～2014 年	—	—	—	—	—	—	—	↑	—	—	—	—
虎山站	1956～2014 年	↑	—	—	—	↓	—	—	—	—	—	↑	↑
	1956～2002 年	↑	—	—	—	↓	—	—	—	—	—	—	—
	2003～2014 年	—	—	—	—	—	—	—	↑	—	—	—	—
渡峰坑站	1956～2014 年	—	—	—	↓	↓	—	—	↑	—	—	—	—
	1956～2002 年	↑	—	—	—	↓	—	—	↑	—	—	—	—
	2003～2014 年	↑	—	—	—	—	—	—	—	—	—	—	—
虬津站	1956～2014 年	↑	↑	↑	↓	↓	↓	—	—	↑	↑	↑	↑
	1956～2002 年	↑	—	—	—	↓	—	—	↑	↑	—	—	—
	2003～2014 年	—	—	—	—	↑	—	—	—	↓	—	↓	↓
万家埠站	1956～2014 年	↑	—	—	—	↓	—	—	—	—	—	—	↑
	1956～2002 年	↑	—	—	—	↓	—	↑	—	↑	—	—	—
	2003～2014 年	—	—	—	—	—	—	—	—	—	—	—	—
七口合计	1956～2014 年	↑	—	—	—	↓	—	—	↑	↑	—	↑	↑
	1956～2002 年	↑	—	—	—	↓	—	↑	↑	—	—	—	—
	2003～2014 年	—	—	↑	—	—	—	—	—	—	—	—	—

（4）地区组成趋势性分析

赣江径流占五河合计入流的比例达 45% 以上，其径流变化对五河总入流变化影响最大。在 95% 的置信水平上分别对 1956～2014 年、1956～2002 年、2003～2014 年湖区入湖年径流组成比例的变化趋势进行检验,检验结果见表 5.6。

表 5.6 鄱阳湖不同时段入湖年径流组成比例趋势检验结果

站点	时段	趋势	MK	Spearman	站点	时段	趋势	MK	Spearman
外洲站	1956~2014 年	—	−1.63	−1.62	渡峰坑站	1956~2014 年	—	−0.55	−0.62
	1956~2002 年	—	−1.14	−1.07		1956~2002 年	—	−0.09	−0.10
	2003~2014 年	—	−0.89	−1.15		2003~2014 年		1.03	0.76
李家渡站	1956~2014 年	↓	−3.02	−3.13	虬津站	1956~2014 年	↓	−3.54	−3.59
	1956~2002 年	↓	−2.42	−2.63		1956~2002 年	↓	−2.04	−1.79
	2003~2014 年	—	1.03	1.01		2003~2014 年	—	−1.03	−0.96
梅港站	1956~2014 年		0.50	0.63	万家埠站	1956~2014 年		0.01	0.06
	1956~2002 年	—	−0.07	0.08		1956~2002 年	—	0.77	0.85
	2003~2014 年	↑	1.85	2.05		2003~2014 年	—	0.34	0.40
虎山站	1956~2014 年	—	−1.10	−0.98	五河合计	1956~2014 年	↓	−4.80	−6.04
	1956~2002 年	—	−0.66	−0.52		1956~2002 年	↓	−3.54	−4.04
	2003~2014 年	—	−0.07	−0.18		2003~2014 年	—	−0.48	−0.63

对比各站 1956~2014 年长系列径流地区组成年际变化,除信江梅港站和潦水万家埠站变化趋势具有上升趋势外,其他各站均呈下降变化,其中抚河李家渡站、修水虬津站和五河合计入流通过 95% 置信度检验,下降趋势显著。

从近 12 年趋势变化来看(2003~2014 年),仅信江梅港站的年径流组成比例变化趋势通过 95% 置信度检验,信江湖径流比例在 2003~2014 年呈显著上升变化。径流组成比例的变化,一方面可能是信江上游流域局地降雨偏多导致入湖径流量增加的结果;另一方面可能是其他四河入湖流量减少(2003 年后入湖流量减少 0.2%~1.16%),使得信江入湖流量相对比例增加。

虽然赣江历年径流并未通过 95% 显著性检验,但地区组成比例在不同时段变化均呈下降趋势,最终导致五河入流总量组成在整个 1956~2014 年长系列呈显著的下降变化。赣江干流梯级水利工程的蓄水运行(如石虎塘、峡江等梯级),外加近年来气候变化及区域用水需求的增加,均可导致赣江入湖径流组成比例降低。

2) 湖口出流趋势分析

(1) 年径流趋势性分析

作为长江中下游典型的通江湖泊,鄱阳湖湖口站出流受本流域五河来水及长江干流来水的双重影响,其历年趋势有所变化。自 2003 年三峡水库蓄水运行以来,长江中下游干流径流的年内分配和水位发生了变化,影响了鄱阳湖出流。图 5.32 给出了鄱阳湖湖口站 1956~2014 年年径流量序列及其滑动平均过程。湖口站 1956~2014 年年径流总体呈现微弱的上升变化趋势;出流流量在 1956~1964 年为下降过程,1965~1975 年为上升过程,1976~1987 年为下降过程,1988~1998 年为上升过程,1999~2010 年为下降过程,2010 年后流量又有所上升。

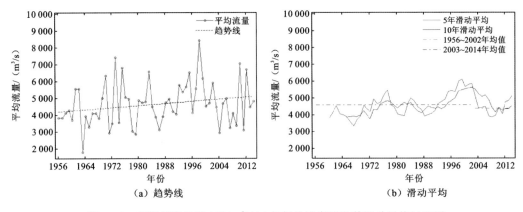

图 5.32　鄱阳湖湖口站 1956~2014 年年径流序列及其滑动平均过程图

（2）月径流趋势性分析

鄱阳湖湖口站各月径流变化趋势与七口入湖基本一致，见图 5.33。从径流的趋势变化过程来看，在 1956~2014 年的 59 年里，湖口站的 1 月、2 月、3 月、4 月、8 月、9 月、10 月及 12 月共 8 个月的月平均流量呈上升的变化趋势，其中的 1 月、2 月、8 月和 9 月的上升趋势变化显著。

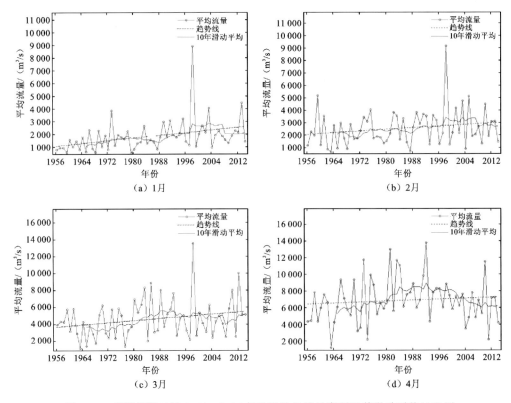

图 5.33　鄱阳湖湖口站 1956~2014 年月平均径流量序列及其滑动平均过程图

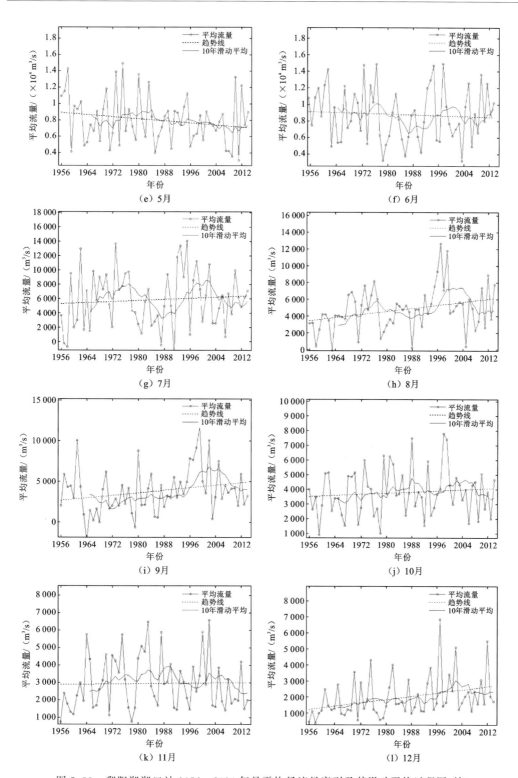

图 5.33 鄱阳湖湖口站 1956～2014 年月平均径流量序列及其滑动平均过程图(续)

　　值得注意的是,2003～2014 年 9 月和 10 月出湖径流较 1956～2002 年减少 187 m³/s 和 366 m³/s,减少比例分别为 4.92％和 9.51％,比入湖径流量减少的比例小,说明出入湖比值增加。

　　进一步采用 MK 趋势检验和 Spearman 方法,在 95％的置信水平上分别对 1956～2014 年、1956～2002 年、2003～2014 年湖口站各月平均流量的变化趋势进行了检验,见表 5.7。出湖年径流在 1956～2014 年整体变化趋势不显著,而在 1956～2002 年呈显著上升变化,通过 95％的置信水平检验。虽然 2003～2014 年径流未通过显著性检验,但其下降趋势较为明显,整体处于偏枯阶段。

表 5.7　鄱阳湖湖口站平均流量趋势检验结果

时段	1 月	2 月	3 月	4 月	5 月	6 月	7 月	8 月	9 月	10 月	11 月	12 月	年
1956～2014 年	↑	↑	—	—	—	—	—	↑	↑	—	—	↑	—
1956～2002 年	↑	↑	—	↑	—	—	—	↑	↑	↑	—	↑	↑
2003～2014 年	—	—	—	—	—	—	↓	—	—	—	—	—	—

　　由各月径流趋势检验结果可知,1956～2002 年,鄱阳湖 1 月、7～12 月出湖流量呈显著上升变化趋势。出湖流量受长江洪水顶托及湖泊调蓄双重影响,变化规律与七口合计入湖有所不同,主要表现在 2 月和 4 月呈显著上升趋势。1956～2002 年之所以表现出显著上升趋势,主要受 20 世纪 90 年代发生了几场特大洪水(1998 年洪水等)影响,使得 90 年代整体径流量偏丰。而 2003～2014 年,鄱阳湖来水量减少,且长江上游三峡水库蓄水运行,改变了中下游径流年内过程,特别是汛末蓄水期 9～10 月,故将 1956～2002 年系列延长至 2014 年后,部分月份上升趋势减缓或者不显著。

　　(3)径流年内分配趋势性分析

　　为进一步探讨这种变化对鄱阳湖出湖径流的影响,分别采用 MK 趋势检验和 Spearman 方法,在 95％的置信水平上分别对 1956～2014 年、1956～2002 年、2003～2014 年出湖各月平均流量年内分配的变化趋势进行了检验,从趋势显著性角度探讨径流年内分配变化,各月趋势检验结果见表 5.8。由表 5.8 可知,1956～2014 年,出湖汛期 8～9 月和非汛期 11 月～次年 1 月径流分配比均呈显著上升变化,而汛期 5～6 月则出现显著下降变化;2003～2014 年各月径流分配比除 7 月外,其他各月分配比变化趋势不显著。

表 5.8　鄱阳湖湖口站平均流量年内分配趋势检验结果

时段	1 月	2 月	3 月	4 月	5 月	6 月	7 月	8 月	9 月	10 月	11 月	12 月
1956～2014 年	↑	—	—	—	↓	↓	—	↑	↑	—	—	↑
1956～2002 年	↑	—	—	—	↓	↓	—	↑	—	—	—	—
2003～2014 年	—	—	—	—	—	—	↑	—	—	—	—	—

2. 水位趋势性分析

　　鄱阳湖湖区近十几年来水位变化特征显著,故以湖区代表站长历时水位资料分析水位变化趋势。图 5.34 给出了湖区鄱阳站、都昌站、康山站、吴城站、星子站、湖口站 1956～2014

年年平均水位系列及其滑动平均过程。

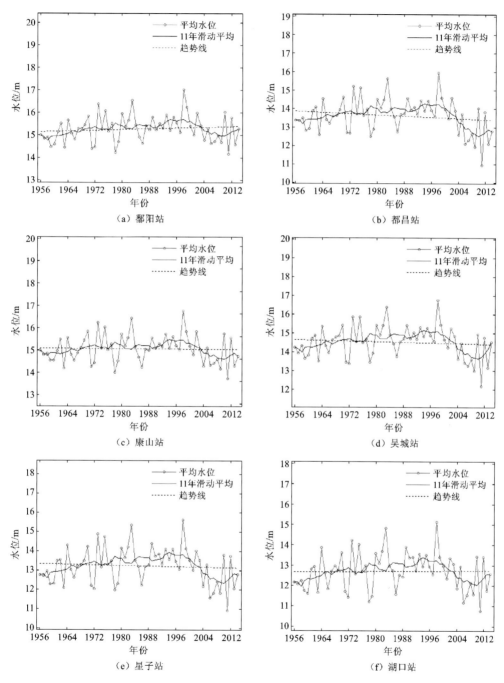

图 5.34　鄱阳湖湖区 1956～2014 年年平均水位系列及其滑动平均过程

　　湖区各站 1956～2014 年年平均水位系列中,1956～1998 年处于上升趋势,1999～2014 年处于下降趋势。

　　根据 1956～2014 年湖区各位站年平均水位统计值,绘制年平均水位的距平值及线性趋势图,见图 5.35。湖区各站年平均水位在年际上存在增长或下降变化趋势。根据线性

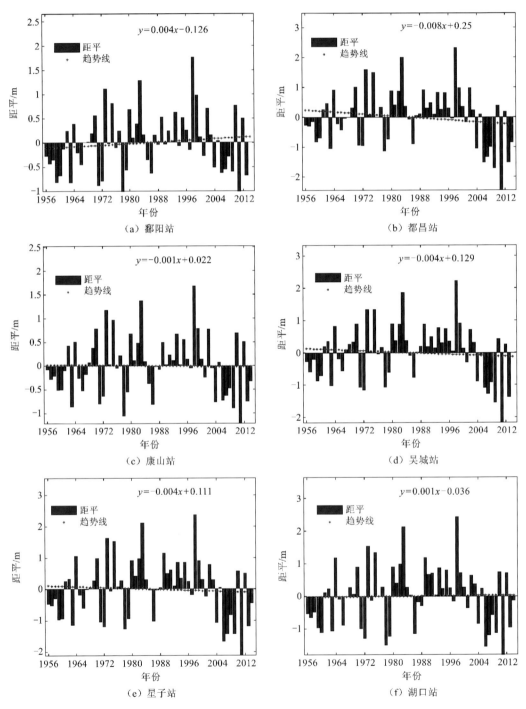

图 5.35　鄱阳湖湖区 1956～2014 年年平均水位距平与趋势图

回归方程,鄱阳站、都昌站、康山站、吴城站、星子站、湖口站年平均水位年变化速率分别为 0.004 m/a、0.008 m/a、−0.0010 m/a、−0.004 m/a、−0.004 m/a、0.001 m/a。多站对比而言,都昌站年平均水位年减少趋势最为明显,其次是鄱阳站、吴城站、星子站。

采用 Mann-Kendall 趋势检验和 Spearman 方法,在 95% 的置信水平上对湖区各月平均水位进行趋势检验,检验结果见表 5.9。由检验结果可知,对于 1956~2002 年系列,在 95% 置信度检验下,各站点在 1~3 月、7~8 月及 12 月普遍表现出显著上升变化趋势,其他各月变化趋势不显著。将系列延长至 2014 年,即 1956~2014 年,1~3 月水位表现出上升变化,尤以鄱阳站和湖口站上升趋势显著,通过 95% 置信度检验,同时各站在 10 月均表现出显著下降变化趋势。对 2003~2014 年系列进行检验发现,除鄱阳站在 12 月表现出显著上升变化外,其他各月趋势变化未通过检验。对比 1956~2002 年和 1956~2014 年检验结果可知,由于 2003~2014 年湖区水位降低明显,从而使得 1956~2014 年系列总体趋势变化发生了改变,其最大影响主要集中在 7~8 月、10 月和 12 月。

表 5.9　鄱阳湖湖区月平均流量趋势检验结果

站名	时段/年	1月	2月	3月	4月	5月	6月	7月	8月	9月	10月	11月	12月
鄱阳站	1956~2014 年	↑	—	↑	—	—	—	—	—	—	↓	—	—
	1956~2002 年	↑	—	↑	↑	—	—	↑	↑	—	—	—	↑
	2003~2014 年	—	—	—	—	—	—	—	—	—	—	—	↑
都昌站	1956~2014 年	—	—	—	—	—	—	—	—	—	↓	↓	—
	1956~2002 年	↑	—	—	↑	—	—	↑	—	—	—	—	—
	2003~2014 年	—	—	—	—	—	—	—	—	—	—	—	—
康山站	1956~2014 年	—	—	—	—	—	—	—	—	—	↓	—	—
	1956~2002 年	—	—	—	↑	—	—	↑	↑	—	—	—	—
	2003~2014 年	—	—	—	—	—	—	—	—	—	—	—	—
吴城站	1956~2014 年	—	—	—	—	—	—	—	—	—	↓	—	—
	1956~2002 年	↑	↑	↑	—	—	—	↑	—	—	—	—	↑
	2003~2014 年	—	—	—	—	—	—	—	—	—	—	—	—
星子站	1956~2014 年	—	—	—	—	—	—	—	—	—	↓	↓	—
	1956~2002 年	↑	↑	—	—	—	—	↑	↑	—	—	—	—
	2003~2014 年	—	—	—	—	—	—	—	—	—	—	—	—
湖口站	1956~2014 年	↑	↑	↑	—	—	—	—	—	—	↓	↓	—
	1956~2002 年	↑	—	↑	—	—	—	↑	↑	—	—	—	—
	2003~2014 年	—	—	—	—	—	—	—	—	—	—	—	—

以鄱阳站为湖区上游代表站,图 5.36 给出了鄱阳站 7 月、8 月、10 月、12 月、12 月~次年 3 月和 4~9 月平均水位的距平与趋势图。与趋势检验结果一致,鄱阳站 7 月、8 月及 12 月平均水位呈上升变化,线性变化率分别为 0.01 m/a、0.016 m/a、0.001 m/a;10 月平均水位呈下降变化,线性变化率为 −0.013 m/a。正由于 7 月、8 月显著上升变化,4~9 月

平均水位总体上升变化,线性变化率为 0.006 m/a。而 12 月及 1 月、2 月的枯水期水位的增加,也导致枯水期 12 月～次年 3 月平均水位总体上升变化,线性变化率为 0.007 m/a。

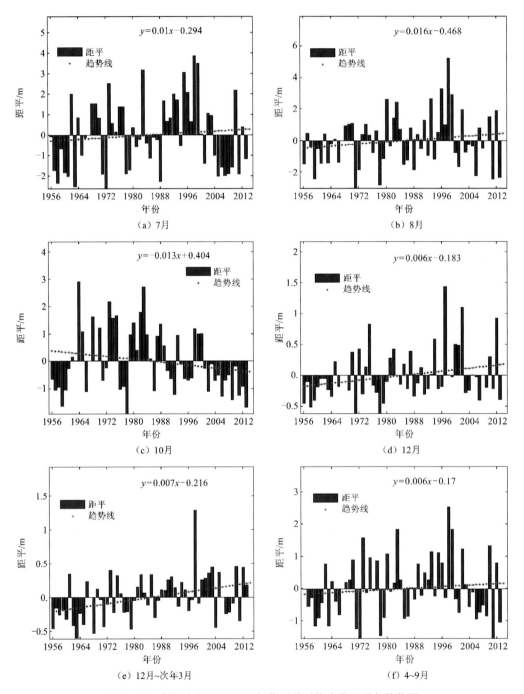

图 5.36　鄱阳站 1956～2014 年典型月平均水位距平与趋势图

以湖口站为湖区下游出口代表站,图 5.37 给出了湖口站 7 月、8 月、1 月、2 月、3 月及
1～3 月、6～8 月和 9～10 月平均水位的距平与趋势图。湖口站 1 月、2 月、3 月、7 月、8 月
平均水位呈上升变化,线性变化率分别为 0.025 m/a、0.024 m/a、0.028 m/a、0.007 m/a、

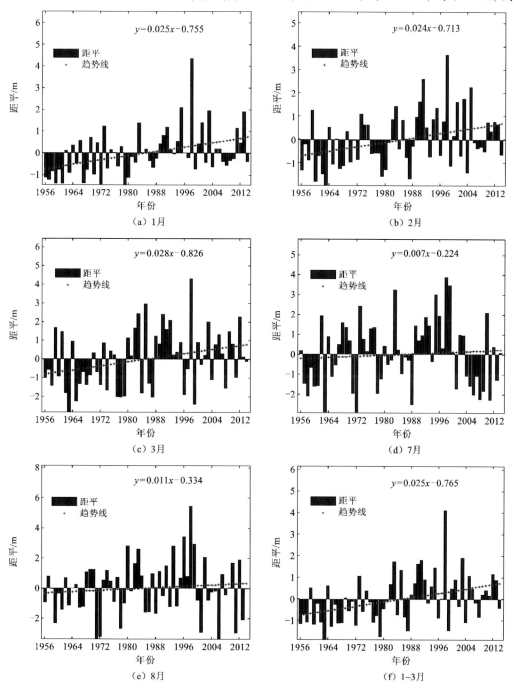

图 5.37　鄱阳站 1956～2014 年典型月平均水位距平与趋势图

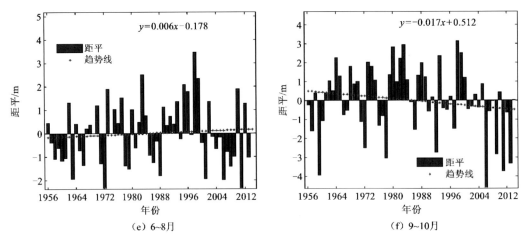

图 5.37　鄱阳站 1956～2014 年典型月平均水位距平与趋势图(续)

0.011 m/a,8 月上升趋势最为显著。正由于 7 月、8 月显著上升变化,汛期 6～8 月平均水位总体上升变化,线性变化率为 0.006 m/a。虽然 9、10 月平均水位未通过显著性检验,但 9～10 月平均水位总体呈下降变化,线性变化率为 0.017 m/a,下降趋势显著。

5.4.2　突变性规律

1. 径流突变分析

1)五河入湖径流突变性分析

(1)年径流突变性分析

MK 突变检验方法指出,如果正序检验值 UF 和逆序检验值 UB 两条曲线出现交点,且交点在临界直线之间,那么交点对应的时刻就是显著突变开始的时刻。五河七口年平均径流的 MK 趋势变化曲线,见图 5.38。

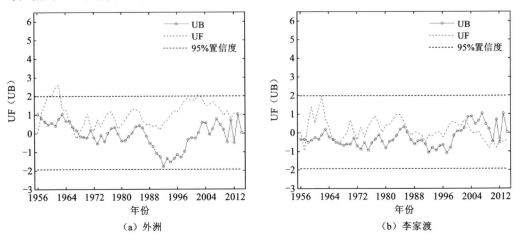

图 5.38　鄱阳湖五河七口入湖年径流 MK 趋势变化曲线

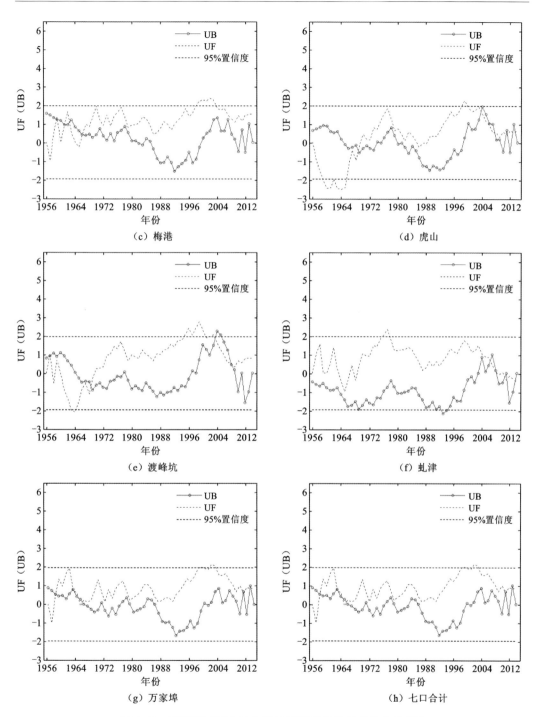

图 5.38　鄱阳湖五河七口入湖年径流 MK 趋势变化曲线(续)

　　从径流的 MK 检验过程来看,在 1956~2014 年的 59 年里,各站径流中,有一个突变点的只有虬津站,突变时间在 2004 年左右。有两个突变点的有外洲站、渡峰坑站和七口合计入流,突变时间均在 1965 年和 2006 年左右。而李家渡站、梅港站、虎山站、万家埠站存在多个突变点,特别是在 2003 年以后,MK 上下趋势线存在多次交叉,表明该时段径流振荡剧烈,变化频繁。

除了虎山站、渡峰坑站和万家埠站 UF 和 UB 两条曲线交点在 95% 临界直线之外,其他站点均值临界直线内,说明外洲站、李家渡站、梅港站、虬津站及五河七口入流径流的突变特征不显著。

（2）月径流突变性分析

以五河七口合计入湖径流为重点研究对象,绘制各月平均径流的 MK 趋势变化曲线,见图 5.39。从月径流的 MK 检验过程来看,各月径流中,除了 3 月、6 月和 8 月存在两个及以上突变点外,其他各月仅为一个突变点。其中 1 月、5 月、9 月、11 月、12 月的突变时间与 3 月、6 月和 8 月第一个突变点时间较为接近,均为 1972 年左右;4 月、7 月突变与 3 月、6 月和 8 月第二个突变点较类似,在 2004 年左右波动;10 月径流突变点不明显,但 MK 趋势线变化剧烈,特别在 2003 年后,UF 和 UB 两条曲线出现短暂交叉。

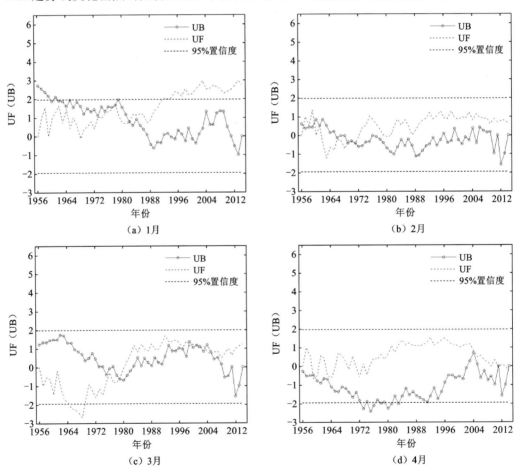

图 5.39　鄱阳湖五河七口入湖月径流 MK 趋势变化曲线

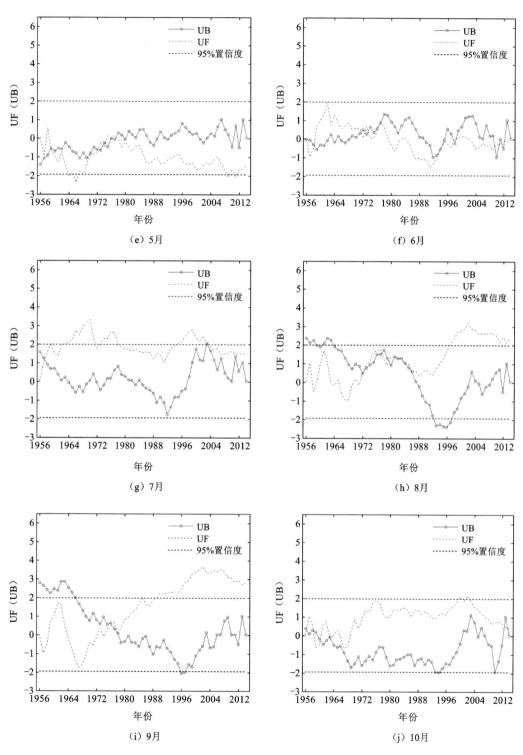

图 5.39　鄱阳湖五河七口入湖月径流 MK 趋势变化曲线(续)

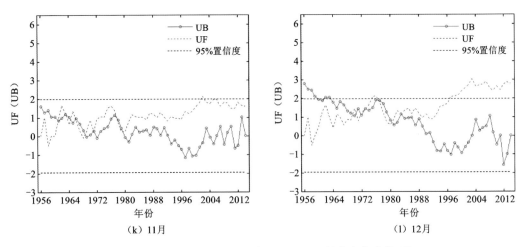

图 5.39　鄱阳湖五河七口入湖月径流 MK 趋势变化曲线（续）

结合 MK 突变分析，进一步采用 Pettitt 突变检验法进行突变性检验，检验结果见表 5.10。

表 5.10　鄱阳湖五河七口合计入湖流量突变检验势检验结果

方法	1 月	2 月	3 月	4 月	5 月	6 月	7 月	8 月	9 月	10 月	11 月	12 月	年
MK	1985	1973	1980	2004	1980	1970	2003	1988	1976	1964	1979	1986	1970
Pettit	1988	1982	1979	2004	1978	1978	1966	1993	1979	2003	1981	1993	1973

对比两种方法检验结果，除 7 月、10 月外，其他各月检验结果大体相似，总体反映了鄱阳湖入湖径流的突变性特征。其中 4 月、7 月、10 月入湖流量突变时间集中在 2003 年左右，其他各月突变点多集中在 20 世纪 80 年代。虽然这些月份径流在 2003 年并未出现明显的突变点，但 MK 趋势线振荡剧烈，表明 2003 年以后径流的影响因素复杂，打破了原有的背景规律，这可能与鄱阳湖流域气候变化、人类活动影响加剧等有关。

2）湖口出流突变性分析

（1）年径流突变性分析

图 5.40 给出了鄱阳湖湖口站出流年径流 MK 趋势变化曲线。从径流的 MK 检验过程来看，在 1956～2014 年的 59 年里，湖口站 95％置信区间内存在多个交叉点，主要集中 1988 年以前，表明该时段径流振荡剧烈，变化频繁。1988 年后 MK 曲线不存在交叉，湖口出流并未发生明显的突变。

（2）月径流突变性分析

图 5.41 绘制湖口各月平均径流的 MK 趋势变化曲线，从月径流的 MK 检验过程来看，各月径流中，除了 3 月、6 月和 7 月存在两个及以上突变点外，其他各月仅为一个突变点。其中 1 月、2 月、5 月、8 月、9 月、10 月、12 月的突变时间与 3 月、6 月和 7 月第一个突变点时间较为接近，均落于 1965～1980 年；4 月突变点与 3 月、6 月和 7 月第二个突变点较类似，在 2000 年之后；11 月突变点不明显，但 MK 趋势线在 2003 年后变化剧烈，特别在 2006 年后，UF 和 UB 两条曲线出现短暂交叉。

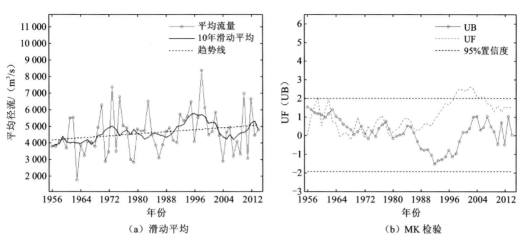

图 5.40　鄱阳湖湖口站出流年径流 MK 趋势变化曲线

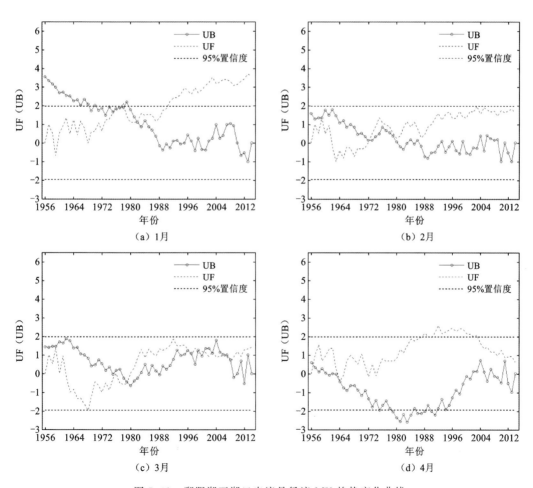

图 5.41　鄱阳湖五湖口出流月径流 MK 趋势变化曲线

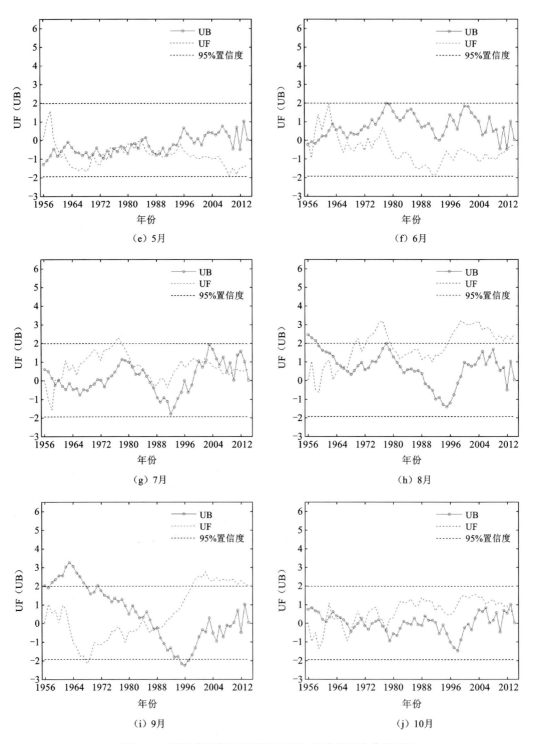

图 5.41　鄱阳湖五湖口出流月径流 MK 趋势变化曲线(续)

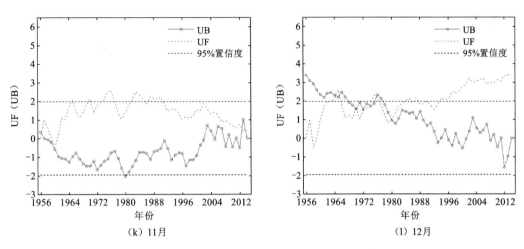

图 5.41　鄱阳湖五湖口出流月径流 MK 趋势变化曲线（续）

结合 MK 突变分析,进一步采用 Pettitt 突变检验法进行突变性检验,检验结果见表 5.11。

表 5.11　鄱阳湖湖口出湖流量突变检验势检验结果

方法	1 月	2 月	3 月	4 月	5 月	6 月	7 月	8 月	9 月	10 月	11 月	12 月	年
MK	1983	1983	1980	1966	1990	1975	1988	1982	1988	1980	1961	1980	1970
Pettit	1988	1988	1980	1975	1985	1978	1992	1992	1991	1979	2003	1981	1988

对比两种方法检验结果,除 4 月、11 月外,其他各月检验结果大体相似,总体反映了鄱阳湖出湖径流的突变性特征。其中 11 月出湖流量突变时间集中在 2003 年左右,其他各月突变点多集中在 20 世纪 80 年代左右。鄱阳湖出湖流量与入湖流量突变特征类似,虽然各月径流在 2003 年后并未出现明显的突变点,但 MK 趋势线振荡剧烈,表明了 2003 年后径流的影响因素复杂,这可能与鄱阳湖流域气候变化、湖区调蓄、人类活动影响有关。

2. 水位突变性分析

从鄱阳湖湖区年平均水位的 MK 检验过程(图 5.42)来看,湖区各站整体 MK 趋势线变化较一致。在 1956～2014 年的 59 年时间里,各站均明显出现两个突变点。第一个突变时间在 20 世纪 50 年代末至 60 年代初,第二个突变时间在 21 世纪初期。特别在 2003 年以后,湖区水位明显降低,MK 趋势线波动强烈,表明 2003 年后湖区水位变化较剧烈。

进一步用 Pettitt 突变检验法进行突变性检验,检验结果见表 5.12。两种方法检验结果对比,除了汛期 5～9 月外,其他各月突变检验结果较为相似,说明这些月水位变化的突变特征较为显著。值得注意的 10 月、11 月、12 月及 1 月,突变点均集中在 2000～2004 年附近,突变特征十分显著,突变点巧好与三峡水库运行时间对应。

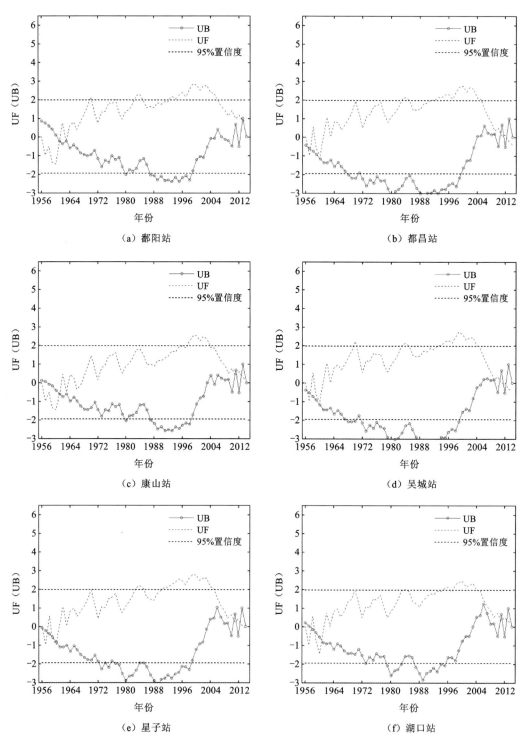

（a）鄱阳站　　　　　　　　　　　　　（b）都昌站

（c）康山站　　　　　　　　　　　　　（d）吴城站

（e）星子站　　　　　　　　　　　　　（f）湖口站

图 5.42　鄱阳湖湖区年均水位 MK 趋势变化曲线

表 5.12　鄱阳湖湖区水位突变检验势检验结果

鄱阳站	1 月	2 月	3 月	4 月	5 月	6 月	7 月	8 月	9 月	10 月	11 月	12 月	年
MK	1980	1972	1979	1972	1973	2004	1996	1980	1980	2004	1980	1996	1996
Pettit	1988	1972	1980	1975	1980	2003	1989	1980	1979	2003	1980	2000	1995
都昌站	1 月	2 月	3 月	4 月	5 月	6 月	7 月	8 月	9 月	10 月	11 月	12 月	年
MK	2003	2003	2005	1999	1982	1972	2004	1996	1979	2001	2003	2003	2005
Pettit	2004	2006	2004	2000	1978	1970	2004	1980	1979	2001	2003	2003	2004
康山站	1 月	2 月	3 月	4 月	5 月	6 月	7 月	8 月	9 月	10 月	11 月	12 月	1 月
MK	2004	2004	1970	1964	1980	1972	2005	1972	1978	2004	2003	2003	2004
Pettit	2004	2006	1969	1967	1978	1970	2004	1980	1979	2001	2003	2003	2003
吴城站	1 月	2 月	3 月	4 月	5 月	6 月	7 月	8 月	9 月	10 月	11 月	12 月	年
MK	2003	2003	1972	2003	1980	1972	1997	1996	1996	2003	2003	2004	2004
Pettit	2004	2004	1980	2000	1978	1970	1973	1980	1979	2001	2003	2003	2004
星子站	1 月	2 月	3 月	4 月	5 月	6 月	7 月	8 月	9 月	10 月	11 月	12 月	年
MK	1964	2000	1972	2000	1990	1972	2000	1972	1980	2003	2003	2004	2004
Pettit	1973	2004	1980	1999	1978	1970	2004	1980	1979	2001	2003	2003	2004
湖口站	1 月	2 月	3 月	4 月	5 月	6 月	7 月	8 月	9 月	10 月	11 月	12 月	年
MK	1980	1980	1980	2003	1980	1972	2003	1996	1996	2003	2003	2003	2004
Pettit	1983	1981	1980	1999	1978	1970	2004	1980	1979	2001	2003	2003	2004

5.4.3　周期性规律

1. 五河入湖径流周期性分析

结合以上趋势性及突变性分析,进一步利用 Morlet 小波分析鄱阳湖入湖径流的周期变化特征,绘制了五河七口控制站的小波系数和小波方差曲线图(图 5.43)。

从小波系数实部时频图来看:五河入流年平均流量均具有显著的多时间尺度演变特征,且表现为不同时间尺度的周期振荡和变异特性,存在 6～8 年、17～19 年两类尺度的周期性变化规律。其中 6～8 年时间尺度在 1956～1988 年表现明显,其中心时间尺度在 8 年左右,正负位相交替出现;17～19 年时间尺度在 1964～2014 年表现较明显,中心时间尺度在 19 年左右。

从各站小波方差图可知,鄱阳湖入湖流量存在 45 年、19 年和 8 年左右的准周期变化。第一峰值是 19 年,说明 19 年左右的周期振荡最强,为鄱阳湖入湖年径流量的第一周期,即主周期;第二周期为 8 年,为第二主周期;第三主周期为 6 年,该类为小周期振荡,受区域人类活动影响较大;而第四周期在 45 年左右,为大尺度周期,主要受区域大气候背景影响。

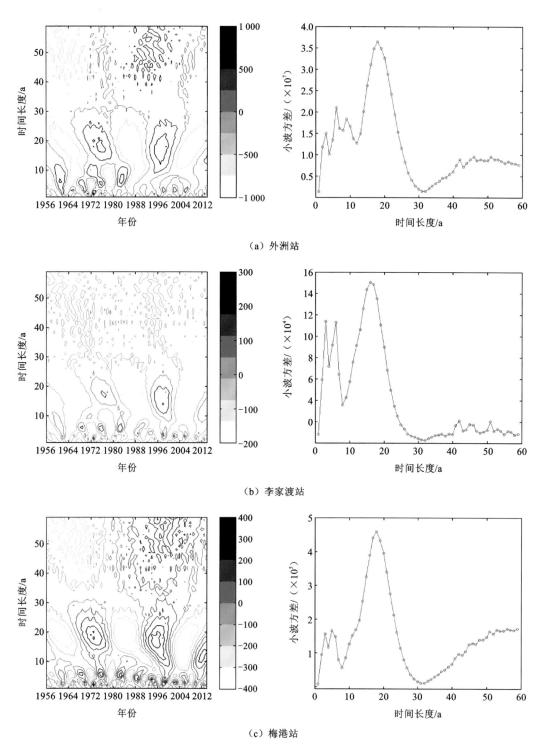

（a）外洲站

（b）李家渡站

（c）梅港站

图 5.43　鄱阳湖五河七口入湖年径流小波系数实部时频图和小波方差图

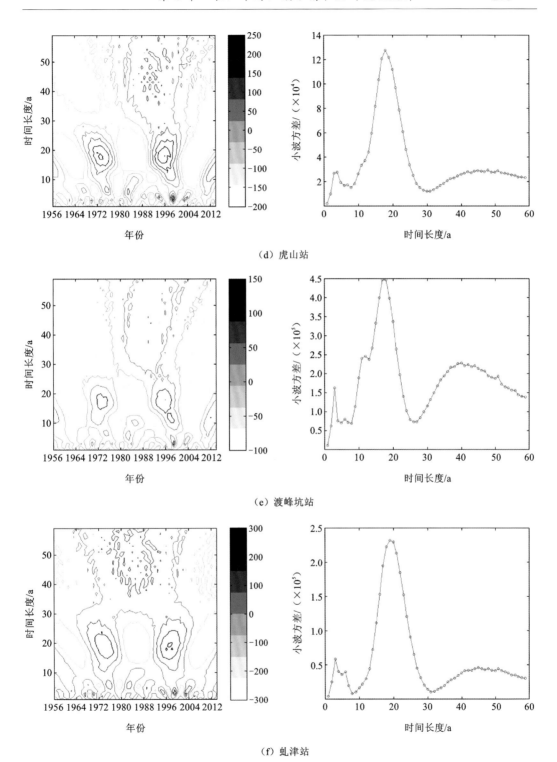

（d）虎山站

（e）渡峰坑站

（f）虬津站

图 5.43　鄱阳湖五河七口入湖年径流小波系数实部时频图和小波方差图（续）

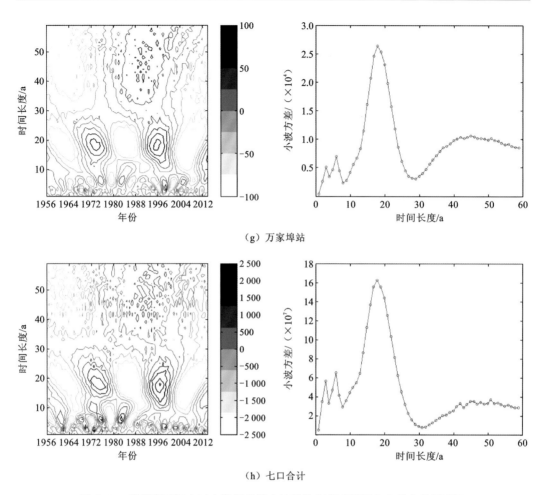

（g）万家埠站

（h）七口合计

图 5.43　鄱阳湖五河七口入湖年径流小波系数实部时频图和小波方差图（续）

基于各主周期年径流量趋势规律变化可知，在 45 年时间尺度上，各站点呈现出"枯—丰—枯"的变化趋势，两个变异点位于 20 世纪 70 年代的末期和 21 世纪初期；在 19 年时间尺度上，各站表现出"枯—丰—枯—丰—枯"的变化趋势，在 59 年系列长度间出现五个变异点，平均每 10 年出现一个变异点。8 年时间尺度上，各站径流振荡剧烈。特别是在 1998 年后，小尺度振荡周期缩小到 6 年，这可能是 21 世纪以来区域气候变化及人类活动加剧所致。

2．湖口出流周期性分析

同样利用 Morlet 小波分析鄱阳湖出湖径流的周期变化特征，绘制了湖口站的小波系数和小波方差曲线图，见图 5.44。

从小波方差图可知，鄱阳湖出湖流量周期变化特征与入湖流量基本一致，存在 50 年、19 年和 8 年左右的准周期变化。第一峰值是 19 年，说明 19 年左右的周期振荡最强，为鄱阳湖出湖年径流量的第一主周期；第二周期为 8 年，为第二主周期；第三主周期为 6 年，

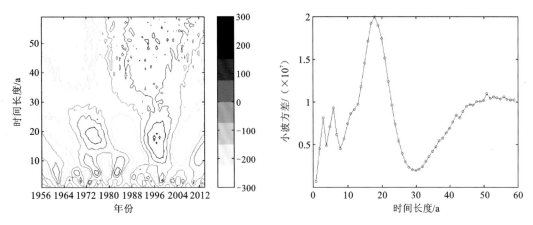

图 5.44　鄱阳湖湖口站出湖年径流小波系数实部时频图和小波方差图

该类为小周期振荡,受区域人类活动影响较大;而第四周期在 50 年左右,为大尺度周期,主要受区域大气候背景影响。

基于各主周期年平均流量趋势规律变化可知,在 50 年时间尺度上,各站点呈现出"枯—丰"的变化趋势,变异点位于 20 世纪 80 年代的末期;在 19 年时间尺度上,各站表现出"枯—丰—枯—丰—枯"的变化趋势,在 59 年系列长度间出现五个变异点,平均每 10 年出现一个变异点;8 年时间尺度上,径流振荡剧烈。特别是在 1988 年后,小尺度振荡周期缩小到 6 年,这可能与 21 世纪以来区域气候变化及人类活动加剧所致。

5.5　本 章 小 结

本章针对长江中游干流、洞庭湖、鄱阳湖长历时水情变化,基于数理统计方法,采用 Mann-Kendall、Kendall、Spearman、Pettitt 等秩次相关法及小波分析等手段,探讨了长江中游江湖水情变化的趋势性、突变性和周期性特征,得出如下结论。

(1) 长江中游干流 9~11 月径流具有显著下降变化趋势,12 月~次年 1 月径流具有显著上升变化趋势,突变点集中在 2003 年前后,与三峡建库时间相应,具有 9 年、28 年尺度的准周期变化特征。

(2) 荆江三口合成、城陵矶(七里山)站 9~11 月和 1~3 月径流量序列呈显著减少趋势,洞庭四水合成 12 月~次年 2 月径流量序列呈显著增加变化趋势,其他各月变化不显著。荆江三口合成、洞庭四水合成、城陵矶(七里山)站 9~11 月及最枯月径流突变现象显著,突变点主要集中在 2000 年以前。洞庭四水合成年径流量序列具有 22 年、7 年尺度的准周期变化特征。

(3) 鄱阳湖 1956~2014 年入湖年径流变化趋势不显著,出湖年径流量总体上微弱上升趋势。1 月、8~9 月、11~12 月入湖径流呈显著上升变化趋势,5 月入湖径流呈下降变化趋势,其他各月变化趋势不显著。湖口出湖流量受长江来水顶托及湖泊调蓄双重影响,变化规律与入湖有所差异,主要表现在 1~2 月、8~9 月及 12 月呈显著上升变化趋势,其他各月变化趋势不显著。湖区各站水位 1956~1998 年处于上升趋势,1999~2014 年处于下降趋势,主要突变点为 2003 年。1~3 月湖口站水位表现出上升变化趋势,其他各站水位变化趋势不显著,湖口站水位抬高的作用难以影响星子站以上湖区水位;10 月各站水位均表现出显著下降变化趋势,可见三峡水库蓄水期对湖区各站水位下降影响显著。

（4）受气候变化及人类活动影响,鄱阳湖入出湖年径流量突变点主要集中在 1965年、1985 年及 2003 年左右,总体呈现"枯—丰—枯"或"枯—丰—枯—丰—枯"波浪式的变化趋势,存在 45 年和 19 年的准周期。

第6章 长江中游江湖水情叠加效应时空变化特征

本章根据长江中游江湖各控制站水文资料,通过概念定义、量化表征及相关分析等手段,从定性和定量角度,阐明江湖洪水遭遇、长江洪水顶托、湖区调蓄、江湖水量交换等江湖水情叠加效应的基本特征,并系统剖析三峡蓄水运行后长江与洞庭湖及鄱阳湖的江湖水情相互作用的变化规律,为揭示江湖水情变化驱动机制分析提供必要支撑。

6.1 洪水遭遇变化特征

长江与洞庭湖、鄱阳湖的洪水遭遇是江湖水情叠加效应的一个具体体现,本节依据长江干流及两湖出口控制站的实测流量资料,分析长江与洞庭湖、鄱阳湖的洪水遭遇变化特征。

6.1.1 洪水遭遇的定义与统计方法

1. 洪水遭遇的定义

长江上游与中下游及干流与支流洪水遭遇研究过程中,我们给洪水遭遇定义为:洪水遭遇是指干流与支流或支流与支流的洪峰在相差较短的时间内到达同一河段的水文现象。由于降雨时间、空间的变化和流域汇流状况的影响,洪水形成和传播往往有较大的变化:如果两个以上洪峰不同时到达某一河段,称为错峰;如果几乎同时到达某一河段,称为洪水遭遇。洪水遭遇时,洪峰流量、洪水总水量都有不同程度的叠加。在防洪规划设计中,常进行洪水遭遇的概率分析,再根据防护对象的防洪安全要求,选择适当的防洪标准。

一般地,若干流与支流(或支流与支流)洪水过程的洪峰同日出现,即为洪峰遭遇;若干流与支流(或支流与支流)洪水过程有超过1/2时间重叠,即为洪水过程遭遇。

2. 依据资料与统计方法

本章依据的基本资料为长江上游干流控制站宜昌站、洞庭湖控制站城陵矶(七里山)站1956～2014年日平均流量资料,研究长江上游干流与中游洞庭湖的洪水遭遇规律。依据宜昌站资料,长江上游干流洪水均发生在汛期5～10月,在其他月里,即使洞庭湖发生了大洪水,也不会与长江上游干流的洪水发生遭遇,故研究时段确定为汛期5～10月。

以往在研究洪水遭遇问题时,常常仅研究年最大洪水的遭遇规律。鉴于长江上游干流与洞庭湖的洪水遭遇具有一定的复杂性,本章利用尽可能长的资料系列,且洪水选样时不拘泥于量级的限制,详尽地统计长江上游与洞庭湖的不同量级洪水的峰、量、过程遭遇情形。

根据控制站所在的地理位置,考虑洪水传播时间,将宜昌站与城陵矶站1956～2014年汛期(5～10月)日平均流量过程分别点绘成图,挑选出历年来的各次洪水遭遇过程,再用数理统计方法统计各次洪水遭遇的特征值,分析洪水遭遇的规律,并对典型的遭遇洪水过程进行分析。

3. 洪水传播时间

要研究两条河流的洪水遭遇规律,首先必须根据两条河流及水文控制站的空间分布,分析各站的洪水传播时间,对流量的时间分布进行统一。

本章中的洪水传播时间采用长江水利委员会水文局 2005 年编制的《长江流域洪水预报方案汇编》的成果。本章在分析洪水遭遇规律时,依据的是宜昌站、城陵矶(七里山)站的多年日平均流量资料,故传播时间单位定为天(d)。宜昌至城陵矶约 434 km,传播时间为 54 h,传播时间差折合 2 d。

6.1.2　长江上游与洞庭湖洪水遭遇特征

1. 上游洪水成因

1)上游暴雨的主要环流背景

根据所选宜昌洪水对应暴雨过程的环流形势的分析,上游暴雨的 500 hPa 环流形势大体分为 4 种:Ⅴ型(贝加尔湖大槽型),500 hPa 上为二脊一槽型;B 型(巴尔喀什湖槽型),亚洲上空西风环流基本上为一槽一脊;W 型(两槽一脊型),亚洲上空为两槽一脊,贝加尔湖地区常为高压脊;Y 型(移动型槽脊),亚洲上空环流形势不稳定,槽脊移速每天大于 8 个经度。

经对环流形势和雨型的分析发现:

(1)B 型环流下上游盛行 I_W 型降水,这种环流型持续期间,宜昌的洪水一般不大;

(2)Ⅴ型及 Y 型盛行移动型的降水,尤以 I_Y 型降水为多;

(3)W 型控制时期盛行 Ⅲ 型降水。

2)大小不同的洪水过程环流背景上的差异

这里所指的洪水大小仅是定性的。从环流形势、纬向环流指数、南方热带系统的活动等方面进行分析得到。

(1)较大洪水过程均有一段时间为 W 型环流控制,一般洪水是少有的。

(2)较大洪水的纬向环流指数比一般洪水小,即较大洪水期间其大气环流背景经向度大,而一般洪水其大气环流背景经向度小。

(3)较大洪水其环流形势有阻塞高压存在,而一般洪水过程其阻塞形势不显著。

(4)南海活动的或西行的热带系统对宜昌洪水的影响不显著。

(5)8 月末以后的洪水过程其环流正处于季节上的调整期,其环流形势不够稳定,以移动型的环流为主,阻塞形势不显著,环流指数高,盛行纬向环流,且西太平洋副高脊线偏北,南方热带系统活跃。

2. 遭遇洪水成因分析

1)遭遇洪水的降水气候背景

根据降水资料,统计了长江流域各地每一候为多雨候的百分数(见图 6.1,其中点状区域为百分数≥50%,斜线区域为百分数≥60%),绘制了多年平均候降水量时空分布图

（图 6.2）。以连续二个多雨候出现的百分数≥50%的第一候定义为雨季的开始，雨季开始以后，若连续二候的百分数≥50%，且以后再未连续二候出现过百分数≥50%，则以该连续二候的最后一候为雨季的结束。

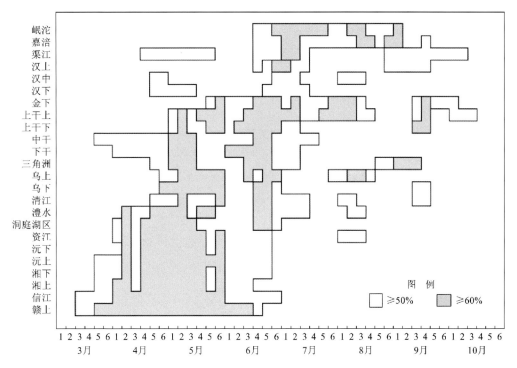

图 6.1　多雨候出现频数时空分布图

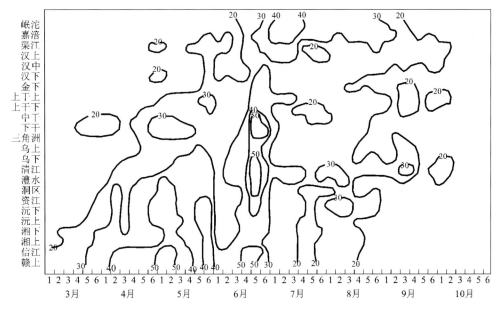

图 6.2　多年平均候降水量分布图

正常年份,长江中游南岸于4月全部进入雨季(候降水量不小于25 mm),长江上游北岸大部分地区6月中旬才进入雨季,所以6月中旬以前,长江上、中游洪水遭遇概率较少。6月中旬至7月中旬,长江中游干流、清江、沅江、澧水、长江上游的乌江、金沙江下段及渠江逐候雨量达30 mm以上,所以出现长江上游与清江、洞庭湖洪水遭遇机会较多,也可出现长江上游与鄱阳湖洪水遭遇。8月至9月初,长江上游的岷江、嘉陵江、渠江和中游的汉江候雨量达30 mm以上,所以此时期易出现上游洪水与汉江洪水遭遇。

2) 形成遭遇洪水的暴雨特征

(1) 暴雨类型及各型特点

通过对遭遇洪水对应暴雨的分析,可将暴雨分成稳定(位置移动较小,以W表示)和移动(以Y表示)两类。依据暴雨落区、雨轴方位和移动方向将其各分为三型,各类型暴雨特点如下。

I_W型:暴雨出现在川西,就地持续2~3 d后东移减弱。

II_W型:暴雨在长江干流和南岸,呈东西向带状分布,持续2 d以上。

III_W型:暴雨在长江中游南北两岸,雨区呈南北向带状分布,持续2 d以上。

I_Y型:暴雨自长江上游向东移至金沙江下游或乌江—嘉陵江—汉江时发展加强后东移减弱(图6.3)。

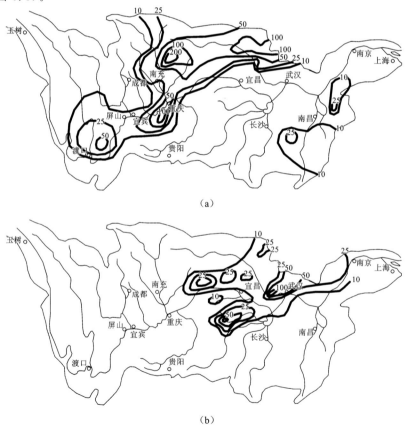

(a)

(b)

图6.3　1980年8月23日、24日雨量图(I_Y型)

II_W 型:暴雨先出现在川西,在向东移至嘉陵江—汉江时发展加强。

III_W 型:暴雨先出现在川西,雨轴呈东北—西南向,在向东移过程中,雨轴方向逐步变成东西向,而且雨区移至清江、三峡区间和洞庭湖水系时发展后南移或减弱。

(2)暴雨类型与洪水遭遇的关系

① I_W 型暴雨因出现在上游北岸,不会导致上中游洪水相互遭遇,它必须和其他类型的暴雨结合才会导致上中游洪水相互遭遇。

② II_W 型和 III_W 型暴雨是导致上游洪水与清江、洞庭湖洪水遭遇的主要暴雨类型,还可导致上游洪水与鄱阳湖洪水的遭遇,如 1983 年 7 月(图 6.4)、1954 年 7 月洪水。

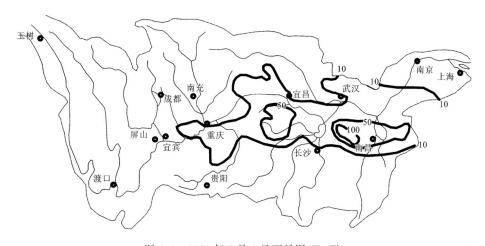

图 6.4　1983 年 7 月 6 日雨量图(II_W 型)

(3) I_Y 和 II_Y 型暴雨是导致上游洪水与汉江洪水遭遇的主要暴雨类型,其中以 I_Y 型暴雨最多,占 60%,其次是 II_Y 型,占 34%。

(4) III_W 型和 $II_W \rightarrow II_Y$(或 I_Y)型暴雨会导致上游洪水与宜昌—螺山区间洪水遭遇,再与汉江洪水遭遇。前者如 1958 年(图 6.5)、1935 年洪水,后者如 1954 年 8 月洪水。

3. 形成遭遇洪水的天气学条件

对形成不同类型遭遇洪水的暴雨进行天气学分析,并对比分析非遭遇洪水的天气学条件。

如前所述,形成这类洪水的暴雨主要是 II_W 型和 III_Y 型,通过对 II_W 型和 III_Y 型暴雨的天气形势分析,归纳出形成 II_W 型和 III_Y 型暴雨的天气学条件。

1)形成 II_W 型暴雨的天气学条件

(1)西风环流为梅雨形势,贝加尔湖或巴尔喀什湖上空有低槽持续,$30° \sim 50°$N 的亚洲地区西风环流比较平直,不断有小槽从高原北侧或南侧向东传播。小槽进入长江上游后,移动速度变慢,东移过程中变成东北—西南向槽,这种槽有利于梅雨锋的维持。从朝鲜半岛至长江中下游上空有一条东北—西南向的槽,也有利于梅雨锋的维持。

(2)西太平洋副热带高压呈东西向带状分布,副高脊线在 $20° \sim 24°$N($115°$E 处)维持 $2 \sim 3$ d,588 线北缘达 $25° \sim 27°$N。

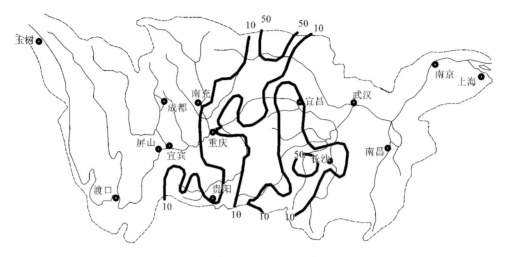

图 6.5　1958 年 7 月 16 日雨量图(Ⅲ_W型)

（3）印度季风低压位于印度北部到孟加拉湾一带，西南暖湿气流十分强盛，源源不断向长江流域上空输送水汽。

（4）我国沿海和西太平洋地区基本上无热带系统活动。

图 6.6 为 1983 年 7 月 6 日 8 时 500 hPa 形势，基本反映了上述环流特点。

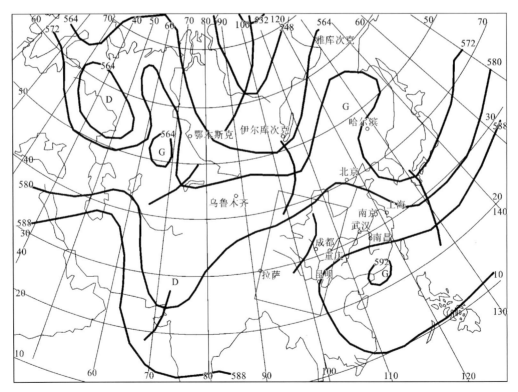

图 6.6　1983 年 7 月 6 日 8 时 500 hPa 环流形势图

G 代表高压中心；D 代表低压中心

(5) 天气系统是 500 hPa 的西风槽,700 hPa 和 800 hPa 的切变低涡及地面静止锋。

500 hPa 上,从巴尔喀什湖或贝加尔湖的大槽区不断有小槽分裂东移,当槽移入关键区(位于长江流域上游的长方框)后,移速变慢,移速为每天小于 4 个经度,槽在关键区内可持续 3 d(图 6.7),有时,西风小槽移速虽超过每天 4 个经度,但不断有槽进入关键区。这种槽在东移过程中逐步变成东北偏东—西南偏西的槽,或者变成横切变,该切变可持续3~4 d。700 hPa 切变线在 28°~32°N 持续 3 d 以上,切变线的西端伸至长江上游金沙江下段一带,常有西南低涡沿切变线东移。在地面天气图上,南岭北部至长江干流南岸有静止锋持续,如 1964 年 6 月 23~25 日,1983 年 6 月 27 日~29 日等。

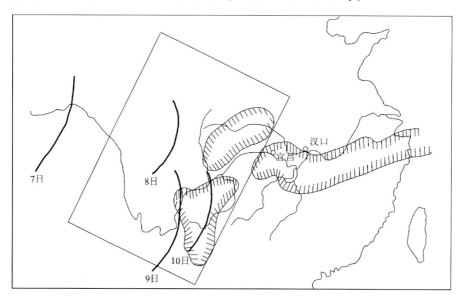

图 6.7　1983 年 7 月 7~10 日 500 hPa 低槽动态图

阴影部分为 1983 年 7 月 9 日 10 mm 雨区

2) 形成 III$_Y$ 型暴雨的天气学条件

西风环流不够稳定,西太平洋高压脊线自 25°N 以北向东南方向撤退的过程中,脊线变成东北—西南向后稳定 2~3 d。500 hPa 西风槽移速大于每天 4 个经度,且北端移速快,南部移速慢,逐步变成东北—西南向斜槽。700 hPa 切变线在 28°~32°N 持续 2 d 后即移出。地面天气系统为冷锋。

3. 长江上游洪水与洞庭湖洪水遭遇分析

洞庭湖区洪水主要由暴雨形成,暴雨天气系统以梅雨锋和低涡切变为主,降水量大且集中,洪水发生时间与暴雨基本相应。洪水主要来自四口分流和四水来水,区间对湖区洪水的影响不大。

以长江上游干流控制站宜昌站和洞庭湖控制站城陵矶站 1956~2014 年的实测流量资料(三峡水库蓄水后的资料进行了还原)为研究基础。选样时将宜昌站、城陵矶站的洪水传播至螺山站,若两站洪水过程的洪峰流量(Q_m,用最大日平均流量代替)同日出现,即为洪峰遭遇;若最大 7 d 过程(用 W_{7d} 表示)、最大 15 d 过程(用 W_{15d} 表示)有超过 1/2 时间重叠,即为洪水过程遭遇。

1）洪峰遭遇特征

统计宜昌站、城陵矶站各遭遇洪水过程的洪峰洪量 Q_m，并按照宜昌站洪峰洪量 Q_m 大小排序，见图 6.8，两站的洪峰洪量 Q_m 分布无明显相应关系，随着宜昌站的洪峰洪量 Q_m 减少，城陵矶站的洪峰洪量 Q_m 未呈现减少趋势，而呈随机分布。说明宜昌站发生较大洪水时，既可能遭遇城陵矶站的大洪水，也可能遭遇城陵矶站的中小洪水，反之亦然。系列中，宜昌站最大值为 60 200 m³/s（1989 年），最小值为 12 900 m³/s（1965 年）；城陵矶站最大值为 39 500 m³/s（1964 年），最小值为 7 890 m³/s（1972 年）。

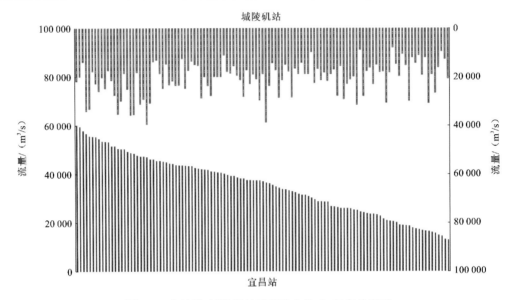

图 6.8　宜昌站、城陵矶站遭遇洪水的 Q_m 对应关系图

宜昌站、城陵矶站年最大洪峰洪量 Q_m 多年均值分别为 49 700 m³/s、27 700 m³/s。将两站遭遇时的洪峰洪量 Q_m 分为五个量级，并分别统计各个量级的次数，结果见表 6.1。宜昌站以 40 000～50 000 m³/s 为最多，达 31 次，占总次数的 26.7%；大于 60 000 m³/s 的较少，仅有 1 次。城陵矶站以 10 000～20 000 m³/s 为最多，达 58 次，占总次数的 50.0%；大于 35 000 m³/s 的较少，仅有 5 次。

表 6.1　宜昌站、城陵矶（七里山）站遭遇洪水时 Q_m 分布表

	量级/(m³/s)	>60 000	50 000～60 000	40 000～50 000	30 000～40 000	<30 000
宜昌站	次数/次	1	15	31	27	42
	百分比/%	0.9	12.9	26.7	23.3	36.2
城陵矶	量级/(m³/s)	>35 000	30 000～35 000	20 000～30 000	10 000～20 000	<10 000
（七里山）站	次数/次	5	7	42	58	4
	百分比/%	4.3	6.0	36.2	50.0	3.4

在 59 年系列中，未发生宜昌站洪峰流量 Q_m 大于 60 000 m³/s 与城陵矶站洪峰流量 Q_m 大于 35 000 m³/s 的恶劣遭遇情形。但是宜昌站洪峰洪量大于 50 000 m³/s 与城陵矶

站洪峰洪量大于 30 000 m³/s 的遭遇情形发生了 3 次,分别为 1999 年(宜昌站 56 700 m³/s、城陵矶站 34 100 m³/s)、1962 年(宜昌站 55 600 m³/s、城陵矶站 33 100 m³/s)、1968 年(宜昌站 50 500 m³/s、城陵矶站 35 300 m³/s)。

2)最大七日洪量遭遇特征

统计宜昌站、城陵矶站发生遭遇的各次洪水过程的 W_{7d} 系列,并按照宜昌站 W_{7d} 大小排序,见图 6.9。两江洪水遭遇时,W_{7d} 分布同 Q_m 一样,无明显相应关系。同样说明,宜昌站发生较大洪水时,既可能遭遇城陵矶站的大洪水,也可能遭遇城陵矶站的中小洪水,反之亦然。系列中,宜昌站最大值为 293.8×10⁸ m³(1993 年),最小值为 66.7×10⁸ m³(1987 年);城陵矶站最大值为 225.8×10⁸ m³(1964 年),最小值为 43.1×10⁸ m³(1977 年)。

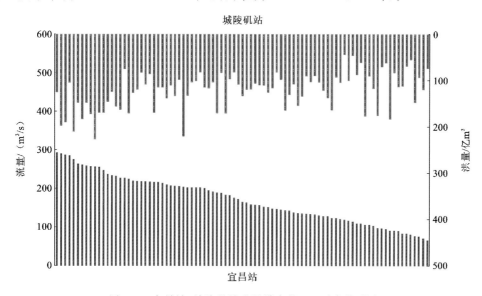

图 6.9　宜昌站、城陵矶站遭遇洪水的 W_{7d} 对应关系图

宜昌站、城陵矶站年最大 W_{7d} 多年均值分别为 262.9×10⁸ m³、159.1×10⁸ m³。将两站遭遇时的 W_{7d} 分为五个量级,并分别统计各个量级的洪水发生次数,结果见表 6.2。宜昌站以 200×10⁸~250×10⁸ m³ 为最多,达 25 次,占总次数的 28.1%;大于 250×10⁸ m³ 有 11 次,占总次数的 12.4%。城陵矶站以 100×10⁸~150×10⁸ m³ 为最多,达 42 次,占总次数的 47.2%;大于 200×10⁸ m³ 仅有 3 次,占总次数的 3.4%。

表 6.2　宜昌站、城陵矶(七里山)站遭遇洪水时 W_{7d} 分布表

	量级/(×10⁸ m³)	>250	200~250	150~200	100~150	<100
宜昌站	次数/次	11	25	15	25	13
	百分比/%	12.4	28.1	16.9	28.1	14.6
城陵矶(七里山)站	量级/(×10⁸ m³)	>200	150~200	100~150	50~100	<50
	次数/次	3	18	42	24	2
	百分比/%	3.4	20.2	47.2	27.0	2.2

在 59 年系列中,仅发生过 2 次 W_{7d} 洪量宜昌站大于 250×10^8 m³ 与城陵矶站大于 200×10^8 m³ 的恶劣遭遇情形,分别为 1968 年(宜昌 276.2×10^8 m³、城陵矶 209.0×10^8 m³)、1964 年(宜昌 257.5×10^8 m³、城陵矶 225.8×10^8 m³)。

3)最大十五日洪量遭遇特征

统计宜昌站与城陵矶站发生遭遇的各次洪水过程的 W_{15d},并按照宜昌站 W_{15d} 大小排序,见图 6.10。W_{15d} 分布同 Q_m、W_{7d} 一样,无明显相应关系。两站 W_{15d} 系列中,宜昌站最大值为 592.4×10^8 m³(1966 年),最小值为 138.1×10^8 m³(1979 年);城陵矶站最大值为 448.8×10^8 m³(1954 年),最小值为 95.6×10^8 m³(1978 年)。

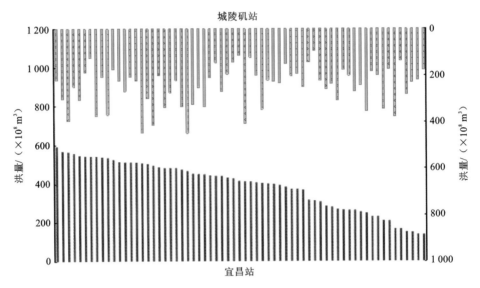

图 6.10 宜昌站、城陵矶站遭遇洪水的 W_{15d} 对应关系图

宜昌站、城陵矶站年最大 W_{15d} 多年均值分别为 499.6×10^8 m³、313.9×10^8 m³。将两站各次遭遇洪水的 W_{15d} 分为五个量级,并分别统计各个量级的洪水发生次数,结果见表 6.3。宜昌站以 $400\times10^8\sim500\times10^8$ m³ 为最多,达 21 次,占总次数的 32.3%;大于 500×10^8 m³ 有 17 次,占总次数的 26.2%。城陵矶站以 $200\times10^8\sim300\times10^8$ m³ 为最多,达 29 次,占总次数的44.6%。大于 400×10^8 m³ 有 4 次,占总次数的 6.2%。

表 6.3 宜昌站、城陵矶站遭遇时 W_{15d} 分布表

	量级/($\times10^8$ m³)	>500	400~500	300~400	200~300	<200
宜昌站	次数/次	17	21	9	12	6
	百分比/%	26.2	32.3	13.8	18.5	9.2
	量级/($\times10^8$ m³)	>400	300~400	200~300	100~200	<100
城陵矶站	次数/次	4	15	29	16	1
	百分比/%	6.2	23.1	44.6	24.6	1.5

在 59 年系列中,仅在 1954 年发生过 1 次宜昌站大于 500×10^8 m^3 与城陵矶站大于 400×10^8 m^3 的恶劣遭遇情形。另外,宜昌站大于 500×10^8 m^3 与城陵矶站大于 300×10^8 m^3 遭遇的情形发生过 7 次,年份及两站 W_{15d} 见表 6.4。

表 6.4　宜昌站、城陵矶站洪水遭遇时较大 W_{15d} 统计表

序号	年份	宜昌站 $W_{15d}/(\times 10^8$ m$^3)$	城陵矶站 $W_{15d}/(\times 10^8$ m$^3)$
1	1951	568.2	304.0
2	1999	563.9	394.5
3	1980	545.6	306.1
4	1988	540.8	373.8
5	2002	535.8	370.6
6	1954	505.4	448.8
7	1976	502.5	300.6

4）遭遇程度

当宜昌站、城陵矶站 W_{7d} 发生遭遇时,以 5 d、6 d 重叠为主,分别达到 30 次、24 次,7 d 完全重叠的仅有 8 次,见表 6.5。

表 6.5　宜昌站、城陵矶站 W_{7d} 洪量遭遇时重叠天数统计表

重叠天数/d	7	6	5	4
次数/次	8	24	30	27
百分比/%	9.0	27.0	33.7	30.3

当宜昌站、城陵矶站最大 W_{15d} 洪水过程发生遭遇时,14d 重叠出现次数最多,达到 14 次,15d 完全重叠的只有 3 次,见表 6.6。

表 6.6　宜昌站、城陵矶站 W_{15d} 洪量遭遇时重叠天数统计表

重叠天数/d	15	14	13	12	11	10	9	8
次数/次	3	14	7	13	8	10	7	3

可以看出,长江上游干流与洞庭湖洪水遭遇时,重叠程度较高,洪峰、洪量都会有不同程度的叠加,洪水灾害会更加严重,应该予以重视。

6.1.3　长江中游与鄱阳湖洪水遭遇特征

1. 入湖洪水地区组成

鄱阳湖洪水由五河洪水及鄱阳湖区间洪水组成。通过对 1956～2014 年五河洪水和鄱阳湖区间洪水进行合成,对湖口站年最高水位进行统计分析,从系列中选取湖口站实测水位高于警戒水位 19.5 m 的 1962 年、1964 年、1968 年、1969 年、1970 年、1973 年、1976 年、1982 年、1989 年、1993 年、1994 年、1995 年、1997 年、1998 年、2010 年共 14 年洪水来分析统计。

由统计成果(表 6.7)可知,鄱阳湖入湖洪水组成以赣江为首,其次为信江、抚河、乐安河、修水、昌江,最小为潦河。赣江各时段洪量占总入湖洪量的 39.9%～52.8%。1 d、3 d、5 d、7 d、15 d、30 d 平均洪量占总入湖洪量的 39.9%、40.7%、41.7%、42.2%、45.7%、52.8%,随时段增长,所占比例增大,但总体看来,时段洪量比重小于面积比。这主要是赣江流域面积大,河流长,支流众多,上下游干支流不一致所引起。

表 6.7　鄱阳湖水系典型年平均洪水地区组成

河名	站名	集水面积 /km²	面积比 /%	入湖洪量/(×10⁸ m³)						洪量比重/%					
				1 d	3 d	5 d	7 d	15 d	30 d	1 d	3 d	5 d	7 d	15 d	30 d
赣江	外洲站	80 948	59.0	12.5	32.8	47.0	57.9	93.5	159.3	39.9	40.7	41.7	42.2	45.7	52.8
抚河	李家渡站	15 811	11.5	4.8	14.0	19.9	23.0	30.3	37.1	15.2	17.4	17.7	16.8	14.8	12.3
信江	梅港站	15 535	11.3	6.2	16.6	24.7	29.1	42.7	50.8	19.9	20.6	21.9	21.3	20.8	16.8
乐安河	虎山站	6 374	4.6	2.7	6.0	7.6	9.7	13.9	17.8	8.7	7.5	6.7	7.1	6.8	5.9
昌江	渡峰坑站	5 013	3.7	1.7	3.2	3.6	5.0	7.2	11.5	5.5	4.0	3.1	3.6	3.5	3.8
修水	虬津站	9 914	7.2	2.2	5.3	6.9	8.5	11.8	17.3	7.1	6.6	6.1	6.2	5.8	5.7
潦河	万家埠站	3 548	2.6	1.1	2.6	3.2	3.9	5.3	7.8	3.6	3.3	2.8	2.8	2.6	2.6
五河	七口合计	137 143	100	31.4	80.7	112.9	136.9	204.7	301.7	100	100	100	100	100	100

信江各时段洪量占总入湖洪量的 16.8%～21.9%,抚河占总入湖洪量的 12.3%～17.7%,乐安河占总入湖洪量的 5.9%～8.7%,修水占总入湖洪量的 5.7%～7.1%,昌江占总入湖洪量的 3.1%～5.5%,潦河占总入湖洪量的 2.6%～3.6%。与面积比对照,这些支流的洪量比重都比大于面积比,随时段增长,洪量比重减少。

鄱阳湖五河合成流量以 1998 年的 63 620 m³/s 为最大,其次是 2010 年的 61 000 m³/s。最大 30 d、7 d、5 d、3 d 洪量均出现在 1998 年,分别为 452.0×10⁸ m³、199.5×10⁸ m³、147.4×10⁸ m³、109.2×10⁸ m³。由于 1998 年和 2010 年分别是三峡建库前后典型的特大洪水年,现以 1998 年和 2010 年为例,进行鄱阳湖地区洪水组成分析。表 6.8 给出了鄱阳湖具体典型年入湖洪量。

表 6.8　鄱阳湖典型年洪水地区组成

河名	站名	1998 年入湖洪量/(×10⁸ m³)						2010 年入湖洪量/(×10⁸ m³)					
		1 d	3 d	5 d	7 d	15 d	30 d	1 d	3 d	5 d	7 d	15 d	30 d
赣江	外洲	14.5	39.9	51.5	62.7	69.2	161.7	17.4	36.6	59.7	78.7	126.4	233.5
抚河	李家渡	5.1	18.7	32.4	42.3	39.4	72.6	9.2	19.1	26.1	32.3	44.7	64.8
信江	梅港	6.8	22.0	42.8	60.0	85.6	128.0	10.4	26.5	37.2	42.7	53.8	71.9
乐安河	虎山	4.5	9.2	7.1	13.3	17.2	30.5	0.8	2.0	2.8	3.3	5.2	8.5
昌江	渡峰坑	7.1	11.5	5.1	7.5	6.2	22.2	0.1	0.3	0.5	0.7	1.9	3.6
修水	虬津	1.0	3.3	5.5	9.0	13.4	22.1	1.0	2.5	3.6	4.7	6.8	10.4
潦河	万家埠	2.5	4.7	3.0	4.6	6.8	14.8	0.8	2.9	3.8	4.2	5.5	8.1
五河	七口合计	41.5	109.2	147.4	199.5	237.8	452.0	39.6	89.8	133.7	166.5	244.3	400.7

图 6.11 给出鄱阳湖各支流典型年洪水地区组成线箱图。由图 6.11 可知,无论是 1998 年特大洪水还是 2010 年特大洪水,鄱阳湖支流洪水对鄱阳湖洪水的影响排前三位的分别是赣江、信江和抚河,这与支流控制面积大小有关。就 1998 年特大洪水而言,赣江洪水占鄱阳湖洪水的比例为 29%~37%;其次为信江,最高可达 36%(15 d 洪量);抚河洪水组成比例相对较小,为 12%~23%。1998 年抚河、信江、赣江三条河流大水,且三河洪水与湖区区间洪水相遭遇,在 30 d 入湖洪量中,三条河及区间占 80.2% 以上(图 6.12)。近 10 年鄱阳湖各场次洪水中,以 2010 年洪水较大,入湖最大 1 d 洪量达 39.6×10⁸ m³,其洪量主要组成仍然来自抚河、信江、赣江三条河流;其中赣江洪水占比最大,1 d、3 d、5 d、7 d、15 d、30 d 分别为 43.87%、40.78%、44.63%、47.26%、51.76%、58.27%,且随着历时的增加而不断增大;其次为信江和抚河,平均洪水占比为 19.62% 和 24.86%(图 6.13)。

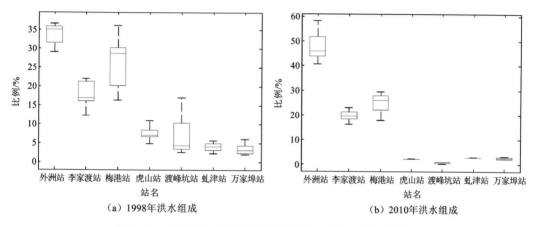

（a）1998年洪水组成　　　　　　　　（b）2010年洪水组成

图 6.11　鄱阳湖各支流典型年洪水不同时段地区组成线箱图

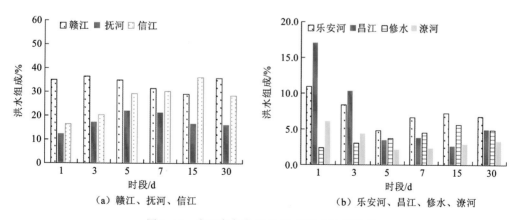

（a）赣江、抚河、信江　　　　　　　（b）乐安河、昌江、修水、潦河

图 6.12　鄱阳湖各支流 1998 年洪水地区组成

2. 五河入湖洪水遭遇规律

1）洪水遭遇次数

鄱阳湖流域的赣江、抚河和信江三条最大的河流约占五河入湖总流量的 75%~

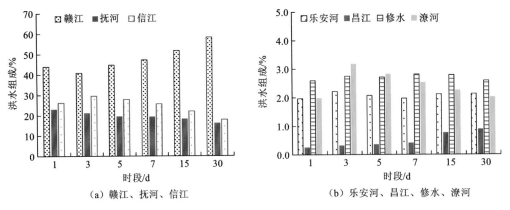

（a）赣江、抚河、信江　　　　　　　（b）乐安河、昌江、修水、潦河

图 6.13　鄱阳湖各支流 2010 年洪水地区组成

85%，且三者之中以赣江为主，约占五河洪水的一半，是鄱阳湖洪水的主要来源。三条河流位于鄱阳湖西侧，存在支流洪水遭遇的可能。

　　饶河和修水分列鄱阳湖的东西两侧，二者各占五河入湖径流总量的 9.3% 和 9.2%。饶河的两条支流昌江和乐安河的控制站分别为虎山站和渡峰坑（二）站，控制面积为 6 374 km² 和 5 013 km²。饶河的洪水遭遇即是这两条支流之间的遭遇。修水流域总面积 14 700 km²，修水中游建有柘林水库，集水面积为 9 340 km²，总库容为 79.2×10⁸ m³，其下即为干流控制站虬津（柘林）站。水流经柘林之后即进入冲积平原，水流平缓。修水最大的支流为潦河，控制站为万家埠站。修水洪水遭遇即是干支流之间的遭遇。

　　本章洪水遭遇，先统计各代表站年最大洪水（洪量发生时间和量），然后在考虑洪水传播时间的基础上，分析两站之间洪水是否发生遭遇。由洪水地区组成分析可知，饶河两支流及修水干支流占入湖总径流量较小。由于支流水系较短，汇流历时短，当降水相对集中时，往往形成短历时洪水。若两支流洪水过程的洪峰同日出现，即为洪峰遭遇；若最大洪水过程超过 1/2 时间重叠，即为过程遭遇，最后计算年份内遭遇的概率（频次）。对两河洪水遭遇概率高低如下定义：遭遇概率在 10% 以上为洪水遭遇概率高，遭遇概率在 10% 以下为洪水遭遇概率低。

　　鄱阳湖流域来水以赣江为主，由于外洲站控制面积较大，汇流时间较长，在分析赣江（外洲）、抚河（李家渡）和信江（梅港）三条河流遭遇时，故以最大 W_{7d} 过程超过 1/2 时间重叠即为过程遭遇，进行洪水过程遭遇频次选定。而饶河虎山和渡峰坑控制站及修水干支流虬津和万家埠控制站离汇合口距离相近，历年年最大洪峰遭遇时间差较小（图 6.14）。为了合理划分饶河和修水干支流洪峰遭遇与洪水过程遭遇情况，本次以最大 3 d 过程超过 1/2 时间重叠即为过程遭遇，进行洪水过程遭遇频次选定。

　　分析结果显示，1956～2014 年的 59 年间，饶河支流昌江和乐安河洪峰遭遇共 15 次，过程遭遇 14 次，洪水遭遇概率 49.2%；1956～2002 年的 47 年间，洪峰遭遇 9 次，过程遭遇 12 次，洪水遭遇概率 44.7%；2003～2014 年的 12 年间，洪峰遭遇 6 次，过程遭遇 2 次，洪水遭遇概率 66.7%。相比 2003 年前，2003 年后昌江和乐安河的洪水遭遇概率增加了 22%。

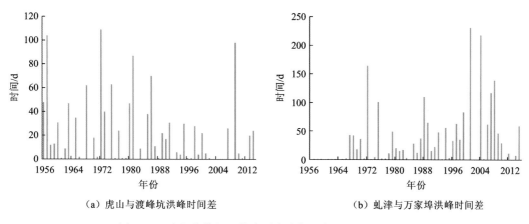

（a）虎山与渡峰坑洪峰时间差　　　　　（b）虬津与万家埠洪峰时间差

图 6.14　鄱阳湖饶河和修水干支流年最大流量遭遇时间差

在 1956～2014 年,修水支流潦河和干流洪峰遭遇共 28 次,过程遭遇 11 次,洪水遭遇概率 66.1%。1956～2002 年的 47 年间,洪峰遭遇 28 次,过程遭遇 7 次,洪水遭遇概率 74.5%;2003～2014 年的 12 年间,洪峰遭遇 0 次,过程遭遇 4 次,洪水遭遇概率 33.3%。2003 年修水干支流的洪水遭遇概率降低。

相比修水洪水遭遇频次,饶河洪水遭遇概率较大。由于饶河上游为山地和丘陵,水位和流量暴涨暴落,洪水来势凶猛,一旦两支流洪水过程遭遇,就会对下游占流域面积 30% 的平原滨湖地区的村庄和粮食产区造成严重危害,而修水尾闾地区受洪水遭遇构成较大危险的可能性因干流存在柘林水库的调蓄作用而降低。

图 6.15 给出了赣江、抚河、信江洪水历年年最大洪峰两两遭遇时间差分布图。1956～2014 年,两两之间的峰值遭遇,赣江—抚河遭遇 3 次,赣江—信江遭遇 3 次,抚河—信江遭遇 17 次;洪水过程赣江—抚河遭遇 31 次,赣江—信河遭遇 25 次,抚河—信江遭遇 19 次;赣江—抚河、赣江—信江、抚河—信江遭遇洪水概率分别为 57.6%、47.5%、61.0%。

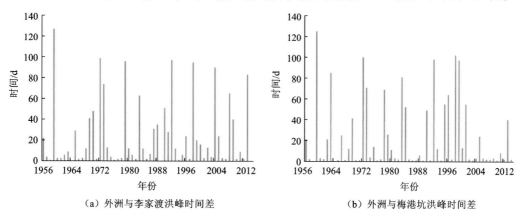

（a）外洲与李家渡洪峰时间差　　　　　（b）外洲与梅港坑洪峰时间差

图 6.15　鄱阳湖赣江、抚河、信江洪水历年最大流量遭遇时间差

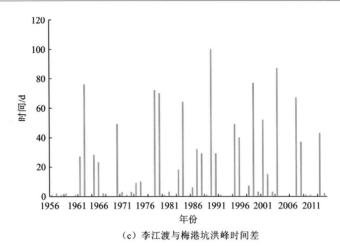

（c）李江渡与梅港坑洪峰时间差

图 6.15 鄱阳湖赣江、抚河、信江洪水历年最大流量遭遇时间差（续）

鄱阳湖五河洪水遭遇次数统计见表 6.9。1956～2002 年，赣江—抚河、赣江—信江、抚河—信江遭遇洪水次数分别为 25 次、22 次和 28 次，遭遇概率分别为 53.2%、46.8%、59.6%；2003～2014 年，赣江—抚河、赣江—信江、抚河—信江遭遇洪水次数分别为 9 次、6 次和 8 次，遭遇概率分别为 75.0%、50.0%、66.7%。2003 年后，赣江—抚河、赣江—信江、抚河—信江洪水遭遇概率均增加，其中赣江—抚河增加较明显，洪水遭遇概率增加 21.8%，赣江—信江、抚河—信江洪水遭遇概率增加较小，遭遇洪水概率仅分别增加 3.2%、7.1%。

表 6.9 鄱阳湖五河洪水遭遇次数统计

遭遇对象	1956～2002 年				2003～2014 年				1956～2014 年			
	过程遭遇		峰值遭遇		过程遭遇		峰值遭遇		过程遭遇		峰值遭遇	
	次数/次	概率/%	次数/次	概率/%	次数/次	概率/%	次数/次	概率/%	次数/次	概率/%	次数/次	概率/%
乐安河—昌江	12	25.5	9	19.1	2	16.7	6	50.0	14	23.7	15	25.4
修水—潦河	7	18.6	28	59.6	4	33.3	0	0.0	11	18.6	28	47.5
赣江—抚河	22	46.8	3	6.4	9	75.0	0	0.0	31	52.5	3	5.1
赣江—信江	20	42.6	2	4.3	5	41.7	1	8.3	25	42.4	3	5.1
抚河—信江	17	36.2	11	23.4	2	16.7	6	50.0	19	32.2	17	28.8
赣江—抚河—信江	15	31.9	1	2.1	5	41.7	0	0.0	20	33.9	1	1.7

赣江—抚河—信江三河洪水过程遭遇 21 次，而洪峰仅在 1964 年遭遇，整个 1956～2014 年洪水遭遇概率为 35.6%。其中，1956～2002 年洪峰遭遇 1 次，过程遭遇 15 次，总的洪水遭遇概率为 34.0%；2003～2014 年洪峰遭遇 0 次，过程遭遇 5 次，总的洪水遭遇概率为 41.7%。

2）洪水遭遇定量评价

（1）洪水遭遇定量评价方法

为了定量评价五河洪水在不同量级来水条件下的遭遇情况，本次采用年最大选样法，基于 1956～2014 年历年最大日均流量，采用 Copula 函数建立五河两两联合分布函数，进行量级组合遭遇概率和条件概率分析。

　　Copula 函数是定义域为[0,1] 均匀分布的多维联合分布函数,它将联合分布分为变量的边缘分布和变量间的相关性结构,而且不要求变量同分布,可将多个任意形式的边缘分布连接起来,生成一个多变量联合概率分布模型。在构建 Copula 函数之前,先要确定变量的边缘分布函数。对于水文变量,我国常采用 P-III 分布作为分布线型,国外则常采用指数分布(EXP)、广义极值分布(GEV) 和对数正态分布(LOGN) 等分布线型。为了计算的准确性,本章分别选择 P-III 分布、指数分布、广义极值分布和对数正态分布作为边缘概率分布函数,并利用线性矩法对 P-III 分布进行参数估计,利用极大似然法对指数分布、广义极值分布和对数正态分布进行参数估计。采用 Kolmogorov-Smirnov (K-S)方法检验样本理论分布与经验分布的拟合程度,并用概率点据离差平方和最小准则(OLS)、均方根误差(RMSE) 准则和 AIC 最小准则法评价确定出与各站数据拟合效果最好的边缘分布。

　　(2) 边缘分布拟合检验

　　图 6.16 给出边缘分布检验结果。由检验结果可知,除指数分布拟合不好外,其他分布线性拟合效果均较好。P-III 分布、广义极值分布和对数正态分布的 K-S 检验值均小于临界值 0.209 8,通过 K-S 检验。最终依据 OLS、RMSE 准则及 AIC 最小准则,外洲站、李家渡站、梅港站、虎山站、虬津站、万家埠站和五河总入流服从 P-III 分布,渡峰坑站服从广义极值分布。

　　二维 Copula 联合分布基于边缘分布函数,采用样本 Kendall 相关系数,计算昌江虎山站—乐安河渡峰坑站、修河虬津站—潦河万家埠站、赣江外洲站—抚河李家渡站、赣江外洲站—信江梅港站及信江梅港站—抚河李家渡站的两两二维 Copula 联合分布参数。本次分析分别选用 Clayton、Frank、Gumble 和 Gaussian,同样采用概率点据离差平方和最小准则(OLS)、均方根误差(RMSE) 准则和 AIC 最小准则法评价确定出与各站数据拟合效果最好的 Copula 函数。鄱阳湖五河 1956～2014 年最大流量二维 Copula 联合分布参数估计见表 6.10,联合分布参数估计结果见表 6.11。

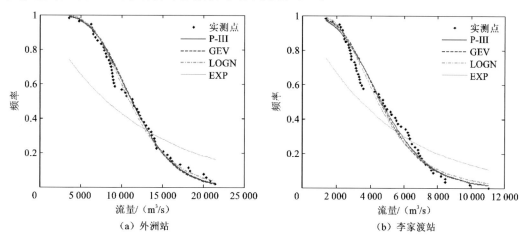

图 6.16　鄱阳湖五河 1956～2014 年最大日均流量频率拟合曲线

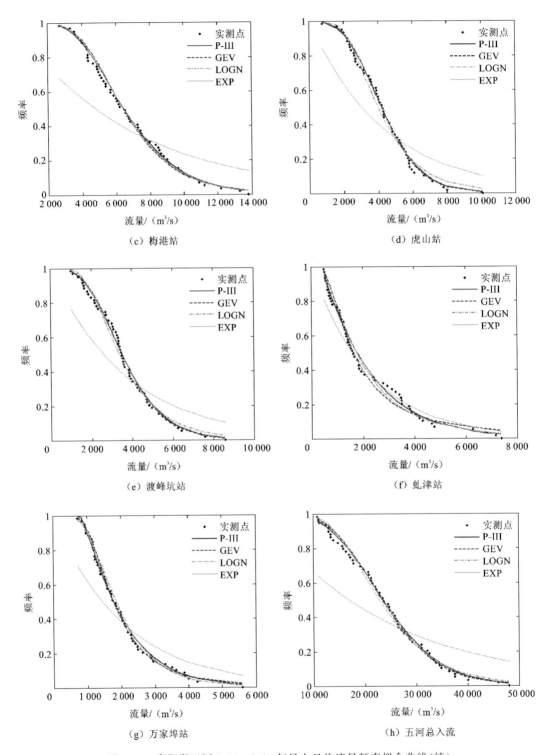

图 6.16　鄱阳湖五河 1956～2014 年最大日均流量频率拟合曲线（续）

表 6.10　鄱阳湖五河 1956～2014 年最大流量二维 Copula 联合分布参数估计

Copula 联合分布参数	Kendall 系数	Clayton	Frank	Gumble	Gaussian
外洲站—李家渡站	0.550 4	2.448 5	6.736 7	2.224 3	0.760 8
外洲站—梅港站	0.399 2	1.328 8	4.149 8	1.664 4	0.586 7
李家渡站—梅港站	0.462 8	1.723 3	5.098 8	1.861 7	0.664 7
渡峰坑站—虎山站	0.327 6	0.974 3	3.237 1	1.487 2	0.492 2
万家埠站—虬津站	0.250 0	0.666 7	2.371 9	1.333 3	0.382 7

表 6.11　鄱阳湖五河 1956～2014 年最大流量二维 Copula 联合分布检验结果

评价指标	外洲站—李家渡站				评价指标	外洲站—梅港站			
	Clayton	Frank	Gumble	Gaussian		Clayton	Frank	Gumble	Gaussian
K-S	0.083 618	0.084 308	0.099 716	0.095 799	K-S	0.072 715	0.065 754	0.068 916	0.064 692
OLS	0.034 267	0.031 542	0.037 043	0.034 551	OLS	0.032 224	0.027 716	0.028 769	0.027 996
RMSE	0.001 174	0.000 995	0.001 372	0.001 194	RMSE	0.001 038	0.000 768	0.000 828	0.000 784
AIC	−396.08	−405.86	−386.89	−395.11	AIC	−403.34	−421.12	−416.72	−419.93
评价指标	李家渡站—梅港站				评价指标	虎山站—渡峰坑站			
	Clayton	Frank	Gumble	Gaussian		Clayton	Frank	Gumble	Gaussian
K-S	0.097 511	0.096 582	0.106 773	0.101 57	K-S	0.125 47	0.136 12	0.129 68	0.129 27
OLS	0.035 986	0.039 062	0.042 391	0.038 586	OLS	0.049 89	0.054 89	0.054 27	0.052 75
RMSE	0.001 295	0.001 526	0.001 797	0.001 489	RMSE	0.000 05	0.000 06	0.000 06	0.000 05
AIC	−390.31	−380.63	−370.98	−382.07	AIC	−29 934	−29 357	−29 426	−29 597
评价指标	虬津站—万家埠站								
	Clayton	Frank	Gumble	Gaussian					
K-S	0.071 16	0.072 24	0.084 57	0.072 74					
OLS	0.030 59	0.030 54	0.033 26	0.030 81					
RMSE	0.000 94	0.000 93	0.001 11	0.000 95					
AIC	−409.46	−409.69	−399.62	−408.64					

　　由表 6.10 可知,4 种 Copula 函数均通过 K-S 检验,依据 OLS、RMSE 准则及 AIC 最小准则,Clayton 在众多组合中综合拟合效果较好,故本节采用 Clayton 进行概率分析。

　　(3) 五河洪水遭遇概率

　　据五河最大流量 Copula 函数,计算特定条件下的联合概率。在对洪峰量级表述时,常采用重现期 T 概念,即长时期内平均多少年出现一次,又叫多少年一遇。对于多变量来说,有联合重现期和同现重现期两种,联合重现期是指多个变量中至少有一个超过某一特定值时,事件发生的重现期;同现重现期是指多个变量同时都超过特定值时,事件发生的重现期。对于两变量 X、Y 联合重现期计算公式:

$$T_1(x,y) = \frac{1}{P(X>x \bigcup Y>y)} = \frac{1}{1-C(u,v)} \tag{6.1}$$

两变量 X、Y 的同现重现期为

$$T_2(x,y) = \frac{1}{P(X>x,Y>y)} = \frac{1}{1-u-v+C(u,v)} \tag{6.2}$$

式中:u、v 为边缘分布函数;$C(u,v)$ 为联合分布函数。

依据重现期计算公式,计算鄱阳湖五河入流两两最大日均流量联合重现期和同现重现期,并绘制等值线图(图 6.17)。

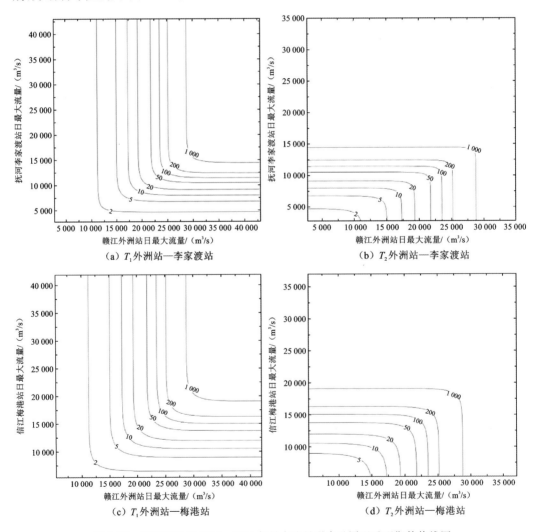

图 6.17　鄱阳湖五河 1956~2014 年最大流量联合及同现重现期等值线图

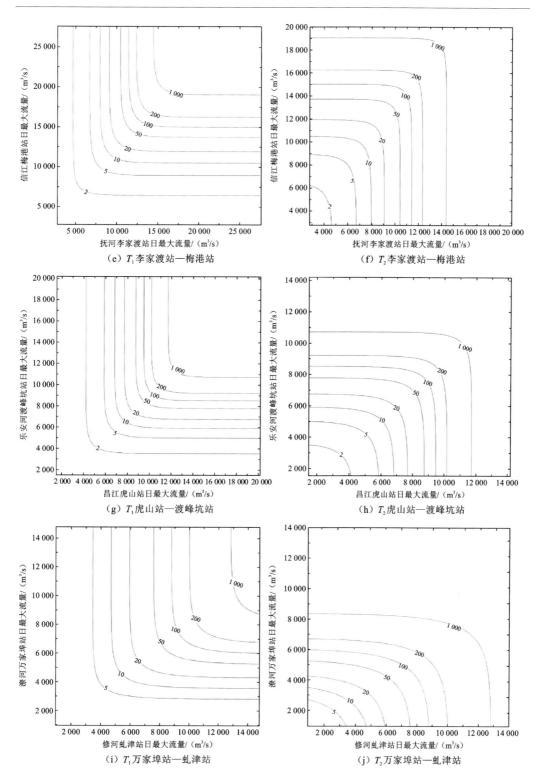

图 6.17 鄱阳湖五河 1956～2014 年最大流量联合及同现重现期等值线图(续)

由图 6.17 可知,基于两站之间的联合频率等值线图,可以得到两两组合的联合重现期与同现重现期。以外洲站、李家渡站和梅港站 2010 年特大洪水为例,外洲站最大流量为 21 500 m³/s,发生时间为 6 月 22 日;李家渡站为 11 100 m³/s,发生时间为 6 月 21 日;梅港站为 13 800 m³/s,发生时间为 6 月 20 日。外洲站、李家渡站和梅港站边缘分布的重现期分别为 44.9 年、78.6 年和 52.4 年。外洲站与李家渡站联合重现期为 30.1 年,同现重现期为 86.2 年;外洲站与梅港站联合重现期为 27.2 年,同现重现期为 81.9 年;李家渡站与梅港站联合重现期为 32.1 年,同现重现期为 99.3 年。外洲站、李家渡站和梅港站两两间的联合重现期较小,其中外洲站与李家渡站和梅港站的联合重现期与外洲站单变量重现期相近,说明赣江外洲站与抚河李家渡站或赣江外洲站与信江梅港站洪水遭遇时,以赣江洪水为主导,这与实际情况相符(外洲站实测洪峰是李家渡站或梅港站的两倍)。梅港站 2010 年洪峰大于李家渡站洪峰,联合重现期靠近梅港站单变量重现期(52.4 年)。而同现重现期表示两河同时遭遇大洪水的可能,同现重现期概率较低,外洲站和李家渡站同时遭遇 2010 洪水重现期为 86.2 年、外洲站与梅港站为 81.9 年、梅港站与李家渡站为 99.3 年。

对鄱阳湖五河洪水遭遇重点需考虑同现重现期,认为两河洪峰遭遇时,均发生大于某个重现期的洪水,即 $P(Q_1 > q_1, Q_2 > q_2)$,其中 Q_1、Q_2 代表洪水发生的量级,q_1、q_2 代表 T 年一遇的设计洪水值。赣江与抚河、赣江与信江及抚河与信江同时遭遇超过千年一遇洪水的概率分别为 0.075%、0.059%、0.067%,遭遇超过 100 年一遇的概率分别为 0.754%、0.594%、0.669%,遭遇超过 10 年一遇的概率分别为 7.540%、6.042%、6.725%,低重现期的洪水遭遇比高重现期的洪水遭遇概率大,相同重现期洪水遭遇组合,赣江与抚河的遭遇概率大于赣江与信江的遭遇概率,赣江与抚河和信江的遭遇概率大于抚河和信江遭遇概率。

当采用多变量描述水文事件时,考虑条件概率,可以描述给定单一变量范围,另一变量发生的概率问题。设 $X > x$ 时,$Y > y$ 的条件概率为

$$P(Y > y \mid X > x) = \frac{P(Y > y, X > x)}{P(X > x)} = \frac{1 - u - v + C(u, v)}{1 - u} \tag{6.3}$$

则重现期 T 为

$$T(Y > y \mid X > x) = \frac{1}{P(Y > y \mid X > x)} \tag{6.4}$$

式中:u、v 为边缘分布函数;$C(u, v)$ 为联合分布函数。

表 6.12 给出了鄱阳湖五河发生 1 000 年、200 年、100 年、50 年、20 年、10 年一遇洪水的条件概率。由表 6.12 可知,赣江外洲站发生 1 000 年一遇洪水时,抚河李家渡站和信江梅港站发生 1 000 年一遇的洪水概率分别为 75.35% 和 59.36%,发生 100 年一遇的洪水概率分别为 99.86% 和 96.62%,发生 10 年一遇洪水概率分别为 100% 和 99.84%,信江发生洪水概率大于抚河,且低重现期洪水的可能性比高重现期洪水的可能性大。当外洲站发生大洪水时,信江与抚河发生低重现期洪水将逐渐成为必然,也就是说赣江发生大洪水,信江与抚河也必然发生洪水,同理可以得到乐安河、昌江、修水和潦河的条件概率。除与赣江外洲站组合概率外,其他河流组合高重现期的条件概率偏低,说明鄱阳湖入湖洪水以赣江为主,赣江洪水是鄱阳湖入湖洪水的重要组成部分。

表 6.12　鄱阳湖五河之间洪水发生 T 级一遇洪水的条件概率

站点	T/a	抚河李家渡条件概率					
		1 000	200	100	50	20	10
赣江外洲	1 000	75.35	99.22	99.86	99.97	100.00	100.00
	200	19.84	75.35	93.36	98.66	99.86	99.97
	100	9.99	46.68	75.35	93.36	99.22	99.86
	50	5.00	24.67	46.68	75.35	95.97	99.22
	20	2.00	9.99	19.84	38.39	75.36	93.38
	10	1.00	5.00	9.99	19.84	46.69	75.40

站点	T/a	信江梅港条件概率					
		1 000	200	100	50	20	10
赣江外洲	1 000	59.36	91.97	96.62	98.62	99.59	99.84
	200	18.39	59.37	77.75	89.57	96.67	98.68
	100	9.66	38.87	59.40	77.80	92.10	96.76
	50	4.93	22.39	38.90	59.48	82.54	92.30
	20	1.99	9.67	18.42	33.02	59.78	78.50
	10	1.00	4.93	9.68	18.46	39.25	60.42

站点	T/a	信江梅港条件概率					
		1 000	200	100	50	20	10
抚河李家渡	1 000	66.88	96.55	98.92	99.67	99.93	99.98
	200	19.31	66.89	85.77	95.04	98.92	99.68
	100	9.89	42.89	66.89	85.78	96.57	98.94
	50	4.98	23.76	42.89	66.91	89.74	96.61
	20	2.00	9.89	19.31	35.90	66.99	85.99
	10	1.00	4.98	9.89	19.32	42.99	67.25

站点	T/a	乐安河渡峰坑条件概率					
		1 000	200	100	50	20	10
昌江虎山	1 000	49.13	82.42	90.27	94.86	97.90	98.98
	200	16.48	49.24	65.81	79.31	90.65	95.28
	100	9.03	32.91	49.38	66.06	83.13	91.12
	50	4.74	19.83	33.03	49.66	71.46	83.92
	20	1.96	9.07	16.63	28.58	50.49	68.05
	10	0.99	4.76	9.11	16.78	34.03	51.92

续表

站点	T/a	潦河万家埠条件概率					
		1 000	200	100	50	20	10
修河虬津	1 000	35.62	65.05	75.56	83.72	91.16	94.78
	200	13.01	36.15	49.38	62.53	77.40	85.92
	100	7.56	24.69	36.62	50.18	67.81	79.12
	50	4.19	15.63	25.09	37.40	56.15	70.01
	20	1.82	7.74	13.56	22.46	39.29	54.75
	10	0.95	4.30	7.91	14.00	27.37	41.95

3. 鄱阳湖与长江干流洪水遭遇规律

1) 洪水遭遇次数

根据 1956～2014 年的 59 年流量资料统计,汉口站年最大洪峰出现在每年 6～10 月、湖口站年最大洪峰出现在每年 3～10 月,大通站年最大洪峰出现在每年 5～9 月,三站年最大洪峰在各月分布次数见表 6.13。

由表 6.13 可知,汉口站年最大洪峰主要出现在 6～8 月,其中 7 月最为集中,共 37次,占所有年份的 62.7%;湖口站年最大洪峰主要出现在 5～7 月,其中 6 月最为集中,共28 次,占所有年份的 47.5%;大通站年最大洪峰主要出现在 6～8 月,其中 7 月最为集中,共 33 次,占所有年份的 55.9%。由历年洪峰在各月出现频次可知,湖口站与汉口站年最大洪峰遭遇的可能性要大于汉口站与大通站洪水遭遇。

表 6.13 汉口站、湖口站、大通站年最大洪峰频次分布

站点	3 月	4 月	5 月	6 月	7 月	8 月	9 月	10 月	共计
汉口站	0	0	0	8	37	8	5	1	59
湖口站	1	7	8	28	10	2	1	2	59
大通站	0	0	2	12	33	6	6	0	59

图 6.18 给出了汉口站、湖口站、大通站年最大洪峰出现日期分布图。大通站最大洪峰出现日期明显晚于湖口站,大通站与湖口站的最大洪峰出现时间无明显相应性,最大洪峰基本不同步。而汉口站与湖口站的年最大洪峰出现日期仅存在部分年份相应性,若上游洪水与鄱阳湖出湖洪水遭遇时,必然加大下游洪水形势,故有必要进一步探讨汉口站与湖口站的洪水遭遇情况。

本次鄱阳湖与长江干流洪水遭遇分析,主要采用湖口站资料代表鄱阳湖洪水,汉口站资料代表长江洪水。根据控制站的地理位置,考虑洪水传播时间,汉口至湖口约 300 km,洪水传播时间 34 h,折合 1.5 d。由于统计日时段的洪水遭遇情况,对于洪水峰值遭遇,先不演算,采用数理统计方法计算的峰现时间,汉口站比湖口站滞后 1 d 或者 2 d 均认为是洪峰遭遇。过程遭遇以最大 8 d 过程超过 1/2 时间重叠进行选定。

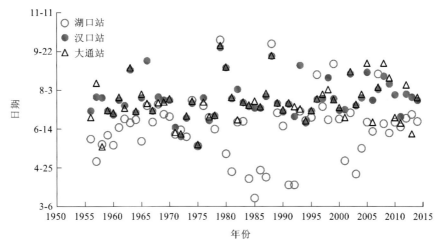

图 6.18　汉口站、湖口站、大通站年最大流量出现日期分布

在 1956～2014 年的 59 年间,鄱阳湖与长江干流洪峰遭遇 1 次,过程遭遇 3 次,洪水遭遇概率 6.8%。洪水遭遇全部发生在 2003 年以前,2003 年以后鄱阳湖与长江干流的洪水遭遇基本未发生。由于 2003 年以后长江下游受三峡水库枢纽防洪调度影响,对下游最大洪峰有削峰影响,从而降低了长江干流与鄱阳湖洪峰遭遇的频次。

2）洪水遭遇定量评价

鄱阳湖出流以湖口站为依据站,入湖以五河七口合计为依据,长江中上游来水以汉口站为依据站,同样采用 Copula 函数,基于年最大值选样,构建湖口站及汉口站 1956～2014 年年最大洪峰联合分布函数,进行量级组合遭遇概率和条件概率分析。

（1）边缘分布拟合检验

图 6.19 给出了湖口站及汉口站年最大流量边缘分布检验结果。由检验结果可知,除指数分布拟合不好外,其他分布线性拟合效果均较好。P-III 分布、广义极值分布和对数

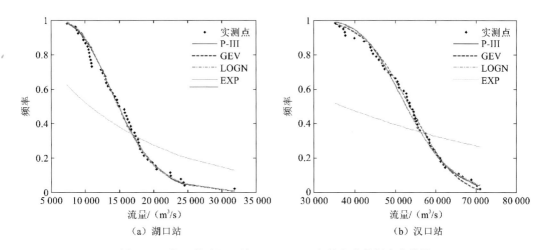

图 6.19　湖口站及汉口站 1956～2014 年最大流量频率曲线图

正态分布均通过 K-S 检验值(临界值 0.209 8),最终依据 OLS、RMSE 准则及 AIC 最小准则,湖口站服从 P-III 分布,汉口站服从广义极值分布。由于五河七口入湖洪水与湖口出湖洪水量具有较同步变化关系,故五河七口入湖洪水也采用 P-III 分布进行拟合。

(2)二维 Copula 联合分布

鄱阳湖与汉口 1956～2014 年最大流量联合分布参数估计结果见表 6.14。由检验结果(表 6.15)可知 4 种 Copula 函数均通过 K-S 检验,依据 OLS、RMSE 准则及 AIC 最小准则,五河七口合计—汉口和湖口—汉口联合分布采用 Clayton Copula。

表 6.14 鄱阳湖与汉口站 1956～2014 年最大流量二维 Copula 联合分布参数估计

Copula 联合分布参数	Kendall	Clayton	Frank	Gumble	Gaussian
五河七口合计—汉口站	0.198 4	0.494 9	1.844 6	1.247 4	0.306 6
湖口站—汉口站	0.150 8	0.355 2	1.383 0	1.177 6	0.234 7

表 6.15 鄱阳湖与汉口站 1956～2014 年最大流量二维 Copula 联合分布检验结果

评价指标	五河七口合计—汉口站				评价指标	湖口站—汉口站			
	Clayton	Frank	Gumble	Gaussian		Clayton	Frank	Gumble	Gaussian
K-S	0.220 34	0.220 34	0.220 34	0.220 34	K-S	0.299 67	0.300 785	0.304 297	0.302 021 9
OLS	0.082 50	0.084 80	0.086 12	0.084 46	OLS	0.126 52	0.128 853	0.131 409	0.129 126 3
RMSE	0.000 01	0.000 01	0.000 01	0.000 01	RMSE	1.87E-05	1.94E-05	2.02E-05	1.95E-05
AIC	−592 748	−589 971	−588 416	−590 376	AIC	−549 577	−547 732	−545 750	−547 519

(3)鄱阳湖与长江洪水遭遇概率

依据重现期计算公式,计算鄱阳湖五河七口合计入流两两最大流量联合重现期和同现重现期,并绘制等值线图,图 6.20 和图 6.21 给出了鄱阳湖与汉口 1956～2014 年日最大洪峰联合重现期及同现重现期等直线图。

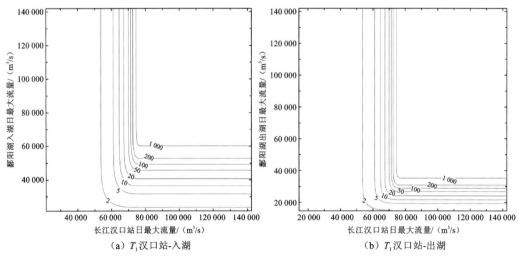

(a)T_1汉口站-入湖　　　　　　　(b)T_1汉口站-出湖

图 6.20 鄱阳湖与汉口站 1956～2014 年日最大洪峰联合重现期等值线图

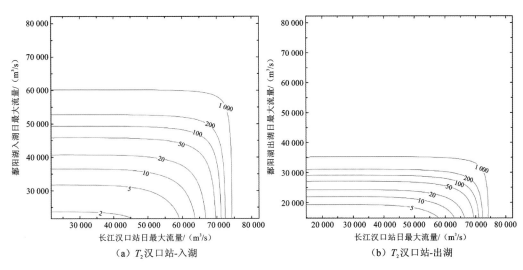

（a）T_2汉口站-入湖　　　　　　　　　（b）T_2汉口站-出湖

图 6.21　鄱阳湖与汉口站 1956～2014 年日最大洪峰同现重现期等值线图

以五河七口合计入流、湖口站和汉口站 1998 年最大洪水为例,五河七口合计入流最大日流量为 48 000 m³/s,发生时间为 6 月 26 日;湖口站为 31 900 m³/s,发生时间为 6 月 26 日;汉口站为 71 100 m³/s,发生时间为 8 月 19 日。汉口站与五河入流联合重现期为 41.7 年,汉口站与湖口站联合重现期为 67.8 年,汉口站与鄱阳湖入流和出流两两间的联合重现期较小,说明两者其一发生超过 1998 年的洪水的概率较大。而同现重现期表示两河同时遭遇大洪水的可能,同现重现期概率较低,长江干流与鄱阳湖入流同时遭遇 1998 年洪水重现期为 299.3 年,与鄱阳湖出流则为 939.2 年。无论同现重现期还是联合重现期,汉口站与入流洪水的重现期均小于与出流洪水的重现期,说明鄱阳湖的调蓄作用,大大减弱了鄱阳湖与长江洪水遭遇量级,降低了鄱阳湖出流洪水与长江干流洪水遭遇概率。

表 6.16 给出了鄱阳湖入湖、出湖与长江干流 1 000 年、200 年、100 年、50 年、20 年、10 年一遇情况下的设计洪水值和两两之间的遭遇概率。长江干流与鄱阳湖入流、长江干流与鄱阳湖出流同时遭遇超过 1 000 年一遇洪水的概率分别为 0.026%、0.016%、遭遇超过 100 年一遇的概率分别为 0.274%、0.190%、遭遇超过 10 年一遇的概率分别为3.505%、2.867%,低重现期的洪水遭遇比高重现期的洪水遭遇概率大。相同重现期洪水遭遇组合,长江与鄱阳湖入流的遭遇概率大于长江与鄱阳湖出流遭遇概率,概率的降低主要受鄱阳湖调蓄的影响。

表 6.17 给出了长江干流发生 1 000 年、200 年、100 年、50 年、20 年、10 年一遇洪水下鄱阳湖洪水的条件概率。长江干流发生 1 000 年一遇洪水时,鄱阳湖五河合计入流及出流发生 1 000 年一遇的洪水概率分别为 25.48% 和 16.08%,发生 100 年一遇的洪水概率分别为 60.04% 和 42.48%,发生 10 年一遇洪水概率分别为 87.28% 和 74.77%。当长江发生高重现期洪水时,鄱阳湖发生低重现期洪水的概率较大。但从长江与鄱阳湖出流和入流不同组合概率差异可以看出,长江与鄱阳湖出流的条件概率较入流低,这与前文分析的联合概率表现的特征一致,这主要在鄱阳湖调蓄作用下,削弱了鄱阳湖入流洪峰量级,降低了长江洪水条件下的鄱阳湖洪水遭遇概率。

表 6.16 鄱阳湖入湖、出湖与长江干流洪水发生量级组合遭遇概率

站点	T/a	鄱阳湖五河七口合计入流					
		1 000	200	100	50	20	10
长江干流(汉口)	1 000	0.026	0.049	0.060	0.070	0.081	0.087
	200	0.049	0.133	0.185	0.242	0.320	0.374
	100	0.060	0.185	0.274	0.383	0.547	0.672
	50	0.070	0.242	0.383	0.573	0.892	1.165
	20	0.081	0.320	0.547	0.892	1.572	2.256
	10	0.087	0.374	0.672	1.165	2.256	3.505

站点	T/a	鄱阳湖出流					
		1 000	200	100	50	20	10
长江干流(汉口)	1 000	0.016	0.033	0.043	0.052	0.065	0.075
	200	0.033	0.089	0.127	0.173	0.245	0.304
	100	0.043	0.127	0.190	0.273	0.412	0.538
	50	0.052	0.173	0.273	0.413	0.672	0.924
	20	0.065	0.245	0.412	0.672	1.211	1.803
	10	0.075	0.304	0.538	0.924	1.803	2.867

表 6.17 鄱阳湖在长江发生 T 级一遇洪水下的洪水遭遇概率

站点	T/a	鄱阳湖五河七口合计入流					
		1 000	200	100	50	20	10
长江干流(汉口)	1 000	25.481	49.366	60.039	69.853	80.764	87.284
	200	9.873	26.558	36.941	48.481	63.983	74.816
	100	6.004	18.470	27.406	38.334	54.651	67.179
	50	3.493	12.120	19.167	28.670	44.604	58.250
	20	1.615	6.398	10.930	17.842	31.439	45.128
	10	0.873	3.741	6.718	11.650	22.564	35.052

站点	T/a	鄱阳湖出流					
		1 000	200	100	50	20	10
长江干流(汉口)	1 000	16.079	33.254	42.484	52.283	65.339	74.767
	200	6.651	17.757	25.296	34.536	48.927	60.884
	100	4.248	12.648	18.960	27.250	41.239	53.771
	50	2.614	8.634	13.625	20.665	33.610	46.221
	20	1.307	4.893	8.248	13.444	24.214	36.055
	10	0.748	3.044	5.377	9.244	18.028	28.667

6.2　长江干流顶托影响分析

6.2.1　长江干流对洞庭湖顶托影响

洞庭湖湖区各控制站水位既受断面以上来水影响,又受下游水位顶托影响。本次根据洞庭湖湖区沿程控制站与长江干流莲花塘站的观测资料,拟定出莲花塘站不同水位对湖区沿程水位的顶托影响。

1. 鹿角站与莲花塘站水位相关分析

东洞庭湖鹿角站距莲花塘站约 40 km,根据鹿角站与莲花塘站月平均水位资料建立相关关系,见图 6.22。

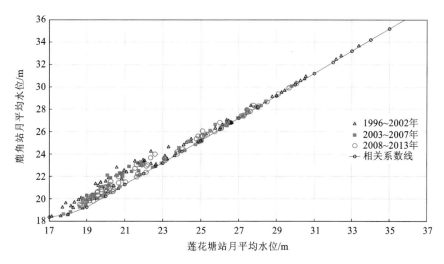

图 6.22　鹿角站与莲花塘站月平均水位相关(基面为 85 m)

由图 6.22 可以看出,各月平均水位相关点群呈带状分布。点群左下部分带宽较大,在莲花塘站同一水位条件下,鹿角站水位变化较大,表明鹿角站水位主要受上游来水影响,不受长江干流水位顶托影响或者受干流水位顶托影响较小;随着水位升高,相关点逐渐收敛为单一的线性关系,表明鹿角站水位主要受长江干流水位顶托影响,受上游来水影响不明显。以两站水位差值最小的点据下缘为外包线,拟定鹿角站受长江干流水位顶托影响的相关线,相关线近似为高尔夫球杆形状。

当莲花塘站水位在 17～19 m 时,相应鹿角站水位在 18.30～19.20 m,点群带状呈弧线型分布,随着两站差值增大,整个点群带偏离弧线型点群上方向,鹿角站水位基本不受干流莲花塘站水位顶托影响;当莲花塘站水位在 19～27 m 时,相应鹿角站水位在 20.20～28.00 m,随着水位升高点据群带逐渐收窄,在莲花塘站同一水位条件下,鹿角站与莲花塘站水位差值渐小,点群逐渐靠近相关线,表明长江干流水位顶托影响开始显现;当莲花塘站水位在 28 m 以上时,相应鹿角站水位 29.00 m 以上,鹿角站水位随着长江干流水位变化而变化,两站水位相关较为密切,表明干流水位顶托影响更为显著。

2. 荷叶湖站与莲花塘站水位相关分析

东洞庭湖荷叶湖站距洞庭湖出口约 60 km,根据荷叶湖站、莲花塘站 2006～2013 年月平均水位资料,点绘两者水位相关关系,见图 6.23。

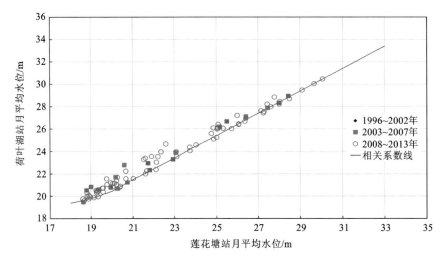

图 6.23　荷叶湖站与莲花塘站月平均水位相关(基面为 85 m)

可以看出,当莲花塘站水位较低时,两者关系较散乱,表明荷叶湖站水位受干流顶托影响较小;随着莲花塘站水位升高,点据逐渐收敛为单一的线性关系,表明荷叶湖站水位受干流顶托影响逐渐显著。同样,以两站水位差值最小的点据下缘为外包线,拟定荷叶湖站受长江干流水位顶托影响的相关线。

当莲花塘站水位在 17～20 m 时,相应荷叶湖站水位在 19.30～20.40 m,点群带状呈弧线型分布,在莲花塘站同一水位时,两站水位差值变化较大,此时荷叶湖站水位不受长江干流莲花塘站水位顶托影响;当莲花塘站水位在 20～28 m,相应荷叶湖站水位在 20.40～29 m 时,点据群分布基本带状,随着水位升高点群逐渐收窄成单一线,表明荷叶湖站水位受莲花塘站水位顶托影响逐渐显现;当莲花塘站水位在 28 m 以上时,相应荷叶湖站水位29.00 m 以上,有较好的关系,表明洞庭湖荷叶湖站水位直接受长江干流水位影响。

3. 营田站与莲花塘站水位相关分析

东洞庭湖营田站距洞庭湖出口约 65 km,根据营田站、莲花塘站 1996～2013 年月平均水位资料建立两者相关关系,见图 6.24。

由图 6.24 可以看出,各月平均水位相关点群呈带状分布,随着水位升高,相关点逐渐收敛为单一的线性关系。同样,以两站水位差值最小的点据下缘为外包线,拟定营田站受长江干流水位顶托影响的相关线。

由于营田站距荷叶湖站相距较近,其受长江干流莲花塘站水位影响规律基本与荷叶湖站一致,不再叠述。

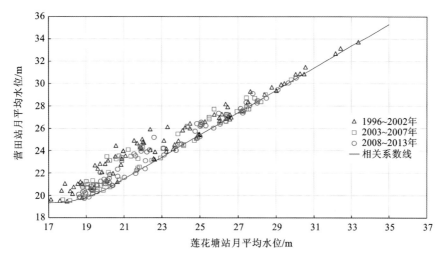

图 6.24　营田站与莲花塘站月平均水位相关(基面为 85 m)

4. 湘阴站与莲花塘站水位相关分析

湘阴站位于湘江东支洞庭湖湖区尾闾,距洞庭湖出口约 75 km,根据湘阴站与莲花塘站月平均水位资料建立相关关系,见图 6.25。

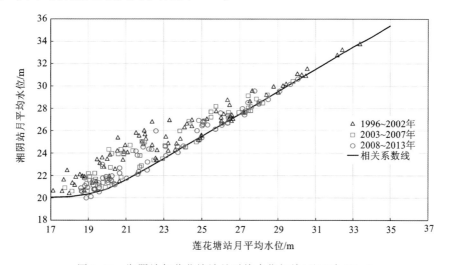

图 6.25　湘阴站与莲花塘站月平均水位相关(基面为 85 m)

由图 6.25 可以看出,各月平均水位相关点群呈带状分布,随着水位升高,相关点逐渐收敛为单一的线性关系。此外,湘阴站较距洞庭湖出口近的鹿角站点群带状宽,相关点群在中低水部分带状较宽。同样,以两站水位差值最小的点据下缘为外包线,拟定湘阴站受长江干流水位顶托影响的相关线。

当莲花塘站水位在 17~21 m 时,相应湘阴站水位在 20.00~21.50 m,点群带状呈弧线型分布,湘阴站水位主要受自身来水影响,表明莲花塘站水位在 21 m 以下时对湘阴站水位无顶托影响;当莲花塘站水位在21.00~29.00 m,相应湘阴站水位在21.50~30.00 m时,点据群分布基本呈带状,随着水位升高点群带状逐渐收窄成单一线,表明受长江干流水位顶托影响作用逐渐显现;当莲花塘站水位在29 m以上,相应湘阴站水位30.00 m以上时,有较好关系,表明湘阴站水位变化直接受长江干流水位顶托影响。

5. 杨柳潭站与莲花塘站水位相关分析

杨柳潭站位于南洞庭湖中段,距洞庭湖出口约90 km,根据杨柳潭站与莲花塘站月平均水位资料建立两站相关关系,见图6.26。

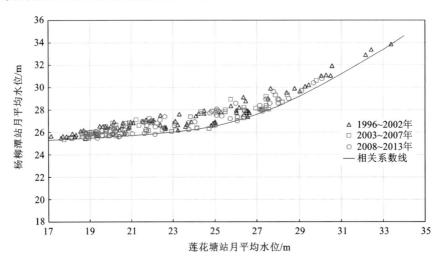

图6.26 杨柳潭站与莲花塘站月平均水位相关(基面为85 m)

由图6.26可以看出,莲花塘站水位在23.00 m以下,点群呈带状分布,杨柳潭站水位变化主要受断面以上来水影响;随着水位升高,莲花塘站水位在23.00 m以上,相应杨柳潭站水位在26.00 m以上,点群出现转折变化,斜率逐渐增大,相关点逐渐收敛为单一的线性关系,说明杨柳潭站水位受干流水位顶托影响逐渐显现。同样,以两站水位差值最小的点据下缘为外包线,拟定杨柳潭站受长江干流水位顶托影响的相关线。

当莲花塘站水位在17~23 m时,相应杨柳潭站水位在26 m以下,点群下缘近似直线变化,表明莲花塘站水位23 m以下,对杨柳潭站水位无顶托影响;当莲花塘站水位在23.00 m以上时,相应杨柳潭站水位在26.00 m以上,点据群分布下缘线逐步往上变化,表明莲花塘站水位23 m以上,对杨柳潭站水位有一定的顶托影响。随着水位升高,长江干流水位顶托影响作用越来越明显。

6. 东南湖站与莲花塘站水位相关分析

东南湖站位于南洞庭湖上段,距洞庭湖出口约96 km,根据东南湖站与莲花塘站月平均水位资料建立两站相关关系,见图6.27。

由图6.27可以看出,莲花塘站水位在23.50 m以下,点群呈带状分布变化;随着水位升高,莲花塘站水位在23.50 m以上,相应东南湖站水位在26.80 m以上,群呈带状出现

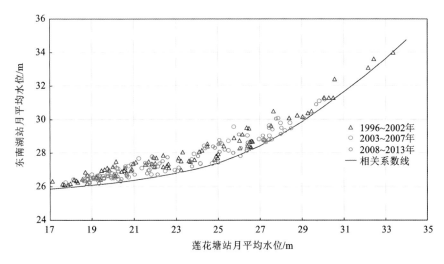

图 6.27　东南湖站与莲花塘站月平均水位相关（基面为 85 m）

转折变化，斜率逐渐增大，相关点逐渐收敛为单一的线性关系。同样，以相关点下缘点群拟定东南湖站受长江干流水位顶托影响的相关线。

为进一步分析长江干流水位对南洞庭湖尾闾水位的影响，根据东南湖站、莲花塘站逐日平均水位资料建立两站相关关系，见图 6.28。实测点据群分布随着莲花塘站水位变化而变化，靠左上方点据较为散乱，点据右下边缘呈明显直线线性变化。在点据下边缘拟定一条外包曲线，分析东南湖站受长江干流水位顶托影响。

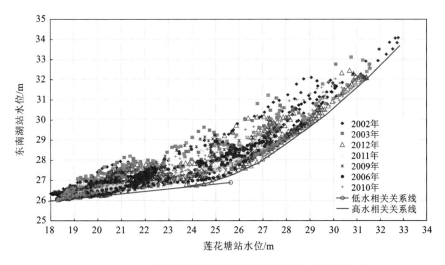

图 6.28　2002～2012 年东南湖站与莲花塘站水位关系图（基面为 85 m）

当莲花塘站水位小于 23.5 m，两站水位差值＞3 m，来水量较小时，相关点据下缘外包为直线变化，长江干流莲花塘站水位变化对东南湖站水位顶托作用不明显；当莲花塘站水位大于 23.5 m，两站水位差值＜3 m 时，相关点据下缘外包线呈曲线变化，东南湖站水位与莲花塘站水位有同步涨落关系,此时,长江干流莲花塘站水位变化对东南湖站水位有较明显的顶托作用。

通过两站月平均水位和逐日平均水位相关分析关系可知,长江干流莲花塘站水位对东南湖站水位有顶托影响的最低水位,是相关点据下缘外包直线与曲线相交点。由此可知,当长江干流莲花塘站水位为 23.5 m 以下时,长江干流水位对南洞庭湖东南湖站水位无顶托作用,当长江干流莲花塘站水位为 23.5 m 以上时,干流水位对南洞庭湖东南湖站水位有顶托作用,两站差值越小,干流水位顶托越明显。

7. 南咀站与莲花塘站水位相关分析

南咀站为松滋河、虎渡河、澧水、沅江经西洞庭湖北端入南洞庭湖的控制站,距洞庭湖出口约 148 km。根据南咀站与莲花塘站月平均水位资料建立两站相关关系,见图 6.29。

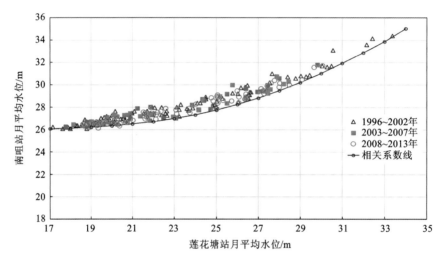

图 6.29　南咀站与莲花塘站月平均水位相关(基面为 85 m)

由图 6.29 可以看出,各月平均水位相关点群呈带状分布,莲花塘站水位在 24.00 m 以下,点群分布较散乱。随着水位升高,莲花塘站水位在 24.00 m 以上,相应南咀站水位在 27.00 m 以上,点群分布出现转折变化,斜率逐渐增大,相关点逐渐收敛为单一的线性关系。同样,以相关点下缘点群拟定南咀站受长江干流水位顶托影响的相关线。

同时根据三峡水库试验蓄水以来南咀站与莲花塘站逐日平均水位以水位差值为参数建立关系,见图 6.30～图 6.35。实测点据分布随着莲花塘站水位变化而变化,靠左侧上方点据较为散乱,点据右下边缘点分布呈明显线性变化,在点据下缘可以拟定一条外包曲线。当莲花塘站水位小于 24 m 时,两站水位差值大于 3 m,且南咀站来水量较小时,相关点据下缘外包线为直线变化。此时,南咀站水位变化主要受洞庭湖沅江、澧水、松滋河、虎渡河等来水影响。当莲花塘站水位大于 24 m,两站水位差值小于 3 m 时,相关点据下缘外包线呈曲线变化,南咀站水位与莲花塘站水位有同步涨落关系,表明长江干流莲花塘站水位对南咀站水位有较明显顶托作用。

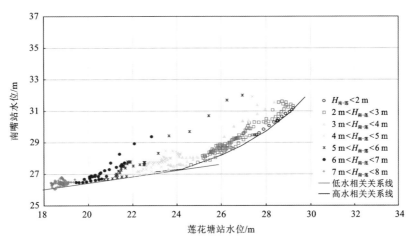

图 6.30　2008 年南咀站与莲花塘站水位差值为参数水位关系图（基面为 85 m）

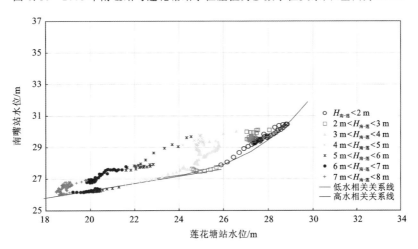

图 6.31　2009 年南咀站与莲花塘站水位差值为参数水位关系图（基面为 85 m）

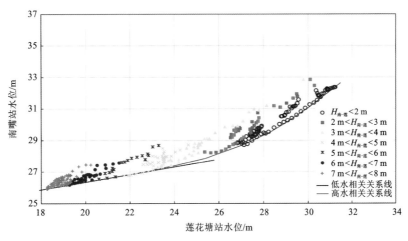

图 6.32　2010 年南咀站与莲花塘站水位差值为参数水位关系图（基面为 85 m）

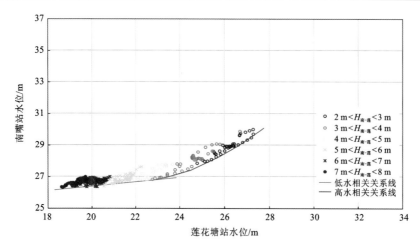

图 6.33　2011 年南咀站与莲花塘站水位差值为参数水位关系图（基面为 85 m）

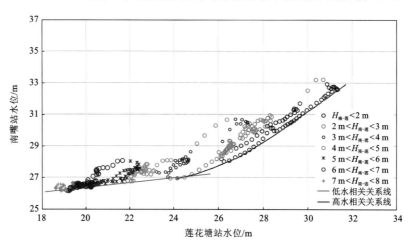

图 6.34　2012 年南咀站与莲花塘站水位差值为参数水位关系图（基面为 85 m）

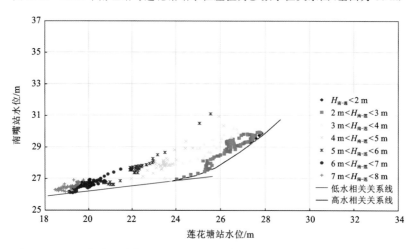

图 6.35　2013 年南咀站与莲花塘站水位差值为参数水位关系图（基面为 85 m）

8.小河咀站与莲花塘站水位相关分析

小河咀站为沅江、西洞庭湖流入南洞庭湖的基本控制站,距洞庭湖出口约 144 km。根据小河咀站与莲花塘站月平均水位资料建立相关关系,见图 6.36。

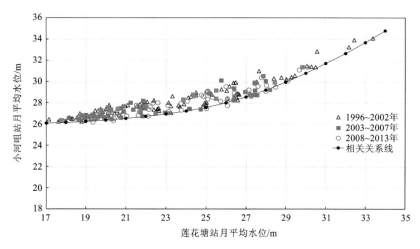

图 6.36　洞庭湖小河咀站与莲花塘站月平均水位相关(基面为 85 m)

由图 6.36 可以看出,各月平均水位相关点群呈带状分布,莲花塘站水位在 24.00 m 以下,点群分布较散乱;莲花塘站水位在 24.00 m 以上,相应小河咀站水位在 27.00 m 以上,随着水位升高,点群出现转折变化,斜率逐渐增大,相关点逐渐收敛为单一的线性关系。同样,以相关点下缘点群拟定小河咀站受长江干流水位顶托影响的相关线。

同时,根据 2003～2013 年三峡蓄水以来小河咀站与莲花塘站实测水位资料,以水位差值为参数,建立相关关系,见图 6.37 和图 6.38(仅列出 2010 年、2012 年,其他年份略)。实测点据分布随着莲花塘站水位变化而变化,靠左侧上方点据较为散乱,点据右下边缘分布呈明显线性变化,在点据右侧边缘拟定一条外包曲线。当莲花塘站水位小于 24.00 m,

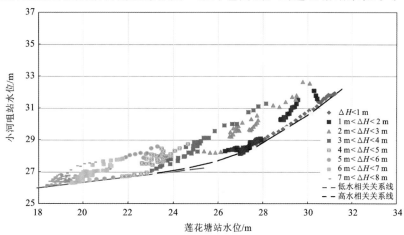

图 6.37　2010 年小河咀站与莲花塘站水位差值为参数水位关系图(基面为 85 m)

ΔH 为小河咀站与莲花塘站水位差值

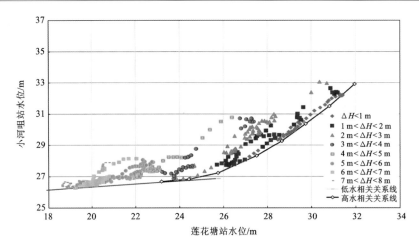

图 6.38　2012 年小河咀站与莲花塘站水位差值为参数水位关系图(基面为 85 m)

ΔH 为小河咀站与莲花塘站水位差值

两站水位差值大于 3 m,且小河咀站来水量较小时,相关点据下缘外包线为直线变化;当莲花塘站水位大于 24.00 m,两站水位差值小于 3 m 时,相关点据下缘外包线呈曲线变化,小河咀站水位与莲花塘站水位有同步涨落关系。此时,长江干流莲花塘站水位变化对小河咀站水位有较明显顶托作用。

相关点据下缘外包直线与曲线相交处 24 m 为干流水位对小河咀站水位有顶托影响的最低水位。莲花塘站水位低于 24.00 m 时,长江干流水位对西洞庭湖水位顶托作用不太明显;莲花塘站水位大于 24.00 m,小河咀站水位大于 27.00 m 时,随着莲花塘站水位的上升,长江干流水位对小河咀站水位有明显顶托作用。

9. 草尾站与莲花塘站水位相关分析

草尾站为南洞庭湖西北端汇入草尾河直接流入东洞庭湖的水文站,距洞庭湖出口约 138 km。根据草尾站与莲花塘站月平均水位资料点绘相关关系,见图 6.39。各月平均水位相关点群呈带状分布,莲花塘站水位在 24.00 m 以下时,点群分布较散乱;随着水位升

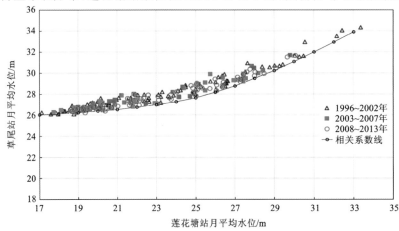

图 6.39　草尾站与莲花塘站月平均水位相关(基面为 85 m)

高,莲花塘站水位在 24.00 m 以上,相应草尾站水位在 27.00 m 以上时,点群出现转折变化,斜率逐渐增大。相关点逐渐收敛为单一的线性关系。同样,以相关点下缘点群拟定草尾站受长江干流水位顶托影响的相关线。

6.2.2　长江干流对鄱阳湖顶托影响

1. 长江干流对鄱阳湖的顶托作用

以长江干流的大通站流量、鄱阳湖的湖口站、星子站等水位站水位分析长江干流对鄱阳湖的顶托作用。

1)大通站流量与湖区水位关系

图 6.40 和图 6.41 给出 2003 年前后星子站水位与大通站流量的相关关系,大通站流量与星子站水位相关关系较好。大通站月最大流量在 40 000 m³/s 以下,尤其在 35 000 m³/s

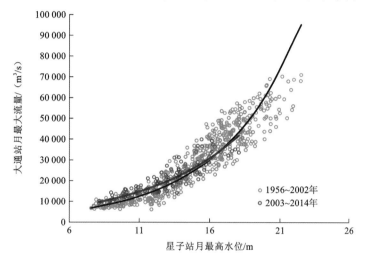

图 6.40　大通站月最大流量与星子站月最高水位相关图

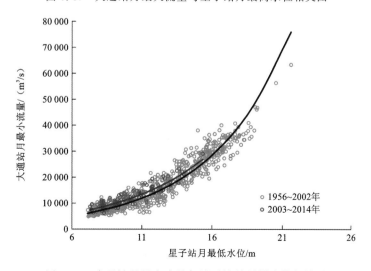

图 6.41　大通站月最小流量与星子站月最低水位相关图

以下,2003 年后星子站水位有所降低,其平均降低幅度在 0.3～1.5 m,而这种现象在大通站月最小流量时同样出现。

　　分别进行 9～10 月和 1～2 月星子站月平均水位与大通站同期月平均流量的相关分析,分析结果见图 6.42 和图 6.43。在大通站流量大于 20 000 m³/s 时,星子站水位与大通站流量有较好的对应关系,2003 年前后变化不大;在大通站流量小于 15 000 m³/s 时,星子站水位与大通站流量的对应关系明显减弱,并且 2003 年以后星子站水位明显降低。

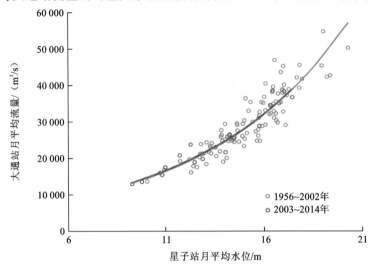

图 6.42　9～10 月星子站月平均水位与大通站平均流量关系图

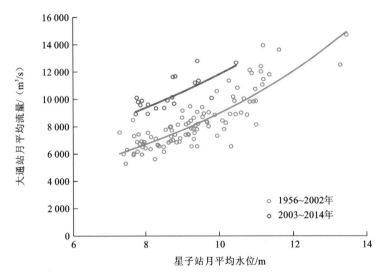

图 6.43　1～2 月星子站月平均水位与大通站平均流量关系图

　　相较于 1956～2002 年,2003～2014 年 9 月、10 月长江干流大通站流量及星子站水位均有不同程度的减少,9 月大通站平均流量和湖口站平均水位分别减少 2 400 m³/s 和

0.95 m,而 10 月大通站平均流量和湖口站平均水位分别减少 6 800 m³/s 和 2.19 m(表 6.18)。湖区星子站、都昌站、吴城站、康山站、鄱阳站 9 月和 10 月平均水位的变化值分别是 0.64~0.99 m 和 1.05~2.20 m,基本遵循着离湖口距离越远受影响越小的规律。9 月鄱阳湖水位仍受长江水位的顶托,且顶托一直影响吴城站以上,而 10 月鄱阳湖水位受长江顶托主要影响在都昌站附近,影响范围明显比 9 月小。

表 6.18　2003 年前后各控制站 9 月、10 月平均水位及平均流量差值

站点	参数	9 月	10 月
		平均	平均
大通站	流量/(m³/s)	2 400	6 800
湖口站	水位/m	0.95	2.19
星子站	水位/m	0.94	2.20
都昌站	水位/m	0.97	2.17
吴城站	水位/m	0.99	2.06
康山站	水位/m	0.65	1.29
鄱阳站	水位/m	0.64	1.05

注:差值表示 2003 前－2003 年后

　　三峡水库 9~10 月蓄水期对湖区顶托作用降低,对湖区水位降低影响大。枯水期节 1~3 月,为满足航运、发电和水资源、水生态需求要求,三峡水库下泄流量较建库前有所增加,下游干流水位相应抬升,增强了对湖区水位的顶托作用。

2) 湖口站与长江水位相关关系变化

　　由湖口站与长江干流九江站和八里江站的水位相关关系图(图 6.44)可知,湖口站的水位受长江干流水位影响较大,水位相关性较好;三峡水库运行后,湖口站与长江干流的水位相关关系未发生明显变化。

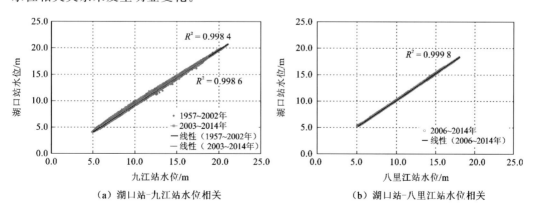

(a) 湖口站-九江站水位相关　　　　　(b) 湖口站-八里江站水位相关

图 6.44　湖口站与长江干流水位相关关系图(基面为 85 m)

3）湖区与湖口水位关系

1956～2002 年星子站比湖口站月平均水位平均高 0.57 m,其中最高为 2.77 m,最低出现湖口站比星子站高出 0.06 m,湖口站水位高于星子站水位(月平均水位之差)的比例为 1.06%;2003～2014 年星子站比湖口站月平均水位平均高 0.29 m,其中最高为 1.38 m,最低出现湖口站比星子站高出 0.63 m,湖口站水位高于星子站水位(月平均水位之差)的比例为 0.83%(表 6.19)。

表 6.19　湖口站与星子站水位落差分析表

参数	1956～2002 年	2003～2014 年
最大水位落差/m	2.77	1.38
平均水位落差/m	0.57	0.29
最小水位落差/m	−0.06	−0.63
湖口站大于星子站水位比例/%	1.06	0.83

可以看出,星子站与湖口站的水位落差较小,还可能出现因为长江倒灌而星子站水位低于湖口站水位的情况;2003～2014 年,三峡水库蓄水运行减少下泄流量,入江水道河道下切,进一步减少了星子站与湖口站的水位落差。

2003 年前后星子站与湖口站的月最高水位相关关系见图 6.45。湖口站与星子站水位相关关系较好,特别是 14 m 以上的中高水位基本为单一线,而 14 m 以下的水位在 2003 年前受长江干流顶托的影响而关系较为混乱,但 2003 年后关系则较为单一。从月最低水位的相关图(图 6.46)可以看出,2003 年后星子站与湖口站水位关系点据趋向集中,14 m 水位以下星子站水位较 2003 年前有所降低。从上述分析结果可以看出,由于湖口站与星子站处在湖口入江水道的上下两端,同时受长江及鄱阳湖的双重影响,其影响程度基本一致,因此两者的相关关系较好,尤其是在 14 m 以上的中高水位部分。

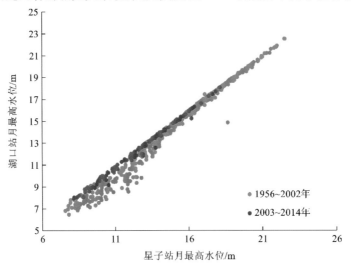

图 6.45　湖口站与星子站月最高水位相关图

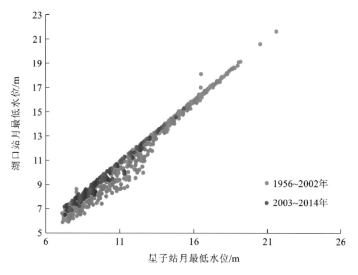

图 6.46　湖口站与星子站月最低水位相关图

由入江水道入口附近的都昌站与湖口站的水位相关关系图(图 6.47)可知,都昌站与湖口站的水位相关关系和变化趋势与星子站相似。都昌站 15 m 以上水位受长江来水影响较大,水位相关性较好,15 m 以下水位受长江来水顶托作用较小,受入湖水量影响较大。三峡水库运行后,湖口站 15 m 以下水位时都昌站水位明显降低,有水位越低降低幅度越大的变化趋势,由于都昌站附近河床下切严重,水位降低幅度要大于星子站;湖口站 15 m 以上水位,都昌站与湖口站的水位相关关系未发生明显变化。

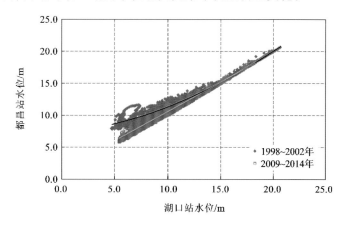

图 6.47　都昌站与湖口站水位相关关系图(基面为 85 m)

由湖区上游的康山站与湖口站的水位相关关系图(图 6.48)可知,康山站与湖口站的水位相关关系与星子站和都昌站不同。康山站 16 m 以上水位受长江来水影响较大,水位相关性较好,16 m 以下水位受长江来水顶托作用明显较小,受入湖水量影响较大,水位落差较大。三峡水库运行后,湖口站 16 m 以下水位时康山站水位略有降低,湖口站 16 m 以上水位时,水位相关关系未发生明显变化。

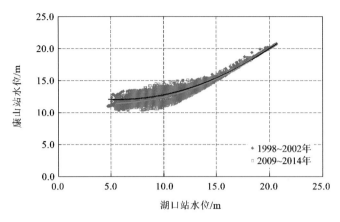

图 6.48　康山站与湖口站水位相关关系图(基面为 85 m)

综上可知,枯水期长江干流水位变化可以影响至湖区都昌附近,而对康山影响较小;三峡水库运行后,入江水道 14 m 以下水位降低显著。

4)长江洪水对鄱阳湖出湖水量的顶托影响

长江洪水对鄱阳湖出湖水量的顶托影响发生较为普遍,一般当长江水位涨率高于鄱阳湖水位涨率时就会发生顶托或部分顶托。长江发生大洪水时,长江对鄱阳湖产生部分顶托,鄱阳湖部分水量在湖体升壅,部分水量经湖口流入长江。例如,1954 年长江大洪水湖口最高洪水位 19.79 m,鄱阳湖出湖流量 18 500 m³/s;1998 年长江大洪水湖口最高洪水位 20.70 m,鄱阳湖出湖流量 13 000 m³/s;1999 年长江大洪水湖口最高洪水位 20.02 m,鄱阳湖出湖流量 12 800 m³/s。长江洪水对鄱阳湖顶托作用过强也会出现倒灌流入鄱阳湖的现象。长江洪水倒灌入湖主要是江湖暴雨洪水不同步而干流洪水较大所致,倒灌一般发生在 7~9 月,因为此时五河汛期已过,鄱阳湖水位由长江洪水顶托倒灌,湖水面基本保持水平,鄱阳湖入江水道呈现负比降。汛期 6~8 月三峡水库防洪调度,削减长江中下游洪水流量,减少对鄱阳湖洪水的顶托作用,有利于鄱阳湖湖区防洪减灾。

2. 长江干流对鄱阳湖顶托强度

1)顶托强度指数

鄱阳湖承纳自身流域五河七口来水及环湖区其他小河入流,经湖区调蓄后汇入长江。鄱阳湖对长江干流可起到调蓄、泄洪、削峰、错峰和水量补充等作用。若把湖区的调蓄看作为一个“黑箱模型”,鄱阳湖总入流 Q_r 为模型的输入,湖口出流 Q_c 为模型的输出,则必然存在一个函数关系 $f(x)$,使得 $f(Q_r) = Q_c$。若此时长江遭遇洪水,则湖口水位受长江洪水顶托作用上涨,湖区出湖水量减少,湖口实测流量 $Q_s \leqslant Q_c$;若此时长江遭遇枯水期,长江上游来水减少,湖口水位降低,从而导致湖区出湖水量增加,湖口实测流量 $Q_s \geqslant Q_c$,湖与江水量交换是二者相互作用的结果。故从水量交换角度,可以把某一时段内由湖区调蓄后的湖口出流水量 W_c 与湖口实测出流水量 W_s 的差看作是长江与鄱阳湖水量交换

作用 Δ，即 $\Delta = W_s - W_c$，若 $\Delta > 0$，则记作 Δ_1，表现为"湖补江"作用；若 $\Delta < 0$，则记作 Δ_2，表现为"湖分洪"作用。考虑到"湖分洪"作用的间接表现是洪水顶托影响，故定义洪水顶托强度指数 J，以量化表现洪水顶托强度特征：

$$J = \frac{|\Delta_2|}{|\Delta_1| + |\Delta_2|} \times 100\% \tag{6.5}$$

式中：J 为顶托强度指数，范围介于 $0 \sim 100\%$。J 越大，表明长江对鄱阳湖洪水顶托强度越强，鄱阳湖对长江补水作用越弱。

如何求解 $f(Q_t)$ 将成为洪水顶托特征量化的关键。根据水量平衡原理，对于鄱阳湖，任一时段进入湖区水量与输出水量之差必等于其蓄水量的变化量，则有

$$O = I_1 + I_2 + \Delta V - E + P \tag{6.6}$$

式中：I 与 O 分别为给定时段内鄱阳湖入湖水量与湖口出湖水量，其中 I_1 为五河合计入流水量，I_2 为环湖区其他小河总水量；ΔV 为湖区蓄水量的变化量，可正可负；E 和 P 分别为湖区水面蒸发量和湖区降雨量。

2）顶托强度变化

利用 $1956 \sim 2014$ 年鄱阳湖出、入湖逐月径流数据及鄱阳湖湖区水位-容积曲线，计算顶托强度指数（表 6.20），在年内、年际尺度上探讨长江对鄱阳湖顶托特征变化。

表 6.20　鄱阳湖各月顶托强度指数统计结果

参数	1月	2月	3月	4月	5月	6月	7月	8月	9月	10月	11月	12月
平均值/%	7.9	7.3	8.4	8.8	10.3	10.5	35.2	20.6	26.8	16.9	10.1	11.7
最大值/%	19.8	21.4	23.9	32.0	26.3	30.7	100	100	100	100	30.0	55.0
最小值/%	0.09	0.02	0.01	0.44	0.05	1.15	1.64	0.02	0.03	0.66	0.14	0.19

顶托强度指数线箱图（图 6.49(a)）表示各月顶托强度指数的百分位分布情况。箱线两端位置分别对应数据的上下四分位数，箱线两头设有上下边缘线，超过边缘线点据为异常点。矩形盒内部设有中位数和均值，中位数用黑色虚线表示，均值用黑色实点标识。箱线图可较容易的反映数据整体分布的对称性、分散性及异常点识别等信息。

鄱阳湖各月平均顶托强度指数 J 在 $7.30\% \sim 35.2\%$，尤以 7 月顶托作用最强，2 月最弱，多年平均顶托强度指数约 14.5%。顶托强度指数的 75% 分位线介于 $20\% \sim 71\%$，年内呈先增后减的"单峰"分布。非汛期 $11 \sim 4$ 月箱线区间总体偏小，分位线较低，平均顶托强度指数约 20%。$1 \sim 3$ 月未出现明显偏离线箱异常点，表明非汛期长江对鄱阳湖的顶托作用较小，历年变化较稳定；汛期 $5 \sim 10$ 月箱线区间总体偏大，分位线较高，长江对鄱阳湖的顶托作用较强，历年变化不稳定。特别是汛期 $7 \sim 10$ 月，在长江中上游来水不断加大的同时，增强了对鄱阳湖的顶托作用。当顶托强度指数达到 100% 时，常常伴随着长江水倒灌鄱阳湖现象。

针对各月顶托强度指数变化差异，图 6.49(b)给出汛期（$5 \sim 10$ 月）和枯水期（$11 \sim 4$ 月）鄱阳湖顶托强度指数的年际变化过程，表 6.21 给出了在 95% 置信度水平下 TFPW-MK 趋势检验结果。在 $1956 \sim 2014$ 年，长江对鄱阳湖的顶托强度在汛期整体表现为降低趋

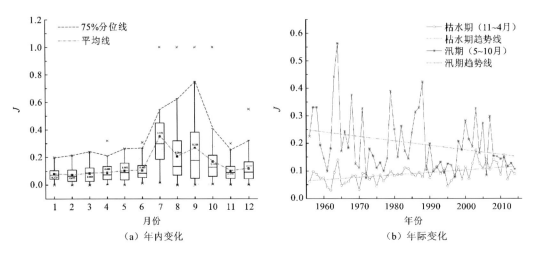

图 6.49　鄱阳湖顶托强度指数年内及年际变化过程

势,在枯水期则相反。同时采用 TFPW-MK 和 MK 在 95% 置信水平下的检验结果比较一致,两种方法都表明:1 月、2 月和 12 月的顶托强度指数具有显著上升趋势,9 月具有显著下降趋势,其他各月变化不显著。

表 6.21　鄱阳湖各月顶托强度指数趋势检验结果

统计量	1 月	2 月	3 月	4 月	5 月	6 月	7 月	8 月	9 月	10 月	11 月	12 月
Z1	3.91	3.53	0.46	0.06	−0.43	−0.72	−0.90	−0.67	−2.04	−1.01	0.07	3.39
Z2	3.91	3.36	0.51	0.10	−0.31	−0.64	−0.90	−0.42	−1.83	−1.11	0.09	3.41
趋势	↑	↑	—	—	—	—	—	—	↓	—	—	↑

注:Z1 表示 TFPW-MK 统计量;Z2 表示 MK 统计量

6.3　江湖调蓄能力变化特征

6.3.1　洞庭湖调蓄能力变化

1. 洞庭湖面积变化

洞庭湖历史上曾是中国第一大淡水湖,目前为第二大淡水湖。据史料记载,1852 年洞庭湖天然湖面曾达 6 000 km²,素有八百里洞庭之称。随着 1860 年和 1870 年两次大水,藕池、松滋相继决口,形成荆江三口分流入洞庭湖的格局,荆江每年向洞庭湖分泄大量泥沙,沉积在湖内,再加上大面积围湖造田,导致湖泊面积、容积逐年萎缩,湖底高程不断抬高。据资料记载,至 1949 年,湖面面积减少到 4 350 km²。而 1949~1995 年(46 年),洞庭湖湖泊面积则锐减至 2 625 km²,容积由 293×10⁸ m³ 缩小到 167×10⁸ m³,由我国第一大淡水湖,变为第二大淡水湖。不同时期洞庭湖水面面积及容积变化见表 6.22。

表 6.22　洞庭湖水面面积及容积变化表

年份	湖泊面积/km²	年缩减率/(km²/年)	湖泊容积/(×10⁸ m³)	年缩减率/(×10⁸ m³/年)
1825	6 000	—	—	—
1896	5 400	8.54	—	—
1932	4 700	19.45	—	—
1949	4 350	20.6	293	—
1954	3 915	87.0	268	5
1958	3 141	193.5	228	10
1971	2 820	24.7	188	3.08
1978	2 691	18.4	174	2.0
1995	2 625	4.0	167	0.41

注:湖泊容积为相应城陵矶(七里山)站水位 33.5 m 时的容积

2. 洞庭湖调蓄量分析

从洞庭湖历年各月入湖、出湖水量变化可知,6 月蓄水量最大(图 6.50),1964 年 6 月蓄水量达 211×10^8 m³。历年汛期最大蓄水量(图 6.51)平均为 125×10^8 m³。1996 年最大达 301×10^8 m³(图 6.52)。历年最大蓄水量没有趋势性变化。

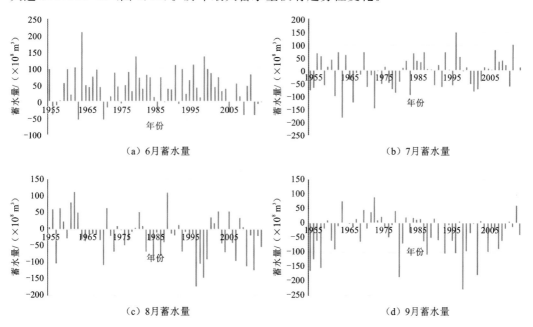

（a）6 月蓄水量　　　　（b）7 月蓄水量

（c）8 月蓄水量　　　　（d）9 月蓄水量

图 6.50　历年洞庭湖 6～9 月月蓄水量变化图

3. 洞庭湖调蓄能力分析

根据洞庭湖历年入流、出流过程分析,洞庭湖对一次来水过程调蓄量达数 10×10^8 m³,最大可达 200×10^8 m³ 以上。表 6.23 为一次洪水调蓄量统计,调蓄量最大为 1996 年,达 258×10^8 m³,削峰流量最大为 1995 年,达 25 500 m³/s。

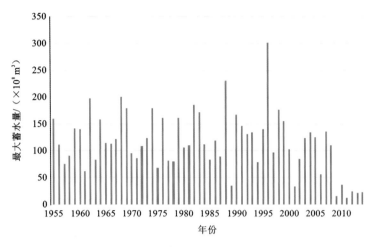

图 6.51　洞庭湖历年汛期最大蓄水量

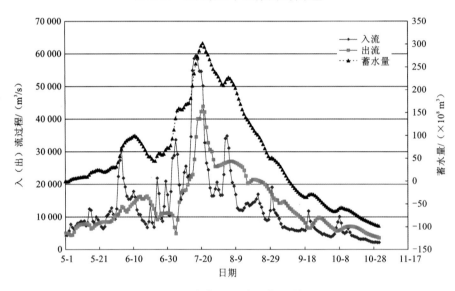

图 6.52　洞庭湖 1996 年汛期调蓄过程

表 6.23　洞庭湖一次洪水调蓄量统计

年份	入湖最大流量/(m³/s)	出湖最大流量/(m³/s)	削峰最大流量/(m³/s)	调蓄量/(×10⁸ m³)
1964	62 700	39 500	23 200	232
1969	60 100	38 600	21 500	215
1991	38 900	29 600	9 280	180
1995	63 100	37 600	25 500	194
1996	59 300	43 800	15 500	258
1998	53 700	34 700	19 000	155
1999	52 900	30 700	22 200	193
2002	50 500	35 400	15 100	163

6.3.2　鄱阳湖调蓄能力变化

1. 鄱阳湖入湖洪水调蓄分析

1）鄱阳湖对入湖洪水的调蓄

鄱阳湖对五河入湖洪水具有较显著的削峰作用。据 1956～2014 年实测资料，历年五河总入湖最大日平均流量 14 200～63 500 m^3/s，多年平均 32 200 m^3/s；历年湖口出湖最大日平均流量 7 310～31 900 m^3/s，多年平均 15 800 m^3/s。在鄱阳湖调蓄作用下，削减入湖洪峰 4 460～36 800 m^3/s，多年平均 16 800 m^3/s，平均削减率约 52.2%。

现选取历年鄱阳湖湖口超警戒水位 19.5 m（冻结基面）洪水过程，定义鄱阳湖对入湖洪水的调蓄能力为湖区调蓄量占入湖量的百分比。从最大连续 1 d、3 d、5 d、7 d、15 d、30 d 洪量角度分析鄱阳湖调蓄作用。

由表 6.24 可知，随洪水时段的延长，湖区调蓄能力降低。鄱阳湖对 1 d 洪量的调蓄作用最大，平均调蓄量 15.6×10^8 m^3，调蓄能力 55.8%；其次为 3 d 洪量，平均调蓄量 35.1×10^8 m^3，调蓄能力 48.3%；7 d 以上洪量的调蓄作用明显降低，仅 21.5%～40.2%。受湖区库容限制，鄱阳湖对入湖洪水的调蓄作用主要集中在 7 d 以下洪量。

表 6.24　鄱阳湖对不同时段总入流洪水平均调蓄量

参数	1 d	3 d	5 d	7 d	15 d	30 d
平均入湖/（×10^8 m^3）	27.8	71.6	107.5	139.5	232.5	395.1
平均出湖/（×10^8 m^3）	12.2	36.5	59.7	81.9	165.2	300.9
平均调蓄量/（×10^8 m^3）	15.6	35.1	47.8	57.6	67.3	94.2
调蓄能力/%	55.8	48.3	43.7	40.2	27.1	21.5

图 6.53 给出了鄱阳湖对历年不同时段洪量的调蓄作用箱形图。对比可知，鄱阳湖对 1 d 洪量的调蓄作用最大，对 30 d 洪量的调蓄作用最小。入湖洪水时段越长，箱形区间越大，中位线水平越低，反映调蓄能力随洪量时段的增加而下降，且越不稳定，凸显出鄱阳湖对长历时洪量的调蓄能力存在显著的年际差异。随入湖洪水历时的延长，湖区因水位抬高而增大了湖口下泄能力，使得鄱阳湖对五河入湖洪水的调蓄作用减弱。

2）长江洪水顶托对鄱阳湖入湖洪水调蓄的影响

鄱阳湖对入湖洪水的调蓄作用还受长江干流顶托影响。当五河和长江来水均较大时，长江干流水位偏高，顶托作用下湖口出流偏小，从而抬高湖区水位，减少鄱阳湖蓄洪容积，减少湖区调蓄作用；当五河来水较大，而长江干流水位较低时，湖口下泄能力增强，降低湖区水位的同时，进一步增加湖区蓄洪容积，从而削弱鄱阳湖调蓄作用。

选取五河入湖丰水年而长江干流枯水年，分析未受长江洪水顶托影响的湖区调蓄能力。图 6.54 给出了鄱阳湖历年最大连续 1 d、3 d、5 d、7 d、15 d、30 d 来水洪量与汉口站最

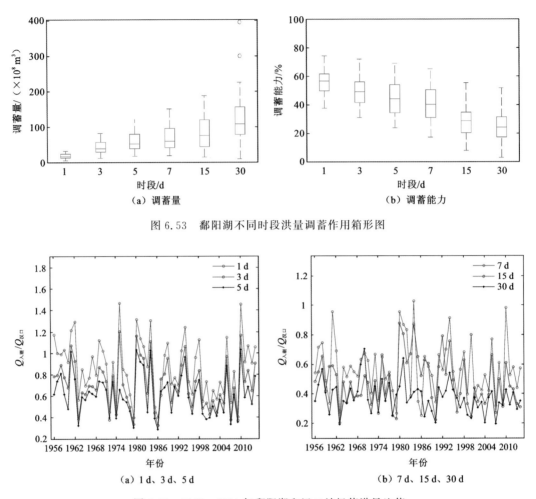

图 6.53　鄱阳湖不同时段洪量调蓄作用箱形图

图 6.54　1956～2014 年鄱阳湖和汉口站极值洪量比值

大洪量比值的变化过程。由图 6.54 可知,最大连续 1 d、3 d、5 d、7 d、15 d、30 d 比值的多年均值分别为 0.93,0.76,0.66,0.60,0.50,0.40。综合选取比值大于均值的年份(1962 年、1969 年、1970 年、1973 年、1975 年、1982 年、1993 年、1994 年和 2010 年)作为五河偏丰而长江干流偏枯的年份。认为此年份分析的鄱阳湖调蓄能力受长江洪水的顶托影响较弱或没有。

　　通过选取年最大 30 d 最大洪水过程进行调蓄能力分析可知(表 6.25),未考虑长江洪水顶托影响下,鄱阳湖对入湖最大 1 d 洪量的调蓄能力介于 46.7%～70.1%,平均 59.8%。对入湖最大 3 d、5 d、7 d、15 d 洪量的平均调蓄能力分别为 33.8%～53.8%。就最大 30 d 洪水过程而言,入湖洪量 438.7×10^8～768.0×10^8 m^3,出湖洪量 337.6×10^8～482.1×10^8 m^3,湖区调蓄洪量 80.6×10^8～394.8×10^8 m^3,最高调蓄能力 51.4%,最低调蓄能力15.8%,平均调蓄能力 26.6%。

表 6.25　未受长江洪水顶托影响的鄱阳湖湖区洪水调蓄量及调蓄能力

序号	年份	起始日期	终止日期	30 d 总洪量/($\times 10^8$ m^3)			调蓄能力/%					
				入流	出湖	调蓄量	1 d	3 d	5 d	7 d	15 d	30 d
1	1962	6-14	7-14	562.8	437.7	125.1	52.7	40.3	36.0	37.6	33.2	22.2
2	1969	6-21	7-21	768.0	373.3	394.8	63.7	61.5	59.2	56.1	51.4	51.4
3	1970	4-28	5-28	706.7	482.1	224.6	67.0	59.9	54.5	51.9	37.9	31.8
4	1973	6-4	7-4	607.2	430.3	176.9	70.1	65.0	62.1	57.1	19.5	29.1
5	1975	4-27	5-27	509.8	429.2	80.6	53.4	48.5	31.6	30.4	33.0	15.8
6	1982	6-4	7-4	438.7	337.6	101.2	69.4	66.9	64.4	61.9	44.5	23.1
7	1993	6-21	7-21	539.1	431.3	107.8	46.7	40.9	35.7	31.0	20.1	20.0
8	1994	6-1	7-1	495.1	398.4	96.7	55.2	48.2	42.9	38.9	32.5	19.5
9	2010	6-25	7-25	571.4	421.8	149.6	60.4	53.5	47.3	45.1	31.9	26.2
平均	—	—	—	496.1	415.7	161.9	59.8	53.8	48.2	45.6	33.8	26.6

为分析受长江洪水顶托影响的湖区调蓄能力,选取鄱阳湖湖口站和长江上游汉口站同超警戒水位年份(1968 年、1980 年、1983 年、1988 年、1989 年、1995 年、1996 年、1998 年、1999 年和 2002 年)(图 6.55),以五河总入湖 30 d 洪水过程进行调蓄能力分析,定义考虑长江干流顶托影响的湖泊调蓄能力为综合调蓄能力。

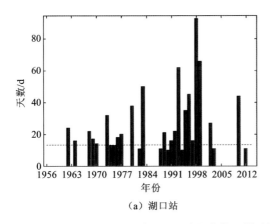

（a）湖口站

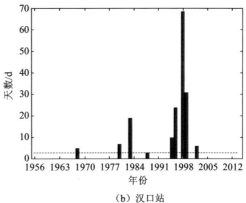

（b）汉口站

图 6.55　鄱阳湖湖口站及汉口站历年超警戒水位天数

由表 6.26 可知,在考虑长江洪水顶托影响下,鄱阳湖对入湖 1 d 洪量的调蓄能力介于 37.3%～58.8%,平均 51.0%。对入湖最大 3 d,5 d,7 d,15 d 洪量的平均调蓄能力分别为 25.4%～44.5%。就最大 30 d 洪水过程而言,入湖洪量 225.5×10^8～650.9×10^8 m^3,出湖洪量 214.9×10^8～452.1×10^8 m^3,湖区调蓄洪量 10.5×10^8～299.1×10^8 m^3,最低调蓄能力4.25%,最高调蓄能力51.5%,平均调蓄能力 21.6%,在长江洪水顶托影响下,湖区调蓄能力波动较大。

表 6.26　长江洪水顶托影响的鄱阳湖湖区洪水综合调蓄量及调蓄能力

序号	年份	起始日期	终止日期	30 d 总洪量/($\times 10^8$ m³)			调蓄能力/%					
				入流	出湖	调蓄量	1 d	3 d	5 d	7 d	15 d	30 d
1	1968	6-14	7-14	580.2	281.1	299.1	58.8	53.9	51.9	49.7	40.1	51.5
2	1980	5-24	6-23	438.5	361.7	76.8	54.8	44.4	29.4	22.4	26.1	17.5
3	1983	6-19	7-19	550.1	379.3	170.8	43.8	40.3	32.5	22.7	13.2	31.1
4	1988	6-3	7-3	292.9	265.4	27.5	52.4	45.9	38.2	30.6	21.4	9.4
5	1989	6-17	7-17	344.8	331.1	14.7	59.0	53.3	47.7	43.4	30.4	4.3
6	1995	6-8	7-8	556.8	444.0	112.8	37.3	33.4	31.5	28.6	23.8	20.3
7	1996	4-27	5-27	225.5	214.9	10.5	54.7	46.9	38.6	29.7	25.4	4.67
8	1998	7-5	8-4	650.9	452.1	198.8	49.7	41.5	38.3	35.7	38.1	30.5
9	1999	6-19	7-19	437.7	336.3	101.4	39.4	31.5	23.6	17.3	7.8	23.2
10	2002	4-21	5-21	373.3	284.2	89.1	59.6	53.6	49.6	44.2	27.6	23.9
平均	—	—	—	417.1	335.0	110.1	51.0	44.5	38.1	32.4	25.4	21.6

　　由此可知,长江干流洪水顶托影响下的湖区调蓄能力比未受影响的情况要低,湖区自身调节对不同时段的入湖洪量的调蓄贡献要比长江洪水顶托作用大。

　　2. 鄱阳湖对长江洪水调蓄分析

　　鄱阳湖对长江洪水的调蓄作用主要有两种形式。第一种形式是顶托作用,即长江洪水对鄱阳湖出湖水量的顶托。湖口顶托现象较为普遍,多发生于长江水位涨率高于鄱阳湖湖区水位涨率时。特别是在长江大洪水期间,长江对鄱阳湖顶托作用增强,使得湖口下泄能力减弱。第二种形式是倒灌作用,即长江洪水倒灌流入鄱阳湖。倒灌现象是湖口顶托作用过剩的表现,主要受不同步的江湖暴雨洪水影响所致。倒灌现象一般发生在 7~9 月,恰逢长江主汛期,鄱阳湖水位由长江洪水顶托过剩而发生倒灌,导致湖口入江水道呈负比降。此时鄱阳湖因接纳部分长江洪水,起到对长江洪水的调蓄作用。

　　受洪水顶托或倒灌影响,湖口水位径流关系发生变化。鉴于湖口水位径流受江湖关系影响密切,单从场次洪水难以消除长江洪水顶托作用。但考虑到枯水期长江对鄱阳湖的顶托作用最弱,故拟定 12 月~次年 5 月枯水期湖口站月径流和月平均水位相关线,从相关关系变化角度分析鄱阳湖对长江洪水的调蓄作用。

　　图 6.56 给出了 2003~2014 年湖口站月平均水位和月径流量相关关系。由于 12 月~次年 5 月鄱阳湖湖口站受长江洪水顶托影响较弱,相应月平均水位与径流量关系稳定,呈线性变化趋势,拟合方程为 $y = 0.810\,5x + 8.837\,4$,相关系数 0.914 9,拟合精度较高,可作为不受长江顶托影响的湖口站水位径流量关系。根据此关系,在确定湖口站水位基础下,推求不受长江洪水顶托影响的湖口站径流量,再定义其与实测径流量的差值作为鄱阳湖对长江洪水的调蓄量。

　　为具体探讨鄱阳湖对长江洪水的调蓄作用,选取鄱阳湖流域枯水而长江丰水的年份

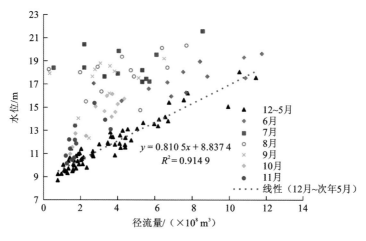

图 6.56 2003～2014 年湖口站月平均水位径流量关系

（1964 年、1965 年、1976 年、1981 年、1990 年、1991 年、1996 年、2000 年、2003 年、2004 年和 2008 年）作为研究对象，通过选定年最大 30 d 洪水过程，定义鄱阳湖实测洪量与计算洪量（由水位按照上文拟合关系式推求）的差值作为湖区对长江洪水的调蓄量，并以湖区调蓄量与大通站洪量的比值表征鄱阳湖对长江洪水的调蓄能力强度。

表 6.27 是鄱阳湖对长江洪水调蓄量及调蓄能力计算结果。受江湖关系此消彼长的影响，鄱阳湖对长江洪水的调蓄能力存在较为显著的年际差异。据分析的 11 场历年最大 30 d 洪水过程，长江上游汉口站来水量 1 085.4×10⁸～1 560.3×10⁸ m³，大通站水量 1 114.1×10⁸～1 844.9×10⁸ m³，鄱阳湖调蓄量 279.7×10⁸～486.2×10⁸ m³，湖区调蓄能力在 18.5%～36.4%。

表 6.27 鄱阳湖对长江最大 30 d 洪水调蓄量及调蓄能力

序号	年份	起始日期	终止日期	30 d 总洪量/(×10⁸ m³)			调蓄能力/%					
				汉口站来水	大通站水量	调蓄量	1 d	3 d	5 d	7 d	15 d	30 d
1	1964	6-10	7-10	1 239.1	1 515.9	279.7	21.6	21.3	20.5	19.6	18.9	18.5
2	1965	6-29	7-29	1 208.2	1 231.8	350.0	36.3	35.9	41.2	36.7	34.3	35.3
3	1976	6-22	7-22	1 183.6	1 435.0	296.1	22.1	21.3	20.7	20.0	17.1	20.6
4	1981	6-24	7-24	1 147.0	1 213.6	397.7	40.0	39.7	39.5	36.1	30.3	32.8
5	1990	6-6	7-6	1 234.5	1 385.6	316.2	28.7	28.1	27.7	27.8	26.5	22.8
6	1991	6-22	7-22	1 351.2	1 463.9	486.2	45.0	47.4	46.1	44.1	39.4	33.2
7	1996	6-30	7-30	1 560.3	1 844.9	453.1	29.8	29.5	28.9	28.8	26.8	24.6
8	2000	6-14	7-14	1 264.4	1 328.5	362.1	31.3	31.2	31.6	29.3	26.6	27.3
9	2003	6-17	7-17	1 284.4	1 439.8	374.6	35.9	35.9	36.4	35.3	30.2	26.0
10	2004	6-29	7-29	1 158.6	1 114.1	405.5	41.9	41.3	40.6	39.6	33.3	36.4
11	2008	8-9	9-8	1 085.4	1 189.7	355.0	32.6	32.5	32.0	31.4	30.9	29.8
平均	—	—	—	1 247.0	1 378.4	370.6	33.2	33.1	33.2	31.7	28.6	27.9

　　从平均角度上看,鄱阳湖对长江最大连续 1 d、3 d、5 d、7 d、15 d、30 d 洪量的平均调蓄能力为 27.9%~33.2%。湖区对各时段洪量的调蓄能力随时段的延长而呈微弱降低态势,但总体变化趋势不显著,各时段洪量的调蓄能力差异较小,称为综合调蓄能力。

　　若同时考虑长江和鄱阳湖流域丰水年份,此时鄱阳湖不仅要调蓄部分长江洪水,还要承担五河入流洪水水量,必然导致鄱阳湖对长江洪水调蓄能力减弱,具体计算结果见表 6.28。据分析历年 12 场最大 30 d 洪水过程,鄱阳湖湖区最大连续 1 d、3 d、5 d、7 d、15 d、30 d 洪量的平均调蓄能力为 20.0%~22.1%,较五河枯水年份的平均调蓄能力降低 7.1%~13.2%。即使鄱阳湖在承担五河入流洪水的调蓄下,仍然对长江洪水至少有 20.0%的调蓄作用,显然鄱阳湖对长江下游防洪起到至关重要的作用。

表 6.28　鄱阳湖湖区最大 30 d 洪量综合调蓄能力

序号	年份	起始日期	终止日期	30 d 总洪量/($\times 10^8$ m^3)			调蓄能力/%					
				汉口站来水	大通站出水	调蓄量	1 d	3 d	5 d	7 d	15 d	30 d
1	1968	6-23	7-23	1 396.6	1 655.1	350.0	23.5	22.6	22.6	22.2	18.6	21.2
2	1973	6-9	7-9	1 239.2	1 663.4	208.1	9.5	11.2	11.4	10.0	8.2	12.5
3	1980	8-2	9-1	1 383.9	1 604.9	389.0	26.8	26.6	26.2	25.4	28.3	24.2
4	1983	6-19	7-19	1 462.5	1 740.9	336.1	17.1	17.5	17.0	30.5	21.9	19.3
5	1988	8-21	9-20	1 442.1	1 503.4	480.7	32.3	34.0	34.2	33.6	32.6	32.0
6	1989	6-17	7-17	1 212.6	1 421.6	299.6	30.4	30.1	29.3	27.8	22.1	21.1
7	1995	6-8	7-8	1 305.5	1 801.8	250.5	9.8	10.4	10.2	10.1	11.9	13.9
8	1996	6-30	7-30	1 560.3	1 844.9	453.1	29.8	29.5	28.9	28.8	26.8	24.6
9	1998	7-9	8-8	1 756.3	2 028.4	410.0	16.1	17.4	17.7	18.0	21.0	20.2
10	1999	6-21	7-21	1 672.2	1 962.9	342.2	13.9	13.9	15.8	19.3	21.4	17.4
11	2002	6-13	7-13	1 327.4	1 482.6	307.0	29.2	29.3	29.1	28.0	24.3	20.7
12	2010	6-25	7-25	1 339.3	1 601.6	303.3	2.0	3.9	6.0	11.2	21.4	18.9
平均	—	—	—	1 424.8	1 692.6	344.1	20.0	20.5	20.7	22.1	21.5	20.5

3. 洪水调蓄能力年际变化

　　基于鄱阳湖调蓄能力分析,分别得到历年鄱阳湖对五河入湖洪水及对长江洪水的调蓄能力,其中最大连续 1~30 d 洪量分别用 W_{1d}~W_{30d} 表示。

1) 鄱阳湖对入湖洪水调蓄能力的年际变化

　　经分析,鄱阳湖对不同时段五河入湖洪量调蓄能力的年际变化趋势较一致。图 6.57 给出了典型时段(W_{1d} 和 W_{30d})的调蓄能力及其累积距平变化过程。

　　鄱阳湖对入湖洪水调蓄能力的年际变化过程存在明显的"一增一减"阶段性特征,但上升或下降的变化趋势总体不显著。1956~1990 年湖区调蓄能力呈降低态势,这期间主要受鄱阳湖区大规模围垦影响,使得湖区面积、容积不断缩小。1998 年以后,鄱阳湖区开

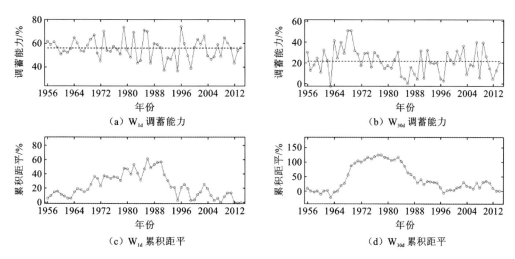

图 6.57　1956~2014 年鄱阳湖对五河入湖洪水调蓄能力变化过程

始实行大规模的"平垸行洪，退田还湖"措施，鄱阳湖区面积得以扩大，调蓄容积增加，近年来湖区对入湖洪水的调蓄能力有所提高。

2）鄱阳湖对长江洪水调蓄能力的年际变化

鄱阳湖对不同时段长江洪水调蓄能力的年际变化趋势较一致。图 6.58 给出了典型时段（W_{1d} 和 W_{30d}）调蓄能力及其累积距平变化过程。

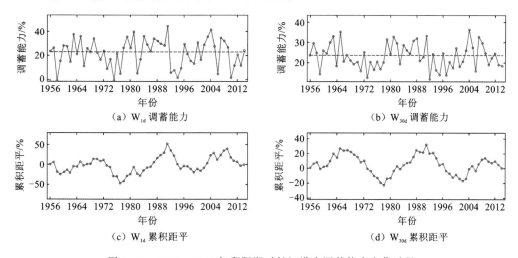

图 6.58　1956~2014 年鄱阳湖对长江洪水调蓄能力变化过程

由图 6.58 可知，鄱阳湖对长江洪水调蓄能力的变化过程存在明显的"一增一减"阶段性特征，但上升或下降的变化趋势总体不显著。自 2003 年以来，特别是 2009 年以后，鄱阳湖对长江洪水的调蓄能力低于多年平均值，受三峡水库蓄水补枯影响，削弱了汛期长江洪水对鄱阳湖的顶托或倒灌作用，从而减弱了鄱阳湖对长江洪水的调蓄强度。

6.4　江湖水量交换特征

6.4.1　荆江三口分流变化特征

1860年和1870年两次长江特大洪水,先后冲开藕池口和松滋口,形成松滋、太平、藕池、调弦(调弦口1958年冬建闸控制)荆江四口分流入洞庭湖的近代江湖关系格局。本节根据荆江三口实测流量资料,分析三口分流的变化特征。

1. 年际变化

20世纪50年代以来,受葛洲坝水利枢纽工程和三峡水库的兴建等导致荆江河床冲刷下切,同流量下水位下降,三口分流道河床淤积;以及受三口口门段河势调整等因素影响,荆江三口分流分沙能力一直处于衰减之中(图6.59～图6.61和表6.29、表6.30)。1956～1966年荆江三口分流比基本稳定在29.5%左右;在1967～1972年下荆江系统裁弯期间,荆江河床冲刷、三口分流比减少;裁弯后的1973～1980年,荆江河床继续大幅冲刷,三口分流能力衰减速度有所加大;1981年葛洲坝水利枢纽修建后,衰减速率则有所减缓。1999～2002年,荆江三口年均分流量和分沙量分别为625.3×10⁸ m³和5 670×10⁴ t,与

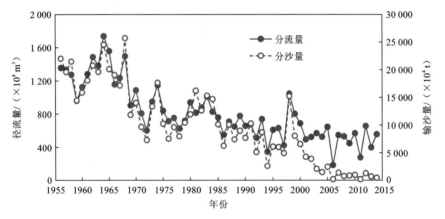

图 6.59　1956～2014年荆江三口分流量、分沙量变化过程

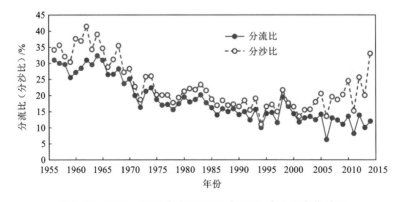

图 6.60　1956～2014年荆江三口分流比、分沙比变化过程

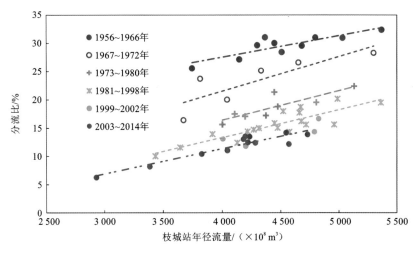

图 6.61　不同时段荆江三口年均分流比与枝城站年径流量关系变化

1956～1966 年的 1 331.6×10⁸ m³ 和 19 590×10⁴ t 相比，分流量、分沙量分别减少了
53％、71％；其分流比、分沙比也分别由 1956～1966 年的 29％、35％减小至 14％、16％。

表 6.29　各站分时段多年平均径流量与三口分流比对比表

时段	平均径流量/(×10⁸ m³)							三口分流比％
	枝城站	新江口站	沙道观站	弥陀寺站	康家岗站	管家铺站	三口合计	
1956～1966 年	4 515	322.6	162.5	209.7	48.8	588.0	1 331.6	29
1967～1972 年	4 302	321.5	123.9	185.8	21.4	368.8	1 021.4	24
1973～1980 年	4 441	322.7	104.8	159.9	11.3	235.6	834.3	19
1981～1998 年	4 438	294.9	81.7	133.4	10.3	178.3	698.6	16
1999～2002 年	4 454	277.7	67.2	125.6	8.7	146.1	625.3	14
2003～2013 年	4 069	235.6	52.9	90.0	4.3	101.7	484.4	12
2013 年	3 827	207.6	41.6	68.79	1.633	77.29	396.9	10
2014 年	4 568	273.0	64.08	91.85	3.313	121.3	553.5	12

表 6.30　不同时段三口各月平均分流比与枝城站平均流量对比表

时段	枝城站平均流量/(m³/s)											
	1 月	2 月	3 月	4 月	5 月	6 月	7 月	8 月	9 月	10 月	11 月	12 月
1956～1966 年	4 380	3 850	4 470	6 530	12 000	18 100	30 900	29 700	25 900	18 600	10 600	6 180
1967～1972 年	4 220	3 900	4 860	7 630	13 900	18 100	28 200	23 400	24 200	18 300	10 400	5 760
1973～1980 年	4 050	3 690	4 020	7 090	12 700	20 500	27 700	26 500	27 000	19 400	9 940	5 710
1981～1998 年	4 400	4 110	4 700	7 070	11 500	18 300	32 600	27 400	25 100	17 700	9 570	5 800
1999～2002 年	4 760	4 440	4 810	6 630	11 500	21 200	30 400	27 200	24 100	17 100	10 500	6 130
2003～2013 年	5 610	5 420	5 910	7 470	12 100	17 100	27 700	24 200	21 300	12 200	9 060	6 040
2013 年	6 560	6 310	6 260	7 200	13 400	17 800	29 400	21 300	15 100	8 630	7 080	5 990
2014 年	6 820	6 690	6 290	10 100	13 200	16 200	26 600	23 800	31 000	14 500	10 100	8 050

时段	三口分流比/%											
	1月	2月	3月	4月	5月	6月	7月	8月	9月	10月	11月	12月
1956~1966年	3.0	1.5	3.5	10.5	23.0	29.7	38.4	37.9	36.7	31.1	20.6	9.3
1967~1972年	1.6	1.3	4.0	10.1	20.6	25.7	33.4	30.4	29.1	25.2	14.5	5.5
1973~1980年	0.5	0.2	0.7	5.9	13.7	20.7	25.8	24.8	24.4	19.4	9.2	2.5
1981~1998年	0.2	0.2	0.4	2.9	8.4	15.6	23.8	22.6	20.5	14.5	5.8	1.1
1999~2002年	0.1	0.1	0.2	1.6	7.9	14.9	22.1	19.7	18.4	12.9	6.2	0.9
2003~2013年	0.4	0.3	0.5	1.8	7.7	13.1	19.4	18.6	16.7	8.4	4.7	0.7
2013年	0.8	0.6	0.5	1.1	9.3	13.6	19.4	16.0	10.2	3.4	1.5	0.8
2014年	1.0	0.8	0.8	3.9	7.3	11.2	19.6	17.3	20.1	9.3	5.6	1.4

　　三峡工程蓄水运用后,因荆江河道发生冲刷,三口分流比和分流量继续保持下降趋势。初期蓄水运用后,2007年和2008年荆江三口分流比分别为13.0%和12.4%,分沙比分别为19.6%和18.7%。试验性蓄水后,2009年和2010年荆江三口分流比分别为11.0%和13.5%,分沙比分别为20.2%和24.5%;2011年分流比、分沙比分别为7.7%、15.2%。2012年上游来水偏大,三口分流比分沙比较上年都有所增大,荆江三口分流量、分沙量分别为 653.4×10^8 m³、1244万t,分流比、分沙比分别为14%、26%。2013年上游来水偏枯,荆江三口分流量、分沙量分别为 396.9×10^8 m³、648万t,分流比、分沙比分别为10%、20%。2014年,荆江三口分流量、分沙量分别为 553.5×10^8 m³、407万t,分流比、分沙比分别为12%、33%。

　　由表6.29可见,2003~2013年与1999~2002年相比,长江干流枝城站径流量减少了 385×10^8 m³,偏少幅度为9%;三口分流量减少了 140.9×10^8 m³,减幅为23%,三口分流比也由14%减少至12%。其中,分流量减幅最大的为唐家岗和管家铺,其分流量减少了 49×10^8 m³,减幅为32%,其分流比则由3.5%减少至2.6%;分流量减少最多的为新江口和沙道观,其分流量减少了 56×10^8 m³,减幅为16%,其分流比则由7.7%减少至7.1%;弥陀寺分流量减少了 36×10^8 m³,减幅为28%,其分流比则由2.8%减少至2.2%。

　　2013年与1999~2002年相比,长江干流枝城站水量偏小 627×10^8 m³,偏小幅度为14%;三口分流量也偏小 228.4×10^8 m³,偏小幅度为37%,三口分流比减少了2个百分点。其中,藕池口分流量减少了 76×10^8 m³,减幅为49%,其分流比则由3.5%减少至2.1%;太平口分流量减少了 57×10^8 m³,减幅为45%,其分流比则由2.8%减少至1.8%;松滋口分流量减少了 96×10^8 m³,减幅为28%,其分流比由7.7%减少至6.5%。

　　此外,图6.61可见,1956~1998年,在枝城站年径流量为 4000×10^8 m³ 条件下,1956~1966年、1967~1972年、1973~1980年、1981~1998年荆江三口年均分流比分别为27.2%、21.5%、16.3%、13.3%,与1956~1966年相比,分流比年均递减率分别为0.82、0.64、0.14个百分点。2003~2014年与1999~2002年相比在枝城站同径流量下,三口分流比无明显变化,与1981~1998年相比三口分流比年均递减率则为0.12个百分点。由此可知,与1999~2002年相比,三峡工程蓄水运用后三口分流能力尚无明显变化。

2. 年内变化

1956～2002 年,荆江三口分流比的减少主要集中在 5～10 月(表 6.30)。特别是下荆江裁弯后的 1973～1980 年与 1956～1966 年相比,流量越大,分流比减少幅度就越大;如当枝城站月均流量分别为 10 000 m³/s、20 000 m³/、25 000 m³/s 时,1973～1980 年荆江三口月均分流比分别为 9.3%、19.6%、23.9%,较 1956～1966 年分别减少了 9.4 个百分点、12.0 个百分点、12.7 个百分点;之后减幅逐渐减少。

三峡工程蓄水运用后,2003～2013 年与 1999～2002 年相比,枯水期 12 月～次年 4 月三口分流比较小,分流比基本在 0.1%～2.0%且变化不大(主要是上游来水较小,虽三峡工程对下游有一定的补水作用,但枝城站月均流量在 4 500～7 500 m³/s,难以对三口分流条件有明显改善);5 月枝城站平均流量略有增加,增幅为 5%,三口分流比却减少了0.2个百分点,主要是三峡蓄水运用后坝下游河床冲刷主要集中在宜昌站流量 10 000 m³/s 对应水面线以下的基本河槽,导致同流量下水位降低,如枝城站、沙市站水位分别降低0.33 m、0.47 m;6～9 月三口分流比则减少 1.1～2.7 个百分点(主要是由于枝城站流量有所偏少);10 月则为三峡工程主要蓄水期,下泄流量有所减少(枝城站月均流量分别为17 100 m³/s、12 200 m³/s),三口分流比减少了 4.5 个百分点;11 月减少了 1.5 个百分点。

2014 年分流比较大的月份主要在汛期(5～9 月),其中 9 月分流比最大(20.1%),与1999～2002 年、2003～2013 年同期相比,由于上游水库调度的影响,枝城站月均流量分别增加了 28.8%、45.7%,分流比分别增加了 1.7 个百分点、3.4 个百分点,见表 6.30 和图 6.62。

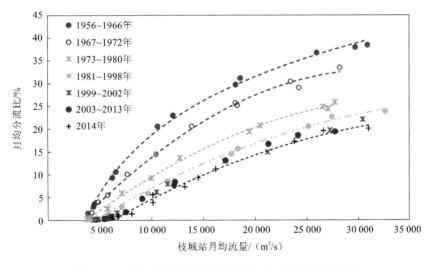

图 6.62　不同时段枝城站月均流量与三口分流比关系变化

3. 典型洪水过程三口分流比变化

三口分流分沙主要集中在汛期,为分析三峡工程蓄水运行前、后汛期三口分流分沙受长江干流和三口洪道冲淤影响的程度,根据枝城站 1996 年 7 月 5 日、1998 年 8 月 17 日、2002 年 8 月 18 日及 2003 年以来三峡工程蓄水运用前后 10 余个洪峰过程分别进行不同历时各口各站分流量（比）的统计计算，见表 6.31。1996～2014 年长江干流最大 1 d、3 d、5 d、7 d、10 d 典型洪水过程中的三口分流比随长江干流水位和流量的大小变化而有所变化，干流洪水越大，分流比越大，一般位于 20%～29%。其中松滋口分流比在 12% 左右；太平口分流比 4% 左右；藕池口分流比变化较大，一般在 4%～10%。

表 6.31 不同时段枝城站典型洪峰流量对应荆江三口分流比统计表

| 日期 | 枝城站 | | | 松滋口分流比/% | | | 太平口分流比/% | 藕池口分流比/% | | | 三口分流比/% |
	洪峰流量/(m³/s)	时段/d	洪量/(×10⁸ m³)	新江口站	沙道观站	合计		藕池(管)站	藕池(康)站	合计	
1996-7-5	48 200	1	41.13	8.4	3.2	11.6	3.6	5.8	0.4	6.2	21.4
		3	117.2	8.6	3.2	11.8	3.5	6.0	0.4	6.4	21.7
		5	188.7	8.4	3.2	11.6	3.5	6.1	0.4	6.5	21.6
		7	252.4	8.4	3.2	11.6	3.6	6.2	0.4	6.6	21.8
1998-8-17	71 600	1	56.85	9.8	4.0	13.8	4.5	9.2	0.9	10.1	28.4
		3	167.0	9.7	3.9	13.6	4.4	8.9	0.8	9.7	27.7
		5	265.0	9.9	4.0	13.9	4.5	9.1	0.8	9.9	28.3
		7	364.1	10.0	3.9	13.9	4.6	9.2	0.8	10.0	28.5
2002-8-18	49 800	1	42.42	8.4	3.0	11.4	3.7	7.1	0.5	7.6	22.7
		3	125.5	8.4	3.0	11.4	3.7	7.2	0.5	7.7	22.8
		5	205.5	8.5	3.0	11.5	3.8	7.3	0.5	7.8	23.1
		7	279.3	8.6	3.0	11.6	3.8	7.4	0.5	7.9	23.3
2003-9-4	48 800	1	41.39	8.4	3.1	11.5	3.8	5.7	0.4	6.1	21.4
		3	120.7	8.2	2.9	11.1	3.7	5.4	0.4	5.8	20.6
		5	189.4	8.2	2.9	11.1	3.6	5.2	0.3	5.5	20.2
		7	252.5	8.2	2.9	11.1	3.6	5.1	0.3	5.4	20.1
2004-9-9	58 700	1	49.16	9.1	3.1	12.2	3.6	6.6	0.5	7.1	22.9
		3	142.0	9.0	3.2	12.2	3.6	6.7	0.5	7.2	23.0
		5	224.1	8.8	3.2	12.0	3.6	6.5	0.4	6.9	22.5
		7	289.4	8.7	3.1	11.8	3.6	6.2	0.4	6.6	22.0
2005-8-31	44 800	1	38.36	9.1	3.2	12.3	4.1	6.2	0.4	6.6	23.0
		3	112.4	9.2	3.2	12.4	4.1	6.1	0.4	6.5	23.0
		5	179.9	9.1	3.2	12.3	4.0	6.0	0.4	6.4	22.7
		7	236.0	9.1	3.2	12.3	4.0	5.9	0.4	6.3	22.6
2007-7-31	48 700	1	42.08	9.2	3.1	12.3	3.8	6.6	0.4	7.0	23.1
		3	122.3	9.2	3.1	12.3	3.7	6.4	0.4	6.8	22.8
		5	199.8	9.1	3.0	12.1	3.7	6.4	0.4	6.8	22.6
		7	268.2	9.1	3.0	12.1	3.6	6.3	0.4	6.7	22.4

续表

日期	枝城站			松滋口分流比/%			太平口分流比/%	藕池口分流比/%			三口分流比/%
	洪峰流量/(m³/s)	时段/d	洪量/(×10⁸ m³)	新江口站	沙道观站	合计		藕池(管)站	藕池(康)站	合计	
2008-8-17	40 200	1	34.7	8.45	2.9	11.35	3.5	4.75	0.28	5.03	18.9
		3	100.05	8.67	2.99	11.66	3.5	4.87	0.29	5.16	19.3
		5	159.06	8.76	2.99	11.75	3.5	4.96	0.29	5.25	19.5
		7	219.5	8.8	2.98	11.78	3.5	4.77	0.27	5.04	19.3
2009-8-5	39 600	1	34.2	8.96	3.1	12.06	4.07	5.03	0.30	5.33	21.5
		3	101.7	8.97	3.1	12.07	4.00	5.06	0.30	5.36	21.4
		5	166.5	9.03	3.1	12.04	4.00	5.14	0.31	5.45	21.5
		7	230.6	9.00	3.1	12.01	3.98	5.03	0.30	5.33	21.3
2010-7-26	42 300	1	36.5	10.28	3.36	13.64	4.85	6.52	0.42	6.94	25.4
		3	108.8	10.32	3.37	13.69	4.78	6.54	0.42	6.96	25.4
		5	179.7	10.29	3.36	13.65	4.75	6.50	0.42	6.92	25.3
		7	243.8	10.23	3.34	13.57	4.65	6.40	0.41	6.81	25.0
2012-7-30	47 500	1	39.8	10.7	3.7	14.4	4.3	6.5	0.4	7.0	25.6
		3	119.0	10.7	3.7	14.4	4.2	6.5	0.4	7.0	25.6
		5	191.5	10.8	3.7	14.5	4.3	6.6	0.4	7.0	25.8
		7	261.8	10.7	3.7	14.4	4.3	6.5	0.4	6.9	25.6
2013-7-23	35 300	1	29.5	9.6	3.2	12.8	3.6	4.3	0.2	4.5	20.8
		3	88.4	9.5	3.2	12.7	3.6	4.3	0.2	4.4	20.7
		5	146.2	9.6	3.2	12.8	3.6	4.3	0.2	4.6	21.0
		7	201.6	9.6	3.2	12.7	3.6	4.3	0.2	4.5	20.8
2014-9-19	47 800	1	40.1	9.2	3.2	12.4	3.2	4.3	0.2	4.5	20.1
		3	111.2	9.5	3.4	12.8	3.3	4.5	0.2	4.7	20.8
		5	180.4	9.7	3.5	13.1	3.3	4.7	0.2	4.9	21.4
		7	243.2	9.8	3.5	13.3	3.4	4.8	0.2	5.0	21.8

　　实测成果表明,三峡工程蓄水运用后,荆江三口分洪能力近几年没有出现衰减的趋势,这主要与洞庭湖顶托作用减弱和三口洪道出现一定冲刷有关。例如,2007 年 7 月 31 日枝城站洪峰流量与 2003 年 9 月 4 日和 1996 年 7 月 5 日几乎相同,且在枝城站 1 d、3 d、5 d 和 7 d 洪量基本相当的情况下,荆江三口分流比增大了 1.0～1.5 个百分点,主要集中在松滋口和藕池口。2010 年 7 月 26 日枝城站洪峰流量与 2008 年 8 月 17 日和 2009 年 8 月 5 日相差不大,且枝城站 1 d、3 d、5 d 和 7 d 洪量相当情况下,荆江三口分流比增大了 3.5～5.5 个百分点,尤以松滋口和太平口增大幅度较为明显。这主要与洞庭湖湖区水流顶托作用较小有关,如 2007 年 7 月 31 日、2003 年 9 月 4 日、1996 年 7 月 5 日西洞庭湖安乡站

水位分别为 36.92 m、34.95 m、37.27 m,南洞庭湖南咀站水位分别为 33.95 m、31.43 m、33.98 m,东洞庭湖南县站水位分别为 32.12 m、33.65 m、33.67 m;2010 年 7 月 26 日、2008 年 8 月 17 日、2009 年 8 月 5 日南咀站水位分别为 34.10 m、33.01 m、31.71 m,安乡站水位分别为 36.75 m、36.52 m、34.56 m。试验性蓄水后这一特点得以保持,2010 年 7 月 27 日与 2012 年 7 月 8 日枝城站洪峰流量相近,但洞庭湖区水位后者明显偏低,官垸、安乡、南咀、南县水位分别由 38.27 m、36.84 m、34.13 m、35.08 m 降为 37.14 m、35.62 m、32.50 m、33.84 m。另一方面则与近几年三口洪道河床出现冲刷有关,2003～2011 年三口洪道河床冲刷泥沙 0.752×10^8 m³。

另外,根据三口控制站与上游干流枝城站洪峰流量相关关系(表 6.32 和图 6.63),可以看出 1993 年以来枝城站日均洪峰流量与荆江三口分流比的关系没有发生明显变化;2003～2014 年与 1992～2002 年相比,松滋口、新江口站、沙道观站与枝城站洪峰流量关系变化不大;太平口、藕池口分流能力有所减弱,尤以管家铺站变化最明显,但数量变化不大。

表 6.32　荆江典型洪水过程三口控制站与枝城站洪峰流量对比统计表

洪水时间	枝城站	松滋口		太平口	藕池口		三口合计		洞庭湖区代表站对应水位/m			
		新江口站	沙道观站	弥陀寺站	藕池(管)站	藕池(康)站	流量/(m³/s)	分洪比/%	官垸	安乡	南咀	南县
1992-7-20	49 000	4 200	1 610	2 070	4 380	372	12 632	25.8	—	—	32.96	34.55
1993-8-31	55 900	4 890	1 950	2 290	4 800	436	14 366	25.7	—	—	34.11	35.41
1994-7-15	31 800	2 570	885	1 320	1 370	121	6 266	19.7	—	—	31.45	32.21
1995-8-16	40 400	3 590	1 290	1 760	2 800	242	9 682	24.0	—	—	31.26	32.56
1996-7-5	48 200	4 180	1 560	2 020	3 640	304	11 704	24.3	—	37.27	33.89	33.67
1997-7-17	54 900	4 940	1 760	2 010	3 790	308	12 808	23.3	—	36.50	33.11	34.24
1998-8-17	68 800	6 540	2 670	3 040	6 170	590	19 010	27.6	40.34	38.95	36.08	37.50
1999-7-20	58 400	5 960	2 160	2 640	5 450	466	16 676	28.6	39.74	38.86	36.64	37.43
2000-7-18	57 600	4 680	1 710	2 130	3 610	280	12 410	21.5	37.41	36.16	32.74	35.16
2001-9-8	41 300	3 310	1 070	1 510	1 860	123	7 873	19.1	35.87	34.47	31.35	33.26
2002-8-19	49 800	4 120	1 480	1 810	3 500	254	11 164	22.4	37.94	36.90	34.70	35.50
2003-7-13	45 800	4 000	1 450	1 710	3 170	229	10 559	23.1	40.33	38.75	35.80	35.47
2003-9-4	48 800	4 030	1 500	1 820	2 740	179	10 269	21.0	35.97	34.59	31.35	33.65
2004-7-17	36 200	2 830	929	1 270	1 430	84.2	6 543	18.1	35.64	34.24	32.29	32.00
2004-9-9	58 700	5 230	1 870	2 060	3 890	297	13 347	22.7	37.47	35.97	32.26	35.23
2005-7-11	46 000	4 140	1 380	1 640	2 470	149	9 779	21.3	35.92	34.35	31.37	33.19
2005-8-31	44 800	4 090	1 490	1 810	2 790	187	10 367	23.1	37.13	35.71	32.59	34.32
2006-7-10	31 300	2 680	787	1 040	1 130	53.7	5 691	18.2	35.08	33.40	30.96	31.24
2007-6-22	41 400	3 400	1 130	1 390	1 700	97.6	7 718	18.6	36.48	34.88	31.92	32.91
2007-7-31	50 200	4 560	1 520	1 920	3 260	211	11 471	22.9	38.14	36.72	33.94	34.92
2007-9-18	33 000	2 920	955	1 370	1 620	92.7	6 958	21.1	35.93	34.54	31.91	32.90

续表

洪水时间	枝城	松滋口		太平口	藕池口		三口合计		洞庭湖区代表站对应水位/m			
		新江口站	沙道观站	弥陀寺站	藕池(管)站	藕池(康)站	流量/(m³/s)	分洪比/%	官垸	安乡	南咀	南县
2008-7-5	33 600	2 500	770	975	1 120	35	5 400	16.1	33.75	31.91	29.95	30.06
2008-8-17	40 300	3 410	1 190	1 450	1 920	116	8 086	20.1	39.58	36.52	32.86	33.60
2009-7-2	30 600	2 550	795	1 070	1 060	38.8	5 514	18.0	36.28	34.34	31.72	31.38
2009-8-5	40 100	3 550	1 220	1 620	1 990	121	8 501	21.2	35.87	34.56	31.66	33.21
2010-7-27	42 600	4 360	1 420	2 060	2 880	180	10 900	25.6	38.27	36.84	34.13	35.08
2010-8-30	31 700	2 890	908	1 250	1 510	71.2	6 629	20.9	35.58	34.28	31.45	32.59
2011-8-6	28 700	2 410	671	959	908	24.7	4973	17.3	34.58	32.52	30.26	30.12
2012-7-9	42 100	4 170	1 380	1 580	2 030	134	9 294	22.1	37.14	35.62	32.50	33.84
2012-7-28	46 600	4 870	1 670	1 950	2 950	202	11 642	25.0	36.93	37.18	34.53	35.47
2013-7-23	34 200	3 280	1 090	1 220	1 460	63.9	7 114	20.8	36.33	34.93	31.82	33.00
2014-9-20	47 800	4 850	1 780	1 610	2 400	125	10 765	22.5	—	—	—	—

注:洪峰流量单位为 m³/s。

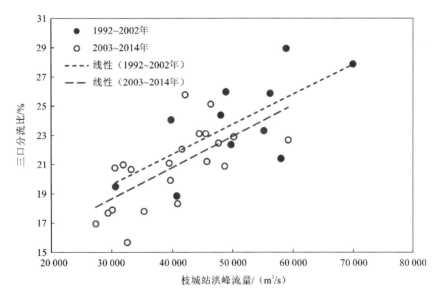

图 6.63　1992～2014 年枝城站洪峰流量对应三口分流比对比

4. 同流量下三口分流比变化

各时期枝城站流量 70 000 m³/s、60 000 m³/s、50 000 m³/s、40 000 m³/s、30 000 m³/s 下荆江三口各控制站相应流量及分流比变化结果见图 6.64 和表 6.33。三口总分流量及总分流比在各个流量级均沿时程逐步减少。枝城站同流量级条件下,松滋口分流量衰减幅度相对较小,而藕池口衰减幅度最大。松滋口分流变化主要出现在下荆江系统裁弯以后,葛洲坝水利枢纽兴建后,除高洪流量级有所衰减以外,其他各流量级分流量相对稳定。

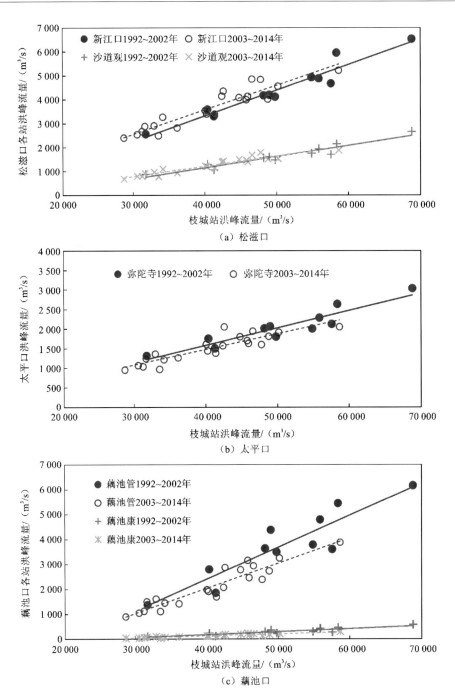

图 6.64　1992~2014 年枝城站洪峰流量对应三口各站分流比对比

太平口分流一直处于衰减过程中,葛洲坝水利枢纽兴建后,其分流比衰减速度趋缓。

　　与 1981~2002 年相比,三峡水库蓄水后,当枝城站流量小于 50 000 m³/s 时,三口总分流比变化不大。

表 6.33　不同流量级三口五站分流统计表

枝城流量级 /(m³/s)	时段	松滋口		太平口		藕池口		三口总 分流量	三口总 分流比/%
		分流量	分流比/%	分流量	分流比/%	分流量	分流比/%		
70 000	1956～1966 年	9 750	13.9	3 000	4.3	14 400	20.6	27 200	38.8
	1967～1972 年	—		—		—		—	
	1973～1980 年	—		—		—		—	
	1981～2002 年	9 300	13.3	3 120	4.5	6 400	9.1	18 800	26.9
	2003～2014 年	—		—		—		—	
60 000	1956～1966 年	8 720	14.5	2 950	4.9	13 600	22.7	25 300	42.1
	1967～1972 年	9 600	16	3 050	5.1	11 200	18.7	23 900	39.8
	1973～1980 年	8 430	14.1	2 660	4.4	8 000	13.3	19 100	31.8
	1981～2002 年	7 720	12.9	2 450	4.1	4 900	8.2	15 100	25.2
	2003～2014 年	—		—		—		—	
50 000	1956～1966 年	7 350	14.7	2 570	5.1	12 000	24.0	21 900	43.8
	1967～1972 年	7 300	14.6	2 440	4.9	8 900	17.8	18 600	37.3
	1973～1980 年	6 730	13.5	2 250	4.5	6 400	12.8	15 400	30.8
	1981～2002 年	5 800	11.6	1 910	3.8	3 660	7.3	11 400	22.7
	2003～2012 年	6 010	12	1 900	3.8	3 280	6.6	11 200	22.4
40 000	1956～1966 年	5 510	13.8	2 040	5.1	9 340	23.4	16 900	42.3
	1967～1972 年	5 500	13.8	1 960	4.9	6 720	16.8	14 200	35.5
	1973～1980 年	5 200	13	1 880	4.7	5 150	12.9	12 200	30.6
	1981～2002 年	4 580	11.5	1 520	3.8	2 500	6.3	8 650	21.6
	2003～2012 年	5 008	12.5	1 514	3.8	2 126	5.3	8 690	21.6
30 000	1956～1966 年	4 100	13.7	1 750	5.8	6 600	22.0	12 500	41.5
	1967～1972 年	4 100	13.7	1 570	5.2	4 620	15.4	10 300	34.3
	1973～1980 年	4 100	13.7	1 570	5.2	4 150	13.8	9 870	32.7
	1981～2002 年	3 160	10.5	1 140	3.8	1 470	4.9	5 820	19.2
	2003～2014 年	3 493	11.6	1 090	3.6	1 718	5.7	5 840	20.9
	2014 年	3 698	12.3	1 081	3.6	1 548	5.2	6 330	21.1

5. 断流时间变化

多年以来,三口洪道及三口口门段的逐渐淤积萎缩造成了三口通流水位抬高,松滋口东支沙道观站、太平口弥陀寺站、藕池(管)站、藕池(康)站连续多年出现断流,且年断流天数增加。三峡工程蓄水运用后,随着分流比的减少,三口断流时间也有所增加。其中,松滋河东支沙道观站断流时间增加最多,1981～2002 年的平均年断流天数为 171 d,蓄水后(2003～2013 年)增加到 197 d,见表 6.34。

表 6.34　不同时段三口控制站年断流天数统计表

时段	三口站分时段多年平均年断流天数/d				各站断流时枝城相应流量/(m³/s)			
	沙道观	弥陀寺	藕池(管)	藕池(康)	沙道观	弥陀寺	藕池(管)	藕池(康)
1956～1966 年	0	35	17	213	—	4 290	3 930	13 100
1967～1972 年	0	3	80	241	—	3 470	4 960	16 000
1973～1980 年	71	70	145	258	5 330	5 180	8 050	18 900
1981～1998 年	167	152	161	251	8 590	7 680	8 290	17 600
1999～2002 年	189	170	192	235	10 300	7 650	10 300	16 500
2003～2013 年	197	144	185	266	10 280	7 120	9 060	15 670
2013 年	211	198	212	295	10 300	7 550	7 550	16 400
2014 年	157	117	151	269	8 280	7 270	6 870	16 300

　　2014 年上游来水偏丰,除藕池口西支安乡河康家岗站断流时间基本相当外,其他站断流时间有所减少。其中:康家岗站 2003～2013 年的平均年断流天数为 266 d,2014 年增加为 269 d,松滋河东支(沙道观站)2003～2013 年的平均年断流天数为 197 d,2014 年减少为 157 d;太平口弥陀寺站 2003～2013 年的平均年断流天数为 144 d,2014 年减少为 117 d;藕池口藕池河管家铺站 2003～2013 年的平均年断流天数为 185 d,2014 年减少为 151 d。荆江三口控制站年均断流天数统计及断流时枝城相应流量统计见表 6.34 和图 6.65。

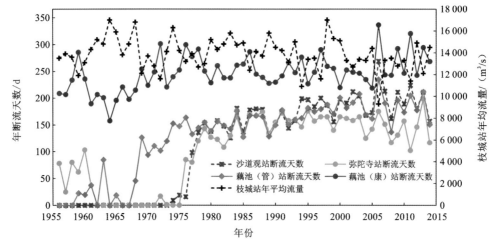

图 6.65　荆江三口各控制站年断流天数历年变化图

　　特别是三峡水库主要蓄水期(9 月、10 月),主要受上游来水偏少和水库蓄水影响,三口断流天数有所增多,尤以松滋口东支和藕池口最为明显。如沙道观站、弥陀寺站、藕池(管)站、藕池(康)站 9～10 月平均断流天数分别由 1999～2002 年的 6 d、0 d、4 d、25 d 增至 2003～2013 年的 14 d、3 d、8 d、36 d,见表 6.35。

表 6.35 不同时段蓄水期(9～10 月)三口控制站年断流天数统计表(d)

时段	沙道观	弥陀寺	藕池(管)	藕池(康)
1956～1966 年	0	0	0	7
1967～1972 年	0	0	0	20
1973～1980 年	0	0	0	25
1981～1998 年	1	0	1	21
1999～2002 年	6	0	4	25
2003～2013 年	14	3	8	36
2013 年	24	20	20	57
2014 年	2	0	0	25

总体而言,三峡工程蓄水后,荆江三口的分沙量明显减少,有利于减缓洞庭湖区的泥沙淤积。目前,三口的分流比仍保持在 12% 左右,比 20 世纪 50～60 年代减少将近一半,对于三口分流比和分沙比的发展趋势,今后还应继续注意观测和研究。

6.4.2 长江倒灌鄱阳湖效应特征

1. 鄱阳湖倒灌特征分析

作为长江中下游典型的通江湖泊,鄱阳湖出流特征及水位涨落受流域“五河”来水及长江径流的双重影响,江水倒灌鄱阳湖是江湖相互作用对比关系直接影响的结果。由于鄱阳湖流域汛期较长江中上游偏早 1～2 个月,在季节上,每年 4～6 月是鄱阳湖流域的多雨期,湖泊水位随五河洪水入湖流量的增加而上涨(图 6.66)。在随后的 7～9 月,随着长江中上游主汛期的到来,长江干流水位上涨造成对鄱阳湖水的强烈顶托作用。差异性的湖泊流域和长江中上游来水作用,为特定时间内江水倒灌的发生提供条件。当长江干流对湖口的顶托作用大于湖水出湖压力时,此时长江对鄱阳湖作用强烈,将出现江水倒灌现象。江水倒灌是长江顶托过程的极端现象,是江湖相互作用关系的一种最强烈表现,在一定时期内决定性地影响着鄱阳湖独特的水量和水位波动。

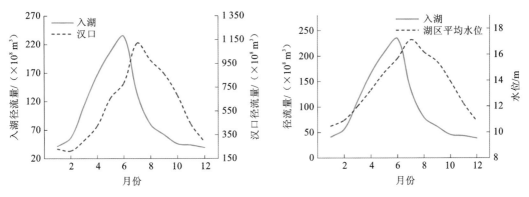

图 6.66 鄱阳湖入湖、汉口 1956～2014 年月平均径流及湖区月平均水位

1）鄱阳湖倒灌年际变化特征

据鄱阳湖湖口站 1956～2014 年共 59 年资料统计,除 1972 年、1977 年、1992 年、1993 年、1995 年、1997 年、1998 年、1999 年、2001 年、2006 年、2010 年未倒灌外,其余 48 年均发生倒灌。长江倒灌径流量为 1377×10^8 m³,平均每年为 23.3×10^8 m³。从年代分析可知,1956～1960 年倒灌径流量为 170.1×10^8 m³,1961～1970 年倒灌径流量为 354×10^8 m³,1971～1980 年倒灌径流量为 132×10^8 m³,1981～1990 年倒灌径流量为 329.1×10^8 m³,1991～2000 年倒灌径流量为 163.6×10^8 m³,2000～2014 年倒灌径流量为 228.4×10^8 m³。其中最大倒灌流量为 1991 年 7 月 10 日的 13 600 m³/s,年最大倒灌径流量为 113.9×10^8 m³。

现以 2003 年为界对湖口(1956～2014 年)不同时段倒灌洪量及倒灌天数进行统计,见表 6.36。1956～2014 年,长江倒灌入湖的 48 年间共 730 d 出现倒灌,其中 1956～2002 年倒灌 620 d,年均倒灌天数 13.2 d,年均倒灌量 24.5×10^8 m³;2003～2014 年年均倒灌量 18.8×10^8 m³,年均倒灌天数 9.2 d,分别较 1956～2002 年减少 5.7×10^8 m³ 和 4.0 d,2003 年后鄱阳湖倒灌现象减少。特别是近 5 年来(2010～2014 年)鄱阳湖倒灌强度明显减弱。鄱阳湖在 2010～2014 年发生倒灌天数分别为 0 d、4 d、3 d、4 d、3 d,除 2011 年和 2013 年在 8 月和 10 月出现 1 d 倒灌外,其他倒灌均发生在 9 月,倒灌流量最大仅为 3 940 m³/s(2012 年 7 月 15 日)。

表 6.36 鄱阳湖不同时段湖口倒灌特征

时段	总天数 /d	年均天数 /d	总倒灌量 /($\times 10^8$ m³)	年均倒灌量 /($\times 10^8$ m³)	最大倒灌量 /(m³/s)	最大倒灌日期	倒灌期湖口平均水位/m
1956～2002 年	620	13.2	1 151.5	24.5	13 600	1991-7-10	18.09
2003～2014 年	110	9.2	225.7	18.8	6 160	2003-9-8	18.31
1956～2014 年	730	12.4	1 377.2	23.3	13 600	1991-7-10	18.12

由图 6.67 可知,长江倒灌入湖的天数和径流量在不同年代呈现一多一少的相间分布格局。20 世纪 60 年代、80 年代江水倒灌最为频繁,70 年代次之,90 年代江水倒灌现象较少,2000～2005 来江水倒灌又呈增加趋势,而 2006 年以来倒灌现象最少。

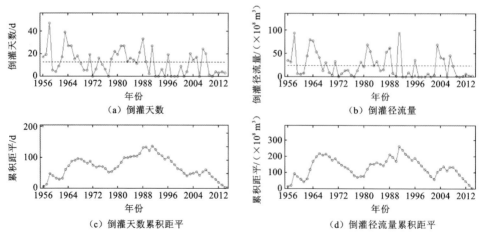

图 6.67 鄱阳湖湖口站历年倒灌天数及倒灌径流量年际变化

1956～2014 年江水倒灌频率的年际变化总体呈长期的减少趋势,但年代间一多一少的变化过程,反映江湖作用强度在年代际尺度上存在此消彼长的波动过程。江水倒灌及其所反映的江湖关系相互作用的演变过程,与长江流域气候波动背景下长江中上游来水和鄱阳湖流域来水量的差异密切相关。

历年江水倒灌鄱阳湖径流量及天数的变化发展过程,反映长江与鄱阳湖相互作用的强弱变化过程。例如,发生江水倒灌少的年代(20 世纪 70 年代、90 年代),正是长江中上游来水对鄱阳湖作用较弱的时期,而此时鄱阳湖对长江的作用较强。相反,发生江水倒灌多的年代(20 世纪 60 年代、80 年代),则表示长江上中游来水对鄱阳湖的作用相对强烈,而鄱阳湖对长江的作用较弱。

虽然 2003 年后,三峡水库的运行并没有改变长江与鄱阳湖相互作用的基本特征(倒灌现象仍然出现)。但是水库的蓄水或放水在一定程度上影响了江湖作用的季节变化和鄱阳湖流域的旱涝机遇,一定程度上减少了长江对鄱阳湖的倒灌频次。

采用 MK 进行检验,倒灌天数和倒灌量的年际变化均通过 95％置信度检验,表明倒灌现象呈现显著的下降趋势,见图 6.68。

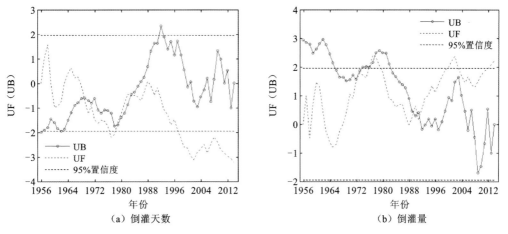

图 6.68　1956～2014 年长江倒灌鄱阳湖倒灌天数及径流量 MK 突变趋势检验

对于长序列的江水倒灌趋势,江水倒灌的长期变化过程在 1985 年后发生了突变,并在 2004 年以后倒灌天数和倒灌量变化均通过 95％置信度检验。特别在 1992 年以后江水倒灌频率明显减少,大量的前期研究曾指出 20 世纪 90 年代是鄱阳湖流域径流增加最突出的年代,五河水系径流系数增大显著,流域出现多次大的洪水灾害,从而降低长江对鄱阳湖的倒灌作用。

2）鄱阳湖倒灌年内变化特征

鄱阳湖流域五河洪水自每年 7 月开始消退,而相应长江径流达到最大,长江水位上涨较快,其对鄱阳湖出流的顶托作用也在不断加强,在流域来水不能大量补给湖泊加大湖水下泄压力时,江水倒灌现象开始频繁发生,同时湖泊水位上涨到最大。从 7 月末到 8 月末开始,长江洪水有一个相对快速的消退过程,湖泊水位也随之下降,但是由于鄱阳湖前期蓄存了大量水体,水位高,湖水下泄压力大,使得这段时间内的江水倒灌频率有所降低。从 8 月末到 9 月末,长江洪水的消退速度缓慢,但流量总体仍然较大,而流域入湖流量很低,此时的江水顶托作用对湖泊水位的壅阻十分明显。尤其在 9 月中下旬,江水倒灌最为频繁,湖泊排水能力小。鄱阳湖流域 10 月进入枯水期,同时长江洪水也快速消退,此时湖泊水位快速下降,江水倒灌的频率也随着长江顶托作用的减少而降低。

长江倒灌鄱阳湖现象一般发生在 6~11 月,主要发生在长江主汛期的 7~9 月,且湖口站水位一般不超过警戒水位,1954 年、1998 年长江流域大水,湖口站全年没有发生倒灌。

据统计(表 6.37),湖口站 1956~2002 年 7~9 月多年平均倒灌量 22.23×10⁸ m³,平均倒灌天数 11.4 d,最大倒灌流量 13 600 m³/s(1991 年 7 月 10 日)。由图 6.69 可知,2003~2014 年 7~9 月多年平均倒灌量 18.72×10⁸ m³,平均倒灌天数 8.67 d,最大倒灌流量 6 160 m³/s(2003 年 9 月 9 日)。2003~2014 年,三峡水库蓄水期 9~10 月,多年平均倒灌量 5.45×10⁸ m³,平均倒灌天数 2.83 d,较 1956~2002 年分别减少 43.1%、51.9%。三峡水库运行后,鄱阳湖湖口站倒灌现象总体有所减弱,9~10 月蓄水期尤为明显。

表 6.37　鄱阳湖湖口站不同时段倒灌年内特征统计表

时段	参数	6 月	7 月	8 月	9 月	10 月	11 月	12 月
1956~2002 年	倒灌天数/d	0.3	3.49	3.3	4.6	1.28	0.19	0.04
	倒灌量/(×10⁸ m³)	0.32	8.86	5.49	7.88	1.69	0.25	0.01
	倒灌最大流量/(m³/s)	2 820	13 600	6 220	7 090	4 770	3 170	310
	相应时间/年	1980	1991	1981	1964	1971	1996	1967
2003~2014 年	倒灌天数/d	0	3.5	2.42	2.75	0.08	0.42	0
	倒灌量/(×10⁸ m³)	0	7.87	5.42	5.43	0.02	0.07	0
	倒灌最大流量/(m³/s)	0	5 760	5 710	6 160	297	477	0
	相应时间/年	—	2003	2005	2003	2013	2008	—

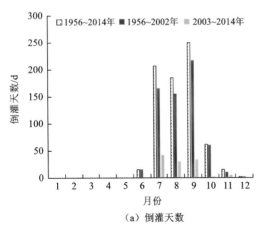

（a）倒灌天数

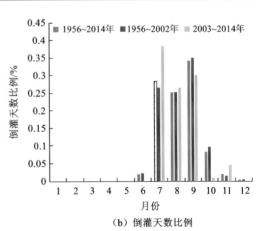

（b）倒灌天数比例

图 6.69　鄱阳湖湖口站各月倒灌天数及比例

2. 鄱阳湖典型倒灌年分析

根据湖口站实测水文资料统计,选取 1964 年、1991 年为鄱阳湖倒灌较大的典型年份。该年日径流变化过程见图 6.70 和图 6.71。

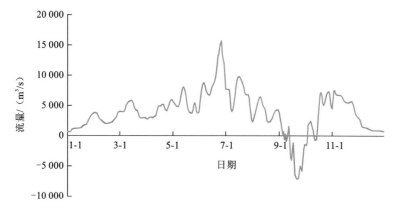

图 6.70　1964 年湖口站日径流变化过程

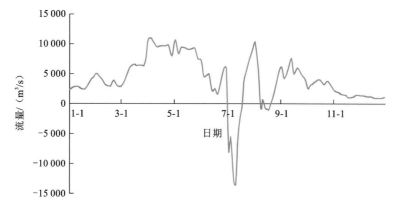

图 6.71　1991 年湖口站日径流变化过程

根据 1956～2014 年资料,鄱阳湖湖口站 9 月多年平均流量为 3 770 m³/s,而 1964 年9 月倒灌天数达 21 d,9 月平均流量为－2 300 m³/s,为 1956～2014 年系列中各月平均流量的最小值。同时该年发生连续倒灌 21 d,年总倒灌天数 27 d,主要集中在 9～10 月,最大倒灌流量 7 090 m³/s,发生在 9 月 21 日,年总倒灌量达 76.63×10⁸ m³。

1991 年湖口站倒灌同样较典型。根据 1956～2014 年资料,鄱阳湖湖口站 7 月多年平均流量为 5 810 m³/s。其中 1991 年 7 月,湖口站流量为负值的有 17 d,月平均流量为－1 450 m³/s,为 1954～2014 年系列中各月平均流量的第二小值,也为 1956～2014 年系列中 7 月平均流量的最小值。该年发生连续倒灌 17 d,自 1991 年 7 月 3 日～7 月 19 日,年总倒灌天数 27 d,主要集中在 7～8 月,最大倒灌流量 13 600 m³/s,发生在 7 月 11 日,总倒灌量达 113.8×10⁸ m³。

3. 长江倒灌鄱阳湖强度

1）倒灌强度指数

鄱阳湖倒灌现象是长江洪水顶托作用的极端现象，也是"湖分洪"作用的直接表现。为定量表征长江水倒灌鄱阳湖效应特征，定义倒灌强度指数 D，以反映鄱阳湖分蓄长江洪水能力。

若湖口站实测流量 $Q_s < 0$，则表示发生倒灌。设某月总天数为 a，发生倒灌天数为 t 天，不发生倒灌天数为 $a - t$，则该月湖口站倒灌总量记为 W，湖口实际出湖水量（补给长江水量）记为 O：

$$W = \sum_{i=1}^{t} Q_{si} \tag{6.7}$$

$$O = \sum_{i=1}^{a-t} Q_{si} \tag{6.8}$$

式中：Q_{si} 为第 i 天湖口实测流量；W 为该月长江水倒灌总量；O 为该月鄱阳湖补给长江水量。

则 D 可用量化的方法表示出来：

$$D = \frac{|W|}{|W| + |O|} \tag{6.9}$$

一般认为某时段内长江水倒灌鄱阳湖水量越多，倒灌强度越大，长江对湖泊作用越强烈，则长江水倒灌强度指数 D 就越大；反之，相反。

2）长江倒灌强度指数变化

图 6.72 给出鄱阳湖湖口站各月倒灌量与倒灌指数的年内分布及年际变化。1956～2014 年，长江水倒灌鄱阳湖现象主要发生在汛期 7～9 月，其倒灌量 $1\,270 \times 10^8$ m³，占总倒灌量的 92.2%。其中 7 月、8 月、9 月长江倒灌鄱阳湖总量分别为 511×10^8 m³、323×10^8 m³ 及 436×10^8 m³，分别占总倒灌量的 37.1%、23.5%、31.6%，其余 6 月、10～12 月倒灌总量仅占年总倒灌量的 7.8%，1～5 月未发生倒灌现象。倒灌强度指数 D 的年内变化与倒灌量基本一致，湖口站倒灌强度指数的年内分布呈单峰型，以汛期 7～9 月多年平均倒灌强度最强，约 8.3%，其中以 9 月（10.1%）最大，7 月（8.6%）次之。非汛期 12 月～次年 4 月倒灌水量有限，倒灌强度几乎为零。

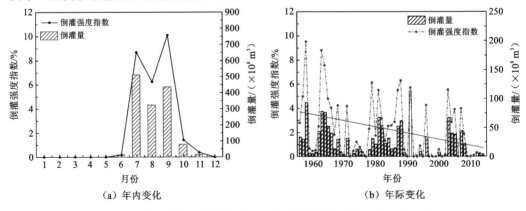

（a）年内变化　　　　　　　（b）年际变化

图 6.72　鄱阳湖湖口站倒灌强度指数和倒灌量年内及年际变化过程

由图可知,在 1956～2014 年,长江对鄱阳湖的倒灌量和倒灌强度指数总体上表现为减少趋势,其中平均倒灌强度指数和平均倒灌量分别由 20 世纪 70 年代以前的 7.2% 和 34.9×10⁸ m³ 降低到 21 世纪 10 年代的 0.3% 和 1.98×10⁸ m³。采用 TFPW-MK 和 Mann-Kendall 检验在 95% 置信水平下的检验结果显示(表 6.38),汛期 8 月、9 月和 7～9 月的平均倒灌强度指数具有显著的下降趋势,10 月倒灌强度指数虽未通过 95% 置信度检验,但减少变化趋势仍值得关注。其他各月由于倒灌强度不大,趋势检验结果不显著。

表 6.38　鄱阳湖汛期倒灌强度指数趋势检验结果

统计量	6 月	7 月	8 月	9 月	10 月	11 月	12 月	7～9 月
Z1	−0.01	−0.05	−1.67	−1.91	−0.95	0.59	−0.46	−2.22
Z2	−0.71	0.16	−2.07	−2.52	−1.75	0.28	−0.23	−2.70
趋势	—	—	↓	↓	—	—	—	↓

注:Z1 表示 TFPW-MK 统计量,Z2 表示 Mann-Kendall 统计量

6.4.3　洞庭湖与长江水交换强度量化分析

1. 洞庭湖与长江水量交换系数

洞庭湖与长江水交换过程可为三口分流过程和城陵矶站出湖径流过程。洞庭湖与长江水交换的强度主要受荆江上游来水量、长江干流水位、湖内水位、不同时期江湖关系等多种因素的影响和制约。为更直观地反映洞庭湖与长江水交换的情况,可以用单位时间内水由河流入湖里的量与由湖流进河里的量的比值来度量,即河湖水交换系数来表示河湖交换的强度(赵军凯,2011)。

设 I 表示湖泊与河流水量交换系数,单位时间取年;$R_入$ 表示湖泊流域水系年入湖水量;$R_出$ 表示年出湖水量;$\overline{R}_入$ 为 $R_入$ 的多年平均值;$\overline{R}_出$ 为 $R_出$ 的多年平均值。定义水量交换系数 I 表达式为

$$I = \overline{R}_入\, q/\overline{R}_出 - 0.5 \tag{6.10}$$

式中:q 为调整系数;当 $I=0.5$ 时,表示河湖交换作用处于稳定状态。

设 I_d 表示洞庭湖与长江干流水量交换系数,单位时间取年;R_t 表示三口入洞庭湖年水量;R_f 表示洞庭湖流域四水入湖年水量;R_c 表示城陵矶站出湖的年水量。根据洞庭湖与长江交换的特点,有 $R_入 = R_f$,$R_出 = R_c$。由公式计算出洞庭湖的江湖交换调整系数 $q_d = 1.67$(利用洞庭湖流域 1956～2014 年的水文统计资料计算得到),那么得出洞庭湖与长江的水量交换系数公式为

$$I_d = R_f q_d / R_c - 0.5 \quad (q_d = 1.67) \tag{6.11}$$

公式的物理意义为:当 $I_d = 0.5$,表示洞庭湖的调节作用接近多年平均水平,江湖水交换作用处于稳定状态;当 $I_d > 0.5$,表示洞庭湖对长江补水作用较出湖水的比例越大;当 $I_d < 0.5$,表示长江对洞庭湖的作用较强,或者说湖泊容纳长江洪水的调蓄作用较强。

2. 洞庭湖与长江水量交换强度量化分析

洞庭湖与长江水量交换系数计算结果见表 6.39。总体来说,历年的 I_d 能够反映洞庭

湖与长江水交换的真实情况。1998年是大洪水年,该年$I_d=0.42$,表明1998年洞庭湖起到了分洪的作用,江对湖的作用较强;1978年是长江的干旱年份,该年$I_d=0.52$,表明在长江干流特大枯水年份洞庭湖的补水作用还是基本接近多年平均水平;2006年是长江上游特大枯水年,该年$I_d=0.81$,表明2006年洞庭湖对长江的补水作用非常强烈,湖对江的作用较强,这也是该年长江干流中下游出现"枯季不枯"的原因之一;2010年洞庭湖流域四水径流量较多,为丰水年,三口来水量处在2000年以来的平均水平,可是该年$I_d=0.59$,表明2010年洞庭湖对长江的补水作用明显,这可能与三峡水库蓄水运行有关。

表 6.39　洞庭湖与长江水量交换系数

年份	I_d	年份	I_d	年份	I_d	年份	I_d	年份	I_d	年份	I_d
1956	0.25	1966	0.32	1976	0.61	1986	0.56	1996	0.57	2006	0.81
1957	0.28	1967	0.38	1977	0.57	1987	0.49	1997	0.70	2007	0.62
1958	0.30	1968	0.40	1978	0.52	1988	0.53	1998	0.42	2008	0.62
1959	0.45	1969	0.45	1979	0.55	1989	0.44	1999	0.46	2009	0.62
1960	0.36	1970	0.51	1980	0.45	1990	0.59	2000	0.58	2010	0.59
1961	0.41	1971	0.50	1981	0.49	1991	0.55	2001	0.61	2011	0.67
1962	0.36	1972	0.65	1982	0.55	1992	0.67	2002	0.65	2012	0.55
1963	0.22	1973	0.53	1983	0.48	1993	0.56	2003	0.59	2013	0.65
1964	0.30	1974	0.33	1984	0.47	1994	0.83	2004	0.58	2014	0.61
1965	0.23	1975	0.58	1985	0.45	1995	0.60	2005	0.55	均值	0.51

依据洞庭湖与长江历年水量交换系数,绘制洞庭湖与长江水量交换系数变化图(图6.73)。

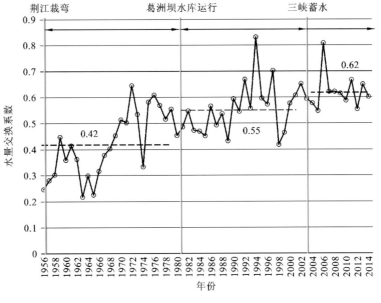

图 6.73　洞庭湖与长江水量交换系数变化图

由图 6.73 可知,1956~2014 年,多年平均水量交换系数 I_d 为 0.51,长系列整体呈增加趋势,线性变化率为 0.005 7/a。下荆江裁弯前后至葛洲坝水库运用前(1956~1980 年)、葛洲坝水库运用后至三峡水库运行前(1981~2002 年)和三峡水库运用以来(2003~2014 年)三个阶段江湖水量交换系数分别为 0.42、0.55 和 0.62,呈现明显增大趋势。1970 年以前,水量交换系数均小于 0.5,说明此阶段下荆江裁弯前,洞庭湖与干流水量交换激烈,洞庭湖对干流洪水的调蓄作用相对较强;下荆江裁弯后至葛洲坝水库运用前(1973~1980 年),洞庭湖与干流水量交换仍处于波动状态;葛洲坝水库运行后至三峡水库运行前(1981~2002 年)水量交换系数平均值大于 0.5,且存在增大趋势,说明此阶段洞庭湖对干流补水作用加强;三峡水库运行以来,水量交换系数维持在 0.5 以上,说明此阶段洞庭湖对干流补水作用仍较强。

6.4.4　鄱阳湖与长江水交换强度量化分析

1. 水量交换效应研究方法

鄱阳湖与长江干流江湖水量交换关系(见图 6.74)体现在"湖补江"和"湖分洪"两方面。鄱阳湖承纳自身流域五河七口来水及环湖区其他小河入流,经湖区调蓄后汇入长江,体现出"湖补江"关系;鄱阳湖还对长江干流来水起到调蓄、泄洪、削峰和错峰等作用,体现出"湖分洪"关系。"湖分洪"过程中伴随着长江洪水对鄱阳湖洪水的顶托作用。顶托作用是一种内在驱动力,当顶托作用超过一定强度,将发生湖口倒灌长江水现象。因此湖口倒灌是"湖分洪"关系的直接体现,而洪水顶托则是推动倒灌发生的间接动力。

鄱阳湖流域五河及长江中上游来水量的多寡直接影响鄱阳湖与长江干流江湖关系的变化。为综合体现江湖水量交换过程,从水量平衡角度(图 6.75),赵军凯定义表示鄱阳湖水量交换激烈程度的河湖水量交换系数 I_p,即时段内水由支流汇入湖泊的径流量与湖泊泄入干流径流量的比值。该系数已在洞庭湖和鄱阳湖年尺度水量交换过程分析中得到初步应用,但缺乏月及日尺度水量交换过程分析的适用性验证,特别是针对存在倒灌特征的水量交换过程,该系数仍有不足。

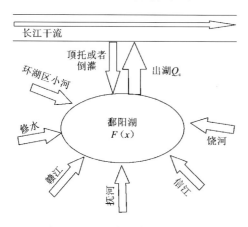

图 6.74　鄱阳湖江湖关系示意图

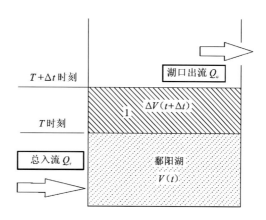

图 6.75　鄱阳湖水量平衡示意图

本节为更好地反映鄱阳湖倒灌、顶托效应特征,拟同时引入顶托强度指数 J 和倒灌强度指数 D,重新定义江湖水量交换系数 I_p:

$$I_p = r_1(1 - J_i) - r_2 D_i, \quad i = 1, 2, \cdots, n \tag{6.12}$$

式中: I_p 为长江干流与鄱阳湖水量交换系数,介于 $0 \sim 1$; r_1 和 r_2 为平衡系数,介于 $0 \sim 1$。

I_p 的物理意义:定义 $I_p = 0.5$ 时,表示江湖作用接近多年平均水平,鄱阳湖与长江水量交换处于稳定状态; $I_p < 0.5$ 时,表示鄱阳湖对长江补给作用较弱, I_p 越小,长江对鄱阳湖的顶托能力越强烈,乃至发生倒灌; $I_p > 0.5$ 时,表示鄱阳湖对长江补给作用较强, I_p 越大,湖泊对长江的补水作用越强。

r_1 和 r_2 的物理意义: r_1 和 r_2 是平衡江湖水量交换关系的系数。 r_1 反映湖对江的作用,为主要部分; r_2 反映江对湖的作用,为次要部分。只有分别赋予合理的 r_1 和 r_2 取值,才能保证在多年平均水平下, I_p 取值等于 0.5,以反映江湖关系的稳定状态。 r_1 和 r_2 的取值需满足以下要求:① r_1 和 r_2 的取值需要建立在大量观测和试验的基础之上, $r_1 + r_2 = 1$,且 $r_1 < r_2$;②必须使得 $I_p = 0.5$ 时能够反映江湖水量交换的多年平均状况;③ I_p 标准化,取值介于 $0 \sim 1$。

参考相关研究,利用 $1956 \sim 2014$ 年共 59 年长系列实测年径流资料,在求得历年鄱阳湖湖口站顶托强度指数 J 和倒灌强度指数 D 的基础上,以 $I_p = 0.5$ 为目标进行控制,采用 SCE-UA 优化算法进行参数率定。率定结果为: $r_1 = 0.585$, $r_2 = 0.415$。

进一步根据江湖水量交换过程,根据 I_p 取值,我们定义长江与鄱阳湖水量交换过程 3 种状态:当 $I_p < 0.47$ 时,为"湖分洪"状态;当 $0.47 \leqslant I_p \leqslant 0.53$ 时,为"稳定"状态;当 $I_p > 0.53$ 时,为"湖补江"状态。

2. 鄱阳湖与长江水量交换强度变化分析

综合长江顶托、倒灌特征,计算 $1956 \sim 2014$ 年长江干流与鄱阳湖水量交换系数,表 6.40 给出了鄱阳湖历年水量交换系数统计结果,图 6.76 给出了长江与鄱阳湖水量交换系数年内及年际变化过程。鄱阳湖 $1956 \sim 2014$ 年平均水量交换系数 I_p 为 0.50,处于江湖水量交换稳定状态,这与水量交换系数定义是相符的。各月多年平均水量交换系数 I_p 为 $0.394 \sim 0.542$,除 $7 \sim 10$ 月水量交换系数 I_p 小于 0.5 外,其他各月均大于 0.5。值得注意的是汛期 $7 \sim 10$ 月 I_p 箱线区间总体偏大,分位线较高,江湖关系强度较强且历年变化较不稳定。特别是 8 月, I_p 极值区间为 $0.035 \sim 0.585$,说明该月常常伴随着极端的水量交换过程,是"湖补江"和"湖分洪"频繁发生时期。在多年平均意义上根据水量交换状态划分, $1 \sim 4$ 月处于"湖补江"状态, $7 \sim 10$ 月则处于"湖分洪"状态, $5 \sim 6$ 月及 $11 \sim 12$ 月为过渡期,处于江湖水量交换关系"稳定"状态。

表 6.40 鄱阳湖历年水量交换系数(I_p)统计结果

参数	1月	2月	3月	4月	5月	6月	7月	8月	9月	10月	11月	12月
平均值	0.539	0.542	0.536	0.533	0.525	0.523	0.394	0.456	0.429	0.489	0.525	0.516
最大值	0.584	0.585	0.585	0.582	0.585	0.578	0.569	0.585	0.582	0.581	0.584	0.584
最小值	0.469	0.460	0.445	0.398	0.431	0.405	0.039	0.035	0.061	0.278	0.410	0.264
水量交换状态	HJ	HJ	HJ	HJ	WD	WD	HH	HH	HH	HH	WD	WD

注:HJ 表示湖补江($I_p > 0.53$);HH 表示湖分洪($I_p < 0.47$);WD 表示稳定($0.47 \leqslant I_p \leqslant 0.53$)

图 6.76 反映在 1956～2014 年,枯水期(11～4 月)水量交换系数 I_p 具有下降趋势,整体波动性不大;汛期(5～10 月)水量交换系数 I_p 具有波动性,以 0.45 为中心上下波动。在 59 年变化过程上整体表现为上升趋势,且波动性逐渐减弱,"湖分洪"强度有所降低。采用 TFPW-MK 和 Mann－Kendall 在 95％置信水平下的检验结果显示(表 6.41),汛期 5～10 月水量交换系数 I_p 具有一定的上升趋势,尤以 9 月上升趋势显著,通过 95％置信水平检验;枯水期 12 月～次年 2 月 I_p 具有显著的下降趋势,通过 95％置信水平检验,表明鄱阳湖对长江的补水作用在减弱。

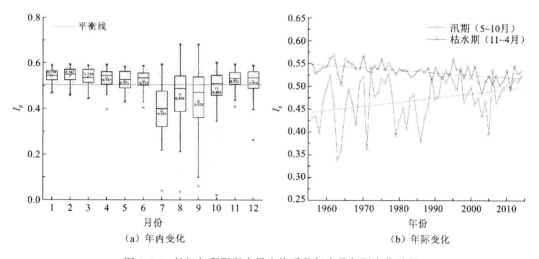

图 6.76　长江与鄱阳湖水量交换系数年内及年际变化过程

表 6.41　鄱阳湖各月江湖水量交换系数趋势检验结果

统计量	1 月	2 月	3 月	4 月	5 月	6 月	7 月	8 月	9 月	10 月	11 月	12 月
Z1	−3.35	−2.86	−0.10	−0.38	0.82	0.75	1.87	1.06	**2.00**	0.78	−0.09	**−3.45**
Z2	−3.91	−3.36	−0.51	−0.10	0.31	0.67	1.75	0.97	**2.01**	1.16	−0.27	−3.39
趋势	↓	↓	—	—	—	—	—	—	↑	—	—	↓

注:Z_1 表示 TFPW-MK 统计量;Z_2 表示 Mann-Kendall 统计量;加粗项为通过显著性检验值,其中 95％置信度为 1.96

长江与鄱阳湖年尺度水量交换系数及径流量距平见表 6.42,1964 年水量交换系数 I_p 取得最小值 0.43,说明该年水量交换作用强烈,其中年均倒灌强度指数为 0.15,9 月历年倒灌强度指数最大 0.86,倒灌量达 $71.4×10^8$ m^3,"湖分洪"状态显著,"五河"和汉口径流量距平百分比分别为 −13.3％和 25.9％,分别属于偏枯期和丰水期,"五河"相对于长江来水偏枯。1997 年水量交换系数 I_p 取得最大值 0.54,说明该年"湖补江"作用强烈;该年长江对鄱阳湖顶托强度指数仅为 0.08,未发生倒灌现象,"五河"和汉口径流量距平百分比分别为 25.4％和 −10.2％,分别属于丰水期和偏枯期,"五河"相对于长江来水偏丰。1998 年长江干流和鄱阳湖五河均属于特大洪水年,该年的江湖水量交换系数 $I_p=0.49$,表明鄱阳湖与长江洪水相互作用稳定,事实上该年江水没有倒灌入湖,江湖水交换系数反

表 6.42　长江与鄱阳湖年尺度水量交换系数及径流量距平

年份	I_p	径流距平/%		年份	I_p	径流距平/%		年份	I_p	径流距平/%		年份	I_p	径流距平/%	
		五河	汉口			五河	汉口			五河	汉口			五河	汉口
1956	0.49	−17.0	−3.4	1971	0.45	−36.4	−10.6	1986	0.46	−33.9	−15.6	2001	0.50	−0.4	−6.1
1957	0.48	−17.3	−6.6	1972	0.54	−20.7	−19.2	1987	0.48	−19.4	−2.1	2002	0.49	27.2	10.1
1958	0.46	−9.3	−1.2	1973	0.51	69.5	10.1	1988	0.50	0.1	−5.2	2003	0.46	−3.0	5.6
1959	0.50	−2.2	−15.2	1974	0.51	−26.0	1.5	1989	0.52	3.0	12.4	2004	0.49	−41.3	−3.4
1960	0.52	−16.8	−13.3	1975	0.54	56.1	6.5	1990	0.50	−8.6	4.7	2005	0.46	−2.5	6.5
1961	0.54	25.6	1.1	1976	0.52	15.3	−4.8	1991	0.50	−16.9	5.6	2006	0.52	6.2	−23.7
1962	0.51	20.5	6.1	1977	0.54	11.0	1.5	1992	0.52	27.0	−6.6	2007	0.49	−30.9	−7.5
1963	0.43	−61.1	−3.4	1978	0.51	−31.5	−18.3	1993	0.52	9.7	7.9	2008	0.49	−17.1	−3.9
1964	0.43	−13.3	25.9	1979	0.46	−34.6	−11.5	1994	0.52	22.9	−7.5	2009	0.50	−31.8	−10.2
1965	0.50	−28.1	6.1	1980	0.48	4.7	11.9	1995	0.53	35.4	3.8	2010	0.52	45.3	7.0
1966	0.52	−7.6	−11.1	1981	0.49	4.2	−1.2	1996	0.51	−12.2	4.7	2011	0.49	−40.0	−21.5
1967	0.51	−13.8	3.4	1982	0.47	6.0	10.6	1997	0.54	25.4	−10.2	2012	0.53	42.6	8.3
1968	0.48	−10.5	14.6	1983	0.50	33.8	23.7	1998	0.49	71.0	30.0	2013	0.52	−8.2	−8.8
1969	0.52	8.1	−3.4	1984	0.50	−3.9	2.0	1999	0.51	19.9	9.2	2014	0.53	2.1	2.9
1970	0.54	48.0	7.9	1985	0.48	−16.7	−2.1	2000	0.51	−7.8	6.1	均值	0.50	0	0

映的现象与实际情况相符。在长江干流与鄱阳湖水量交换处于"湖补江"状态时,"五河"来水相对于长江上游来水偏丰;当"五河"来水相对于长江上游来水偏枯时,常常处于"湖分洪"状态,从而常伴随倒灌现象的发生;当"五河"来水相对于长江上游来水相当情况下,江湖处于水量交换稳定状态。

依据历年鄱阳湖与长江水量交换系数,绘制鄱阳湖与长江水量交换系数变化过程及与五河合计入流和湖口流量差的对比变化过程图。由图 6.77 可知,1956～2014 年,多年平均水量交换系数 I_p 为 0.50,长系列整体无明显变化趋势,但存在阶段性的增加或下降趋势。例如,1956～1964 年、1979～1990 年、2003～2009 年水量交换系数 I_p 均低于多年均值,分别为 0.484、0.487 和 0.487,说明该阶段鄱阳湖与长江江湖水量交换剧烈,主要

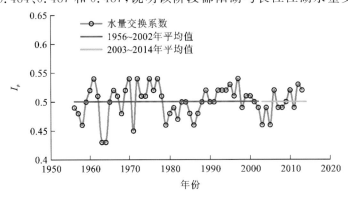

图 6.77　鄱阳湖与长江水量交换系数变化过程

表现为鄱阳湖分蓄长江水量,长江对鄱阳湖作用相对较强;1965～1978 年、1991～2002 年和 2010～2014 年水量交换系数均高于多年均值,分别为 0.514、0.512 和 0.518,说明该阶段鄱阳湖与长江江湖水量交换关系主要以鄱阳湖补给长江洪水为主。

从图 6.78 鄱阳湖与长江水量交换系数与出入湖流量差对比变化过程来看,鄱阳湖与长江水量交换强度的最大影响因素与湖区出入湖流量关系密切。特别是在 1980 年以后,水量交换系数年际变化与入湖流量差基本同步。

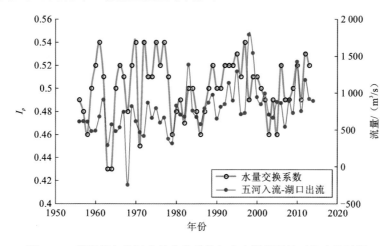

图 6.78　鄱阳湖与长江水量交换系数与出入湖流量差对比变化过程

图 6.79 和图 6.80 分别给出了 1980～2014 年水量交换系数与出入湖流量差及湖口～汉口流量差的相关图。水量交换强度与鄱阳湖出入湖流量差相关关系高于湖口～汉口流量差相关关系。显然近 30 年来鄱阳湖与长江的江湖关系强弱受鄱阳湖五河来水影响较显著。前文已分析 2003 年五河合计入湖流量较常年偏低,这将对鄱阳湖与长江水量交换强度变化产生不同程度的影响。

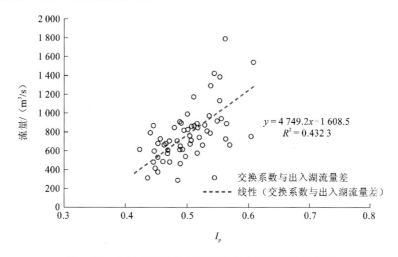

图 6.79　水量交换系数与鄱阳湖出入湖流量差相关图

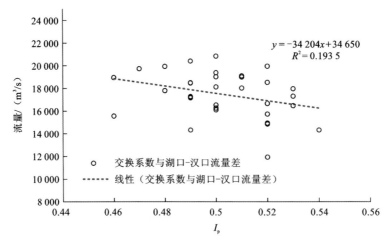

图 6.80 水量交换系数与湖口-汉口流量差相关图

6.5 本章小结

在长江中游江湖水情时空变化分析的基础上,本章主要从江湖洪水遭遇、江对湖洪水顶托、湖区调蓄能力及江湖水量交换强度量化等层面切入,通过基本概念定义、量化表达、数理统计、概率论及相关分析等手段,系统剖析了长江与洞庭湖和鄱阳湖江湖关系的定性、定量变化规律,揭示出江湖水情叠加效应的变化特征,得出如下主要结论。

1. 洪水遭遇变化特征

长江与洞庭湖洪水遭遇主要发生在 6~7 月,洞庭湖汛期年最大洪峰出现时间明显比长江上游早,故江(长江)湖(洞庭湖)的最大洪峰同步性较差,实测系列中未曾遭遇;长江与洞庭湖洪水遭遇以 7 d 洪量过程遭遇为主,在 1956~2014 年实测系列中,一共遭遇了89 次;15 d 洪量遭遇了 64 次;7 d、15 d 均遭遇的发生了 38 次,7 d 遭遇而 15 d 未遭遇的有26 次。

鄱阳湖入湖洪水以赣江为主,当赣江外洲站洪水量级越大,抚河李家渡站和信江梅港站洪水发生概率越高。鄱阳湖入湖洪水集中在 4~7 月,早于长江干流洪水出现时间 6~9 月,洪水遭遇主要出现在 7 月。1956~2014 年鄱阳湖与长江干流洪峰遭遇 1 次,过程遭遇 3 次,洪水遭遇概率 6.8%;洪水遭遇全部发生在 2003 年以前,2003 年以后鄱阳湖与长江干流的洪水遭遇基本未发生。

鄱阳湖湖口站和长江干流汉口站洪水联合重现期较小,而重现期大,说明两站同时遭遇大洪水的概率低。长江与鄱阳湖出湖同时遭遇超过 100 年、10 年一遇洪水的概率为0.19% 和 2.87%,低重现期洪水遭遇比高重现期洪水遭遇概率大。在长江发生一定洪水条件下,鄱阳湖低重现期洪水发生的可能性比高重现期洪水的可能性大。三峡水库调洪和鄱阳湖的调蓄作用,降低了鄱阳湖与长江洪水遭遇概率和量级。

2. 长江干流顶托影响变化特征

选取湖区鹿角站、荷叶湖站、营田站、湘阴站、杨柳潭站、东南湖站、南咀站、小河咀站、草尾站与莲花塘站月、逐日平均水位建立相关关系,分析长江干流不同水位对湖区水位的影响关系线。对东洞庭湖,当莲花塘站水位大于 19 m,20 m 和 21 m 时,分别对鹿角站、荷叶湖站和营田站、湘阴站产生顶托影响。对南洞庭湖,当莲花塘站水位大于 23 m,23.5 m 时,分别对杨柳潭站、东南湖站产生顶托影响。对西洞庭湖,当莲花塘站水位大于 24 m 时,对南咀站、小河咀站及草尾站产生顶托影响。

长江干流大通站中高水流量与鄱阳湖湖区水位站水位相关关系较好,对湖区顶托作用较强,2003 年以后大通站流量小于 15 000 m³/s 时,星子站水位与大通站流量对应关系明显减弱,并且湖区星子站水位明显降低。湖口站与星子站 14 m 以上的中高水水位相关关系比低水位的相关关系好。三峡水库运行后,蓄水期 9～10 月对湖区顶托作用降低,9 月、10 月湖区各站平均水位分别减少 0.64～0.99 m 和 1.05～2.12 m,离湖口距离越远其减少幅度越小;枯水期 1～3 月,三峡水库补偿下泄,增强了对湖区水位的顶托作用;汛期 6～8 月,三峡水库防洪调度,降低了对出湖流量和湖区水位的顶托作用。

3. 湖区调蓄能力变化特征

洞庭湖对一次来水过程调蓄量达数 10×10⁸ m³ 以上,历年最大蓄水量 211×10⁸ m³,历年汛期最大平均蓄水量为 125×10⁸ m³。虽然 1949～1995 年洞庭湖湖泊面积从 4 350 km² 减少至 2 625 km²,容积由 293×10⁸ m³ 减少到 167×10⁸ m³,但历年最大蓄水量没有趋势性变化。

鄱阳湖对五河入湖洪水和湖口站以上长江干流洪水均具有调蓄作用,存在此消彼长过程,湖区自身调节对不同时段的入湖洪量的调蓄贡献要比长江洪水顶托作用大。在未受长江洪水顶托影响下鄱阳湖对五河大水年 30 d 以内不同时段洪量的平均调蓄能力为 26.6%～59.8%;在受长江洪水顶托影响下,湖区调蓄能力要降低,调蓄能力随时段的延长而呈明显降低趋势。鄱阳湖对长江大水年 30 d 以内不同时段长江洪量的平均调蓄能力为 27.9%～33.2%,调蓄能力随时段的延长而呈微弱降低趋势,当五河来水也较大时调蓄能力降低。鄱阳湖对长江洪水调蓄能力的变化过程存在明显的"一增一减"阶段性特征,但上升或下降的变化趋势总体不显著;2003 年以来,长江对鄱阳湖的顶托或倒灌作用减弱,从而减弱了鄱阳湖对长江洪水的调蓄作用。

4. 江湖水量交换特征变化特征

三峡水库蓄水以来,在枝城站同流量条件下荆江三口分流能力较之前无明显变化,荆江三口分流量有所减少,三口分流年内影响主要表现在 12 月～次年 5 月三口分流量增大,蓄水期 9～11 月三口分流量减少。

1956～2014 年长江水倒灌频率的年际变化总体呈长期的减少趋势,江湖作用强度在年代际尺度上存在此消彼长的波动变化。长江倒灌鄱阳湖现象主要发生于长江主汛期 7～9 月,且湖口站水位一般不超过警戒水位。2003～2014 年平均年倒灌量 18.8×10⁸ m³,平均年倒灌天数 9.2 d,分别较 1956～2002 年减少 5.68×10⁸ m³ 和 4.0 d。2003～2014 年三峡水库蓄水期 9～10 月,多年平均倒灌量 5.5×10^8 m³,平均倒灌天数2.8 d,较 1956～2002 年分别减少 43.1%、51.9%。三峡水库运行后,鄱阳湖湖口倒灌现象总体有所减弱,9～10 月蓄水期尤为明显。

鄱阳湖与长江江湖水量交换系数整体呈阶段性变化。1956～1964 年、1979～1990 年、2003～2009 年,鄱阳湖与长江江湖水量交换主要表现为鄱阳湖分蓄长江水量,长江对鄱阳湖作用相对较强;而 1965～1978 年、1991～2002 年和 2010～2014 年水量交换以鄱阳湖补给长江洪水为主。

第7章　长江中游江湖水情变化驱动机制

江湖关系是一个复合现象,受到多重要素的影响,本章在明晰江湖水情变化影响因素的基础上,选取主要影响因素,定量评估气象变化和人类活动对江湖水情变化的影响。

7.1　江湖水系水情变化影响因素分析

现实的江湖关系实质上是自然、人地关系、人水关系背景及人与人关系背景下四者复合形成的江、湖、地、人之间的关系。自从人类开始社会活动以来,江湖关系的变化始终与自然演变和人类活动密切相关,两者相互影响。气候变化、构造沉降、水土流失、泥沙淤积、长江河势变化等自然因素是江湖关系变化的原因,但20世纪以来的人类活动加速了江湖关系的调整。

1. 自然因素

自然状态下,江湖形态、连通性及水沙交换是一个动态的过程。江湖水量交换过程受到降水、蒸发、气温等气候要素的影响,尤其是降水对与江湖径流量及冲淤变化影响较为显著。半个世纪以来长江流域径流量的增加主要受控于流域降水量的增加,未来几十年降水量、径流量也将增加,甚至大暴雨洪水发生频率也可能增加。其他自然因素如地质地貌、泥沙淤积、水动力条件、水沙组成、水土流失条件等,它们的变化都会造成江湖关系演变。

2. 人类活动

江湖关系的变化是自然与人类活动共同作用的结果,近几十年来人类活动的影响越发凸显。随着调弦口堵口、下荆江系统裁弯、葛洲坝截流、三峡工程等大型水利工程的运转,江湖关系发生了多次调整,对长江中下游河道及洞庭湖、鄱阳湖产生了不同程度的影响。

综上所述,江湖关系驱动因素较为复杂。作为气候要素中的重要因子,降水是江湖水量主要补给来源,其大小直接影响江湖水量大小及交换的强度;人类活动对于江湖关系的影响主要体现在大型水利工程运行对长江中下游江湖水情及冲淤演变的影响。因此,本章拟将气候变化、水利建设、荆江裁弯、湖泊围垦、湖盆淤积、退田还湖等江湖整治工程作为影响江湖关系的主要分析要素,通过统计分析和模型模拟相结合的方法,定量研究各个要素对于江湖关系的影响程度,从而明晰气候要素和人类活动对江湖关系的影响驱动机制。

7.2　气候变化对江湖水情变化的影响

气候变化是指气候平均值和气候离差值(距平)出现了统计意义上的显著变化。平均值的升降,表明气候平均状态的变化;气候离差值增大,表明气候状态不稳定性增加,气候异常越明显。更多的观测和研究证据证明,全球气候系统变暖毋庸置疑。气候变化的原因有自然原因,如海洋、陆地、火山活动、太阳活动等,也有人类活动影响,如温室气体、气溶胶、土地利用、城市化等。联合国政府间气候变化专门委员会(Intergovernmental Panel on Climate Change,IPCC)第五次评估报告指出,"20 世纪 50 年代以来全球气候变暖一半以上是由人类活动造成的",这一结论的可信度为 95% 以上。因此,本节主要分析研究自然原因中对江湖水情有直接作用的因子——降水的影响。

7.2.1　长江上游降水量变化分析

分析 1951～2013 年长江上游多年平均年降水量变化过程见图 7.1,不同时期多年平均年降水量柱状图见图 7.2。

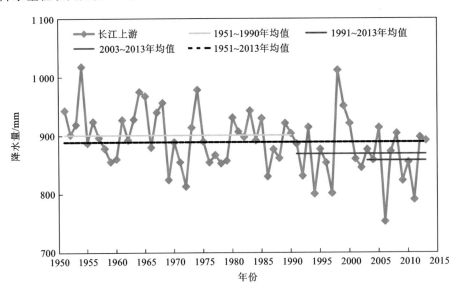

图 7.1　长江上游 1951～2013 年平均年降水量变化过程图

长江上游 1951～2013 年降水量序列基本在 750～1 050 mm,最大为 1954 年的 1 017.7 mm,最小为 2006 年的 753.2 mm,极值比为 1.35,变差系数 C_v 为 0.06,年际变化不大。

由图 7.2 可知,较三峡工程初设阶段同步系列 1951～1990 年,1951～2013 年平均年降水量偏少 11.6 mm,1991～2013 年平均年降水量偏少 31.9 mm,2003～2013 年平均年降水量偏少 43.1 mm。

可见,三峡以上流域近 23 年来降水量呈减少趋势。

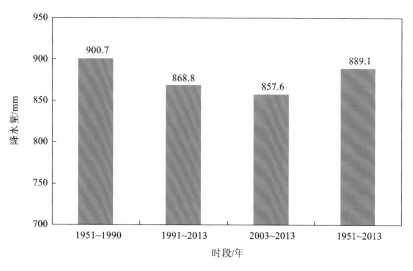

图 7.2 不同时期长江上游平均年降水量柱状图

7.2.2 长江上游来水与降水关系分析

长江上游年天然径流量与年降水量变化过程对比情况见图 7.3,年降水量和年径流深双累积曲线见图 7.4。长江上游年天然径流量变化过程与年降水量变化过程具有很好的同步性、相似性,相关性系数达 0.95,同时年降水量与年径流深双累计曲线没有发生转折,降水径流关系没有发生明显变化(图 7.5),说明长江上游来水多少主要受降水量大小影响。可见,近年来长江上游来水偏枯主要受降水量偏少影响。

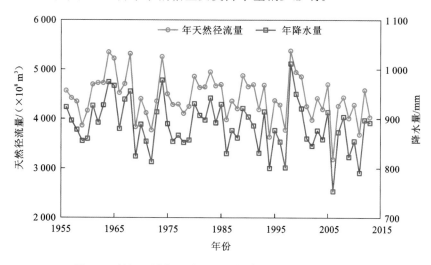

图 7.3 长江上游年天然径流和年降水量变化过程对比图

宜昌站 9～11 月径流量(对 2003 年 6 月～2013 年受三峡水库调蓄影响的进行了还原)与长江上游 9～11 月降水量变化过程对比情况见图 7.6,降水量和径流深双累积曲线

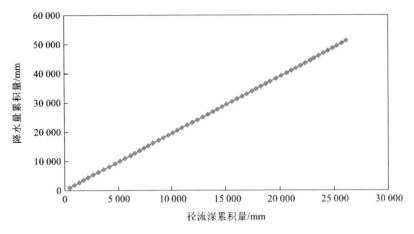

图 7.4 长江上游年径流深与年降水量双累积曲线图

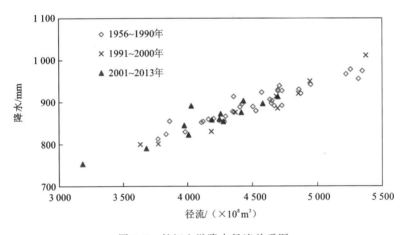

图 7.5 长江上游降水径流关系图

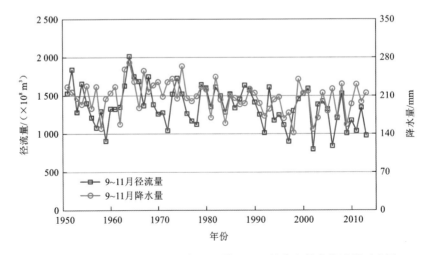

图 7.6 宜昌站 9～11 月径流量和长江上游 9～11 月降水量变化过程对比图

见图 7.7。同样可以看出,宜昌站 9～11 月径流量与长江上游 9～11 月降水量变化过程具有较好的同步性、相似性,9～11 月降水量与径流深双累计曲线虽有一定波动,但没有发生明显、系统性转折,说明长江上游 9～11 月来水主要受降水量影响。

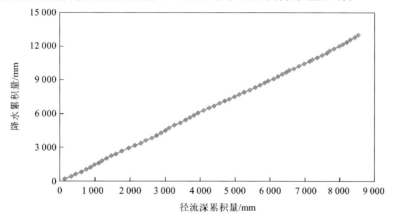

图 7.7 宜昌站 9～11 月径流深和长江上游 9～11 月降水量双累计曲线图

可见,长江上游径流量变化规律与其降水量变化规律具有很好的相似性,揭示了近年来长江上游来水持续偏枯主要是降水偏少所致。

7.2.3 洞庭湖水系水量与降水量关系

洞庭湖水系天然年径流量与年降水量变化过程对比情况见图 7.8,年降水量和年径流深双累积曲线见图 7.9。可以看出,洞庭湖水系天然径流量变化过程与降水量变化过程具有很好的同步性、相似性,相关性系数达 0.89。同时年降水量与年径流量深双累计曲线没有发生转折,降水量与径流量的关系没有发生明显变化(图 7.10),说明洞庭湖水系来水多少主要受降水量大小影响。

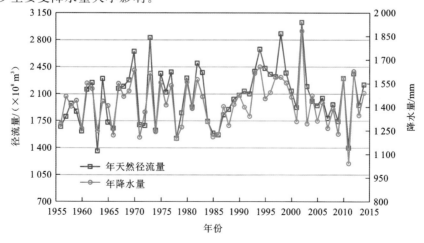

图 7.8 洞庭湖水系年天然径流量和年降水量变化过程对比图

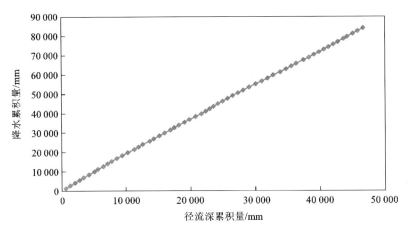

图 7.9　洞庭湖水系年径流深与年降水量双累计曲线图

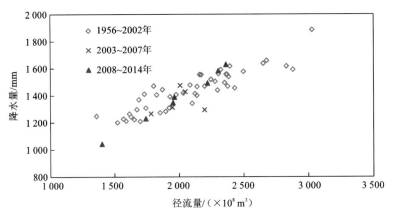

图 7.10　洞庭湖水系降水量径流量关系

7.2.4　鄱阳湖水系水量与降水量关系

1. 流域年降水量变化

根据鄱阳湖流域雨量站资料,分别统计赣江、抚河、信江、饶河、修水、鄱阳湖区、鄱阳湖水系流域面雨量,并进行相应分析。

鄱阳湖水系年降水量 1956～2002 年、2003～2014 年多年平均值分别为 1 652 mm、1 567 mm,其中最大年降水量分别为 2 130 mm(1975 年)、2 202 mm(2012 年),最小年降水量分别为 1 134 mm(1963 年)、1 254 mm(2007 年),极值比分别为 1.88、1.76。2003～2014 年多年平均降水量较 1956～2002 年偏少 5.15%,统计情况详见表 7.1。

表 7.1　鄱阳湖流域年降水量统计特征表

时段	统计特征		赣江	抚河	信江	饶河	修水	鄱阳湖区	鄱阳湖水系
1956~2002 年	均值/mm		1 600	1 751	1 855	1 828	1 631	1 539	1 652
	最大值	降水量/mm	2 107	2 289	2 733	2 647	2 336	2 142	2 130
		年份	1961	1970	1998	1998	1998	1998	1975
	最小值	降水量/mm	1 092	1 128	1 202	1 136	1 182	1 007	1 134
		年份	1963	1963	1971	1978	1978	1978	1963
2003~2014 年	均值/mm		1 507	1 693	1 823	1 724	1 513	1 464	1 567
	最大值	降水量/mm	2 050	2 480	2 832	2 525	2 085	2 051	2 202
		年份	2012	2012	2012	2010	2012	2010	2012
	最小值	降水量/mm	1 161	1 174	1 374	1 319	1 163	1 067	1 254
		年份	2003	2003	2007	2007	2011	2007	2007
1956~2014 年	均值/mm		1 584	1 741	1 850	1 810	1 610	1 525	1 637
	最大值	降水量/mm	2 107	2 480	2 832	2 647	2 336	2 142	2 202
		年份	1961	2012	2012	1998	1998	1998	2012
	最小值	降水量/mm	1 092	1 128	1 202	1 136	1 163	1 007	1 134
		年份	1963	1963	1971	1978	2011	1978	1963

2. 降雨径流相关分析

鄱阳湖入湖流量主要受控于鄱阳湖流域气候条件,尤其是降水分布的影响。图 7.11 给出了不同时段鄱阳湖流域月降水量与五河七口合计入流的相关关系。在 1956~2014 年,依据鄱阳湖上游重要大型水库蓄水时间,初步划分了 4 个阶段。其中 1991 年为赣江 万安水库蓄水运行起点,2003 年为长江上游三峡水库蓄水运行起点,又以 1980 年为节

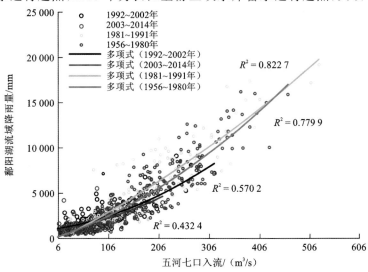

图 7.11　鄱阳湖降雨量与五河七口合计入湖月平均径流相关关系

点,将 1956～1990 年划分两个阶段。

　　由各阶段降雨与流量相关关系可知,鄱阳湖流域降雨是影响鄱阳湖入湖流量变化的主要驱动因素。1956～1980 年人类活动影响较小,鄱阳湖降雨径流相关系数达到 0.8,鄱阳湖五河七口入湖流量主要受降雨驱动。而随着鄱阳湖流域人类活动影响的不断加强,特别是上游水利工程的建立及用水水平的提高,鄱阳湖五河入流的降雨径流相关关系逐渐减弱,其中 2003～2014 年的降雨径流相关系数仅为 0.43。

　　图 7.12 给出了不同时段鄱阳湖流域月降水量与湖口出流的相关关系。出湖流量受湖区调蓄及长江干流顶托双重影响,湖口流量与鄱阳湖面降雨的相关关系较弱。其中 1956～1980 年降雨径流相关系数为 0.67,2003～2014 年仅为 0.18。随着人类活动影响的加强,鄱阳湖流域降雨量为鄱阳湖出湖流量变化的主要驱动力正在不断减弱。

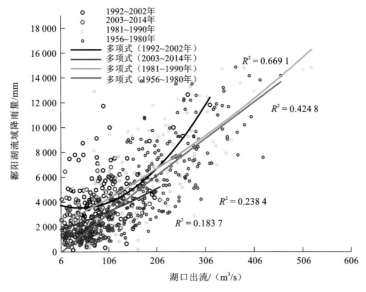

图 7.12　鄱阳湖降雨与湖口出入湖月平均径流相关关系

　　2003～2014 年,湖口以上长江流域多年平均年降水量减少约 3.6%,而汉口站年径流减少 5.0%;湖口以上鄱阳湖流域多年平均年降水量减少约 5.2%,而五河入湖年径流减少 7.9%;鄱阳湖和湖口以上长江流域长系列年降雨量没有显著变化趋势。说明鄱阳湖流域全年降水和径流减少幅度大于湖口以上长江流域,年径流减少幅度大于降水,气候变化是导致年径流减少的主因。

7.3　长江上游水利建设对三峡水库入库径流的影响

7.3.1　上游水利建设对三峡水库入库水量的影响

　　据长江流域及西南诸河水资源公报统计,2013 年长江上游大型水库 80 座,中型水库 381 座。由图 7.13 可知,2003～2013 年三峡以上流域大中型水库陆续建成蓄水,累积蓄水总量 86.6×10^8 m^3。上游大中型水库主要为年调节或季调节,拦蓄水量主要位于水库死库容中;这些水库实现正常运行以后,对年径流量基本无调节作用或调节作用很小。

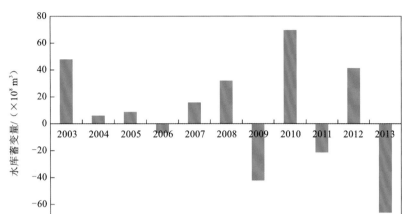

图 7.13　三峡水库以上流域梯级水库 2003~2013 年蓄变量

长江上游干支流水库众多,单个水库调节库容大于 $5×10^8$ m³ 的已建水库有三峡、二滩、紫坪铺、瀑布沟、宝珠寺、亭子口、洪家渡、乌江渡、构皮滩、彭水,在建水库有锦屏一级、两河口、溪洛渡、向家坝,拟建水库有乌东德、白鹤滩、双江口。本节选择调节库容大于 $5×10^8$ m³ 的三峡以上水库,分析其蓄水对三峡水库蓄水的影响,蓄水时间见表 7.2。

表 7.2　长江上游调节库容大于 $5×10^8$ m³ 的水库及其蓄水时间

水库名称	河流名称	类别	调节库容 /($×10^8$ m³)	开始蓄水时间	蓄水期	何时可蓄至正常高水位	供水期
二滩	雅砻江	已建	33.70	8 月底	9~11 月	9 月中旬	12 月~次年 5 月
紫坪铺	岷江	已建	7.74	9 月	9~11 月	10 月	12 月~次年 5 月
瀑布沟	大渡河	已建	38.94	10 月	10~11 月	10 月	12 月~次年 5 月
宝珠寺	嘉陵江	已建	13.40	9 月下旬	9~10 月	10 月底	12 月~次年 5 月
亭子口	嘉陵江	已建	17.32	9 月初	9~12 月	9 月中下旬	1~4 月
洪家渡	乌江	已建	33.60	5 月	5~11 月	9 月底	12 月~次年 4 月
乌江渡	乌江	已建	13.60	6 月中旬	5~9 月	9 月底	12 月~次年 4 月
构皮滩	乌江	已建	29.02	9 月	9~12 月	9 月上旬	1~4 月
彭水	乌江	已建	5.18	9 月初	9~12 月	9 月中旬	1~5 月
锦屏一级	雅砻江	在建	49.10				
两河口	雅砻江	在建	53.00				
溪洛渡	金沙江	在建	64.60	9 月中旬	9~11 月	9 月底	12 月下旬~次年 5 月
向家坝	金沙江	在建	9.03	9 月中旬	9~12 月	9 月底	12 月下旬~次年 6 月
乌东德	金沙江	拟建	25.58	8 月初	8~9 月	8 月底	10 月~次年 5 月
白鹤滩	金沙江	拟建	100.00				
双江口	大渡河	拟建	21.50				

三峡水库的开始蓄水时间不同,则对应的蓄水期时间长度不同。本章将自三峡水库开始蓄水至 11 月 30 日作为三峡水库的蓄水期。按三峡工程初设阶段设计,三峡水库每年自 10 月 1 日开始蓄水,10～11 月为水库的蓄水期。按 2009 年 10 月水利部正式下发的《三峡水库优化调度方案》,三峡水库最早可于 9 月 15 日开始蓄水,每年的 9 月 15 日至 11 月为水库的蓄水期。除此之外,本章还拟定了三峡水库自 9 月 11 日开始蓄水和自 9 月 1 日开始蓄水的蓄水期。由于上游水库的蓄水时间与三峡水库并不一致,而三峡水库蓄水期内上游水库需拦蓄多少水量与在三峡水库开始蓄水时上游各水库的水位直接相关,若各水库水位较高则所需水量较少,若水位较低则所需水量较多,对三峡水库蓄水的影响就较大。三峡以上大型水库对应三峡自不同时间开始蓄水至蓄满时的拦蓄量见表 7.3。

表 7.3　三峡以上大型水库对应三峡自不同时间开始蓄水至蓄满时的拦蓄量表

类别	水库名称	调节库容 /($\times 10^8$ m³)	对应三峡水库自不同时间开始蓄水时各水库至蓄满相应的拦蓄量/($\times 10^8$ m³)		
			9 月 15 日开始蓄水	9 月 11 日开始蓄水	9 月 1 日开始蓄水
已建水库	二滩	33.70	1.5	3.1	4.5
	紫坪铺	7.74	1.7	2.3	3.3
	瀑布沟	38.94	8.8	9.6	11.1
	宝珠寺	13.40	6.0	6.1	6.5
	亭子口	17.32	13.4	13.6	14.2
	洪家渡	33.60	27.4	28.6	30.8
	乌江渡	13.60	11.2	11.8	13.6
	构皮滩	29.02	28.5	28.5	29.2
	彭水	5.18	4.7	4.8	4.8
	小计	192.50	103.3	108.5	117.9
在建水库	锦屏一级	49.10	2.2	4.6	6.6
	两河口	53.00	2.4	4.9	7.1
	溪洛渡	64.60	37.5	48.0	48.0
	向家坝	9.03	9.0	9.0	9.0
	小计	175.73	51.1	66.5	70.7
拟建水库	乌东德	25.60	11.3	11.3	11.3
	白鹤滩	100.00	54.6	54.6	54.6
	双江口	21.50	4.9	5.3	6.2
	小计	147.10	70.8	71.2	72.1
总计		515.33	225.2	246.2	260.7

三峡水库从 9 月 15 日开始蓄水至 11 月底,三峡以上流域已建大型水库共需蓄水 103.3×10⁸ m³,在建水库建成后共需蓄水 51.1×10⁸ m³,拟建水库建成后共需蓄水 70.8×10⁸ m³,合计需蓄水 225.2×10⁸ m³;三峡水库从 9 月 11 日开始蓄水至 11 月底,三峡以上流域大

型水库共需蓄水 108.5×10^8 m^3,在建水库建成后共需蓄水 66.5×10^8 m^3,拟建水库建成后共需蓄水 71.2×10^8 m^3,合计需要蓄水 246.2×10^8 m^3;三峡水库从 9 月 1 日开始蓄水至 11 月底,三峡以上流域大型水库共需蓄水 117.9×10^8 m^3,在建水库建成后共需蓄水 70.7×10^8 m^3,拟建水库建成后共需蓄水 72.1×10^8 m^3,合计需要蓄水 260.7×10^8 m^3。可以看出,三峡以上流域大型水库蓄水对三峡水库蓄水期水量影响明显。

在三峡工程在初步设计阶段 1951～1990 年,寸滩、武隆两站年均径流量之和为 4015×10^8 m^3。近 10 年来,入库径流量略有偏少。2003～2013 年三峡入库(朱沱+北碚+武隆)年均径流量为 3645×10^8 m^3,寸滩、武隆两站年均径流量之和为 3680×10^8 m^3,较初步设计阶段值减少了 335×10^8 m^3,减幅为 8.3%。三峡水库蓄水运用以来 2003～2013 年,宜昌站多年平均径流量为 3989×10^8 m^3,较三峡初设阶段 4510×10^8 m^3 减少 521×10^8 m^3,减幅为 11.5%。可以推断,三峡蓄水以来,长江中游径流量减少一部分来源于三峡工程的影响,一部分是上游来水量减少造成的,其中,上游来水量减少是主要的因素。

7.3.2　水库蒸发增损对三峡水库入库水量的影响

水面蒸发量是反映一个地区蒸发能力的指标,蒸发能力是指充分供水条件下的陆面蒸发量(一般近似用 E601 型蒸发器观测值代替)。水面蒸发主要受气压、气温、湿度、风、辐射等各气象因素的影响。陆地蒸发是指流域内水体、土壤的蒸发和植物散发的总和,通常按中等流域水文站资料,用水量平衡方法,即以流域多年平均降水深与径流深的差值求得。

根据《长江区水资源及其开发利用调查评价简要报告》(长江水利委员会,2004 年 12月),长江上游多年平均陆地蒸发为 430.9 mm,相当于其水面蒸发量的 50.2%,因此,长江上游多年平均水面蒸发约858.4 mm。据不完全统计,长江上游已建大型水库在正常蓄水位时水库库面总面积约3 040 km^2。长江上游水库多是河道型水库,库面面积不大,水库正常蓄水位时,较无水库状态下,粗略按库面面积的二分之一为由陆地面积改变为水面面积。因此,在水库正常蓄水位时,长江上游由陆地面积改变为水面面积的约 1 520 km^2,多年平均水库蒸发增损水量约 6.5×10^8 m^3。

7.3.3　上游水利建设对三峡水库入库径流水文变异的影响

河流具有自然和社会双重属性,与人类社会的发展有着密切联系。河流生态系统在维系区域水循环、能量平衡、气候变化和生态发展中具有极其重要的作用,同时也是人类最重要的生命支撑系统,提供了生产生活和生态用水等功能。20 世纪 80 年代,欧洲和北美掀起"河流健康管理"热潮,2002 年国内专家学者引入"河流健康"概念时提出"健康的河流生态系统必将成为河流管理的主要目标"。

20 世纪 70 年代以来各国研究人员对河流生态环境需水进行了大量研究,产生了许多计算和评价方法。2003 年,Tharme(Tharme,2003)统计发现 44 个国家中有 207 种评估生态流量需求的方法,这些方法大致可分为 4 类:水文指标法(历史流量法)、水力学法、栖息地法(生境法)和整体分析法。

河流生态系统是一个拥有自然和社会双重属性的动态流水系统,其完整性很大程度上依赖于水流的天然动态变化特征,即河流水文情势。1996 年 Richter 等(Richter,1996)建立了一套评估河流生态水文变化程度的指标体系(indicators of hydrologic alteration,IHA),通过流量、时间、频率、历时和变化率五大类共 33 项指标来评估人类活动干扰前后河流水文的变化情况,并提出了基于 IHA 的变异性范围法(range of variability approach,RVA)用于设定生态环境流量及进行河流管理的目标及步骤,为从整体上对河流水文情势进行分析奠定了基础。本书采用 IHA 指标分析研究水利工程对下游水文变异的影响。

1. 水文变异研究方法

水文变异指标法(IHA)是评估河流生态水文变异的方法,IHA 主要是以水文情势的流量、时间、频率、历时和变化率 5 种基本特征为基础,根据其统计特征划分为 5 组,33 个指标(表 7.4)。IHA 各组参数与河流生态系统的关系见表 7.5。

表 7.4　水文变异指标及参数特征

组别	内容	特性	指标序号	IHA
第 1 组	各月流量	量	1~12	各月份流量平均值
第 2 组	年极端流量	频率	13~22	年最大和最小 1 d、3 d、7 d、30 d、90 d 流量值
		历时	23~24	断流天数、基流指数
第 3 组	年极端流量发生时间	时间	25~26	年最大、最小流量发生时间
第 4 组	高、低流量的频率及延时	频率	27~28	每年发生低流量、高流量的次数
		延时	29~30	低流量、高流量平均延时
第 5 组	流量变化改变率及频率	频率	31~32	流量平均减少率、增加率
		变化率	33	每年流量逆转次数

表 7.5　IHA 的各组参数及其对河流生态系统的影响

组别	河流生态系统的影响
第 1 组	满足水生生物的栖息要求、植物对土壤含水量的要求、具有较高可靠度的陆地生物的水需求、食肉动物的迁徙需求及水温、含氧量的影响
第 2 组	满足植被扩张、河流河道地貌和自然栖息地的构建,河流和滞洪区的养分交换,湖、池塘、滞洪区的植物群落分布的需要
第 3 组	满足鱼类的洄游产卵、生命体的循环繁衍、生物繁殖期的栖息地条件、物种的进化需要
第 4 组	产生植被所需的土壤湿度的频率和大小,满足滞洪区对水生生物的支持,泥沙运输、河道结构、底层扰动等的需要
第 5 组	导致植物的干旱,促成岛上、滞洪区的有机物的诱捕,低速生物体的干燥胁迫等行为

RVA 是在 IHA 的基础上,以详细的流量数据来确定变化前后河流流量的状态,以便分析河流变化前后的改变程度,可按以下步骤进行评估:

(1)以变化前的日流量资料计算 33 个 IHA 指标特征值;

(2)依据上一步的计算结果定义各个 IHA 指标的 RVA 目标范围,本章选取各指标

变前发生概率 75% 及 25% 的值作为 RVA 目标范围;

（3）以变化后的日流量资料计算 33 个 IHA 指标特征值;

（4）以步骤 2 所得的 RVA 阈值来评判变化后河流水文情势的改变程度,确定其影响,并以整体水文改变度表征。水文改变度的定义如下:

$$D_i = \left| \frac{Y_{0i} - Y_f}{Y_f} \right| \times 100\% \tag{7.1}$$

式中:D_i 为第 i 个 IHA 的水文改变度;Y_{0i} 为第 i 个 IHA 在变化后仍落于 RVA 阈值内的年数;Y_f 为变化后 IHA 预期落于 RVA 阈值内的年数。一般定义若 D_i 介于 $0 \sim 33\%$,属于低度改变;D_i 在 $33\% \sim 67\%$,属于中度改变;D_i 在 $67\% \sim 100\%$,属于高度改变。

上述的 33 个 IHA 指标对变化前后的响应程度不一样,需对河流的水文情势改变程度进行整体的评估。整体水文特性改变情况用整体水文改变度 D_0 表示,具体评估方式如下。

当 33 个 IHA 指标均为低度改变时则归类为整体低度改变:

$$D_0 = \frac{1}{33} \sum_{i=1}^{33} D_i \tag{7.2}$$

当至少有 1 个 IHA 属于中度改变,但无任何 IHA 属于高度改变时,则归类为整体中度改变:

$$D_0 = 33\% + \frac{1}{33} \sum_{i=1}^{N_m} (D_i - 33\%) \tag{7.3}$$

式中:N_m 为属于中度改变的 IHA 个数。

当至少有 1 个 IHA 属于高度改变时,则归类为整体高度改变:

$$D_0 = 67\% + \frac{1}{32} \sum_{i=1}^{N_h} (D_i - 67\%) \tag{7.4}$$

式中:N_h 为属于高度改变的 IHA 个数。

2. 水平年划分

长江三峡上游干支流水库众多(图 7.14),本章根据长江上游径流特性,选择调节性能较大的水库作为研究对象。本章中上游水库的选择,在库容方面,选择单个水库调节库容大于 5×10^8 m³ 的大型水库为研究对象;在运行时间上,重点考虑 2015 年以前建成并投入运行的水库,2015 年以后建成的水库,因为变数太多,仅考虑长江流域综合规划中推荐的近期开发水库。

根据上述原则,选择雅砻江两河口、锦屏一级、二滩,金沙江乌东德、白鹤滩、溪洛渡、向家坝,岷江紫坪铺,大渡河瀑布沟、双江口,白龙江宝珠寺,嘉陵江亭子口,乌江洪家渡、乌江渡、构皮滩、彭水等水库作为研究对象。

目前,上游水库还尚未全部建成,现阶段上游仅有已建成的水库在运行,同时在建水库也将陆续建成投产,其中多数在建水库均在 2015 年左右完工,而拟建水库的建设及完工投产时间则更要靠后,因此,应对已建水库、在建水库及拟建水库根据其投产的时间做适当区分。

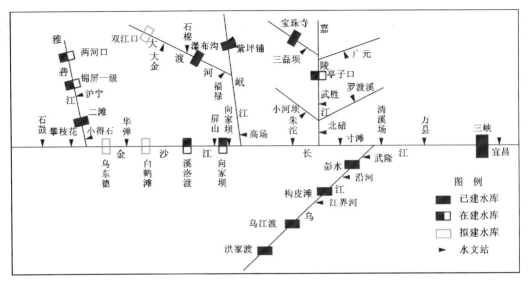

图 7.14　长江上游主要水库示意图

本章为区分已建、在建和拟建水库的投产时间的不同,按水库的建成情况划分为三个水平年,分别为 2015 水平年和远景水平年,各水平年考虑的水库建成情况见表 7.6。

表 7.6　不同水平年分析计算的水库

水库名称	是否参与分析计算	
	2015 水平年	远景水平年
二滩	√	
紫坪铺	√	
瀑布沟	√	
宝珠寺	√	
洪家渡	√	
乌江渡	√	
亭子口	√	
构皮滩	√	
彭水	√	
锦屏一级	√	
溪洛渡	√	
向家坝	√	
两河口		√
乌东德		√
白鹤滩		√
双江口		√

1）2015 水平年

2015 水平年包括建水库二滩、紫坪铺、瀑布沟、宝珠寺、洪家渡、乌江渡、亭子口、构皮滩、彭水（2013 年蓄水）及在建水库锦屏一级、溪洛渡、向家坝。

2）远景水平年

在 2015 水平年基础上，增加两河口、乌东德、白鹤滩、双江口水库。

3.径流调节计算模型

通过建立模型模拟上游各梯级水库的蓄水运行，得到不同水平年经上游水库调节后的下游控制站径流，进而分析上游水库运行对下游水文变异的影响。径流调节采用长江水利委员会水文局具有自主知识产权的"水库群水量联合调度模型软件 1.0"（软件著作权登记号 2013SRO22296）进行计算，模型主要结构如下。

1）模型计算思路

模型的计算步骤如下。计算思路见图 7.15。

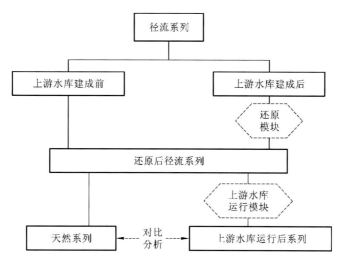

图 7.15　径流影响模型计算流程

第一步，模型首先对受水库调蓄影响的实测径流系列进行还原，还原得到各控制站和水库坝址处的天然径流系列。

第二步，上游各支流的最上游水库对其坝址处的天然径流进行调节，按其调度规则进行常规调度运行，可得各水库调度运行后的径流系列，运行后的径流系列逐级向下演算到下级水库，再经下级水库调度运行，如此逐级运行，最后得到各干支流控制站经上游水库调节后的径流系列。

第三步，将各控制站天然径流系列和经上游水库调蓄后的径流系列进行对比，分析上游水库运行对下游水文变异的影响。

需要指出的是，远景水平年新增运行水库的设计工作目前还未全部完成，水库的调度参数尤其是调度图等也未完成，因此在模型中对远景水平年拟建水库采用简化方法处理。

2）模型结构

模型主要由还原、上游水库运行、径流演算、三峡水库运行模块组成,模型的结构见图 7.16。

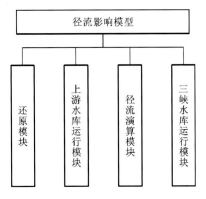

图 7.16　模型结构图

（1）径流还原模块

由于三峡上游已建成一些大型水库,这些水库的运行改变了所在河道的径流天然情况,为使分析计算的径流系列具有一致性,需对径流进行还原。

本模块还原计算主要是根据水库的坝上水位和出库、入库流量,用水库的水量平衡方程计算水库的逐日(或逐候)蓄变量,具体见式(7.5):

$$Q_入 = Q_出 + \frac{\Delta W}{\Delta t} + \frac{\Delta W_损}{\Delta t} + Q_引 \tag{7.5}$$

式中:$Q_入$ 为时段水库平均入库流量;$Q_出$ 为时段水库平均出库流量;$Q_引$ 为时段水库平均引入或引出的流量;ΔW 为 Δt 时段内水库的蓄水量变化值;$\Delta W_损$ 为 Δt 时段内水库的损失水量(包括蒸发、渗漏量);Δt 为时段长。

本次为简化计算,不考虑水库的损失水量 $\Delta W_损$,因此有

$$\Delta W = V(Z_{t+1}) - V(Z_t) \tag{7.6}$$

式中:Z_t、Z_{t+1} 分别为 t 时段初和时段末的水库水位;$V(Z_t)$、$V(Z_{t+1})$ 则分别为 t 时段初和时段末的水库库容。

记 $\Delta Q = \dfrac{\Delta W}{\Delta t}$ 为水库平均蓄水流量,则有

$$\Delta Q = \frac{\Delta W}{\Delta t} = Q_入 - Q_出 - Q_引 \tag{7.7}$$

当不考虑水库引水流量时,ΔQ 为正表示水库蓄水,ΔQ 为负表示水库在利用调节库容加大下泄流量。

（2）上游水库调度运行模块

三峡上游水库调度运行模块的功能是模拟上游水库的正常调度运行,根据各个水库的调度图和各水库的坝址径流模拟水库的运行,计算水库运行后的逐时段水库蓄水量变化及对天然径流的改变量。模块在模拟水库调度运行时,根据时段初水库水位和时段内

水库来水严格按照水库的调度图进行操作,由于模拟时段较长,模块中未考虑水库的防洪调度操作。

同时,在本章中,所有水库运行均是按照调度图的常规运行,均不考虑各水库在特殊情况下的应急调度。

（3）径流演算模块

不论是还原计算中各水库的蓄变量,还是上游水库模拟调度后的径流,都需要向下游演算到下级水库或控制站,才能得到下游控制站或水库还原后的径流和受上游水库调节后的径流。

径流演算模块主要用来模拟上游水库或控制站径流到下游的演算。本节的计算时段较长,且为长系列操作,具有相当长的时间跨度,既有汛期又有枯季。目前,枯水期径流演算的研究相对较少,与汛期洪水的演进相比,方法尚不成熟。本次采用简化办法处理,只考虑两站之间的传播时间,然后对径流过程进行简单平移,不考虑坦化和变形,将经平移后的上游流量加上区间流量作为下游流量。传播时间的确定以蓄水期 9～10 月的流量及流速作为主要依据,由于本节对水库的模拟调度的时段长为候,因此分析的传播时间相对也较粗,以日为单位。经分析后,本节计算所考虑的上游水库到各支流控制站及宜昌站的传播时间如下。

岷江:瀑布沟水库到高场的传播时间为 2 d,紫坪铺水库到高场的传播时间也为 2 d,高场到三峡水库的传播时间为 3 d。

金沙江:二滩水库到乌东德水库的传播时间为 1 d,乌东德水库到溪洛渡水库的传播时间为 2 d,溪洛渡水库到向家坝水库的传播时间为 1 d,向家坝水库到三峡水库的传播时间为 3 d。

嘉陵江:宝珠寺水库到亭子口水库的传播时间为 1 d,亭子口到北碚的传播时间为 3 d,北碚站到三峡水库的传播时间为 1 d。

乌江:洪家渡水库到乌江渡水库的传播时间为 1 d,乌江渡水库到构皮滩水库的传播时间为 1 d,构皮滩水库到彭水的传播时间为 1 d,彭水到武隆的传播时间较短,不做考虑,武隆到三峡水库的传播时间为 1 d。

图 7.17～图 7.19 为编制模型的用户主界面,分别为模型主界面、水库运行结果界面和控制站受上游水库运行影响后径流结果界面。

（4）模型计算系列和计算时段

长江上游水库较多,各支流各控制站和水库设计依据站的观测系列长短不一致,最短的从 1955 年开始,且有缺测年份。以各站同步的 1955～2013 年系列进行模拟计算,对个别站缺测年份的径流采用上下游径流或该站的水位进行插补。因此,本章中所指的水库运行后的径流系列均指的是 1955～2013 年。

在径流影响模拟中,计算时段以候为控制,在模拟各水库运行时,均根据水库逐候候初水位和该候来水按调度图运行相应的调度操作。

4. 三峡水库入库径流水文变异

为分析三峡以上大型水库对三峡水库入库径流水文变异的影响,采用宜昌站径流代表三峡水库入库径流,三个水平年均不考虑三峡水库调蓄作用。

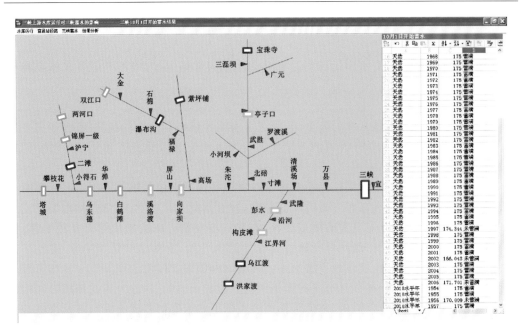

图 7.17　模型主界面

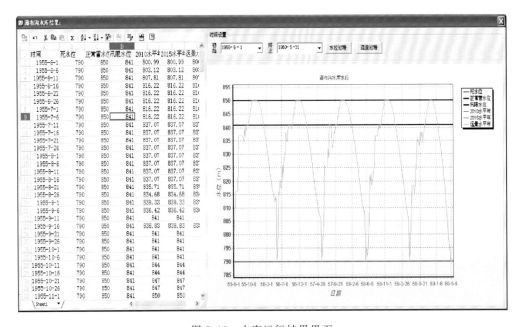

图 7.18　水库运行结果界面

不同水平年下宜昌站 9～11 月平均流量见表 7.7,9～11 月平均流量相对天然情况的逐年差值过程见图 7.20。水库运行后 9～11 月平均流量有不同程度的减少,2015 水平年 9～11 月平均流量为 15 800 m³/s,比天然情况减少 1 400 m³/s,减幅 8.6%;远景水平年 9～11 月平均流量为 14 500 m³/s,比天然情况减少 2 700 m³/s,减幅 16%。

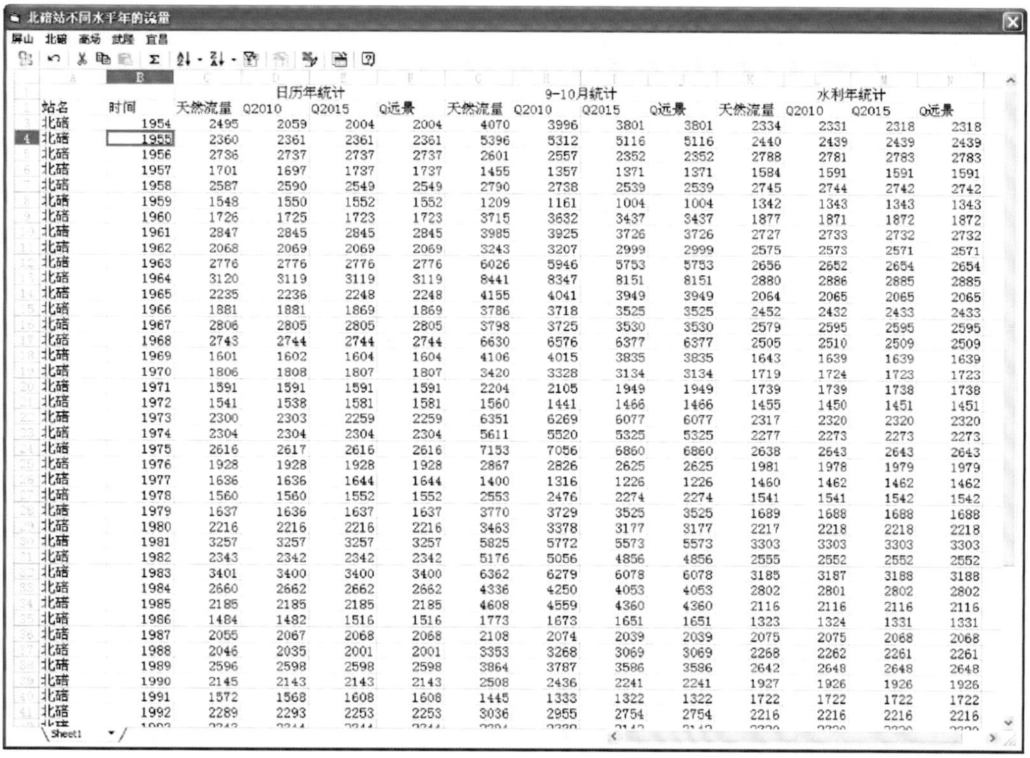

站名	时间	日历年统计 天然流量	日历年统计 Q2010	日历年统计 Q2015	日历年统计 Q远景	9-10月統计 天然流量	9-10月統计 Q2010	9-10月統计 Q2015	9-10月統计 Q远景	水利年統计 天然流量	水利年統计 Q2010	水利年統计 Q2015	水利年統计 Q远景
北碚	1954	2495	2059	2004	2004	4070	3996	3801	3801	2334	2331	2318	2318
北碚	1955	2360	2361	2361	2361	5396	5312	5116	5116	2440	2439	2439	2439
北碚	1956	2736	2737	2737	2737	2601	2557	2352	2352	2788	2781	2783	2783
北碚	1957	1701	1697	1737	1737	1455	1357	1371	1371	1584	1591	1591	1591
北碚	1958	2587	2590	2549	2549	2790	2738	2539	2539	2745	2744	2742	2742
北碚	1959	1548	1550	1552	1552	1209	1161	1004	1004	1342	1343	1343	1343
北碚	1960	1726	1725	1723	1723	3715	3632	3437	3437	1877	1871	1872	1872
北碚	1961	2847	2845	2845	2845	3985	3925	3726	3726	2727	2733	2732	2732
北碚	1962	2068	2069	2069	2069	3243	3207	2999	2999	2575	2573	2571	2571
北碚	1963	2776	2776	2776	2776	6026	5946	5753	5753	2656	2652	2654	2654
北碚	1964	3120	3119	3119	3119	8441	8347	8151	8151	2880	2886	2885	2885
北碚	1965	2235	2236	2248	2248	4155	4041	3949	3949	2064	2065	2065	2065
北碚	1966	1881	1881	1869	1869	3786	3718	3525	3525	2452	2432	2433	2433
北碚	1967	2806	2805	2805	2805	3798	3725	3530	3530	2579	2595	2595	2595
北碚	1968	2743	2744	2744	2744	6630	6576	6377	6377	2505	2510	2509	2509
北碚	1969	1601	1602	1604	1604	4106	4015	3835	3835	1643	1639	1639	1639
北碚	1970	1806	1808	1807	1807	3420	3328	3134	3134	1719	1724	1723	1723
北碚	1971	1591	1591	1591	1591	2204	2105	1949	1949	1739	1739	1738	1738
北碚	1972	1541	1538	1581	1581	1560	1441	1466	1466	1455	1450	1451	1451
北碚	1973	2300	2303	2259	2259	6351	6269	6077	6077	2317	2320	2320	2320
北碚	1974	2304	2304	2304	2304	5611	5520	5325	5325	2277	2273	2273	2273
北碚	1975	2616	2617	2616	2616	7153	7056	6860	6860	2638	2643	2643	2643
北碚	1976	1928	1928	1928	1928	2867	2826	2625	2625	1981	1978	1979	1979
北碚	1977	1636	1636	1644	1644	1400	1316	1226	1226	1460	1462	1462	1462
北碚	1978	1560	1560	1552	1552	2553	2476	2274	2274	1541	1541	1542	1542
北碚	1979	1637	1636	1637	1637	3770	3729	3525	3525	1689	1688	1688	1688
北碚	1980	2216	2216	2216	2216	3463	3378	3177	3177	2217	2218	2218	2218
北碚	1981	3257	3257	3257	3257	5825	5772	5573	5573	3303	3303	3303	3303
北碚	1982	2343	2342	2342	2342	5176	5056	4856	4856	2555	2552	2552	2552
北碚	1983	3401	3400	3400	3400	6362	6279	6078	6078	3185	3187	3188	3188
北碚	1984	2660	2662	2662	2662	4336	4250	4053	4053	2802	2801	2802	2802
北碚	1985	2185	2185	2185	2185	4608	4559	4360	4360	2116	2116	2116	2116
北碚	1986	1484	1482	1516	1516	1773	1673	1651	1651	1323	1324	1331	1331
北碚	1987	2055	2067	2068	2068	2108	2074	2039	2039	2075	2075	2068	2068
北碚	1988	2046	2035	2001	2001	3353	3268	3069	3069	2268	2262	2261	2261
北碚	1989	2596	2598	2598	2598	3864	3787	3586	3586	2642	2648	2648	2648
北碚	1990	2145	2143	2143	2143	2508	2436	2241	2241	1927	1926	1926	1926
北碚	1991	1572	1568	1608	1608	1445	1333	1322	1322	1722	1722	1722	1722
北碚	1992	2289	2293	2253	2253	3036	2955	2754	2754	2216	2216	2216	2216

图 7.19　控制站受上游水库运行影响后径流结果界面

表 7.7　宜昌站不同水平年 9～11 月份平均流量　（单位：m^3/s）

年份	天然	2015 年水平年	远景水平年	年份	天然	2015 年水平年	远景水平年
1955	17 800	16 300	15 000	1985	19 300	18 000	16 700
1956	15 400	13 900	12 600	1986	17 100	15 600	14 300
1957	13 700	12 500	11 200	1987	18 500	17 300	16 000
1958	16 500	14 800	13 500	1988	20 800	19 200	18 000
1959	11 500	10 300	9 000	1989	19 900	18 600	17 300
1960	16 900	15 600	14 300	1990	18 000	16 700	15 400
1961	16 900	14 900	13 700	1991	16 000	14 700	13 400
1962	17 200	15 800	14 500	1992	12 900	11 500	10 200
1963	20 700	19 300	18 000	1993	20 500	19 000	17 700
1964	25 600	24 100	22 900	1994	15 100	13 000	11 700
1965	22 300	20 900	19 700	1995	15 900	14 300	13 000
1966	21 500	20 300	19 000	1996	14 200	12 800	11 600
1967	17 400	15 900	14 600	1997	11 500	10 100	8 900
1968	22 200	20 900	19 600	1998	16 700	15 300	14 000

续表

年份	天然	2015年水平年	远景水平年	年份	天然	2015年水平年	远景水平年
1969	17 600	16 100	14 800	1999	18 700	17 200	16 000
1970	16 000	14 600	13 300	2000	19 700	18 200	17 000
1971	16 300	15 100	13 900	2001	20 400	18 900	17 700
1972	13 300	11 700	10 400	2002	10 200	9 000	7 800
1973	19 400	17 900	16 600	2003	17 500	16 200	14 900
1974	22 000	20 500	19 300	2004	18 000	16 400	15 100
1975	19 400	17 700	16 400	2005	16 700	15 400	14 100
1976	16 100	14 600	13 300	2006	11 200	9 200	8 000
1977	14 900	13 400	12 200	2007	15 400	13 700	12 500
1978	14 300	12 800	11 600	2008	19 500	17 800	16 500
1979	20 900	19 400	18 200	2009	12 800	11 300	10 100
1980	20 400	19 000	17 800	2010	15 000	13 400	12 100
1981	17 300	15 800	14 600	2011	13 200	11 900	10 600
1982	20 500	18 900	17 600	2012	17 100	15 100	14 000
1983	19 100	17 600	16 300	2013	12 400	10 600	9 200
1984	16 300	14 900	13 600	平均	17 200	15 800	14 500

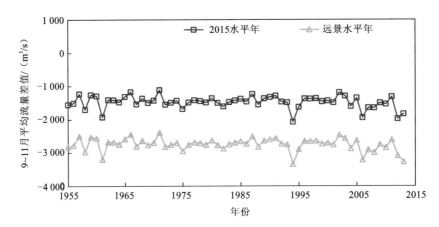

图 7.20　宜昌站不同水平年 9～11 月平均流量与天然情况的差值过程

图 7.21～图 7.24 为各代表不同情形下宜昌站逐候流量对比。在 2015 水平年和远景水平年,随着溪洛渡、向家坝、锦屏一级、构皮滩、彭水、乌东德、白鹤滩等水库的陆续投产运行,影响逐步加大,在远景水平年,偏丰年份水库运行后的 9～11 月平均流量比天然情况偏小 14.4% 左右,而特枯年份的偏小量则达到了 28.6%。

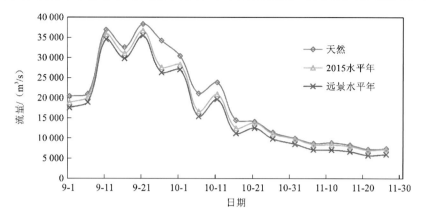

图 7.21　宜昌站偏丰年(1973 年)9～11 月逐候流量过程

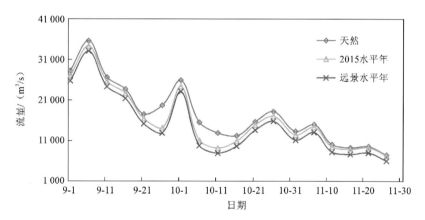

图 7.22　宜昌站平水年(1969 年)9～11 月逐候流量过程

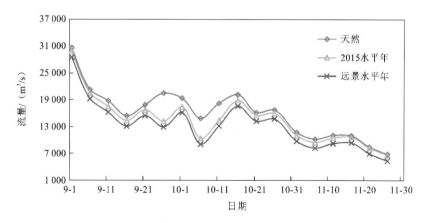

图 7.23　宜昌站偏枯年(1976 年)9～11 月逐候流量过程

宜昌站不同水平年水文变异 RVA 计算成果见表 7.8。可以看出,2015 水平年、远景水平年整体水文改变度分别为 72.5%、74.3%,两个水平年均属于高度改变。

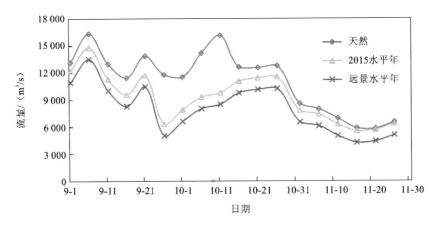

图 7.24　宜昌站特枯年(2006 年)9～11 月逐候流量过程

表 7.8　宜昌站不同水平年水文变异 RVA 计算结果表　　　　（单位：%）

组别	IHA 因子	参数	2015 水平年	远景水平年
第 1 组	1	1 月平均流量	96.7	96.7
	2	2 月平均流量	96.7	96.7
	3	3 月平均流量	63.3	83.3
	4	4 月平均流量	43.3	56.7
	5	5 月平均流量	0.0	0.0
	6	6 月平均流量	3.3	10.0
	7	7 月平均流量	6.7	10.0
	8	8 月平均流量	6.7	13.3
	9	9 月平均流量	6.7	13.3
	10	10 月平均流量	3.3	10.0
	11	11 月平均流量	6.7	3.3
	12	12 月平均流量	10.0	80.0
第 2 组	13	年最大 1 候流量	3.3	0.0
	14	年最大 3 候流量	6.7	20.0
	15	年最大 7 候流量	10.0	3.3
	16	年最大 30 候流量	13.3	30.0
	17	年最小 1 候流量	93.3	96.7
	18	年最小 3 候流量	96.7	96.7
	19	年最小 7 候流量	96.7	96.7
	20	年最小 30 候流量	66.7	90.0
	21	基流指数	96.8	100.0

续表

组别	IHA 因子	参数	2015 水平年	远景水平年
第 3 组	22	最小流量出现时间	42.9	66.7
	23	最大流量出现时间	4.5	4.5
第 4 组	24	低流量次数	13.3	13.3
	25	低流量持续时间	3.3	0.0
	26	高流量次数	4.3	17.4
	27	高流量持续时间	26.7	36.7
第 5 组	28	年均候间落水率	23.3	20.0
	29	年均候间涨水率	10.0	13.3
	30	反转数	68.2	63.6
整体水文变异			72.5	74.3

7.4　三峡水库运行对长江中下游江湖水情的影响

7.4.1　流量演算模型

1. 模型概述

本节采用 DHI Mike11 软件,利用长江中下游干支流河道断面数据及主要控制站 2003～2013 年实测水位、流量资料,建立长江中下游流量演算模型,模拟三峡水库调度运行对长江中下游水文情势的影响。

1）软件简介

DHI Mike 软件是水资源研究领域广泛应用的软件。功能涉及降雨产流、河流水力学演算、城市供水系统、河口近海二维模拟、深海三维模拟等领域,横跨水动力、水环境、生态系统、水资源管理、城市供水除涝等学科,包含了水资源、海洋模型软件 Mike 11、Mike 21、MikeBasin、MikeShe,以及城市水问题模型软件 MikeMouse 和 MikeNet。

Mike 11 是动态模拟河流、水道水力和水环境的国际标准,主要包含以下几个功能模块。

(1) 水动力学模块(HD):采用有限差分格式对圣维南方程组进行数值求解,模拟水文特征值(水位和流量)。

(2) 降雨径流模块(RR):对降雨产流和汇流进行模拟,包括 NAM、UHM、URBAN、SMAP 模型。

(3) 对流扩散模块(AD):模拟污染物质在水体中的对流扩散过程。

(4) 水质模块(WQ):对各种水质生化指标进行物理的、生化的过程模拟。可进行富营养化过程,细菌及微生物、重金属物质迁移等模拟。

(5) 泥沙输运模块(ST):对泥沙在水中的输移现象进行模拟,研究河道冲淤状况。

2）计算方法

本节主要利用 Mike11 软件的 HD 模块和 RR 模块中的 NAM 模型。

HD 模块是基于全解圣维南方程组的 6 点中心隐格式（Abbott-Ionescu）有限差分模型进行完全水动力学模拟计算，利用 HD 模块完成宜昌—枝城—沙市—螺山—汉口—九江河道流量演算，添加洞庭湖区三口、四水河网，模拟洞庭湖区和长江干流的水量交换过程。

NAM 模型是一个确定性的概念性集总模型，由一系列简单定量形式描述水文循环中各种陆相特征的连续模拟模型组成。利用 NAM 模型主要完成长江中游从宜昌站到大通站 22 个子流域降雨产流的计算。

3）模型设置

长江中游流量演算模型涉及长江干流、清江、汉江、洞庭湖、鄱阳湖等重要干支流，江湖关系较复杂。河道地形、水文数据处理量大，模型建立及调试较难，故本节模拟范围为长江干流宜昌站到大通站河道，长约 1 095 km。

（1）河网概化。长江干流宜昌站至大通站河段，支流包括清江、湘江、资江、沅江、澧水、洞庭湖区、汉江、鄱阳湖区、昌江、饶河、信江、抚河、赣江、修水等一级支流，三口松滋河、虎渡河、藕池河等分流口及其二级支流，见图 7.25。未控区间分为 22 个子流域进行降雨产流计算作为旁侧入流，概况见表 7.9。

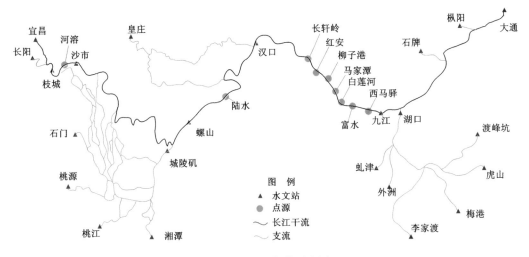

图 7.25　河网概化示意图

表 7.9　22 个子流域概况表

编号	子流域	面积/km²	汇入河流
1	西洞庭	777.00	洞庭湖
2	南洞庭	893.00	洞庭湖
3	东洞庭	1 703.00	洞庭湖
4	新墙河	2 385.00	洞庭湖

编号	子流域	面积/km²	汇入河流
5	汨罗河	5 566.00	洞庭湖
6	涴水	1 740.50	松滋河
7	清江	4 019.60	长江干流
8	澧水	3 437.70	澧水
9	沅江	5 193.00	沅江
10	资江	1 483.70	资江
11	湘江	1 230.80	湘江
12	沙市北	6 111.46	长江干流
13	螺山南	3 191.40	长江干流
14	通顺河	1 627.10	长江干流
15	螺山武汉区间	7 488.51	汉江
16	汉北河	6 432.20	汉江
17	涢水	15 025.70	长江干流
18	梁子湖	6 490.60	长江干流
19	九江北	1 541.90	长江干流
20	九江南	1 864.70	长江干流
21	鄱阳湖区	28 630.00	鄱阳湖
22	九江大通区间	12 329.00	长江干流

（2）断面数据。宜昌站至九江干流河道长 1 095 km，采用 2012 年的河道断面资料，一共设置了 744 个断面，断面平均间距为 2 km 左右。支流作为点源汇入，故断面数量设置相对较少，但最少的断面不低于 3 个。

（3）边界条件。根据河网概化结果，模型边界一共有 16 个，其中宜昌站为上边界，大通站为下边界，区间有清江、湘江、资江、沅江、澧水、汉江、修水、赣江、抚河、信江、饶河、昌江、皖河、长河 14 个控制站作为区间点源入流。

另外，本次使用 RR 模块中降雨产流模型 NAM 模拟子流域内（表 7.9）的降雨径流过程。NAM 模型中输入数据为宜昌站—大通站流域范围内 22 个子流域各个雨量站点的 2003 年 1 月 1 日到 2013 年 12 月 31 日逐日雨量资料，以及同时段逐月潜在蒸散发时间序列，产生的径流作为旁侧入流进入到模型的河网中。

（4）糙率参数。根据各河段的河道形态及水位流量实测资料，针对不同水位将糙率分三段设置。例如，对于宜昌站，水位低于 40 m 时曼宁系数 n 设置为 0.028，在 40～49 m 时曼宁系数 n 设置为 0.025，高于 49 m 时曼宁系数 n 设置为 0.020。其他河段类似。不同河段分级糙率见表 7.10。

表 7.10 宜昌站至大通站干流不同河段分级糙率表

区间	低水位	中水位	高水位
宜昌—枝城	0.028	0.025	0.020
枝城—沙市	0.023~0.028	0.022~0.028	0.017~0.020
沙市—莲花塘站	0.028~0.037	0.026~0.037	0.018~0.024
莲花塘站—螺山	0.030~0.033	0.022~0.030	0.021~0.023
螺山—汉口	0.030~0.032	0.020~0.022	0.018~0.021
汉口—九江	0.028~0.030	0.020~0.022	0.018~0.021
九江—大通	0.029~0.032	0.020~0.022	0.018~0.021

4）宜昌站流量还原方法

根据三峡水库 2003 年 1 月 1 日～2013 年 12 月 31 日的实际调度运行资料,水库坝前水位、水库库容曲线及出库流量,采用水量平衡法反推入库流量。

5）模型技术路线

将宜昌站 2003 年 1 月 1 日～2013 年 12 月 31 日还原后的逐日平均流量资料作为模型的上边界条件,沿程加上各主要支流汇流和区间降雨产流,模拟干流、洞庭湖三口及城陵矶的流量过程。通过对比宜昌站实测、还原后流量过程作为 Mike 11 模型上边界条件时,各站模拟流量过程的变化,定量分析三峡水库运行对中下游干流流量的影响程度。

由于模型模拟过程中存在一定的系统误差,$Q_{实模}-Q_{还模}$ 可以将模拟系统误差消除掉,从而反映真实的三峡水库运行对中下游各站流量的影响。故本书采用的影响程度指标定义如下:

$$\text{Impact}=(Q_{实模}-Q_{还模})/Q_{还模}\times 100 \tag{7.8}$$

式中:$Q_{实模}$ 为宜昌站实测流量作为上边界输入时,中下游各站的模拟流量值;$Q_{还模}$ 为宜昌站还原后流量作为上边界输入时,中下游各站的模拟流量值。

为表述方便,本书在涉及模型模拟结果比较时,将宜昌站实测流量作为上边界条件的模拟称为还原前模拟,宜昌站还原后流量作为上边界条件的模拟称为还原后模拟。

2. 模型精度评价

1）评价指标

为量化评估模型模拟精度,本次采用 Nash-Sutcliffe 系数 NSE 和相对误差 RE (Relative error)两个指标评价流量过程模拟精度。

2）流量过程模拟精度

干流枝城站、沙市站、螺山站、汉口站的模拟与实测流量过程见图 7.26,干流四站模拟流量过程与实测过程非常吻合。洞庭湖区的荆江三口、城陵矶站的模拟与实测流量过程见图 7.27,三口及城陵矶站模拟流量过程与实测过程基本一致,但峰值有所差异。

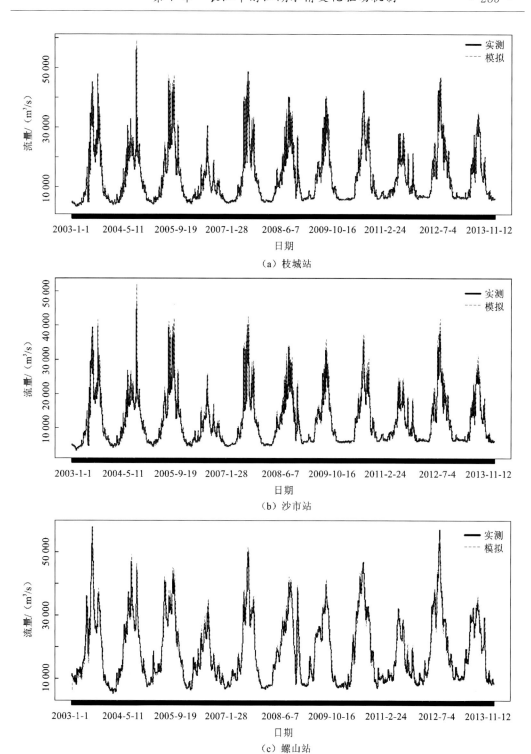

（a）枝城站

（b）沙市站

（c）螺山站

图 7.26　干流四站模拟与实测流量过程比较图

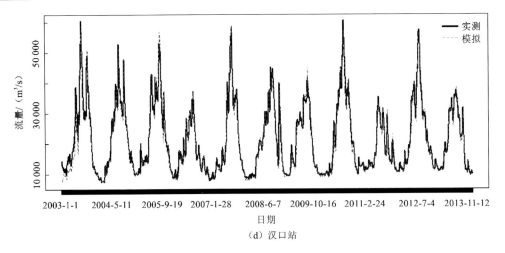

（d）汉口站

图 7.26　干流四站模拟与实测流量过程比较图（续）

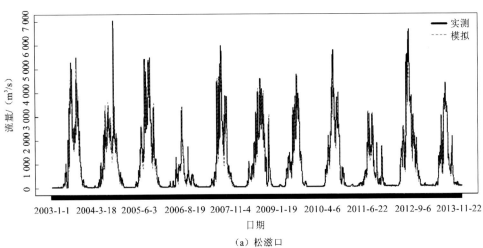

（a）松滋口

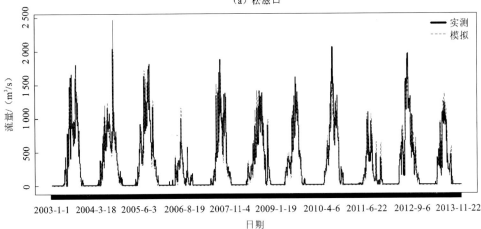

（b）太平口

图 7.27　荆江三口及城陵矶站模拟与实测流量过程比较图

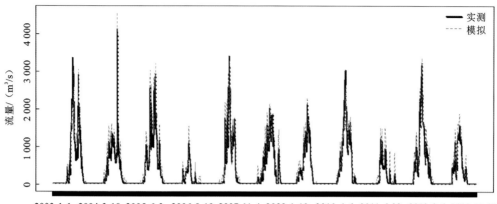

（c）藕池口

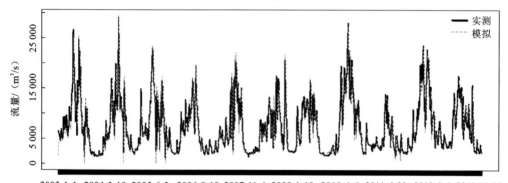

（d）城陵矶（七里山）站

图 7.27　荆江三口及城陵矶站模拟与实测流量过程比较图（续）

干流五站、荆江三口及城陵矶站逐年的 Nash 系数和平均相对误差统计结果见表 7.11 和表 7.12，可以看出，除城陵矶站 2012 年的 Nash 系数为 0.78 外，各个站点每年的 Nash 系数都高达 0.98 以上，每年的平均相对误差均在 0.1% 之内。

表 7.11　干流五站、荆江三口及城陵矶站日平均流量 Nash 系数统计表

年份	枝城站	沙市站	螺山站	汉口站	九江站	松滋口	太平口	藕池口	城陵矶（七里山）站
2003	1.00	1.00	1.00	1.00	1.00	1.00	1.00	1.00	1.00
2004	1.00	1.00	1.00	1.00	1.00	1.00	1.00	1.00	1.00
2005	1.00	1.00	1.00	1.00	1.00	1.00	1.00	1.00	1.00
2006	1.00	1.00	1.00	1.00	1.00	1.00	1.00	1.00	1.00
2007	1.00	1.00	1.00	1.00	1.00	1.00	1.00	1.00	1.00
2008	1.00	1.00	1.00	0.99	1.00	1.00	1.00	1.00	1.00

年份	枝城站	沙市站	螺山站	汉口站	九江站	松滋口	太平口	藕池口	城陵矶(七里山)站
2009	1.00	1.00	1.00	1.00	1.00	1.00	1.00	1.00	0.99
2010	1.00	1.00	0.99	1.00	1.00	1.00	1.00	1.00	1.00
2011	1.00	1.00	0.99	0.99	1.00	1.00	1.00	1.00	1.00
2012	1.00	1.00	0.99	1.00	1.00	1.00	1.00	1.00	0.78
2013	1.00	1.00	1.00	1.00	0.98	1.00	1.00	1.00	1.00

表 7.12　干流五站、荆江三口及城陵矶站逐年日均流量平均相对误差表　　单位:%

年份	枝城站	沙市站	螺山站	汉口站	九江站	松滋口	太平口	藕池口	城陵矶(七里山)站
2003	0.00	−0.01	0.00	−0.01	−0.01	0.00	0.00	0.00	0.01
2004	0.00	0.00	0.00	0.00	0.01	0.00	0.00	0.00	0.01
2005	−0.01	−0.01	0.00	−0.01	0.01	0.00	0.00	0.00	0.00
2006	−0.01	0.00	0.00	0.00	0.00	0.00	0.00	0.00	0.00
2007	0.00	0.00	0.00	−0.01	0.00	0.00	0.00	0.00	0.00
2008	−0.01	0.00	−0.01	0.00	−0.01	0.00	0.00	0.00	0.00
2009	0.00	−0.01	0.00	0.00	0.01	0.00	0.00	0.00	0.02
2010	0.00	0.00	0.01	0.00	0.01	0.00	0.00	0.00	0.00
2011	−0.01	0.00	0.00	0.00	0.00	−0.01	0.00	0.00	−0.01
2012	0.00	0.00	−0.01	−0.01	0.01	−0.02	0.00	0.00	−0.04
2013	0.00	0.01	0.00	0.00	0.02	−0.01	0.00	0.00	0.01

3）洪峰及峰现时间精度

干流五站、荆江三口和城陵矶站的洪峰流量及峰现时间见表 7.13～表 7.20。

表 7.13　枝城站逐年实测洪峰流量及峰现时间与模拟值比较表

年份	实测日期(月-日)	模拟日期(月-日)	实测流量/(m³/s)	模拟流量/(m³/s)	相对误差/%
2003	9-4	9-4	47 900	47 300	−1.25
2004	9-9	9-9	56 900	59 100	3.87
2005	7-11	7-11	45 500	47 700	4.84
2006	7-10	7-10	30 400	30 000	−1.32
2007	7-31	7-31	48 700	47 900	−1.64
2008	8-17	8-17	40 200	38 600	−3.98
2009	8-5	8-5	39 600	40 300	1.77
2010	7-27	7-27	42 200	42 300	0.24
2011	8-7	8-7	28 100	27 800	−1.07
2012	7-28	7-30	46 700	47 100	0.86
2013	7-20	7-20	34 300	35 100	2.33

表 7.14　沙市站逐年实测洪峰流量及峰现时间与模拟值比较表

年份	实测日期(月-日)	模拟日期(月-日)	实测流量/(m³/s)	模拟流量/(m³/s)	相对误差/%
2003	9-5	9-5	39 800	41 600	4.52
2004	9-9	9-9	47 000	52 000	10.64
2005	7-11	7-11	39 400	42 100	6.85
2006	7-11	7-11	25 300	25 900	2.37
2007	7-31	7-31	40 200	42 500	5.72
2008	8-17	8-17	33 800	34 200	1.18
2009	8-5	8-5	32 800	35 900	9.45
2010	7-27	7-27	35 600	37 500	5.34
2011	8-7	8-7	23 800	24 700	3.78
2012	7-30	7-30	38 500	41 900	8.83
2013	7-21	7-21	28 700	31 200	8.71

表 7.15　螺山站逐年实测洪峰流量及峰现时间与模拟值比较表

年份	实测日期(月-日)	模拟日期(月-日)	实测流量/(m³/s)	模拟流量/(m³/s)	相对误差/%
2003	7-14	7-14	57 900	57 600	−0.52
2004	7-24	7-24	47 100	49 400	4.88
2005	8-24	8-24	43 300	45 100	4.16
2006	7-20	7-20	33 800	35 300	4.44
2007	8-1	8-1	50 100	51 400	2.59
2008	8-21	8-21	40 400	42 200	4.46
2009	8-10	8-10	40 000	41 600	4.00
2010	7-30	7-30	46 900	46 300	−1.28
2011	6-29	6-29	32 200	31 500	−2.17
2012	7-29	7-29	57 100	54 100	−5.25
2013	7-25	7-25	35 000	36 100	3.14

表 7.16　汉口站逐年实测洪峰流量及峰现时间与模拟值比较表

年份	实测日期(月-日)	模拟日期(月-日)	实测流量/(m³/s)	模拟流量/(m³/s)	相对误差/%
2003	7-14	7-14	60 300	58 800	−2.49
2004	7-24	7-24	52 700	51 600	−2.09
2005	8-26	8-26	52 900	56 600	6.99
2006	7-21	7-21	37 300	36 700	−1.61
2007	8-4	8-4	57 900	58 800	1.55
2008	8-21	8-21	45 200	44 800	−0.88

年份	实测日期(月-日)	模拟日期(月-日)	实测流量/(m³/s)	模拟流量/(m³/s)	相对误差/%
2009	8-11	8-11	42 100	44 800	6.41
2010	7-28	7-28	60 300	57 100	−5.31
2011	6-30	6-30	35 200	33 200	−5.68
2012	7-29	7-29	57 400	56 500	−1.57
2013	7-25	7-25	37 600	38 400	2.13

表 7.17　松滋口逐年实测洪峰流量及峰现时间与模拟值比较表

年份	实测日期(月-日)	模拟日期(月-日)	实测流量/(m³/s)	模拟流量/(m³/s)	相对误差/%
2003	9-5	9-5	5 480	5 280	−3.65
2004	9-9	9-9	7 020	6 840	−2.56
2005	8-31	8-31	5 470	5 310	−2.93
2006	7-11	7-11	3 390	3 370	−0.59
2007	7-31	7-31	5 970	5 340	−10.55
2008	8-17	8-17	4 580	4 430	−3.28
2009	8-6	8-6	4 770	4 640	−2.73
2010	7-27	7-27	5 760	4 830	−16.15
2011	6-27	6-27	3 140	3 200	1.91
2012	7-30	7-30	6 640	5 260	−20.78
2013	7-21	7-21	4 370	4 070	−6.86

表 7.18　太平口逐年实测洪峰流量及峰现时间与模拟值比较表

年份	实测日期(月-日)	模拟日期(月-日)	实测流量/(m³/s)	模拟流量/(m³/s)	相对误差/%
2003	9-5	9-5	1 800	1 740	−3.33
2004	9-8	9-8	2 040	2 470	21.08
2005	8-31	8-31	1 810	1 770	−2.21
2006	7-10	7-10	1 000	1 160	16.00
2007	7-31	7-31	1 870	1 810	−3.21
2008	8-16	8-16	1 410	1 420	0.71
2009	8-5	8-5	1 610	1 470	−8.70
2010	7-27	7-27	2 060	1 520	−26.21
2011	7-9	7-9	1 090	1 070	−1.83
2012	7-29	7-29	1 960	1 770	−9.69
2013	7-21	7-21	1 240	1 370	10.48

表 7.19　藕池口逐年实测洪峰流量及峰现时间与模拟值比较表

年份	实测日期(月-日)	模拟日期(月-日)	实测流量/(m³/s)	模拟流量/(m³/s)	相对误差/%
2003	7-14	9-5	3 370	3 050	−9.50
2004	9-9	9-9	4 140	4 570	10.39
2005	9-1	9-1	2 930	3 210	9.56
2006	7-11	7-11	1 160	1 530	31.90
2007	7-31	7-31	3 410	3 260	−4.40
2008	8-18	8-18	2 030	2 130	4.93
2009	8-7	8-7	2 110	2 300	9.00
2010	7-28	7-28	3 040	2 650	−12.83
2011	6-28	6-28	1 210	1 500	23.97
2012	7-29	7-29	3 230	3 360	4.02
2013	7-21	7-21	1 560	1 870	19.87

表 7.20　城陵矶站逐年实测洪峰流量及峰现时间与模拟值比较表

年份	实测日期(月-日)	模拟日期(月-日)	实测流量/(m³/s)	模拟流量/(m³/s)	相对误差/%
2003	5-22	5-22	26 600	25 600	−3.76
2004	7-24	7-24	29 000	29 400	1.38
2005	6-9	6-9	22 900	23 400	2.18
2006	7-21	7-21	19 500	19 700	1.03
2007	7-29	7-29	20 400	22 100	8.33
2008	11-12	11-12	20 600	21 600	4.85
2009	7-9	7-9	16 600	16 900	1.81
2010	6-26	6-26	28 000	27 400	−2.14
2011	6-17	6-17	13 800	13 300	−3.62
2012	6-14	6-14	23 500	23 100	−1.70
2013	5-19	5-19	17 500	16 700	−4.57

　　干流各站和城陵矶站的逐年洪峰模拟值和实测值之间相对误差最大值不超过 10%。而荆江三口逐年实测洪峰模拟效果稍差,荆江三口都有个别年份模拟相对误差超过 15%,而太平口 2010 年,藕池口 2006 年甚至超过 25%。

　　干流各站从枝城站到汉口站的实测洪峰出现时间和模拟洪峰出现时间几乎完全吻合。三口和城陵矶站洪峰出现时间也是除了藕池口 2003 年有所差异(实测洪峰 7 月 14 日,模拟洪峰 9 月 5 日),其余各站各年洪峰出现时间完全一致。总体而言,干支流的洪峰流量和峰现时间模拟精度极高。

4)年平均流量模拟精度

　　干流六站、荆江三口及城陵矶 2003～2013 年逐年平均流量模拟值、实测值及其相对误差,分别见表 7.21 和表 7.22。

表 7.21 干流六站年平均流量模拟验证结果统计表

年份	年平均流量	宜昌站	枝城站	沙市站	螺山站	汉口站	九江站
2003	实测/(m³/s)	13 000	13 400	12 400	20 200	23 400	25 000
	模拟/(m³/s)	13 000	13 500	12 500	19 600	21 800	22 400
	相对误差/%	0.0	0.7	0.8	−3.0	−6.8	−10.4
2004	实测/(m³/s)	13 100	13 300	12 300	18 900	21 400	22 400
	模拟/(m³/s)	13 100	13 500	12 700	19 000	20 800	21 900
	相对误差/%	0.0	1.5	3.3	0.5	−2.8	−2.2
2005	实测/(m³/s)	14 600	14 400	13 400	20 400	23 600	24 300
	模拟/(m³/s)	14 600	15 000	14 000	20 600	23 200	24 300
	相对误差/%	0.0	4.2	4.5	1.0	−1.7	0.0
2006	实测/(m³/s)	9 030	9 290	8 860	14 700	16 900	17 100
	模拟/(m³/s)	9 030	9 330	9 140	15 100	16 600	17 600
	相对误差/%	0.0	0.4	3.2	2.7	−1.8	2.9
2007	实测/(m³/s)	12 700	13 300	12 000	18 000	20 500	21 100
	模拟/(m³/s)	12 700	13 100	12 300	18 300	20 100	21 300
	相对误差/%	0.0	−1.5	2.5	1.7	−2.0	0.9
2008	实测/(m³/s)	13 200	13 500	12 300	19 200	21 300	22 100
	模拟/(m³/s)	13 200	13 800	13 000	19 400	20 900	22 000
	相对误差/%	0.0	2.2	5.7	1.0	−1.9	−0.5
2009	实测/(m³/s)	12 100	12 800	11 700	17 600	19 900	20 500
	模拟/(m³/s)	12 100	12 600	11 900	17 700	19 700	21 000
	相对误差/%	0.0	−1.6	1.7	0.6	−1.0	2.4
2010	实测/(m³/s)	12 800	13 300	12 100	20 500	23 700	24 400
	模拟/(m³/s)	12 800	13 300	12 500	20 100	22 800	24 400
	相对误差/%	0.0	0.0	3.3	−2.0	−3.8	0.0
2011	实测/(m³/s)	10 800	11 400	10 600	14 800	17 400	17 500
	模拟/(m³/s)	10 800	11 200	10 800	15 100	17 300	18 400
	相对误差/%	0.0	−1.8	1.9	2.0	−0.6	5.1
2012	实测/(m³/s)	14 700	14 900	13 400	22 100	24 000	24 200
	模拟/(m³/s)	14 700	15 100	14 100	21 800	23 700	25 000
	相对误差/%	0.0	1.3	5.2	−1.4	−1.3	3.3
2013	实测/(m³/s)	11 900	12 100	11 200	18 100	20 200	20 000
	模拟/(m³/s)	11 900	12 200	11 700	18 200	19 800	21 300
	相对误差/%	0.0	0.8	4.5	0.6	−2.0	6.5

表 7.22　荆江三口及城陵矶站年平均流量模拟验证结果统计表

年份	荆江三口年平均流量			城陵矶站年平均流量		
	实测/(m³/s)	模拟/(m³/s)	相对误差/%	实测/(m³/s)	模拟/(m³/s)	相对误差/%
2003	1 800	1 830	1.7	8 510	7 910	−7.1
2004	1 660	1 710	3.0	7 370	7 090	−3.8
2005	2 040	2 080	2.0	7 660	7 500	−2.1
2006	579	551	−4.8	6 310	6 100	−3.3
2007	1 720	1 670	−2.9	6 640	6 610	−0.5
2008	1 670	1 770	6.0	7 130	7 100	−0.4
2009	1 410	1 420	0.7	6 400	6 270	−2.0
2010	1 790	1 700	−5.0	8 870	8 250	−7.0
2011	876	902	3.0	4 680	4 680	0.0
2012	2 070	2 030	−1.9	9 040	8 530	−5.6
2013	1 260	1 320	4.8	7 160	7 010	−2.1

可以看出,干流六站大部分年份的年平均流量误差很小,低于 5%,个别年份超过 5%。由于三口分流模拟效果的影响,沙市站的年平均流量模拟相对误差相对于其他站点较大,2012 年相对误差最大,为 5.2%。荆江三口和城陵矶站各年份年平均流量的模拟误差相对于干流六站稍大,大部分也在 5% 以内,最大为 7.1%。

3. 模型验证结论

本节模拟干流及洞庭湖区控制站的流量过程、洪峰流量及峰现时间,时段洪量与实测值相差不大,年平均流量误差较小,说明建立的一维水力学数学模型能够较好地模拟长江中游水文情势,能够为开展下一步工作使用。

7.4.2　对中游干流水文情势的影响

1. 对中游干流洪水的影响

根据流量演算模型模拟的干流宜昌站、枝城站、螺山站、汉口站等洪水过程,分析模拟的洪峰流量、时段洪量变化,分析三峡水库运行的影响。

1）对洪峰流量的影响

图 7.28 为长江中游干流控制站实测与还原后模拟流量过程图,可以看出,三峡水库进入试验性蓄水期前(2008 年 9 月之前),五站实测流量过程与还原后模拟结果吻合程度都非常好,说明水库运行对中下游影响不大;进入试验性蓄水期后,还原后模拟流量值高于实测值,说明三峡水库进入试验性蓄水期后,对中下游洪水过程影响有所增大。其中以宜昌站、枝城站、沙市站表现得尤为明显,对螺山站、汉口站的影响相对减少。

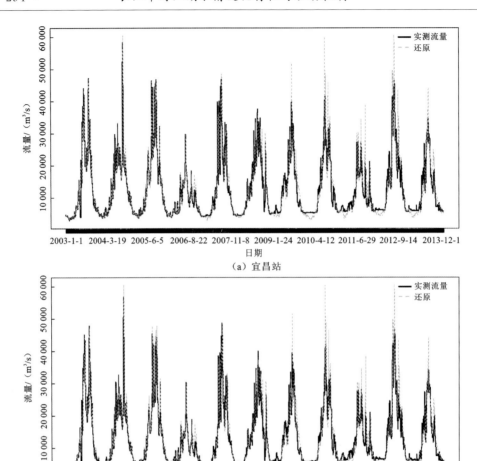

（a）宜昌站

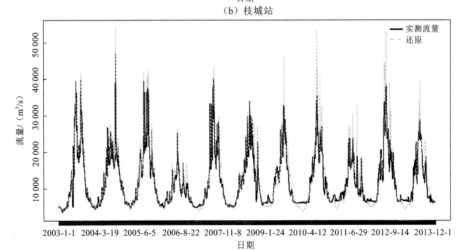

（b）枝城站

（c）沙市站

图 7.28　长江中游控制站实测与还原流量过程对比图

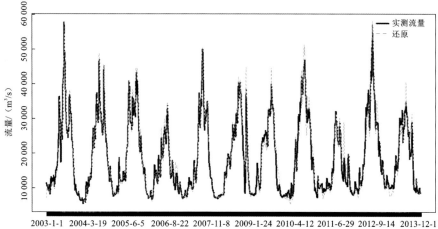

（d）螺山站

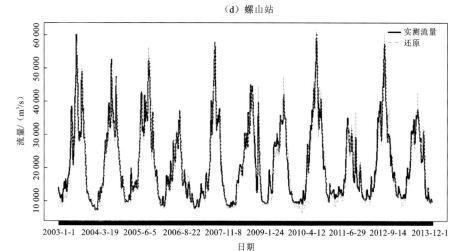

（e）汉口站

图 7.28　长江中游控制站实测与还原流量过程对比图（续）

　　统计各站实测洪峰流量、峰现时间并与还原流量值比较,分析三峡水库运行对中游控制站洪峰出现时间和洪峰流量值的影响程度。

　　宜昌站实测及模拟的年最大洪峰流量、峰现时间见表 7.23。可以看出,三峡水库围堰发电期、初期运行期对宜昌站的年最大洪峰流量影响较小,进入试验性蓄水期后,随着水库调节能力的增加和实施防洪应用,对宜昌站洪峰流量的改变较大,均超过 20%,最大值为 2010 年的 31.0%。此外,三峡水库围堰发电期、初期运行期对宜昌站年最大洪峰出现时间影响较小,仅 2004 年、2007 年相差 1 d,其余年份没有改变,但进入试验性蓄水期后,2009 年、2013 年峰现时间提前 2 d、3 d,2010 年、2012 年由于上游来水较大,水库拦蓄洪水,峰现时间分别滞后 5 d、4 d。2011 年由于主汛期上游来水量较小,年最大洪峰发生在蓄水期(9 月 22 日),洪峰被拦蓄后,出库流量为 27 400 m³/s,宜昌站实测峰现时间为 6 月 27 日。

表 7.23　宜昌站逐年实测与模拟洪峰流量、出现时间比较表

年份	洪峰出现日期(月-日)		洪峰流量/(m³/s)		减少程度/%
	实测	还原	实测	还原	
2003	9-4	9-4	47 300	47 300	0.00
2004	9-9	9-8	58 400	60 500	3.47
2005	8-31	8-31	46 900	47 200	0.64
2006	7-10	7-10	29 900	29 900	0.00
2007	7-31	8-1	46 900	48 500	3.30
2008	8-17	8-17	37 700	36 300	−3.86
2009	8-5	8-7	39 800	51 900	23.3
2010	7-27	7-22	41 500	60 100	31.0
2011	6-27	9-22	27 400	39 100	—
2012	7-30	7-26	46 500	60 700	23.4
2013	7-20	7-23	35 000	44 300	21.0

　　枝城站实测及模拟的年最大洪峰流量、峰现时间见表 7.24。可以看出,三峡水库围堰发电期、初期运行期对枝城的年最大洪峰流量影响较小,进入试验性蓄水期后,随着水库调节能力的增加和实施防洪应用,对枝城站洪峰流量的改变较大,均超过 20%,最大值为 2010 年的 30.1%。此外,三峡水库围堰发电期、初期运行期对枝城站年最大洪峰出现时间影响较小,仅 2007 年相差 1 d,其余年份没有改变,但进入试验性蓄水期后,2009 年、2013 年峰现时间提前 2 d、3 d,2010 年、2012 年由于上游来水较大,水库拦蓄洪水,峰现时间分别滞后 5 d、2 d。2011 年由于主汛期上游来水量较小,年最大洪峰发生在蓄水期(9 月 22 日),洪峰被拦蓄后,枝城站实测峰现时间为 8 月 6 日。

表 7.24　枝城站逐年实测与模拟洪峰流量、出现时间比较表

年份	洪峰出现日期(月-日)		洪峰流量/(m³/s)		减少程度/%
	实测	还原	实测	还原	
2003	9-4	9-4	47 900	47 200	0.00
2004	9-9	9-9	56 900	60 700	2.80
2005	7-11	8-31	45 500	47 800	—
2006	7-10	7-10	30 400	30 000	0.00
2007	7-31	8-1	48 700	49 100	2.44
2008	8-17	8-17	40 200	37 200	−3.76
2009	8-5	8-8	39 600	51 600	21.9
2010	7-27	7-22	42 200	60 500	30.1
2011	8-6	9-22	28 100	38 500	—
2012	7-28	7-26	46 700	60 700	22.4
2013	7-20	7-23	34 300	44 400	21.0

　　沙市站实测及模拟的年最大洪峰流量、峰现时间见表 7.25。可以看出,三峡水库围堰发电期、初期运行期对沙市站的年最大洪峰流量影响较小,进入试验性蓄水期后,随着水库调节能力的增加和实施防洪应用,对沙市站洪峰流量的改变较大,均超过 20%,最大值为 2010 年的 28.9%。此外,三峡水库围堰发电期、初期运行期对沙市站年最大洪峰出现时间影响较小,仅 2007 年、2008 年相差 1 d,其余年份没有改变,但进入试验性蓄水期后,2009 年峰现时间提前 3 d,2013 年峰现时间提前 2 d,2010 年、2012 年由于上游来水较大,水库拦蓄洪水,峰现时间分别滞后 5 d、4 d。2011 年由于主汛期上游来水量较小,年最大洪峰发生在蓄水期(9 月 23 日),洪峰被拦蓄后,沙市站实测峰现时间为 8 月 7 日。

表 7.25　沙市站逐年实测与模拟洪峰流量、出现时间比较表

年份	洪峰出现日期(月-日)		洪峰流量/(m³/s)		减少程度/%
	实测	还原	实测	还原	
2003	9-5	9-5	39 800	41 500	−0.24
2004	9-9	9-9	47 000	53 600	3.17
2005	7-11	8-31	39 400	42 100	—
2006	7-11	7-11	25 300	25 900	0.00
2007	7-31	8-1	40 200	43 100	1.39
2008	8-17	8-18	33 800	32 800	−3.96
2009	8-5	8-8	32 800	45 900	21.8
2010	7-27	7-22	35 600	52 600	28.9
2011	8-7	9-23	23 800	32 900	—
2012	7-30	7-26	38 500	52 400	20.0
2013	7-21	7-23	28 700	39 100	20.2

　　螺山站实测及模拟的年最大洪峰流量、峰现时间见表 7.26。可以看出,三峡水库围堰发电期、初期运行期对螺山站的年最大洪峰流量影响很小,进入试验性蓄水期后,随着水库调节能力的增加和实施防洪应用,对螺山站洪峰流量的改变较大,均超过 7%(2011 年除外),最大值为 2013 年的 11.3%。此外,三峡水库围堰发电期、初期运行期对螺山站年最大洪峰出现时间有影响,2005 年峰现时间滞后 4 d,2007 年提前 2 d,2008 年由于主汛期上游来水量较小,蓄水期洞庭湖来水较大,年最大洪峰发生在 11 月 10 日,但由于三峡水库蓄水影响,实测洪峰时间为 8 月 21 日,其余年份没有改变。进入试验性蓄水期后,2009 年峰现时间在同一天,2011 年、2012 年峰现时间滞后 1 d,2013 年峰现时间提前 2 d,2010 年由于上游来水较大,水库拦蓄洪水,峰现时间滞后 6 d。

表 7.26　螺山站逐年实测与模拟洪峰流量、出现时间比较表

年份	洪峰出现日期(月-日)		洪峰流量/(m³/s)		减少程度/%
	实测	还原	实测	还原	
2003	7-14	7-14	57 900	57 500	0.00
2004	7-24	7-24	47 100	49 400	0.00
2005	8-24	8-20	43 300	45 000	−0.22
2006	7-20	7-20	33 800	35 300	0.28
2007	8-1	8-3	50 100	50 800	−1.18
2008	8-21	11-10	40 400	45 300	—
2009	8-10	8-10	40 000	45 400	8.59
2010	7-30	7-24	46 900	51 700	10.4
2011	6-29	6-28	32 200	31 900	1.25
2012	7-29	7-28	57 100	58 300	7.38
2013	7-25	7-27	35 000	40 600	11.3

　　汉口站实测及模拟的年最大洪峰流量、峰现时间见表 7.27。可以看出,三峡水库围堰发电期、初期运行期对汉口的年最大洪峰流量影响很小,进入试验性蓄水期后,随着水库调节能力的增加和实施防洪应用,对汉口站洪峰流量的改变有所增大,均超过 6%,最大值为 2013 年的 10.30%。此外,三峡水库围堰发电期、初期运行期对汉口站年最大洪峰出现时间有影响,2005 年、2007 年峰现时间相差 1 d,其余年份没有改变。进入试验性蓄水期后,2010 年峰现时间滞后 1 d,2013 年峰现时间提前 3 d,2011 年由于主汛期上游来水量较小,年最大洪峰发生在蓄水期(9 月 25 日),洪峰被拦蓄后,汉口站实测峰现时间为 6 月 30 日。

表 7.27　汉口站逐年实测与模拟洪峰流量、出现时间比较表

年份	洪峰出现日期(月-日)		洪峰流量/(m³/s)		减少程度/%
	实测	还原	实测	还原	
2003	7-14	7-14	60 300	58 700	−0.17
2004	7-24	7-24	52 700	51 500	0.00
2005	8-26	8-25	52 900	56 600	0.00
2006	7-21	7-21	37 300	36 600	0.00
2007	8-4	8-3	57 900	58 500	−0.34
2008	8-21	11-11	45 200	45 500	—
2009	8-11	8-11	42 100	48 100	6.86
2010	7-28	7-27	60 300	61 800	7.61
2011	6-30	9-25	35 200	37 700	—
2012	7-29	7-29	57 400	60 400	6.62
2013	7-25	7-28	37 600	42 700	10.30

上述分析可知,三峡水库运行后中下游各站洪水过程发生了改变,其中以 2011 年最为显著。2011 年长江中下游干流控制站汛期流量过程见图 7.29,由于三峡水库的调度运行,除螺山站外,各站的年最大洪峰出现时间都发生了变化。

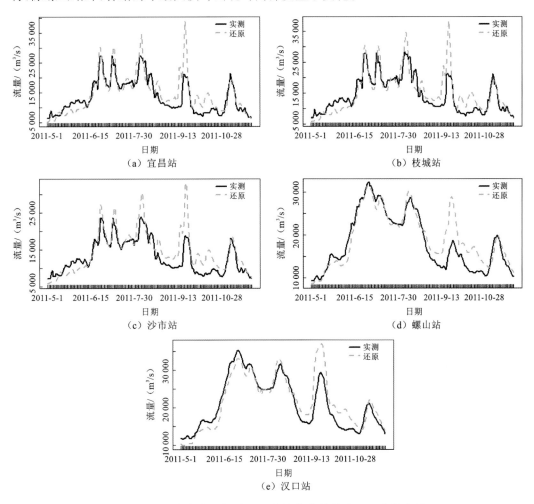

图 7.29　三峡水库运行对 2011 年汛期各站洪水过程的影响图

总体而言,三峡围堰发电期、初期运行期对中下游干流控制站的年最大洪峰流量和峰现时间的影响程度小于试验性蓄水期,且随着各控制站面积的增加,影响程度逐渐变小。

2）对时段洪量的影响

长江中游控制站 2003~2013 年的逐年最大 7 d 洪量、最大 15 d 洪量、最大 30 d 洪量的实测值与还原后模拟值分别见图 7.30~图 7.32。

整体来说,从 2008 年 9 月三峡水库进入试验性蓄水期后,其运行对中下游干流五站年最大时段洪量影响显著,尤其以宜昌站、枝城站和沙市站最为显著,对螺山站和汉口站的影响稍有减少。而对同一站点来说,三峡水库运行对不同时间尺度最大时段洪量的影

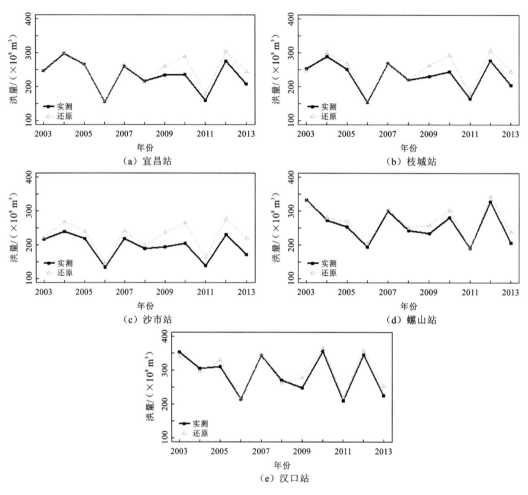

图 7.30　长江中游控制逐年最大 7 d 洪量实测与还原流量过程对比图

响则呈现：统计时段越长，调度对时段洪量的影响越小；说明三峡水库运行对最大 7 d 洪量的影响程度要高于最大 15 d 洪量，对最大 15 d 洪量的影响程度要高于最大 30 d 洪量。

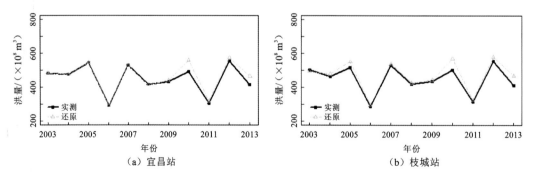

图 7.31　长江中游控制站逐年最大 15 d 洪量实测与还原流量过程对比图

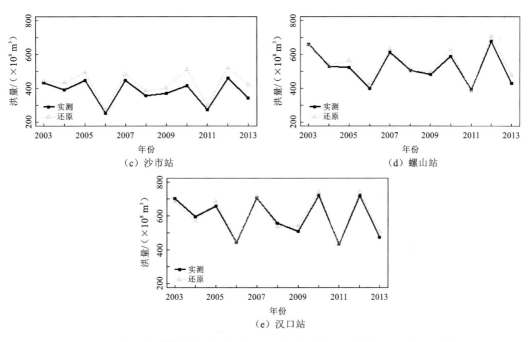

图 7.31　长江中游控制站逐年最大 15 d 洪量实测与还原流量过程对比图（续）

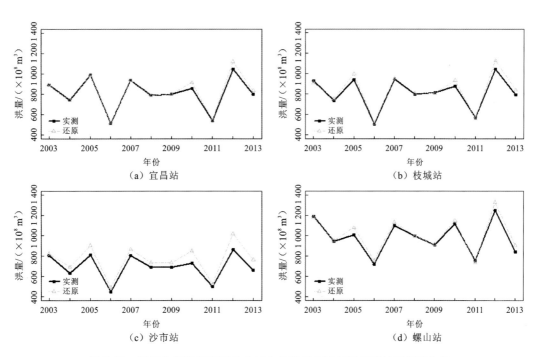

图 7.32　长江中游控制逐年最大三十日洪量实测与还原流量过程对比图

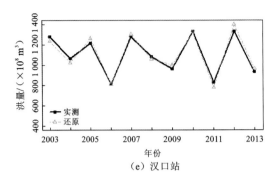

（e）汉口站

图 7.32　长江中游控制逐年最大三十日洪量实测与还原流量过程对比图（续）

由表 7.28 知,对于最大 7 d 洪量,从 2009 年三峡水库试验性蓄水期后,三峡水库运行减少了宜昌站、枝城站和沙市站最大 7 d 洪量的 8.49%～18.4%,除 2011 年螺山站(减少1.06%)外,三峡水库运行在 2009～2013 年不同年份减少了螺山站和汉口站最大 7 d 洪量的4.76%～10.9%。

表 7.28　三峡水库运行对五站最大 7 d 日洪量的减少程度统计表　　　（单位:%）

年份	宜昌站	枝城站	沙市站	螺山站	汉口站
2003	0.00	0.00	0.00	0.00	0.00
2004	0.34	0.33	0.00	0.00	0.00
2005	0.00	−0.38	0.00	0.00	0.00
2006	0.00	0.00	0.00	0.00	0.00
2007	0.38	0.75	0.84	−0.66	−0.29
2008	−1.89	−1.83	−1.55	3.57	0.38
2009	10.4	10.3	10.7	6.20	5.42
2010	18.4	18.1	18.1	9.93	7.97
2011	9.66	8.99	8.86	1.06	10.9
2012	8.91	8.82	8.49	4.96	4.76
2013	14.8	14.8	14.4	8.90	8.80

由表 7.29 知,对于最大 15 d 洪量,从 2009 年三峡水库试验性蓄水期后,2010 年和2013 年的三峡水库运行对中下游各站影响最大,减少了宜昌站、枝城站和沙市站最大15 d 洪量的 10% 以上,减少了螺山站和汉口站的 5.52%～8.27%;对其他年份各站的影响多在 5% 以内(除 2011 年汉口站减少 6.85%)。

表 7.29　三峡水库运行对五站最大 15 d 洪量的减少程度统计表　　　（单位:%）

年份	宜昌站	枝城站	沙市站	螺山站	汉口站
2003	0.21	0.00	0.00	0.00	0.00
2004	0.00	0.00	0.00	0.00	0.00
2005	−0.18	−0.18	0.00	−0.18	0.00
2006	0.34	0.34	0.00	0.24	0.00

续表

年份	宜昌站	枝城站	沙市站	螺山站	汉口站
2007	−0.57	−0.37	−0.42	0.31	−0.14
2008	−0.24	−0.47	−0.26	−0.20	−0.19
2009	1.37	1.36	2.03	2.00	1.84
2010	12.0	12.2	12.9	8.27	7.68
2011	4.42	4.33	4.12	−0.52	6.85
2012	2.97	3.11	2.92	3.10	3.23
2013	10.4	10.3	10.1	5.87	5.52

由表 7.30 知,对于最大 30 d 洪量,从 2009 年三峡水库试验性蓄水期后,2010 年、2012 和 2013 年的三峡水库运行对中下游各站影响最大,减少了五站最大 15 d 洪量的 3.2%~7.14%;2009 年和 2011 年各站的影响在 2% 以内。

表 7.30　三峡水库运行对五站最大 30 d 洪量的减少程度统计表　　　　（单位:%）

年份	宜昌站	枝城站	沙市站	螺山站	汉口站
2003	0.00	0.00	0.00	0.00	0.00
2004	0.27	0.13	0.15	−0.11	0.00
2005	−0.10	0.00	0.00	0.00	0.00
2006	0.20	0.00	0.00	0.00	0.00
2007	−0.43	−0.42	−0.47	0.88	0.00
2008	−0.25	−0.25	−0.42	0.00	0.00
2009	0.38	0.37	0.69	0.11	0.00
2010	6.87	6.82	6.94	4.35	3.79
2011	1.10	1.25	1.37	−0.82	−0.64
2012	7.14	7.08	6.20	4.48	3.57
2013	4.67	4.63	4.41	3.42	3.20

2. 蓄水期对中游干流水量的影响

据表 7.31,2003~2005 年三峡水库蓄水时间在 10 d 以内,2006 年之后蓄水时间除 2012 年是 20 d 外,其他年份蓄水时间都在 1 个月以上,蓄水时间较长。本节讨论 2003~2013 年蓄水期,对长江中下游各站流量的影响。

表 7.31　三峡水库蓄水起止时间和相应水位

起蓄日期	结束日期	起蓄水位/m	结束水位/m
2003-6-1	2003-6-10	—	135.00
2003-10-26	2003-11-5	135.00	139.00
2004-10-1	2004-10-4	135.00	139.00
2005-10-1	2005-10-4	135.00	139.00
2006-9-20	2006-10-27	135.50	156.00

起蓄日期	结束日期	起蓄水位/m	结束水位/m
2007-9-25	2007-10-23	144.92	156.00
2008-9-28	2008-11-11	145.27	172.80
2009-9-15	2009-11-24	145.87	171.43
2010-9-10	2010-10-26	160.20	175.00
2011-9-10	2011-10-30	152.24	175.00
2012-9-10	2012-9-30	158.92	175.00
2013-9-10	2013-11-11	157.33	175.00

　　将时间窗口对准蓄水期,对比分析 2006～2013 年三峡水库蓄水期间干流各站实测流量过程与宜昌站还原后流量作为模型输入后各站模拟的流量过程,见图 7.33～图 7.40。蓄水期内实测、还原前模拟、还原后模拟的最大日平均流量、最小日平均流量、蓄水期间总水量及影响程度等统计指标见表 7.32～表 7.39。

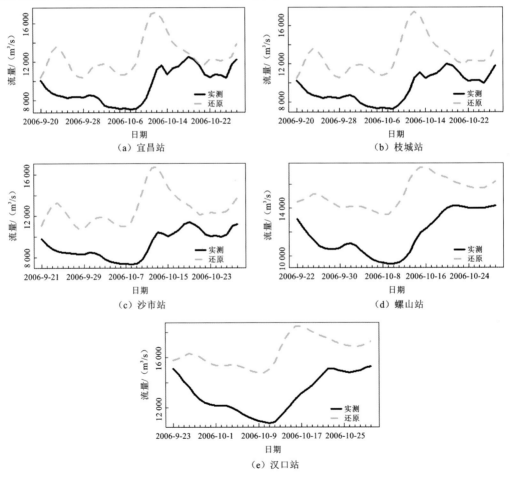

图 7.33　2006 年三峡水库蓄水期对干流中游控制站流量过程的影响图

表 7.32　2006 年三峡水库蓄水期对中游干流中游控制站流量的减少程度统计表

	参数	宜昌站	枝城站	沙市站	螺山站	汉口站
最大平均流量	实测/(m³/s)	12 500	12 000	11 400	14 200	16 200
	还原/(m³/s)	17 200	17 500	16 300	17 500	18 500
	减少程度/%	27.3	27.4	24.5	14.9	11.4
最小平均流量	实测/(m³/s)	7 090	7 310	7 310	9 380	10 800
	还原/(m³/s)	10 400	10 500	10 300	13 400	14 700
	减少程度/%	31.8	31.0	28.4	28.4	25.9
蓄水期间总水量	实测/(×10⁸ m³)	312	310	302	387	433
	还原/(×10⁸ m³)	414	420	406	498	538
	减少程度/%	24.6	24.3	22.4	19.1	17.5

　　从图 7.33 和表 7.32 可以看出,2006 年三峡水库蓄水期干流中游控制站流量明显减少,蓄水后期对中游控制站原本可能出现的洪峰起到削减作用。对干流中游控制站最大日平均流量的影响从宜昌站到汉口站递减,减少了 11.4%～27.4%;对干流中游控制站最小日平均流量的影响较为稳定,减小了 25.9%～31.8%;蓄水期间干流中游控制站总水量减少 94×10⁸ m³～102×10⁸ m³,减少了 17.5%～24.6%,影响程度从宜昌站到汉口站递减 6%。

　　从图 7.34 和表 7.33 可以看出,2007 年三峡水库蓄水期对宜昌站、枝城站和沙市站流量过程起到了两次削峰作用,而对螺山站和汉口站的影响不明显。2007 年三峡水库蓄水期对干流宜昌站、枝城站和沙市站最大日平均流量的影响较为明显,减少了 14.3%～

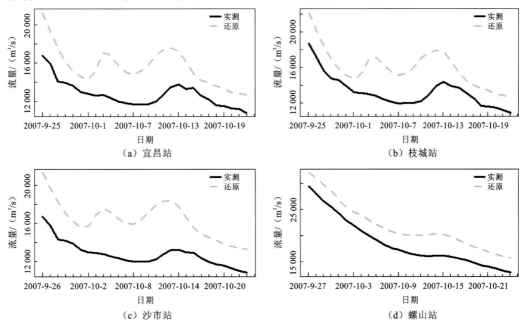

图 7.34　2007 年三峡水库蓄水期对干流五站流量过程的影响图

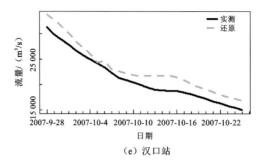

（e）汉口站

图 7.34　2007 年三峡水库蓄水期对干流五站流量过程的影响图（续）

21.2％,对螺山站以下各站几乎没有影响;对干流五站最小日平均流量的影响较为稳定,减少了 9.2％～13.0％;蓄水期间干流五站水量减少 69×10^8～71×10^8 m^3,减少了 11.2％～18.3％,影响程度从宜昌站到汉口站递减。

表 7.33　2007 年三峡水库蓄水期对中游干流五站流量的减少程度统计表

	参数	宜昌站	枝城站	沙市站	螺山站	汉口站
最大日平均流量	实测/(m^3/s)	16 700	18 700	17 600	32 100	35 700
	还原/(m^3/s)	21 200	22 200	21 000	33 900	36 300
	减少程度/％	21.2	18.9	14.3	2.1	1.1
最小日平均流量	实测/(m^3/s)	10 700	10 900	10 300	13 200	15 800
	还原/(m^3/s)	12 300	12 500	12 300	15 800	17 300
	减少程度/％	13.0	12.8	12.2	10.1	9.2
蓄水期间总水量	实测/(×10^8 m^3)	315	330	308	491	575
	还原/(×10^8 m^3)	387	397	381	561	614
	减少程度/％	18.3	17.9	16.3	12.1	11.2

　　从图 7.35 和表 7.34 可以看出,2008 年三峡水库蓄水期对宜昌站、枝城站和沙市站流量起到了两次削峰作用,而对螺山站和汉口站的影响不明显。2008 年三峡水库蓄水期对干流五站最大日平均流量的影响较为稳定,减少了 12.4％～13.6％;对干流五站最小日平均流量的影响较为显著,减少了 31.2％～52.3％;蓄水期间干流五站水量减少 178×10^8～197×10^8 m^3,减少了 18.1％～26.5％,影响程度从宜昌站到汉口站递减。

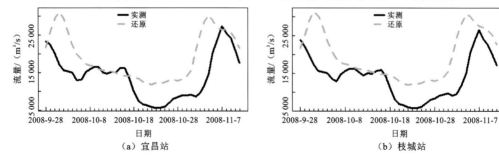

（a）宜昌站　　　　　　　　　　　　　（b）枝城站

图 7.35　2008 年三峡水库蓄水期对干流五站流量过程的影响图

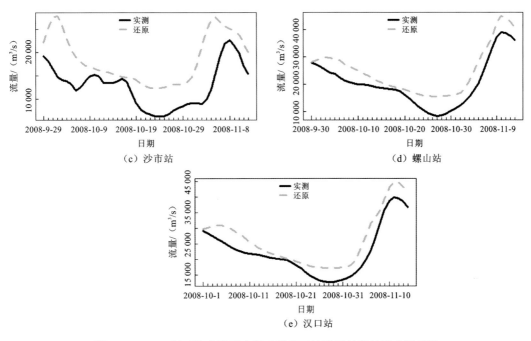

图 7.35　2008 年三峡水库蓄水期对干流五站流量过程的影响图(续)

表 7.34　2008 年三峡水库蓄水期对中下游干流五站流量的减少程度统计表

	参数	宜昌站	枝城站	沙市站	螺山站	汉口站
最大日平均流量	实测/(m³/s)	27 300	26 600	22 600	38 800	39 900
	还原/(m³/s)	31 300	31 500	27 300	45 300	45 500
	减少程度/%	12.8	12.7	12.5	12.4	13.6
最小日平均流量	实测/(m³/s)	5 630	6 000	6 240	8 270	12 600
	还原/(m³/s)	11 800	12 100	12 000	15 400	17 000
	减少程度/%	52.3	51.3	48.9	36.8	31.2
蓄水期间总水量	实测/(×10⁸ m³)	547	550	502	772	851
	还原/(×10⁸ m³)	744	763	705	938	982
	减少程度/%	26.5	25.8	23.7	19.5	18.1

从图 7.36 和表 7.35 可以看出,2009 年三峡水库蓄水期由于干流五站没有出现洪峰,所以蓄水期对干流五站的影响仅限于流量一定幅度的减少,蓄水中期减少幅度最大。2009 年三峡水库蓄水期对干流宜昌站到沙市站最大日平均流量的影响较为显著,减少了 23.8%～29.6%,对干流沙市站以下影响相对较小,减少了 7.0%～12.2%;对干流五站最小日平均流量的影响较小,为 5.2%～8.7%,螺山站最明显,减少了 8.7%;蓄水期间干流五站水量减少了 171×10⁸～195×10⁸ m³,减少了 17.4%～25.5%,影响程度从宜昌站到汉口站递减。

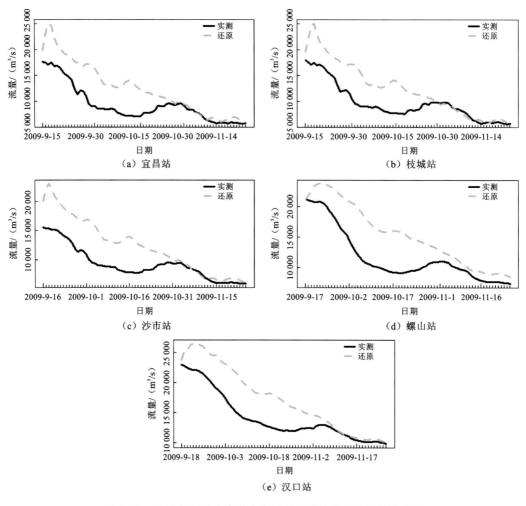

图 7.36　2009 年三峡水库蓄水期对干流五站流量过程的影响图

表 7.35　2009 年三峡水库蓄水期对中下游干流五站流量的减少程度统计表

	参数	宜昌站	枝城站	沙市站	螺山站	汉口站
最大日平均流量	实测/(m³/s)	17 600	18 100	16 100	21 700	23 900
	还原/(m³/s)	25 000	25 100	22 300	23 700	27 100
	减少程度/%	29.6	28.7	23.8	12.2	7.0
最小日平均流量	实测/(m³/s)	5 670	6 090	6 030	7 510	10 100
	还原/(m³/s)	5 990	6 100	6 340	8 870	10 500
	减少程度/%	5.3	5.2	6.5	8.7	6.6
蓄水期间总水量	实测/(×10⁸ m³)	570	612	581	742	906
	还原/(×10⁸ m³)	765	782	757	959	1 090
	减少程度/%	25.5	24.9	22.6	20.0	17.4

从图 7.37 和表 7.36 可以看出,2010 年三峡水库蓄水期前期对干流五站的影响相对不明显,蓄水后期影响较大。2010 年三峡水库蓄水期对干流五站最大日平均流量,减少了 5.3%～8.9%;对干流五站最小日平均流量的影响较为显著,宜昌站到沙市站减少了 40%以上,沙市站、汉口站减少了 18.0%、12.2%;蓄水期间干流五站水量减少 132×10^8 ～ 152×10^8 m^3,减少了 12.2%～19.6%,影响程度从宜昌站到汉口站递减。

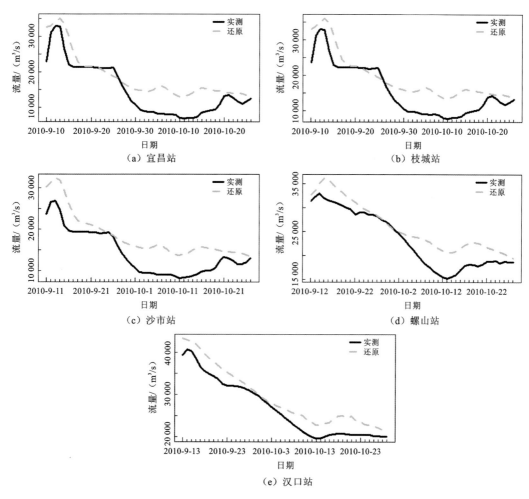

图 7.37 2010 年三峡水库蓄水期对干流五站流量过程的影响图

表 7.36 2010 年三峡水库蓄水期对中下游干流五站流量的减少程度统计表

	参数	宜昌站	枝城站	沙市站	螺山站	汉口站
	实测/(m^3/s)	33 100	33 100	26 900	32 900	40 800
最大日平均流量	还原/(m^3/s)	35 300	36 100	31 900	35 800	43 700
	减少程度/%	6.2	6.1	5.3	8.9	5.7

续表

	参数	宜昌站	枝城站	沙市站	螺山站	汉口站
最小日平均流量	实测/(m³/s)	7 120	7 860	8 040	15 200	19 600
	还原/(m³/s)	13 100	13 600	13 300	20 000	21 900
	减少程度/%	45.6	44.7	41.7	29.5	24.7
蓄水期间总水量	实测/(×10⁸ m³)	608	636	578	963	1130
	还原/(×10⁸ m³)	757	784	735	1070	1230
	减少程度/%	19.6	19.0	18.0	14.2	12.2

从图 7.38 和表 7.37 可以看出,2011 年三峡水库蓄水期对干流五站起到了一次削峰作用,蓄水期各站流量呈现一定程度减少。2011 年三峡水库蓄水期间干流五站水量减少 $162×10^8$ ~ $191×10^8$ m³,对干流五站的最大日平均流量、最小日平均流量和水量的减少范围分别为 18.3% ~ 46.0%、11.5% ~ 20.0%、18.5% ~ 28.7%,影响程度均从宜昌站到汉口站递减。

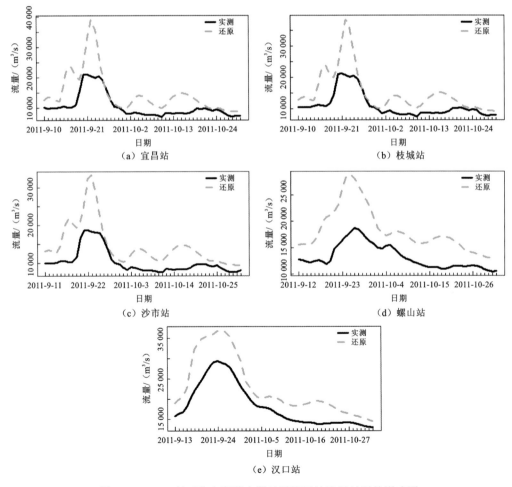

图 7.38　2011 年三峡水库蓄水期对干流五站流量过程的影响图

表 7.37 2011 年三峡水库蓄水期对中下游干流五站流量的减少程度统计表

	参数	宜昌站	枝城站	沙市站	螺山站	汉口站
最大日平均流量	实测/(m³/s)	21 100	21 200	18 700	18 700	29 400
	还原/(m³/s)	39 100	38 500	32 900	29 400	37 700
	减少程度/%	46.0	44.9	41.9	28.2	18.3
最小日平均流量	实测/(m³/s)	7 060	7 530	7 600	10 600	13 700
	还原/(m³/s)	8 770	9 300	9 350	13 100	15 700
	减少程度/%	19.4	20.0	17.4	13.0	11.5
蓄水期间总水量	实测/(×10⁸ m³)	463	484	458	588	818
	还原/(×10⁸ m³)	649	667	633	809	1030
	减少程度/%	28.7	27.9	25.6	23.1	18.5

从图 7.39 和表 7.38 可以看出，与 2011 年类似，2012 年三峡水库蓄水期对干流五站起到了一次削峰作用，蓄水期各站流量呈现一定程度减少。2012 年三峡水库蓄水期干流

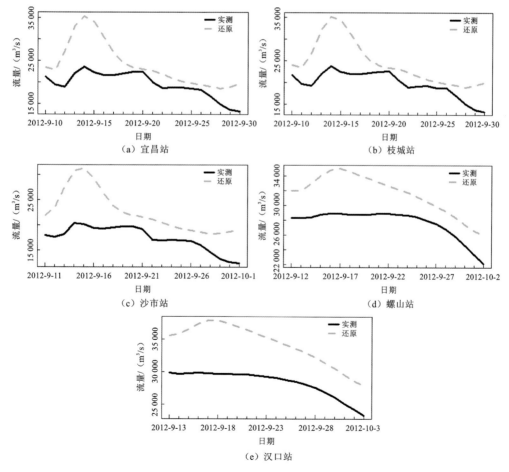

图 7.39 2012 年三峡水库蓄水期对干流五站流量过程的影响图

五站水量减少 $64 \times 10^8 \sim 93 \times 10^8 \ m^3$,蓄水期对干流五站的最大日平均流量、最小日平均流量和水量的减少范围分别为 $18.5\% \sim 33.7\%$、$8.7\% \sim 28.5\%$、$14.2\% \sim 19.0\%$,影响程度均从宜昌站到汉口站递减。

表 7.38　2012 年三峡水库蓄水期对中下游干流五站流量的减少程度统计表

	参数	宜昌站	枝城站	沙市站	螺山站	汉口站
最大日平均流量	实测/(m^3/s)	23 600	23 700	20 900	29 100	30 300
	还原/(m^3/s)	35 400	35 300	30 800	35 300	38 300
	减少程度/%	33.3	33.7	29.5	20.1	18.5
最小日平均流量	实测/(m^3/s)	13 300	13 300	12 700	24 600	26 100
	还原/(m^3/s)	18 600	18 900	17 700	26 800	29 800
	减少程度/%	28.5	28.0	23.7	10.8	8.7
蓄水期间总水量	实测/($\times 10^8 \ m^3$)	354	358	323	512	529
	还原/($\times 10^8 \ m^3$)	437	442	401	582	639
	减少程度/%	19.0	18.3	16.0	15.3	14.2

从图 7.40 和表 7.39 可以看出,2013 年三峡水库蓄水期对干流五站洪峰削减作用不明显,蓄水期各站流量呈现一定程度减少。2013 年三峡水库蓄水期干流五站水量减少 $150 \times 10^8 \sim 187 \times 10^8 \ m^3$,蓄水期对干流五站的最大日平均流量、最小日平均流量、水量的减少范围分别为 $9.4\% \sim 24.4\%$、$11.2\% \sim 17.9\%$、$15.9\% \sim 22.9\%$,影响程度均从宜昌站到汉口站递减。

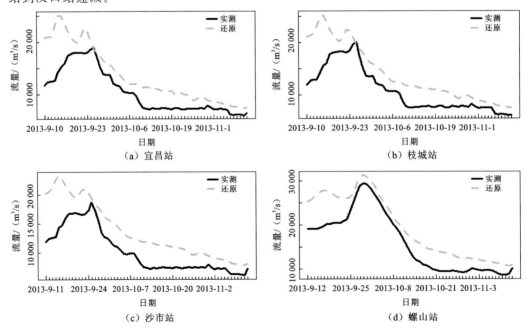

图 7.40　2013 年三峡水库蓄水期对干流五站流量过程的影响图

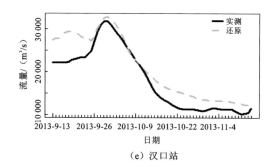

（e）汉口站

图 7.40　2013 年三峡水库蓄水期对干流五站流量过程的影响图（续）

表 7.39　2013 年三峡水库蓄水期对中下游干流五站流量的减少程度统计表

	参数	宜昌站	枝城站	沙市站	螺山站	汉口站
最大日平均流量	实测/(m³/s)	18 900	20 100	18 700	29 400	31 600
	还原/(m³/s)	25 000	25 300	22 600	31 800	33 100
	减少程度/%	24.4	22.9	20.4	10.1	9.4
最小日平均流量	实测/(m³/s)	5 990	6 080	6 000	8 590	10 200
	还原/(m³/s)	7 290	7 500	7 670	10 700	12 500
	减少程度/%	17.8	17.9	16.2	13.2	11.2
蓄水期间总水量	实测/(×10⁸ m³)	570	586	556	886	1 020
	还原/(×10⁸ m³)	739	762	734	1 080	1 170
	减少程度/%	22.9	22.4	20.4	17.3	15.9

3. 对中游干流各月水文情势的影响

1）宜昌站

三峡水库调度对宜昌站月水文情势影响见表 7.40。

表 7.40　三峡水库调度对宜昌站月水文情势影响

年份	统计项目	1月	2月	3月	4月	5月	6月	7月	8月	9月	10月	11月	12月
2003	实测流量/(m³/s)	4 360	3 500	4 000	5 650	9 560	14 900	32 500	22 400	30 900	14 100	7 510	5 910
	还原流量/(m³/s)	4 360	3 500	4 000	5 650	9 560	18 600	32 500	22 400	30 900	14 400	7 810	5 930
	流量变化/(m³/s)	0	0	0	0	0	−3700	0	0	0	−300	−300	−20
	流量变化比/%	0.0	0.0	0.0	0.0	0.0	−24.8	0.0	0.0	0.0	−2.1	−4.0	−0.3
	水位变化/m	0.00	0.00	0.00	0.00	0.00	−1.74	0.00	0.00	0.00	−0.16	−0.16	−0.01
2004	实测流量/(m³/s)	4 570	4 370	5 480	7 190	11 700	20 700	22 900	20 000	28 200	15 900	9 790	6 160
	还原流量/(m³/s)	4 520	4 350	5 230	7 380	11 600	20 300	22 900	20 000	28 300	16 500	9 740	6 180
	流量变化/(m³/s)	50	20	250	−190	100	400	0	0	−100	−600	50	−20
	流量变化比/%	1.1	0.5	4.6	−2.6	0.9	1.9	0.0	0.0	−0.4	−3.8	0.5	−0.3
	水位变化/m	0.04	0.01	0.15	−0.11	0.06	0.09	0.00	0.00	0.00	−0.16	0.02	−0.01

续表

年份	统计项目	1月	2月	3月	4月	5月	6月	7月	8月	9月	10月	11月	12月
2005	实测流量/(m³/s)	4 980	4 380	5 450	7 120	13 200	17 600	28 800	36 600	22 800	17 800	9 390	5 630
	还原流量/(m³/s)	4 960	4 380	5 420	7 120	12 700	17 600	28 800	36 600	22 800	18 400	9 390	5 620
	流量变化/(m³/s)	20	0	30	0	500	0	0	0	0	−600	0	10
	流量变化比/%	0.4	0.0	0.6	0.0	3.8	0.0	0.0	0.0	0.0	−3.4	0.0	0.2
	水位变化/m	0.02	0.00	0.02	0.00	0.15	0.01	0.01	0.00	0.00	−0.17	0.00	0.00
2006	实测流量/(m³/s)	4 730	4 720	6 180	6 080	10 800	13 500	19 300	9 580	11 100	10 100	6 780	5 180
	还原流量/(m³/s)	4 630	4 820	6 170	6 060	10 300	13 500	19 200	9 560	12 300	12 900	7 010	5 110
	流量变化/(m³/s)	100	−100	10	20	500	0	100	20	−1200	−2800	−220	70
	流量变化比/%	2.1	−2.1	0.2	0.3	4.6	0.0	0.5	0.2	−10.8	−27.7	−3.2	1.4
	水位变化/m	0.06	−0.06	0.00	0.01	0.25	0.02	0.01	0.01	−0.52	−1.24	−0.12	0.05
2007	实测流量/(m³/s)	4 210	4 480	4 570	6 690	8 980	18 400	31 900	23 900	24 200	11 900	7 840	4 750
	还原流量/(m³/s)	4 290	3 870	4 070	6 080	8 180	18 100	30 800	24 800	24 700	14 100	7 960	4 770
	流量变化/(m³/s)	−80	610	500	610	800	300	1100	−900	−500	−2200	−120	−20
	流量变化比/%	−1.9	13.6	10.9	9.1	8.9	1.6	3.4	−3.8	−2.1	−18.5	−1.5	−0.4
	水位变化/m	−0.06	0.44	0.35	0.32	0.39	0.05	0.16	−0.17	−0.21	−0.87	−0.06	−0.01
2008	实测流量/(m³/s)	4 570	4 550	5 190	9 370	11 200	15 500	22 800	27 700	25 900	11 700	14 300	5 910
	还原流量/(m³/s)	4 300	4 230	5 250	8 610	10 200	15 200	22 600	27 400	26 600	16 100	16 700	5 530
	流量变化/(m³/s)	270	320	−60	750	1000	300	200	300	−700	−4400	−2400	380
	流量变化比/%	5.9	7.0	−1.2	8.0	8.9	1.9	0.9	1.1	−2.7	−37.6	−16.8	6.4
	水位变化/m	0.19	0.24	−0.04	0.33	0.45	0.09	0.04	0.06	−0.15	−1.74	−0.69	0.22
2009	实测流量/(m³/s)	5 210	6 040	5 680	7 960	14 700	14 100	23 500	30 400	16 900	8 290	6 660	5 370
	还原流量/(m³/s)	5 120	4 590	4 410	7 540	12 300	13 000	23 300	30 400	19 700	12 700	6 880	4 810
	流量变化/(m³/s)	90	1450	1270	420	2400	1100	200	0	−2800	−4410	−220	560
	流量变化比/%	1.7	24.0	22.4	5.3	16.3	7.8	0.9	0.0	−16.6	−53.2	−3.3	10.4
	水位变化/m	0.06	0.90	0.82	0.19	0.95	0.46	0.03	0.10	−0.94	−1.98	−0.12	0.36
2010	实测流量/(m³/s)	5 420	5 460	5 400	5 570	11 200	18 000	31 700	25 200	22 300	9 880	7 540	5 620
	还原流量/(m³/s)	4 340	3 470	3 990	5 960	9 690	17 200	34 100	25 000	24 000	14 100	7 610	5 670
	流量变化/(m³/s)	1 080	1 990	1 410	−400	1 510	800	−2 400	200	−1 700	−4 220	−70	−50
	流量变化比/%	19.9	36.4	26.1	−7.2	13.5	4.4	−7.6	0.8	−7.6	−42.7	−0.9	−0.9
	水位变化/m	0.71	1.38	0.96	−0.20	0.65	0.27	−0.22	0.30	−0.38	−1.82	−0.05	−0.03
2011	实测流量/(m³/s)	6 940	5 890	6 620	7 880	9 040	16 200	19 000	18 700	12 700	8 300	11 500	6 010
	还原流量/(m³/s)	5 690	4 170	5 420	6 230	7 290	15 300	18 800	19 700	17 200	11 400	11 300	6 210
	流量变化/(m³/s)	1 250	1 720	1 200	1 650	1 750	900	200	−1000	−4500	−3100	200	−200
	流量变化比/%	18.0	29.2	18.1	20.9	19.4	5.6	1.1	−5.3	−35.4	−37.3	1.7	−3.3
	水位变化/m	0.71	1.13	0.71	0.89	0.86	0.42	0.12	−0.28	−1.45	−1.42	0.06	−0.12

续表

年份	统计项目	1月	2月	3月	4月	5月	6月	7月	8月	9月	10月	11月	12月
	实测流量/(m³/s)	6 290	6 310	6 260	6 720	16 000	17 400	39 300	27 200	21 100	14 800	8 340	6 160
	还原流量/(m³/s)	5 370	4 640	5 100	6 350	13 000	15 800	41 600	25 400	26 400	17 200	8 300	6 160
2012	流量变化/(m³/s)	920	1 670	1 160	370	3 000	1 600	−2 300	1 800	−5 300	−2 400	40	0
	流量变化比/%	14.6	26.5	18.5	5.5	18.8	9.2	−5.9	6.6	−25.1	−16.2	0.5	0.0
	水位变化/m	0.56	1.04	0.72	0.20	1.15	0.51	−0.24	0.39	−1.28	−0.89	0.00	−0.01
	实测流量/(m³/s)	6 290	6 080	6 110	6 980	13 000	17 300	29 700	21 000	14 800	8 290	6 910	5 870
	还原流量/(m³/s)	5 220	4 140	5 070	6 440	10 400	16 200	31 200	20 300	19 500	10 900	7 300	5 460
2013	流量变化/(m³/s)	1 070	1 940	1 040	540	2 600	1 100	−1 500	700	−4 700	−2 610	−390	410
	流量变化比/%	17.0	31.9	17.0	7.7	20.0	6.4	−5.1	3.3	−31.8	−31.5	−5.6	7.0
	水位变化/m	0.65	1.26	0.64	0.32	1.02	0.40	−0.24	0.11	−1.63	−1.25	−0.21	0.25

可以看出,三峡水库围堰发电期(2003 年 6 月～2006 年 8 月),由于三峡坝前水位在 135～139 m 运行,相应的调节库容仅 $18.2×10^8$ m³,故水库的调度运行对径流的调节能力有限,除 2003 年 6 月 1～10 日蓄水约 $100×10^8$ m³ 对宜昌站月平均流量、水位影响较大外,其他月均较小。

三峡水库初期运行期(2006 年 9 月～2008 年 9 月),9～11 月蓄水期,宜昌站月平均流量较天然条件减少,减少幅度最大的是 2006 年 10 月,流量减少 2 800 m³/s,减少幅度达 27.7%,月平均水位降低 1.24 m。12 月～次年 5 月,宜昌站月平均流量较天然条件增加,增加幅度最大的是 2008 年 5 月,流量增加 1 000 m³/s,增加幅度达 8.9%,月平均水位抬升 0.45 m。

三峡水库试验性蓄水期(2008 年 10 月～2013 年 12 月),9～11 月蓄水期,宜昌站月平均流量较天然条件减少,减少流量最大的是 2012 年 9 月,月平均流量减少 5 300 m³/s,减少幅度达 25.1%,月平均水位降低 1.28 m。12 月～次年 5 月,宜昌站流量较天然条件增加,增加流量最大的是 2012 年 5 月,月平均流量增加 3 000 m³/s,增加幅度达 18.8%,宜昌站月平均水位抬升 1.15 m。由于 6 月 10 日前为消落期,故 6 月平均流量均比天然流量略有偏大。2010 年、2012 年、2013 年由于三峡水库进行防洪应用,7 月宜昌站月平均流量分别减少 2 400 m³/s、2 300 m³/s、1 500 m³/s,导致宜昌站月平均水位分别降低 0.22 m、0.24 m、0.24 m;8 月防洪应用后降低坝前水位,导致宜昌站月平均流量分别增加 200 m³/s、1 800 m³/s、700 m³/s,月平均水位分别抬升 0.30 m、0.39 m、0.11 m。

2）枝城站

三峡水库调度对枝城站月水文情势影响见表 7.41。

可以看出,三峡水库围堰发电期(2003 年 6 月～2006 年 8 月),除 2003 年 6 月蓄水对枝城站流量、水位影响较大外,其他月均较小。

表 7.41 三峡水库调度对枝城站月水文情势影响

年份	统计项目	1月	2月	3月	4月	5月	6月	7月	8月	9月	10月	11月	12月
2003	实测流量/(m³/s)	4 430	3 600	4 150	5 860	9 960	15 900	33 900	23 100	32 000	14 100	7 370	5 870
	还原流量/(m³/s)	4 580	3 690	4 360	6 060	10 300	19 300	33 400	23 000	31 300	14 800	8 150	6 240
	流量变化/(m³/s)	0	0	0	−10	0	−3 600	0	0	0	−300	−310	−10
	流量变化比/%	0.0	0.0	0.0	−0.2	0.0	−22.9	0.0	0.0	0.0	−2.1	−4.0	−0.2
	水位变化/m	0.00	0.00	0.00	0.00	0.00	−1.33	0.00	0.00	0.00	−0.12	−0.13	−0.01
2004	实测流量/(m³/s)	4 700	4 550	5 520	7 240	12 000	21 600	23 200	20 200	28 100	16 600	9 920	6 430
	还原流量/(m³/s)	4 820	4 570	5 460	7 560	12 100	21 000	23 600	20 600	28 700	17 000	10 000	6 460
	流量变化/(m³/s)	50	10	250	−190	100	400	0	0	0	−500	0	−10
	流量变化比/%	1.0	0.2	4.4	−2.6	0.8	1.9	0.0	0.0	0.0	−3.0	0.0	−0.2
	水位变化/m	0.03	0.00	0.11	−0.08	0.05	0.08	0.00	0.00	0.00	−0.16	0.01	−0.01
2005	实测流量/(m³/s)	5 140	4 590	5 680	7 260	12 900	17 900	28 100	35 000	22 100	17 500	9 650	6 140
	还原流量/(m³/s)	5 270	4 620	5 620	7 520	13 100	18 400	29 500	37 000	23 300	18 700	9 850	5 960
	流量变化/(m³/s)	20	0	30	0	400	0	0	0	0	−600	20	10
	流量变化比/%	0.4	0.0	0.5	0.0	3.0	0.0	0.0	0.0	0.0	−3.3	0.2	0.2
	水位变化/m	0.01	0.00	0.01	0.00	0.13	0.01	0.00	0.00	0.00	−0.16	0.00	0.00
2006	实测流量/(m³/s)	5 210	5 170	6 700	6 860	11 200	13 400	19 100	9 690	11 300	9 890	7 040	5 600
	还原流量/(m³/s)	4 810	4 980	6 550	6 490	10 700	13 800	19 600	9 830	12 500	13 200	7 320	5 510
	流量变化/(m³/s)	90	−110	10	20	500	0	0	30	−1 200	−2 900	−220	70
	流量变化比/%	1.8	−2.3	0.2	0.3	4.5	0.0	0.0	0.3	−10.6	−28.2	−3.1	1.3
	水位变化/m	0.04	−0.04	0.00	0.01	0.19	0.02	0.01	0.01	−0.41	−1.03	−0.09	0.04
2007	实测流量/(m³/s)	4 700	4 970	5 200	7 140	9 350	18 900	32 100	25 400	24 800	12 300	8 320	5 300
	还原流量/(m³/s)	4 440	4 030	4 420	6 370	8 460	18 900	31 700	25 500	25 300	14 400	8 240	5 030
	流量变化/(m³/s)	−80	600	500	600	810	200	1 000	−900	−500	−2 200	−110	−10
	流量变化比/%	−1.8	13.0	10.2	8.6	8.7	1.0	3.1	−3.7	−2.0	−18.0	−1.4	−0.2
	水位变化/m	−0.04	0.29	0.24	0.24	0.31	0.03	0.15	−0.15	−0.20	−0.73	−0.05	−0.01
2008	实测流量/(m³/s)	5 150	5 000	5 760	10 200	11 500	15 400	22 700	28 100	26 100	11 900	14 100	6 380
	还原流量/(m³/s)	4 730	4 530	5 490	9 210	10 900	15 700	23 400	28 300	27 400	16 600	17 400	5 780
	流量变化/(m³/s)	270	340	−70	700	1 100	300	100	300	−600	−4 400	−2 400	390
	流量变化比/%	5.4	7.0	−1.3	7.1	9.2	1.9	0.4	1.0	−2.2	−36.1	−16.0	6.3
	水位变化/m	0.13	0.17	−0.03	0.24	0.39	0.08	0.03	0.04	−0.14	−1.45	−0.68	0.16
2009	实测流量/(m³/s)	5 930	6 770	6 350	8 640	15 300	15 000	24 600	31 100	17 400	9 130	7 220	5 640
	还原流量/(m³/s)	5 620	4 970	4 820	8 010	12 900	13 800	24 200	30 700	20 100	13 000	7 040	4 920
	流量变化/(m³/s)	90	1 440	1 280	390	2 400	1 100	100	0	−2 800	−4 420	−220	550
	流量变化比/%	1.6	22.5	21.0	4.6	15.7	7.4	0.4	0.0	−16.2	−51.5	−3.2	10.1
	水位变化/m	0.04	0.63	0.58	0.14	0.80	0.38	0.04	0.09	−0.82	−1.62	−0.10	0.26

续表

年份	统计项目	1月	2月	3月	4月	5月	6月	7月	8月	9月	10月	11月	12月
2010	实测流量/(m³/s)	5 620	5 720	5 730	6 180	11 900	18 300	32 300	25 600	22 900	10 600	8 130	5 930
	还原流量/(m³/s)	4 440	3 620	4 170	6 550	10 300	17 800	34 700	25 600	24 800	14 600	7 940	5 970
	流量变化/(m³/s)	1 070	1 990	1 420	−370	1 500	700	−2 300	200	−1 600	−4 300	−70	−50
	流量变化比/%	19.4	35.5	25.4	−6.0	12.7	3.8	−7.1	0.8	−6.9	−41.7	−0.9	−0.8
	水位变化/m	0.50	0.95	0.67	−0.14	0.53	0.24	−0.21	0.33	−0.31	−1.50	−0.04	−0.02
2011	实测流量/(m³/s)	7 580	6 370	7 150	8 380	9 770	16 800	19 900	19 500	13 200	8 820	11 900	6 590
	还原流量/(m³/s)	6 060	4 410	5 590	6 450	7 660	15 900	19 700	20 200	17 600	11 900	12 000	6 800
	流量变化/(m³/s)	1 240	1 720	1 190	1 660	1 730	900	200	−1 000	−4 500	−3 170	100	−200
	流量变化比/%	17.0	28.1	17.6	20.5	18.4	5.5	1.0	−5.2	−34.4	−36.3	0.8	−3.0
	水位变化/m	0.51	0.78	0.51	0.68	0.66	0.35	0.09	−0.24	−1.27	−1.14	0.05	−0.08
2012	实测流量/(m³/s)	6 690	6 610	6 500	7 160	16 300	17 700	39 400	26 600	21 200	15 000	8 850	6 610
	还原流量/(m³/s)	5 630	4 920	5 290	6 780	13 600	16 600	41 900	25 800	26 700	17 500	8 910	6 540
	流量变化/(m³/s)	910	1 660	1 180	360	2 900	1 600	−2 400	1 900	−5 400	−2 400	60	−20
	流量变化比/%	13.9	25.2	18.2	5.0	17.6	8.8	−6.1	6.9	−25.4	−15.9	0.7	−0.3
	水位变化/m	0.39	0.73	0.51	0.15	0.96	0.47	−0.28	0.41	−1.16	−0.79	0.01	−0.01
2013	实测流量/(m³/s)	6 560	6 310	6 260	7 200	13 400	17 800	29 400	21 300	15 100	8 630	7 080	5 990
	还原流量/(m³/s)	5 440	4 320	5 210	6 600	10 700	17 000	31 500	20 800	19 900	11 400	7 500	5 700
	流量变化/(m³/s)	1 060	1 950	1 040	540	2 600	1 200	−1 600	700	−4 700	−2 650	−400	410
	流量变化比/%	16.3	31.1	16.6	7.6	19.5	6.6	−5.4	3.3	−30.9	−30.3	−5.6	6.7
	水位变化/m	0.46	0.89	0.45	0.23	0.85	0.37	−0.17	0.16	−1.44	−1.00	−0.17	0.18

　　三峡水库初期运行期(2006 年 9 月～2008 年 9 月),9～11 月蓄水期,枝城站流量较天然条件减少,减少幅度最大的是 2006 年 10 月,月平均流量减少 2 900 m³/s,减少幅度达 28.2%,月平均水位降低 1.03 m。12 月～次年 5 月,枝城站流量较天然条件增加,增加幅度最大的是 2008 年 5 月,月平均流量增加 1 100 m³/s,增加幅度达 9.2%,月平均水位抬升 0.39 m。

　　三峡水库试验性蓄水期(2008 年 10 月～2013 年 12 月),9～11 月蓄水期,枝城站流量较天然条件减少,减少流量最大的是 2012 年 9 月,月平均流量减少 5 400 m³/s,减少幅度达 25.4%,月平均水位降低 1.16 m。12 月～次年 5 月,枝城站流量较天然条件增加,增加流量最大的是 2012 年 5 月,月平均流量增加 2 900 m³/s,增加幅度达 17.6%,枝城站月平均水位抬升 0.96 m。由于 6 月 10 日前为消落期,故 6 月份平均流量均比天然流量略有偏大。2010 年、2012 年、2013 年由于三峡水库进行防洪应用,7 月枝城站月平均流量分别减少 2 300 m³/s、2 400 m³/s、1 600 m³/s,导致枝城站月平均水位分别降低 0.21 m、0.28 m、0.17 m;8 月防洪应用后降低坝前水位,导致枝城站月平均流量增加 200 m³/s、1 900 m³/s、700 m³/s,月平均水位分别抬升 0.33 m、0.41 m、0.16 m。

3）螺山站

三峡水库调度对螺山站月水文情势影响见表 7.42。

表 7.42 三峡水库调度对螺山站月水文情势影响

年份	统计项目	1月	2月	3月	4月	5月	6月	7月	8月	9月	10月	11月	12月
2003	实测流量/(m³/s)	10 200	10 300	12 300	14 200	26 900	25 200	45 400	27 100	32 800	19 600	9 540	7 820
	还原流量/(m³/s)	9 220	9 440	10 900	12 700	25 000	27 800	45 000	27 300	33 400	19 900	10 500	8 100
	流量变化/(m³/s)	−250	0	0	0	100	−3 600	200	−200	200	−400	−540	20
	流量变化比/%	−2.8	0.0	0.0	0.0	0.4	−14.9	0.4	−0.7	0.6	−2.1	−5.4	0.2
	水位变化/m	0.00	0.00	0.00	0.00	0.00	−0.64	−0.01	0.00	0.00	−0.04	−0.26	0.00
2004	实测流量/(m³/s)	6 400	6 200	10 300	12 500	22 000	29 700	35 400	29 200	32 500	19 900	13 500	8 980
	还原流量/(m³/s)	6 750	6 270	9 500	12 700	21 600	29 000	36 000	29 200	33 100	20 900	13 600	9 330
	流量变化/(m³/s)	20	20	340	−300	300	400	100	−200	100	−700	0	−20
	流量变化比/%	0.3	0.3	3.5	−2.4	1.4	1.4	0.3	−0.7	0.3	−3.5	0.0	−0.2
	水位变化/m	0.02	0.02	0.19	−0.14	0.04	0.06	0.01	0.00	0.00	−0.12	0.00	0.01
2005	实测流量/(m³/s)	8 680	12 300	12 000	13 400	22 300	34 000	31 700	35 900	30 600	20 400	14 700	8 270
	还原流量/(m³/s)	8 660	10 900	11 700	13 200	22 300	33 700	32 600	38 400	31 400	21 000	13 900	8 530
	流量变化/(m³/s)	20	100	−100	100	300	300	200	200	−400	−700	0	0
	流量变化比/%	0.2	0.9	−0.9	0.8	1.3	0.9	0.6	0.5	−1.3	−3.4	0.0	0.0
	水位变化/m	0.00	0.02	0.00	0.02	0.03	0.09	−0.01	0.00	0.00	−0.12	0.00	0.01
2006	实测流量/(m³/s)	7 830	8 200	14 200	14 200	18 800	24 000	27 500	16 700	14 200	12 100	9 800	8 760
	还原流量/(m³/s)	7 520	7 620	13 500	13 700	19 600	24 900	29 000	17 100	15 800	15 500	10 800	9 110
	流量变化/(m³/s)	30	−40	0	0	300	200	0	−100	−700	−3 100	−400	40
	流量变化比/%	0.4	−0.5	0.0	0.0	1.5	0.8	0.0	−0.6	−4.6	−25.0	−3.8	0.4
	水位变化/m	0.01	−0.01	0.01	0.00	0.01	0.01	0.00	0.01	−0.28	−1.33	−0.21	0.03
2007	实测流量/(m³/s)	7 850	8 310	11 600	11 000	14 400	26 000	35 900	35 900	31 400	16 100	10 200	7 160
	还原流量/(m³/s)	7 590	7 790	10 300	10 400	14 100	26 200	36 400	37 200	31 800	19 000	11 100	7 270
	流量变化/(m³/s)	−50	450	500	500	800	800	700	−1 000	0	−2800	−300	−30
	流量变化比/%	−0.7	5.5	4.6	4.6	5.4	3.0	1.9	−2.8	0.0	−17.3	−2.8	−0.4
	水位变化/m	−0.03	0.24	0.31	0.22	0.29	0.14	0.13	−0.16	0.00	−0.37	−0.11	−0.01
2008	实测流量/(m³/s)	7 250	7 810	10 100	15 500	17 800	23 900	26 900	34 000	35 200	17 100	25 400	10 100
	还原流量/(m³/s)	7 300	7 460	9 880	14 900	17 000	24 600	27 500	34 400	35 100	21 300	28 100	9 110
	流量变化/(m³/s)	220	460	−40	400	1300	400	300	100	−300	−4 200	−3 300	400
	流量变化比/%	2.9	5.8	−0.4	2.6	7.1	1.6	1.1	0.3	−0.9	−24.6	−13.3	4.2
	水位变化/m	0.12	0.28	−0.04	0.14	0.11	0.05	0.07	0.01	−0.04	−1.06	−0.81	0.23

年份	统计项目	1 月	2 月	3 月	4 月	5 月	6 月	7 月	8 月	9 月	10 月	11 月	12 月
	实测流量/(m³/s)	8 060	8 790	13 600	15 100	24 200	24 300	31 000	34 800	23 200	10 500	8 690	7 520
	还原流量/(m³/s)	8 230	7 810	11 500	14 300	22 300	22 400	31 200	35 100	24 700	16 400	9 860	7 220
2009	流量变化/(m³/s)	80	1 210	1 500	400	2 200	1 500	400	100	−2 300	−5 000	−530	540
	流量变化比/%	1.0	13.4	11.5	2.7	9.0	6.3	1.3	0.3	−10.3	−43.9	−5.7	7.0
	水位变化/m	0.05	0.66	0.70	0.15	0.48	0.39	0.07	0.01	−0.19	−1.81	−0.30	0.33
	实测流量/(m³/s)	8 000	8 090	8 620	17 100	23 600	34 900	42 100	34 000	30 400	18 700	10 700	9 550
	还原流量/(m³/s)	7 190	6 480	7 100	15 800	21 300	32 900	42 600	32 700	32 100	21 800	11 500	10 100
2010	流量变化/(m³/s)	970	1 900	1520	100	1 000	1 300	−900	400	−2 300	−4 600	−200	−100
	流量变化比/%	11.9	22.7	17.6	0.6	4.5	3.8	−2.2	1.2	−7.7	−26.7	−1.8	−1.0
	水位变化/m	0.58	1.18	0.94	0.12	0.23	0.30	−0.14	0.12	−0.56	−0.43	−0.08	−0.03
	实测流量/(m³/s)	10 500	9 330	10 400	10 800	12 200	23 600	26 200	23 700	14 500	12 400	14 500	8 600
	还原流量/(m³/s)	9 960	8 210	9 430	9 990	11 400	21 900	25 600	24 100	19 700	16 200	15 100	9 440
2011	流量变化/(m³/s)	1 040	1 720	1 170	1 610	1 500	1 500	100	−700	−4 100	−3 500	−100	−180
	流量变化比/%	9.5	17.3	11.0	13.9	11.6	6.4	0.4	−3.0	−26.3	−27.6	−0.7	−1.9
	水位变化/m	0.52	0.98	0.66	0.83	0.71	0.42	0.03	−0.12	−1.00	−1.14	−0.10	−0.10
	实测流量/(m³/s)	9 630	9 370	12 100	14 600	28 000	33 100	44 700	38 800	28 100	19 800	15 600	10 900
	还原流量/(m³/s)	8 810	8 280	10 600	13 800	24 700	30 200	46 500	37 300	31 500	22 200	15 200	10 800
2012	流量变化/(m³/s)	840	1 560	1 300	400	2 800	1 900	−1 600	1 400	−4 800	−3 000	−100	−200
	流量变化比/%	8.7	15.9	10.9	2.8	10.2	5.9	−3.6	3.6	−18.0	−15.6	−0.7	−1.9
	水位变化/m	0.45	0.88	0.66	0.13	0.57	0.47	−0.32	0.42	−1.22	−0.43	−0.08	−0.10
	实测流量/(m³/s)	11 400	10 200	11 600	16 300	24 900	28 100	31 200	27 500	21 200	14 900	10 000	8 870
	还原流量/(m³/s)	10 000	7 790	9 870	15 800	22 700	26 100	33 400	28 300	25 600	17 900	11 200	8 700
2013	流量变化/(m³/s)	1 000	1 950	1 130	400	2 300	1 800	−900	300	−4 500	−2 900	−700	380
	流量变化比/%	9.1	20.0	10.3	2.5	9.2	6.5	−2.8	1.0	−21.3	−19.3	−6.7	4.2
	水位变化/m	0.51	1.11	0.59	0.22	0.54	0.51	−0.23	0.13	−0.73	−0.98	−0.38	0.21

可以看出三峡水库围堰发电期(2003 年 6 月～2006 年 8 月),除 2003 年 6 月蓄水对螺山站流量、水位影响较大外,其他月均较小。

三峡水库初期运行期(2006 年 9 月～2008 年 9 月),9～11 月蓄水期,螺山站流量较天然条件减少,减少幅度最大的是 2006 年 10 月,月平均流量减少 3 100 m³/s,减少幅度达 25.0%,月平均水位降低 1.33 m。12 月～次年 5 月,螺山站流量较天然条件增加,增加幅度最大的是 2008 年 5 月,月平均流量增加 1 300 m³/s,增加幅度达 7.1%,月平均水位抬升 0.11 m。

三峡水库试验性蓄水期(2008 年 10 月～2013 年 12 月),9～11 月蓄水期,螺山站流量较天然条件减少,减少流量最大的是 2012 年 9 月,月平均流量减少 4 800 m³/s,减少幅度达 18.0%，月平均水位降低 1.22 m。12 月～次年 5 月，螺山站流量较天然条件增加，增加流量最大的是 2012 年 5 月，月平均流量增加 2 800 m³/s，增加幅度达 10.2%，螺山站月平均水位抬升 0.57 m。由于 6 月 10 日前为消落期，故 6 月份平均流量均比天然流量略有偏大；2010 年、2012 年、2013 年由于三峡水库进行防洪应用，7 月螺山月平均流量分别减少 900 m³/s、1600 m³/s、900 m³/s，导致螺山站月平均水位分别降低 0.14 m、0.32 m、0.23 m；8 月防洪应用后降低坝前水位，导致螺山站月平均流量分别增加 400 m³/s、1 400 m³/s、300 m³/s，月平均水位分别抬升 0.12 m、0.42 m、0.13 m。

4）汉口站

三峡水库调度对汉口站月水文情势影响见表 7.43。

表 7.43 三峡水库调度对汉口站月水文情势影响

年份	统计项目	1月	2月	3月	4月	5月	6月	7月	8月	9月	10月	11月	12月
2003	实测流量/(m³/s)	12 100	11 800	15 000	16 400	29 500	27 800	48 900	30 500	40 600	25 000	12 300	9 970
	还原流量/(m³/s)	9 630	9 810	11 500	13 400	26 100	29 000	47 200	29 900	41 300	24 200	12 500	9 720
	流量变化/(m³/s)	−270	10	0	100	400	−3 500	200	−200	200	−400	−500	10
	流量变化比/%	−2.9	0.1	0.0	0.7	1.5	−13.7	0.4	−0.7	0.5	−1.7	−4.2	0.1
	水位变化/m	0.00	0.00	0.00	0.00	0.00	−0.58	−0.01	0.00	0.00	−0.02	−0.17	0.00
2004	实测流量/(m³/s)	8 510	7 590	11 500	14 200	23 700	32 200	39 200	34 200	35 500	23 100	15 600	11 200
	还原流量/(m³/s)	8 320	7 680	10 800	14 100	23 000	30 400	38 200	32 600	35 300	22 800	15 300	11 000
	流量变化/(m³/s)	20	40	300	−200	400	300	100	−100	0	−700	0	0
	流量变化比/%	0.2	0.5	2.7	−1.4	1.7	1.0	0.3	−0.3	0.0	−3.2	0.0	0.0
	水位变化/m	0.01	0.02	0.14	−0.08	0.04	0.04	0.01	0.00	0.00	−0.10	0.00	0.00
2005	实测流量/(m³/s)	10 200	14 000	14 000	14 800	23 600	36 300	35 200	41 900	36 800	26 600	18 200	11 100
	还原流量/(m³/s)	10 100	12 300	13 300	14 600	23 300	35 500	35 700	44 100	36 300	26 400	16 400	10 400
	流量变化/(m³/s)	0	100	−100	100	200	400	100	100	−400	−700	100	0
	流量变化比/%	0.0	0.8	−0.8	0.7	0.9	1.1	0.3	0.2	−1.1	−2.7	0.6	0.0
	水位变化/m	0.00	0.02	0.00	0.01	0.01	0.07	−0.01	0.00	0.00	−0.10	0.00	0.00
2006	实测流量/(m³/s)	9 710	9 940	16 300	16 600	21 900	26 900	31 000	19 800	16 100	13 100	11 600	9 720
	还原流量/(m³/s)	8 950	9 000	14 900	15 200	21 200	26 700	31 100	19 100	17 000	16 600	12 100	10 300
	流量变化/(m³/s)	10	−10	0	0	500	300	0	−100	−600	−3 200	−400	0
	流量变化比/%	0.1	−0.1	0.0	0.0	2.3	1.1	0.0	−0.5	−3.7	−23.9	−3.4	0.0
	水位变化/m	0.00	0.00	0.01	0.00	0.04	0.03	0.00	0.00	−0.12	−0.79	−0.14	0.01
2007	实测流量/(m³/s)	8 970	9 370	13 200	12 000	15 600	27 500	41 000	42 100	34 600	19 000	12 100	8 960
	还原流量/(m³/s)	8 470	8 660	11 300	11 300	15 100	27 300	41 100	42 300	34 100	20 700	12 400	8 240
	流量变化/(m³/s)	−40	390	600	400	800	900	700	−1 000	200	−2 800	−300	−30
	流量变化比/%	−0.5	4.3	5.0	3.4	5.0	3.2	1.7	−2.4	0.6	−15.6	−2.5	−0.4
	水位变化/m	−0.02	0.16	0.24	0.15	0.19	0.15	0.09	−0.11	0.01	−0.49	−0.08	−0.01

续表

年份	统计项目	1 月	2 月	3 月	4 月	5 月	6 月	7 月	8 月	9 月	10 月	11 月	12 月
2008	实测流量/(m³/s)	8 950	9 390	11 200	17 500	19 800	25 400	29 300	36 300	38 400	19 900	26 900	12 300
	还原流量/(m³/s)	8 320	8 310	10 500	16 200	18 700	25 800	29 500	36 500	37 600	23 000	29 600	10 800
	流量变化/(m³/s)	190	480	0	300	1 300	400	400	100	−300	−4 000	−3 600	400
	流量变化比/%	2.2	5.5	0.0	1.8	6.5	1.5	1.3	0.3	−0.8	−21.1	−13.8	3.6
	水位变化/m	0.08	0.21	−0.02	0.05	0.27	0.08	0.05	0.01	−0.02	−0.66	−0.64	0.14
2009	实测流量/(m³/s)	9 600	9 920	15 700	17 700	27 300	26 900	33 800	36 900	25 600	13 700	11 100	9 730
	还原流量/(m³/s)	9 470	9 040	12 500	15 400	24 400	25 400	33 800	38 400	27 700	18 700	11 600	8 650
	流量变化/(m³/s)	70	1 060	1 600	400	2 100	1 800	300	100	−2 200	−5 100	−600	520
	流量变化比/%	0.7	10.5	11.2	2.5	7.9	6.6	0.9	0.3	−8.6	−37.5	−5.5	5.7
	水位变化/m	0.03	0.43	0.42	0.11	0.21	0.30	0.05	0.00	−0.17	−1.10	−0.24	0.22
2010	实测流量/(m³/s)	9 640	10 100	11 000	19 000	25 900	36 600	47 600	41 000	35 200	21 700	13 800	11 900
	还原流量/(m³/s)	8 410	7 830	8 320	16 900	23 600	35 200	47 400	39 600	38 200	24 300	13 600	11 600
	流量变化/(m³/s)	930	1 850	1 570	100	800	1 300	−700	400	−2 400	−4 700	−300	−100
	流量变化比/%	10.0	19.1	15.9	0.6	3.3	3.6	−1.5	1.0	−6.7	−24.0	−2.3	−0.9
	水位变化/m	0.40	0.81	0.67	0.08	0.15	0.21	−0.11	0.06	−0.40	−0.71	−0.06	−0.01
2011	实测流量/(m³/s)	12 800	11 700	12 400	13 100	13 900	25 500	28 700	26 300	20 900	15 600	16 600	11 200
	还原流量/(m³/s)	11 600	9 740	10 700	11 500	12 200	22 800	27 800	26 800	26 100	19 000	17 300	11 600
	流量变化/(m³/s)	900	1 760	1 200	1 600	1 500	1 800	0	−600	−4 100	−3 500	−200	−200
	流量变化比/%	7.2	15.3	10.1	12.2	10.9	7.3	0.0	−2.3	−18.6	−22.6	−1.2	−1.8
	水位变化/m	0.36	0.71	0.49	0.61	0.45	0.27	0.03	−0.13	−0.77	−0.66	−0.03	−0.07
2012	实测流量/(m³/s)	11 700	11 400	13 900	16 900	30 100	35 100	46 200	41 600	29 000	21 400	17 300	12 200
	还原流量/(m³/s)	10 600	10 300	12 500	15 400	26 100	32 100	48 100	41 000	34 300	23 900	16 600	12 300
	流量变化/(m³/s)	800	1 400	1 400	400	2 700	1 900	−1 500	1 300	−4 700	−3 100	−200	−200
	流量变化比/%	7.0	12.0	10.1	2.5	9.4	5.6	−3.2	3.1	−15.9	−14.9	−1.2	−1.7
	水位变化/m	0.31	0.60	0.37	0.09	0.41	0.32	−0.26	0.26	−0.86	−0.37	−0.04	−0.07
2013	实测流量/(m³/s)	12 700	11 200	12 700	17 800	26 200	31 200	35 000	30 900	23 900	17 600	11 700	10 200
	还原流量/(m³/s)	11 600	9 160	11 100	17 200	23 800	28 000	35 500	31 000	27 200	19 700	12 700	9 850
	流量变化/(m³/s)	1 000	1 940	1 100	300	2 300	2 000	−700	300	−4 500	−2 800	−800	350
	流量变化比/%	7.9	17.5	9.0	1.7	8.8	6.7	−2.0	1.0	−19.8	−16.6	−6.7	3.4
	水位变化/m	0.35	0.79	0.43	0.05	0.41	0.36	−0.16	0.08	−0.52	−0.64	−0.32	0.15

可以看出,三峡水库围堰发电期(2003 年 6 月～2006 年 8 月)除 2003 年 6 月蓄水对汉口站流量、水位影响较大外,其他月均较小。

三峡水库初期运行期(2006 年 9 月～2008 年 9 月),三峡水库 6～8 月调度运行,基本对汉口站水文情势无影响。9～11 月蓄水期,汉口站流量较天然条件减少,减少幅度最大的是 2006 年 10 月,月平均流量减少 3 200 m³/s,减少幅度达 23.9%,月平均水位降低 0.79 m。12 月~次年 5 月,汉口站流量较天然条件增加,增加幅度最大的是 2008 年 5 月,月平均流量增加 1 300 m³/s,增加幅度达 6.5%,月平均水位抬升 0.27 m。

三峡水库试验性蓄水期(2008 年 10 月~2013 年 12 月),9~11 月蓄水期,汉口站流量较天然条件减少,减少流量最大的是 2012 年 9 月,月平均流量减少 4 700 m³/s,减少幅度达 15.9%,月平均水位降低 0.86 m。12 月~次年 5 月,汉口站流量较天然条件增加,增加幅度最大的是 2012 年 5 月,月平均流量增加 2 700 m³/s,增加幅度达 9.4%,汉口站月平均水位抬升 0.41 m。由于 6 月 10 日前为消落期,故 6 月份平均流量均比天然流量略有偏大。2010 年、2012 年、2013 年由于三峡水库进行防洪应用,7 月汉口站月平均流量分别减少 700 m³/s、1 500 m³/s、700 m³/s,导致汉口站月平均水位分别降低 0.11 m、0.26 m、0.16 m;8 月防洪应用后降低坝前水位,导致汉口站月平均流量分别增加 400 m³/s、1 300 m³/s、300 m³/s,月平均水位分别抬升 0.06 m、0.26 m、0.08 m。

7.4.3 对荆江三口分流的影响

1. 对松滋口分流的影响

1)年际变化

2003~2013 年受三峡水库调度影响与天然状态下的松滋口分流年际变化情况见表 7.44 和图 7.41。

表 7.44 三峡水库调度对松滋口历年分流变化影响

时段	受三峡水库调度影响			天然状态			分流量变化/(×10⁸ m³)	分流量变幅/%	分流比变化/%
	枝城/(×10⁸ m³)	松滋口/(×10⁸ m³)	分流比/%	枝城/(×10⁸ m³)	松滋口/(×10⁸ m³)	分流比/%			
2003~2013 年	4 089.6	265.1	6.5	4 121.7	275.3	6.7	−10.3	−3.7	−0.2
2003 年	4 245.6	316.4	7.5	4 357.2	326.8	7.5	−10.5	−3.2	0.0
2004 年	4 271.4	289.2	6.8	4 269.7	290.8	6.8	−1.6	−0.6	0.0
2005 年	4 723.5	355.2	7.5	4 724.7	355.9	7.5	−0.7	−0.2	0.0
2006 年	2 943.2	95.6	3.2	3 036.6	105.2	3.5	−9.6	−9.1	−0.2
2007 年	4 136.9	286.7	6.9	4 138.2	295.3	7.1	−8.5	−2.9	−0.2
2008 年	4 364.2	305.2	7.0	4 471.5	327.7	7.3	−22.5	−6.9	−0.3
2009 年	3 959.2	245.8	6.2	3 961.6	254.1	6.4	−8.3	−3.2	−0.2
2010 年	4 189.3	290.9	6.9	4 239.7	301.5	7.1	−10.6	−3.5	−0.2
2011 年	3 517.6	157.4	4.5	3 519.9	175.1	5.0	−17.7	−10.1	−0.5
2012 年	4 776.3	346.5	7.3	4 764.9	356.1	7.5	−9.6	−2.7	−0.2
2013 年	3 859.5	226.8	5.9	3 856.1	240.0	6.2	−13.2	−5.5	−0.3

可以看出,受三峡水库调度影响,松滋口分流量多年平均减少了 10.3×10⁸ m³,减幅为 3.7%,分流比由 6.7% 减少至 6.5%,减少 0.2%。减幅最大的三年是 2006 年、2008

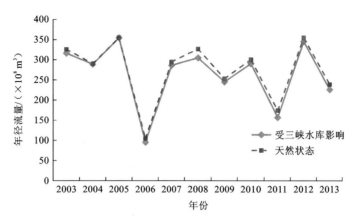

图 7.41　松滋口年径流量历年变化过程对比图

年、2011 年,分流量分别减少了 9.6×10^8 m³、22.5×10^8 m³、17.7×10^8 m³,减幅分别为 9.1%、6.9%、10.1%。

　　三峡水库围堰发电期、初期运行期、试验性蓄水期,分流量及分流比变化如下:围堰发电期,2004 年、2005 年松滋口分流量分别减少了 1.6×10^8 m³、0.7×10^8 m³,减幅分别为 0.6%、0.2%,分流比无变化;初期运行期,2007 年、2008 年松滋口分流量分别减少了 8.5×10^8 m³、22.5×10^8 m³,减幅分别为 2.9%、6.9%,分流比分别减少 0.2% 和 0.3%;试验性蓄水期,2010 年、2011 年、2012 年、2013 年松滋口分流量分别减少了 10.6×10^8 m³*、17.7×10^8 m³、9.6×10^8 m³、13.2×10^8 m³,减幅分别为 3.5%、10.1%、2.7%、5.5%,分流比分别减少 0.2%、0.5%、0.2%、0.3%。

　　2) 年内变化

　　2003~2013 年松滋口多年平均年内月分配见表 7.45 和图 7.42。可以看出,松滋口分流主要集中在汛期 5~10 月,约占年总分流量的 95%。受三峡水库调度影响与天然状态下相比,蓄水期 9~11 月松滋口分流量多年平均减少 17.12×10^8 m³,减幅 19.23%;供水期 12 月~次年 5 月松滋口分流量多年平均增大 4.92×10^8 m³,增幅 45.40%;6~8 月松滋口分流量变化甚微,多年平均增加 1.96×10^8 m³,增幅 1.11%。

表 7.45　三峡水库调度对松滋口分流的年内变化影响

项目		1 月	2 月	3 月	4 月	5 月	6 月	7 月	8 月	9 月	10 月	11 月	12 月	年
受三峡水库调度影响	径流量/($\times 10^8$ m³)	0.15	0.08	0.17	1.73	13.34	32.37	78.98	66.01	51.25	14.84	5.86	0.27	265.07
	分流比/%	0.10	0.06	0.11	0.91	4.07	7.20	10.53	10.10	9.20	4.51	2.46	0.17	6.48
天然状态下	径流量/($\times 10^8$ m³)	0.01	0	0.06	1.29	9.23	30.76	79.99	64.66	59.16	22.89	7.02	0.24	275.32
	分流比/%	0.01	0	0.04	0.71	3.14	6.95	10.51	9.94	9.75	5.76	2.85	0.15	6.68
径流量变化量/($\times 10^8$ m³)		0.14	0.08	0.12	0.44	4.11	1.61	−1.01	1.36	−7.91	−8.05	−1.16	0.03	−10.25
分流比变化/%		0.09	0.06	0.07	0.20	0.92	0.25	0.02	0.16	−0.55	−1.25	−0.39	0.02	−0.20

　　三峡水库调度对松滋口分流影响最大的主要在蓄水期 9~11 月,尤其是 9 月、10 月,多年平均减少了 7.91×10^8 m³、8.05×10^8 m³,减幅分别为 15.4%、35.2%。

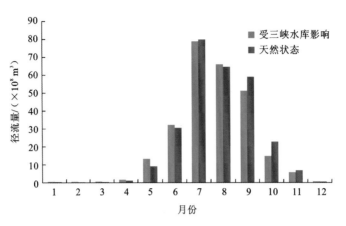

图 7.42　松滋口径流量年内月分配对比图

三峡水库调度对松滋口分流影响见表 7.46。可以看出,三峡水库围堰发电期(2003 年 6 月~2006 年 8 月),受三峡水库调度影响,松滋口月流量变化范围在−360~75 m³/s,分流量减少最大的是 2003 年 6 月,减幅 23.5%,分流量增大最大的是 2005 年 5 月,增幅 10.6%。

表 7.46　三峡水库运行对松滋口分流量的影响　　　　　　　　(单位:m³/s)

年份	统计项目	1月	2月	3月	4月	5月	6月	7月	8月	9月	10月	11月	12月
	实测流量						1 170	3 740	2 260	3 450	1 060	159	49.8
2003	还原流量						1 530	3 750	2 250	3 450	1 080	179	48.6
	分流量变化						−360	−10	10	0	−20	−20	1.2
	实测流量	6.3	2.9	27.1	115	554	1 960	2 360	2 020	3 020	1 260	379	79.0
2004	还原流量	6.3	2.9	21.6	121	537	1 910	2 360	2 020	3 030	1 380	376	76.9
	分流量变化	0	0	5.5	−6	17	50	0	0	−10	−120	3	2.1
	实测流量	7.3	6.2	14	101	784	1 640	3 110	4 170	2 420	1 550	383	40.4
2005	还原流量	7.1	6	13.7	100	709	1 630	3 110	4 170	2 420	1 660	380	40.3
	分流量变化	0.2	0.2	0.3	1	75	10	0	0	0	−110	3	0.1
	实测流量	6.6	10.7	68.8	71.6	478	727	1 760	342	527	347	119	38.5
2006	还原流量	6.6	10.8	64.4	70.1	441	724	1 750	339	625	650	130	38.6
	分流量变化	0	−0.1	4.4	1.5	37	3	10	3	−98	−303	−11	−0.1
	实测流量	5.5	7.8	15.7	106	274	1 590	3 590	2 830	2 720	625	230	24.3
2007	还原流量	5.5	7.7	15.7	75.5	211	1 580	3 480	2 940	2 840	925	238	24.4
	分流量变化	0	0.1	0	30.5	63	10	110	−110	−120	−300	−8	−0.1
	实测流量	15	9.3	22.4	328	515	1 090	2 250	3 090	2 840	662	983	54.4
2008	还原流量	15	9.3	23.7	271	384	1 050	2 230	3 050	2 940	1 240	1 450	40.9
	分流量变化	0	0	−1.3	57	131	40	20	40	−100	−578	−467	13.5

续表

年份	统计项目	1月	2月	3月	4月	5月	6月	7月	8月	9月	10月	11月	12月
2009	实测流量	15.6	43	34.4	193	946	867	2 600	3 620	1 370	153	68.5	9.29
	还原流量	15.9	27.5	28.2	165	627	720	2 580	3 550	1 840	606	77.5	9.19
	分流量变化	−0.3	15.5	6.2	28	319	147	20	70	−470	−453	−9	0.1
2010	实测流量	7.1	7.4	9.7	24.6	569	1 520	4 080	2 930	2 400	428	164	17.1
	还原流量	7.1	7.3	9.6	43.4	400	1 400	4 260	2 720	2 610	914	167	17.6
	分流量变化	0	0.1	0.1	−18.8	169	120	−180	210	−210	−486	−3	−0.5
2011	实测流量	55.9	20.8	39.9	112	251	1 320	1 820	1 760	757	201	594	39.3
	还原流量	19	17.1	21.1	40.3	140	1 210	1 770	1 880	1 440	494	565	46.8
	分流量变化	36.9	3.7	18.8	71.7	111	110	50	−120	−683	−293	29	−7.5
2012	实测流量	36.1	31.8	26.9	63.2	1 150	1 510	5 210	3 270	2 060	1 010	261	52.4
	还原流量	27	20.9	18.4	50.5	724	1 180	5 470	2 960	2 900	1 420	247	49.6
	分流量变化	9.1	10.9	8.5	12.7	426	330	−260	310	−840	−410	14	2.8
2013	实测流量	51.9	35	29.6	76.2	764	1 490	3 470	2 090	1 010	227	104	45.6
	还原流量	42	30.7	24.6	65.9	428	1 260	3 640	1 950	1 840	454	123	43.4
	分流量变化	9.9	4.3	5	10.3	336	230	−170	140	−830	−227	−19	2.2

三峡水库初期运行期(2006 年 9 月~2008 年 9 月),受三峡水库调度影响,松滋口月分流量变化范围在−303~131 m³/s,分流量减少最大的是 2006 年 10 月,减幅 46.6%,分流量增大最大的是 2008 年 5 月,增幅 34.1%。

三峡水库试验性蓄水期(2008 年 10 月~2013 年 12 月),受三峡水库调度影响,松滋口月分流量变化范围在−840~426 m³/s,分流量减少最大的是 2012 年 9 月,减幅 29.0%,分流量增大最大的是 2012 年 5 月,增幅 58.8%。

2. 对太平口分流的影响

1) 年际变化

2003~2013 年受三峡水库调度影响与天然状态下的太平口分流年际变化情况见表 7.47 和图 7.43。

表 7.47　三峡水库调度对太平口分流历年变化影响

时段	受三峡水库调度影响			天然状态			分流量变化量/ (×10⁸ m³)	分流量变幅/ %	分流比变化/ %
	枝城/ (×10⁸ m³)	太平口/ (×10⁸ m³)	分流比/ %	枝城/ (×10⁸ m³)	太平口/ (×10⁸ m³)	分流比/ %			
2003~2013 年	4 089.6	89.9	2.2	4 121.7	93.9	2.3	−4.0	−4.3	−0.1
2003 年	4 245.6	104.9	2.5	4 357.2	108.8	2.5	−3.9	−3.6	0
2004 年	4 271.4	100.2	2.3	4 269.7	100.7	2.4	−0.5	−0.5	0
2005 年	4 723.5	119.8	2.5	4 724.7	119.8	2.5	−0.0	−0.1	0

续表

时段	受三峡水库调度影响			天然状态			分流量变化量/(×10⁸ m³)	分流量变幅/%	分流比变化/%
	枝城/(×10⁸ m³)	太平口/(×10⁸ m³)	分流比/%	枝城/(×10⁸ m³)	太平口/(×10⁸ m³)	分流比/%			
2006 年	2 943.2	31.9	1.1	3 036.6	35.8	1.2	−3.9	−11.0	−0.1
2007 年	4 136.9	95.8	2.3	4 138.2	99.5	2.4	−3.7	−3.7	−0.1
2008 年	4 364.2	104.5	2.4	4 471.5	112.3	2.5	−7.8	−7.0	−0.1
2009 年	3 959.2	84.2	2.1	3 961.6	87.8	2.2	−3.6	−4.1	−0.1
2010 年	4 189.3	98.9	2.4	4 239.7	103.9	2.5	−5.0	−4.8	−0.1
2011 年	3 517.6	52.4	1.5	3 519.9	60.2	1.7	−7.8	−13.0	−0.2
2012 年	4 776.3	117.4	2.5	4 764.9	121.5	2.6	−4.1	−3.4	−0.1
2013 年	3 859.5	79.2	2.1	3 856.1	82.6	2.1	−3.4	−4.2	−0.1

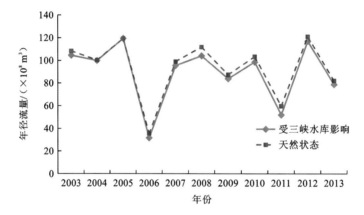

图 7.43　太平口年径流量历年变化过程对比图

可以看出,受三峡水库调度影响,太平口分流量发生一定程度的减少,多年平均减少了 $4.0×10^8$ m³,减幅为 4.3%,分流比由 2.3% 减少至 2.2%,减少 0.1%。减幅最大的三年是 2006 年、2008 年、2011 年,分流量分别减少了 $3.9×10^8$ m³、$7.9×10^8$ m³、$7.9×10^8$ m³,减幅分别为 11.0%、7.0%、13.0%。

三峡水库围堰发电期、初期运行期、试验性蓄水期,分流量及分流比变化如下:围堰发电期,2004 年、2005 年太平口分流量分别减少了 $0.5×10^8$ m³、$0.0×10^8$ m³,减幅分别为 0.5%、0.1%,分流比无变化;初期运行期,2007 年、2008 年太平口分流量分别减少了 $3.7×10^8$ m³、$7.9×10^8$ m³,减幅分别为 3.7%、7.0%,分流比均减少 0.1%;试验性蓄水期,2010 年、2011 年、2012 年、2013 年太平口分流量分别减少了 $5.0×10^8$ m³、$7.9×10^8$ m³、$4.1×10^8$ m³、$3.4×10^8$ m³,减幅分别为 4.8%、13.0%、3.4%、4.2%,分流比分别减少 0.1%、0.2%、0.1%、0.1%。

2)年内变化

2003~2013 年太平口多年平均年内月分配见表 7.48 和图 7.44。

表 7.48　三峡水库调度对太平口分流的年内变化影响

项目		1 月	2 月	3 月	4 月	5 月	6 月	7 月	8 月	9 月	10 月	11 月	12 月	年
受三峡水库调度影响	径流量/(×10⁸ m³)	0	0	0	0.31	4.61	11.67	26.49	22.46	17.71	5.02	1.63	0.01	89.92
	分流比/%	0	0	0	0.16	1.40	2.60	3.53	3.44	3.18	1.53	0.69	0	2.20
天然状态下	径流量/(×10⁸ m³)	0	0	0	0.21	2.92	11.10	26.97	22.15	20.46	8.13	1.97	0	93.91
	分流比/%	0	0	0	0.11	1.00	2.51	3.54	3.40	3.37	2.05	0.80	0	2.28
径流量变化量/(×10⁸ m³)		0	0	0	0.11	1.68	0.57	−0.48	0.32	−2.75	−3.11	−0.33	0	−3.99
分流比变化/%		0	0	0	0.05	0.41	0.09	−0.01	0.03	−0.19	−0.52	−0.11	0	−0.08

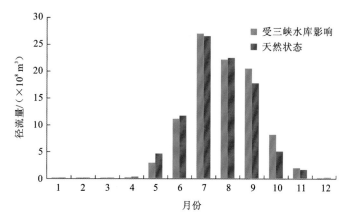

图 7.44　太平口径流量年内月分配对比图

可以看出,太平口分流主要集中在汛期 5～10 月,约占年总分流量的 96%。受三峡水库调度影响与天然状态下相比,蓄水期 9～11 月太平口分流量多年平均减少 6.19×10⁸ m³,减幅 20.3%;供水期 12 月～次年 5 月太平口分流量多年平均增加 1.79×10⁸ m³,增幅57.3%;6～8 月太平口分流量变化不大。

三峡水库运行对太平口分流影响最大的主要在蓄水期 9～11 月,尤其是 9 月、10 月,多年平均分别减少了 2.75×10⁸ m³、3.11×10⁸ m³,减幅分别为 13.4%、38.3%。

三峡水库调度对太平口分流影响见表 7.49。可以看出,三峡水库围堰发电期(2003 年 6 月～2006 年 8 月),受三峡水库调度影响,太平口月平均流量变化范围在−134～26 m³/s,分流量减少最大的是 2003 年 6 月,减幅 25.2%,分流量增大最大的是 2005 年 5 月,增幅 13.2%。

表 7.49　三峡水库运行对太平口分流量的影响　　　　　　　　(单位:m³/s)

年份	统计项目	1 月	2 月	3 月	4 月	5 月	6 月	7 月	8 月	9 月	10 月	11 月	12 月
	实测流量						362	1 200	810	1 140	329	22.1	0
2003	还原流量						496	1 200	810	1 140	337	25.5	−0.095
	分流量变化						−134	0	0	0	−8	−3.4	0.095

续表

年份	统计项目	1月	2月	3月	4月	5月	6月	7月	8月	9月	10月	11月	12月
	实测流量	0	0	0	13.2	197	632	815	730	1 010	425	100	12.5
2004	还原流量	0	0	0	13	189	615	818	731	1 020	460	98.4	11.8
	分流量变化	0	0	0	0.2	8	17	−3	−1	−10	−35	1.6	0.7
	实测流量	0	0	0	17.3	274	554	1 010	1 310	828	527	110	0
2005	还原流量	0	0	−0.1	17.1	248	551	1 010	1 310	829	561	108	0
	分流量变化	0	0	0.1	0.2	26	3	0	0	−1	−34	2	0
	实测流量	0	0	5.17	7.72	158	263	532	81.4	156	84.4	8.05	0
2006	还原流量	0	0.1	4.97	7.52	141	263	531	79.7	198	208	9.95	−0.1
	分流量变化	0	−0.1	0.2	0.2	17	0	1	1.7	−42	−123.6	−1.9	0.1
	实测流量	0	0	0	19	69	496	1 090	919	940	200	38	0
2007	还原流量	0	0	0	9	49.6	497	1 050	956	979	323	39.1	0
	分流量变化	0	0	0	10	19.4	−1	40	−37	−39	−123	−1.1	0
	实测流量	0	0	0	97.3	164	352	664	950	968	217	323	5.64
2008	还原流量	0	0	0	81.7	107	341	656	940	998	428	477	5.04
	分流量变化	0	0	0	15.6	57	11	8	10	−30	−211	−154	0.6
	实测流量	0	2.13	0.574	54.5	309	302	878	1 210	467	33.8	13.3	0
2009	还原流量	−0.1	2.03	0.574	39.1	173	243	870	1 220	634	219	14.9	0
	分流量变化	0.1	0.1	0	15.4	136	59	8	−10	−167	−185.2	−1.6	0
	实测流量	0	0	0	0	158	502	1 390	1 060	791	107	30.6	0
2010	还原流量	0	0	0	0.2	78.9	455	1 490	990	862	310	29.7	0
	分流量变化	0	0	0	−0.2	79.1	47	−100	70	−71	−203	0.9	0
	实测流量	2.39	0.024	0.414	12.8	53.8	360	532	499	169	35	134	0.085
2011	还原流量	2.39	0.024	0.414	10.7	18.7	312	512	549	414	154	125	0.185
	分流量变化	0	0	0	2.1	35.1	48	20	−50	−245	−119	9	−0.1
	实测流量	0	0	0	2.9	343	401	1 540	1 080	626	256	55.3	0
2012	还原流量	0	−0.1	0	2.4	167	296	1 670	984	893	407	47	0
	分流量变化	0	0.1	0	0.5	176	105	−130	96	−267	−151	8.3	0
	实测流量	0	0	0	5.68	240	409	1 010	616	273	33	0	0
2013	还原流量	−0.1	−0.2	−0.2	4.98	102	324	1 040	573	568	117	1.1	−0.1
	分流量变化	0.1	0.2	0.2	0.7	138	85	−30	43	−295	−84	−1.1	0.1

　　三峡水库初期运行期(2006年9月～2008年9月)，受三峡水库调度影响，太平口月流量变化范围在−123.6～57.3 m³/s，分流量减少最大的是2006年10月，减幅59.4%，分流量增大最大的是2008年5月，增幅53.3%。

　　三峡水库试验性蓄水期(2008年10月～2013年12月)，受三峡水库调度影响，太平口月流量变化范围在 $-295\sim176\ \mathrm{m^3/s}$，分流量减少最大的是 2013 年 9 月，减幅 51.9%，分流量增大最大的是 2012 年 5 月，增幅 105%。

3. 对藕池口分流的影响

1）年际变化

2003～2013 年受三峡水库调度影响与天然状态下的藕池口分流年际变化情况见表 7.50 和图 7.45。

表 7.50　三峡水库调度对藕池口分流历年变化影响

| 时段 | 受三峡水库调度影响 | | | 天然状态 | | | 分流量变化量 /($\times10^8\ \mathrm{m^3}$) |
	枝城 /($\times10^8\ \mathrm{m^3}$)	藕池口 /($\times10^8\ \mathrm{m^3}$)	分流比 /%	枝城 /($\times10^8\ \mathrm{m^3}$)	藕池口 /($\times10^8\ \mathrm{m^3}$)	分流比 /%	
2003～2013 年	4 089.6	132.5	3.2	4 121.7	139.4	3.4	−6.9
2003 年	4 245.6	156.9	3.7	4 357.2	162.7	3.7	−5.8
2004 年	4 271.4	150.2	3.5	4 269.7	151.7	3.6	−1.5
2005 年	4 723.5	181.4	3.8	4 724.7	181.5	3.8	−0.1
2006 年	2 943.2	46.3	1.6	3 036.6	51.1	1.7	−4.8
2007 年	4 136.9	144.5	3.5	4 138.2	148.1	3.6	−3.6
2008 年	4 364.2	149.5	3.4	4 471.5	159.7	3.6	−10.2
2009 年	3 959.2	119.2	3.0	3 961.6	126.7	3.2	−7.5
2010 年	4 189.3	147.1	3.5	4 239.7	159.4	3.8	−12.3
2011 年	3 517.6	74.8	2.1	3 519.9	83.8	2.4	−9.0
2012 年	4 776.3	178.7	3.7	4 764.9	190.2	4.0	−11.5
2013 年	3 859.5	109.3	2.8	3 856.1	118.9	3.1	−9.6

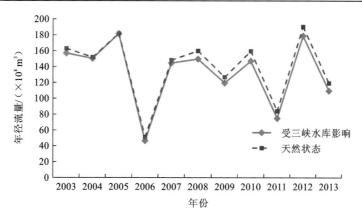

图 7.45　藕池口年径流量历年变化过程对比图

可以看出，受三峡水库调度影响，藕池口分流量发生一定程度的减少，多年平均减少了 $6.9\times10^8\ \mathrm{m^3}$，减幅为 5.0%，分流比由 3.4% 减少至 3.2%，减少 0.2%。减幅最大的三年是 2008 年、2010 年、2012 年，分流量分别减少了 $10.1\times10^8\ \mathrm{m^3}$、$12.3\times10^8\ \mathrm{m^3}$、$11.5\times10^8\ \mathrm{m^3}$，减幅分别为 6.3%、7.71%、6.0%。

三峡水库围堰发电期、初期运行期、试验性蓄水期,分流量及分流比变化如下:围堰发电期,2004 年、2005 年藕池口分流量分别减少了 1.5×10^8 m³、0.1×10^8 m³,减幅分别为 1%、0.05%,分流比分别减少 0.1%、0.0%;初期运行期,2007 年、2008 年藕池口分流量分别减少了 3.6×10^8 m³、10.1×10^8 m³,减幅分别为 2.4%、6.3%,分流比分别减少 0.1%和 0.2%;试验性蓄水期,2010 年、2011 年、2012 年、2013 年藕池口分流量分别减少了 12.3×10^8 m³、9.0×10^8 m³、11.5×10^8 m³、9.6×10^8 m³,减幅分别为 7.7%、10.7%、6.0%、8.1%;分流比均减少 0.3%。

2）年内变化

2003～2013 年藕池口多年平均年内月分配见表 7.51 和图 7.46。

表 7.51　三峡水库调度对藕池口分流的年内变化影响

项目		1月	2月	3月	4月	5月	6月	7月	8月	9月	10月	11月	12月	年
受三峡水库调度影响	径流量/($\times 10^8$ m³)	0.01	0	0.01	0.51	6.47	16.88	39.70	33.16	26.14	7.12	2.51	0.02	132.53
	分流比/%	0	0	0.01	0.27	1.97	3.75	5.29	5.07	4.69	2.16	1.05	0.01	3.24
天然状态下	径流量/($\times 10^8$ m³)	0	0	0.01	0.37	4.28	15.93	41.26	33.22	29.95	11.37	3.03	0.01	139.44
	分流比/%	0	0	0	0.20	1.46	3.60	5.42	5.11	4.94	2.86	1.23	0.01	3.38
径流量变化量/($\times 10^8$ m³)		0.01	0	0.00	0.14	2.19	0.95	−1.56	−0.06	−3.81	−4.25	−0.52	0.01	−6.91
分流比变化/%		0	0	0	0.06	0.51	0.16	−0.13	−0.03	−0.24	−0.70	−0.18	0.01	−0.14

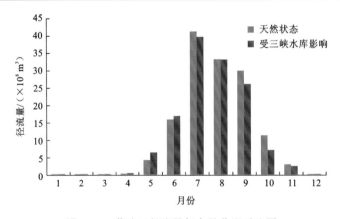

图 7.46　藕池口径流量年内月分配对比图

可以看出,藕池口分流主要集中在汛期 5～10 月,约占年总分流量的 98%。受三峡水库调度影响与天然状态下相比,蓄水期 9～11 月藕池口分流量有所减少,多年平均减少 8.58×10^8 m³,减幅 19.4%;供水期 12 月～次年 5 月藕池口分流量增大,多年平均增加 2.36×10^8 m³,增幅 50.5%;6～8 月藕池口分流量变化不大。

三峡水库调度对藕池口分流影响最大的主要在蓄水期 9～11 月,尤其是 9 月、10 月,多年平均分别减少了 3.81×10^8 m³、4.25×10^8 m³,减幅分别为 12.7%、37.4%。

三峡水库调度对藕池口分流量影响见表 7.52。可以看出,三峡水库围堰发电期(2003年 6 月～2006 年 8 月),受三峡水库调度影响,藕池口月流量变化范围在 −199～37 m³/s,分流量减少最大的是 2003 年 6 月,减幅 27.4%,分流量增大最大的是 2005 年 5 月,增幅 13.6%。

表 7.52　三峡水库运行对藕池口分流量的影响　　　　（单位：m³/s）

年份	统计项目	1月	2月	3月	4月	5月	6月	7月	8月	9月	10月	11月	12月
2003	实测流量						405	2 070	833	1 520	268	0	0
	还原流量						604	2 080	833	1 520	280	7.5	0
	分流量变化						−199	−10	0	0	−12	−7.5	0
2004	实测流量	0	0	0	0	105	663	951	804	1 360	268	7.23	0
	还原流量	0	0	−0.1	0	94	658	961	805	1 360	328	6.43	0
	分流量变化	0	0	0.1	0	11	5	−10	−1	0	−60	0.8	0
2005	实测流量	0	0	0	0	186	636	1 250	1 860	1 060	410	22.5	0
	还原流量	0	0	0	−0.3	149	623	1 250	1 860	1 060	464	20.9	0
	分流量变化	0	0	0	0.3	37	13	0	0	0	−54	1.6	0
2006	实测流量	0	0	0	0	101	238	657	35.6	56.9	7.1	0.738	0
	还原流量	0	0	0	0	82	235	655	33	106	163	4.63	0
	分流量变化	0	0	0	0	19	3	2	2.6	−49.1	−155.9	−3.892	0
2007	实测流量	0	0	0	0	8.08	526	1 570	1 400	1 180	73.3	2.42	0
	还原流量	0	0	0	0	−20.4	510	1 480	1 460	1 240	236	6.12	0
	分流量变化	0	0	0	0	28.48	16	90	−60	−60	−162.7	−3.7	0
2008	实测流量	0	0	0	27.3	54.2	346	834	1 340	1 300	191	334	0.179
	还原流量	0	0	0	7.3	−19.8	329	824	1 330	1 320	477	554	−2.02
	分流量变化	0	0	0	20	74	17	10	10	−20	−286	−220	2.199
2009	实测流量	0	0	0	18.9	230	296	1 010	1 510	486	3.03	0	0
	还原流量	0	0	0	6.1	58	210	1 000	1 590	726	244	2.9	0
	分流量变化	0	0	0	12.8	172	86	10	−80	−240	−240.97	−2.9	0
2010	实测流量	0	0	0	0	123	630	1 990	1 350	1 000	63.8	6.51	0
	还原流量	0	0	0	6.7	30	558	2 280	1 330	1 080	333	7.01	0
	分流量变化	0	0	0	−6.7	93	72	−290	20	−80	−269.2	−0.5	0
2011	实测流量	0	0	0	0	3.01	378	602	516	112	1.82	60.3	0
	还原流量	0	0	0	−13	−42.9	311	564	553	447	155	46.3	0
	分流量变化	0	0	0	13	45.91	67	38	−37	−335	−153.18	14	0
2012	实测流量	0	0	0	0	365	574	2 210	1 450	776	233	5	0
	还原流量	0	0	0	−4.4	122	390	2 570	1 350	1 160	461	−1.2	0
	分流量变化	0	0	0	4.4	243	184	−360	100	−384	−228	6.2	0
2013	实测流量	0	0	0	0	238	532	1 220	700	254	31.4	0	0
	还原流量	0	0	0	−2.1	60	392	1 360	675	700	154	0	0
	分流量变化	0	0	0	2.1	178	140	−140	25	−446	−122.6	0	0

　　三峡水库初期运行期(2006年9月～2008年9月),受三峡水库调度影响,藕池口月流量变化范围在-162.7～90 m³/s,分流量减少最大的是2007年10月,减幅68.9%,分流量增大最大的是2007年7月,增幅6.1%。

　　三峡水库试验性蓄水期(2008年10月～2013年12月),受三峡水库调度影响,藕池口月流量变化范围在-446～243 m³/s,分流量减少最大的是2013年9月,减幅63.7%,分流量增大最大的是2012年5月,增幅1.99%。

4. 对荆江三口分流的影响

1) 年际变化

　　2003～2013年受三峡水库调度影响与天然状态下的三口分流年际变化情况见表7.53和图7.47。

表 7.53　三峡水库调度对三口分流历年变化影响

| 时段 | 受三峡水库调度影响 | | | 天然状态 | | | 分流量变化量/(×10⁸ m³) | 分流量变幅/% |
	枝城/(×10⁸ m³)	三口/(×10⁸ m³)	分流比/%	枝城/(×10⁸ m³)	三口/(×10⁸ m³)	分流比/%		
2003～2013年	4 089.6	487.5	11.9	4121.7	508.7	12.3	-21.2	-4.2
2003年	4 245.6	578.1	13.6	4 357.2	598.3	13.7	-20.2	-3.4
2004年	4 271.4	539.6	12.6	4 269.7	543.3	12.7	-3.7	-0.7
2005年	4 723.5	656.4	13.9	4 724.7	657.3	13.9	-0.9	-0.1
2006年	2 943.2	173.8	5.9	3 036.6	192.1	6.3	-18.3	-9.5
2007年	4 136.9	527.0	12.7	4 138.2	542.8	13.1	-15.8	-2.9
2008年	4 364.2	559.2	12.8	4 471.5	599.7	13.4	-40.5	-6.8
2009年	3 959.2	449.3	11.3	3 961.6	468.6	11.8	-19.3	-4.1
2010年	4 189.3	536.9	12.8	4 239.7	564.8	13.3	-27.9	-4.9
2011年	3 517.6	284.5	8.1	3 519.9	319.1	9.1	-34.6	-10.8
2012年	4 776.3	642.6	13.5	4 764.9	667.9	14.0	-25.3	-3.8
2013年	3 859.5	415.3	10.8	3 856.1	441.6	11.5	-26.3	-6.0

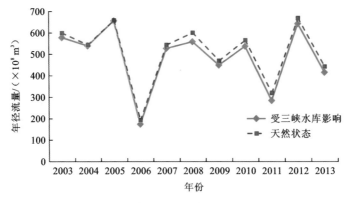

图 7.47　三口年径流量历年变化过程对比图

可以看出,受三峡水库调度影响,三口分流量发生一定程度的减少,多年平均减少了 21.2×10^8 m³,减幅为 4.2%,分流比由 12.3% 减少至 11.9%,减少 0.4%。减幅最大的两年是 2008、2011 年,分流量分别减少了 40.5×10^8 m³、34.6×10^8 m³,减幅分别为 6.8%、10.8%。三口总分流量减少最大的 2008 年,松滋口、太平口、藕池口分别减少22.5×10^8 m³、7.9×10^8 m³、10.1×10^8 m³。

三峡水库围堰发电期、初期运行期、试验性蓄水期,分流量及分流比变化如下:围堰发电期,2004 年、2005 年三口分流量分别减少了 3.7×10^8 m³、0.9×10^8 m³,分流量及分流比变化不大。初期运行期,2007 年、2008 年三口分流量分别减少了 15.8×10^8 m³、40.5×10^8 m³,减幅分别为 2.9%、6.8%,分流比均减少 0.6%;试验性蓄水期,2010 年、2011 年、2012 年、2013 年三口分流量分别减少了 27.9×10^8 m³、34.6×10^8 m³、25.3×10^8 m³、26.3×10^8 m³,减幅分别为 4.9%、10.8%、3.8%、6.0%,分流比分别减少 0.5%、1.0%、0.5%、0.7%。

2）年内变化

2003～2013 年三口分流多年平均年内月分配见表 7.54 和表 7.55。可以看出,三口分流主要集中在汛期 5～10 月,约占年总分流量的 96%。受三峡水库调度影响与天然状态下相比,蓄水期 9～11 月三口分流量有所减少,多年平均减少 31.9×10^8 m³,减幅 19.45%,其中减幅最大的是太平口,分流量减少 6.2×10^8 m³,减幅 20.29%,分流量减少最大的是松滋口减少 17.12×10^8 m³,减幅 19.22%;供水期 12 月～次年 5 月三口分流量有所增大,多年平均增大 9.06×10^8 m³,增幅 48.58%;6～8 月三口分流量变化不大。

表 7.54　三峡水库调度对三口分流的年内月变化影响

	项目	1 月	2 月	3 月	4 月	5 月	6 月	7 月	8 月	9 月	10 月	11 月	12 月	年
受三峡水库	径流量/($\times 10^8$ m³)	0.16	0.09	0.19	2.56	24.41	60.92	145.17	121.64	95.09	26.99	9.99	0.30	487.52
调度影响	分流比/%	0.11	0.07	0.12	1.34	7.44	13.55	19.36	18.60	17.07	8.20	4.21	0.19	11.92
天然状态下	径流量/($\times 10^8$ m³)	0.02	0.01	0.07	1.87	16.43	57.79	148.23	120.03	109.57	42.40	12.01	0.26	508.67
	分流比/%	0.01	0.00	0.05	1.02	5.60	19.47	18.45	18.06	10.67	4.89	0.16	12.34
径流量变化量/($\times 10^8$ m³)		0.14	0.08	0.12	0.69	7.98	3.13	−3.06	1.61	−14.48	−15.41	−2.02	0.04	−21.15
分流比变化/%		0.10	0.07	0.07	0.32	1.84	0.50	−0.11	0.15	−0.99	−2.47	−0.68	0.03	−0.42

表 7.55　三峡水库调度对三口分流的年内分期变化影响

三口	9～11 月				12 月～次年 5 月				6～8 月			
	受三峡影响/($\times 10^8$ m³)	天然/($\times 10^8$ m³)	变化量/($\times 10^8$ m³)	变幅/%	受三峡影响/($\times 10^8$ m³)	天然/($\times 10^8$ m²)	变化量/($\times 10^8$ m³)	变幅/%	受三峡影响/($\times 10^8$ m³)	天然/($\times 10^8$ m³)	变化量/($\times 10^8$ m³)	变幅/%
松滋口	71.95	89.07	−17.12	−19.22	15.75	10.84	4.91	45.30	177.37	175.41	1.96	1.12
太平口	24.36	30.56	−6.20	−20.29	4.93	3.13	1.80	57.51	60.63	60.22	0.41	0.68
藕池口	35.77	44.35	−8.58	−19.35	7.03	4.68	2.35	50.21	89.74	90.42	−0.68	−0.75
合计	132.08	163.98	−31.90	−19.45	27.71	18.65	9.06	48.58	327.74	326.05	1.69	0.52

总体而言,三峡水库调度对三口分流影响最大的月份发生在蓄水期9~11月,尤其是9月、10月,多年平均分别减少了 $14.48 \times 10^8 \text{ m}^3$、$15.41 \times 10^8 \text{ m}^3$,减幅分别为 13.2%、36.3%。

三峡水库调度对三口分流影响见表 7.56。可以看出,三峡水库围堰发电期(2003 年 6月~2006 年 8 月),受三峡水库调度影响,三口月流量变化范围在 $-700 \sim 140 \text{ m}^3/\text{s}$。分流量减少最大的是 2003 年 6 月,减幅 26.5%,分流量增大最大的是 2005 年 5 月,增幅 12.7%。

表 7.56 三峡水库运行对三口分流量的影响

年份	统计项目	1月	2月	3月	4月	5月	6月	7月	8月	9月	10月	11月	12月
2003	实测流量/(m³/s)						1 940	7 010	3 900	6 110	1 660	181	49.8
	还原流量/(m³/s)						2 640	7 030	3 890	6 110	1 700	212	48.4
	分流量变化/(m³/s)						−700	−20	10	0	−40	−31	1.4
	分流比变化/%						−1.2	−0.1	0	0	0	−0.3	0
2004	实测流量/(m³/s)	6.34	2.89	27.1	128	856	3 260	4 130	3 550	5 390	1 950	486	91.5
	还原流量/(m³/s)	6.36	2.87	21.5	134	820	3 190	4 140	3 550	5 410	2 170	481	88.0
	分流量变化/(m³/s)	−0.02	0.02	5.6	−6	36	70	−10	0	−20	−220	5	3.5
	分流比变化/%	0	0	0.1	−0.1	0.2	0	0	0	−0.1	−0.9	0	0.1
2005	实测流量/(m³/s)	7.31	6.21	14	118	1 240	2 830	5 370	7 340	4 310	2 490	516	40.4
	还原流量/(m³/s)	7.08	5.98	13.6	117	1 100	2 810	5 370	7 340	4 320	2 690	510	40.2
	分流量变化/(m³/s)	0.23	0.23	0.4	1	140	20	0	0	−10	−200	6	0.2
	分流比变化/%	0	0	0	0	0.8	0.1	0	0	0	−0.6	0.1	0
2006	实测流量/(m³/s)	6.56	10.7	74	79.3	737	1 230	2 950	459	740	439	128	38.5
	还原流量/(m³/s)	6.56	10.9	67.9	77.1	664	1 220	2 940	452	929	1 020	145	38.4
	分流量变化/(m³/s)	0	−0.2	6.1	2.2	73	10	10	7	−189	−581	−17	0.1
	分流比变化/%	0	0	0.1	0	0.4	0.1	0.1	0.1	−1	−3.5	−0.2	0
2007	实测流量/(m³/s)	5.46	7.81	15.7	125	351	2 610	6 250	5 150	4 840	898	270	24.3
	还原流量/(m³/s)	5.5	7.74	15.7	71.3	240	2 580	6 010	5 360	5 060	1 480	283	24.4
	分流量变化/(m³/s)	−0.04	0.07	0	53.7	111	30	240	−210	−220	−582	−13	−0.1
	分流比变化/%	0	0	0	0.7	1	0	0.1	−0.2	−0.5	−3.1	−0.1	0
2008	实测流量/(m³/s)	15	9.3	22.4	453	733	1 790	3 750	5 380	5 110	1 070	1 640	60.2
	还原流量/(m³/s)	15	9.35	23.8	360	471	1 730	3 710	5 320	5 260	2 140	2 480	43.9
	分流量变化/(m³/s)	0	−0.05	−1.4	93	262	60	40	60	−150	−1 070	−840	16.3
	分流比变化/%	0	0	0	0.7	1.8	0.2	0.1	0	−0.1	−4.1	−3.2	0.3
2009	实测流量/(m³/s)	15.6	45.1	35	266	1 490	1 470	4 490	6 340	2 320	190	81.8	9.29
	还原流量/(m³/s)	15.9	28.6	28.8	210	867	1 180	4 450	6 360	3 200	1 070	95.3	9.19
	分流量变化/(m³/s)	−0.3	16.5	6.2	56	623	290	40	−20	−880	−880	−13.5	0.1
	分流比变化/%	0	0.3	0.1	0.6	2.9	1.3	0.1	−0.1	−2.5	−6.1	−0.2	0

续表

年份	统计项目	1月	2月	3月	4月	5月	6月	7月	8月	9月	10月	11月	12月
2010	实测流量/(m³/s)	7.09	7.36	9.73	24.6	850	2 650	7 460	5 340	4 190	599	201	17.1
	还原流量/(m³/s)	7.06	7.27	9.57	50.4	509	2 410	8 030	5 040	4 550	1 554	203	17.7
	分流量变化/(m³/s)	0.03	0.09	0.16	−25.8	341	240	−570	300	−360	−955	−2	−0.6
	分流比变化/%	0	0	0	−0.4	2.4	0.8	−0.3	1	−0.2	−5.2	0	0
2011	实测流量/(m³/s)	58.3	20.8	40.3	125	308	2 060	2 950	2 780	1 040	238	788	39.4
	还原流量/(m³/s)	19.2	17	20.8	38.2	117	1 830	2 840	2 990	2 300	803	736	46.9
	分流量变化/(m³/s)	39.1	3.8	19.5	86.8	191	230	110	−210	−1 260	−565	52	−7.5
	分流比变化/%	0.5	0.1	0.3	1	1.8	0.8	0.4	−0.3	−5	−4.2	0.4	−0.1
2012	实测流量/(m³/s)	36.1	31.8	26.9	66.1	1 860	2 490	8 960	5 800	3 460	1 500	321	52.4
	还原流量/(m³/s)	26.9	20.6	18.4	48.6	1 010	1 870	9 710	5 290	4 940	2 290	293	49.2
	分流量变化/(m³/s)	9.2	11.2	8.5	17.5	850	620	−750	510	−1 480	−790	28	3.2
	分流比变化/%	0.1	0.2	0.1	0.2	3.7	2.3	−0.6	0.5	−2	−3.1	0.3	0
2013	实测流量/(m³/s)	51.9	35	29.6	81.9	1 240	2 430	5 700	3 410	1 540	291	104	45.6
	还原流量/(m³/s)	41.9	30.4	24.2	68.8	583	1 970	6 040	3 200	3 110	725	129	43.3
	分流量变化/(m³/s)	10	4.6	5.4	13.1	657	460	−340	210	−1 570	−434	−25	2.3
	分流比变化/%	0.1	0.1	0.1	0.1	3.9	1.7	−0.1	0.4	−5.4	−3.1	−0.3	0

三峡水库初期运行期(2006 年 9 月～2008 年 9 月),受三峡水库调度影响,三口月流量变化范围在−582~262 m³/s。分流量减少最大的是 2007 年 10 月,减幅 39.3%,分流量增大最大的是 2008 年 5 月,增幅 55.6%。

三峡水库试验性蓄水期(2008 年 10 月～2013 年 12 月),受三峡水库调度影响,三口月流量变化范围在−1 570~850 m³/s。分流量减少最大的是 2013 年 9 月,减幅 50.4%,分流量增大最大的是 2012 年 5 月,增幅 84.1%。

综上,三峡水库蓄水期的调度运行一定程度上减少了三口分流量。

7.4.4　对洞庭湖区水文情势的影响

1. 对湖区月平均水位和出湖水量的影响

根据流量模型模拟的东洞庭鹿角站、南洞庭杨柳潭站、西洞庭南咀站的逐日水位数据和洞庭湖出口城陵矶(七里山)站流量数据,分析三峡水库调度运行对洞庭湖区月平均水位和出湖水量的影响。

1)鹿角站

三峡水库调度对东洞庭鹿角站水位影响见表 7.57。

表 7.57　三峡水库调度对东洞庭鹿角站水位影响 （单位:m）

年份	统计项目	1月	2月	3月	4月	5月	6月	7月	8月	9月	10月	11月	12月
2003	实测水位						26.10	30.09	26.54	27.71	24.35	20.21	19.38
	还原水位						26.56	30.10	26.54	27.71	24.38	20.45	19.38
	水位变化						−0.46	−0.01	0.00	0.00	−0.03	−0.24	0.00
2004	实测水位	18.84	18.65	21.07	22.00	25.15	26.74	28.22	27.23	27.38	24.33	22.07	20.29
	还原水位	18.83	18.64	20.97	22.05	25.12	26.69	28.21	27.23	27.39	24.47	22.07	20.28
	水位变化	0.01	0.01	0.10	−0.05	0.03	0.05	0.01	0.00	−0.01	−0.14	0.00	0.01
2005	实测水位	20.38	22.30	22.27	22.45	25.13	27.97	27.41	28.34	27.64	24.87	22.83	20.05
	还原水位	20.38	22.29	22.27	22.44	25.11	27.90	27.42	28.34	27.64	25.00	22.82	20.05
	水位变化	0.00	0.01	0.00	0.01	0.02	0.07	−0.01	0.00	0.00	−0.13	0.01	0.00
2006	实测水位	19.95	20.09	23.00	23.13	24.58	26.07	26.75	23.56	22.15	21.07	20.52	20.24
	还原水位	19.94	20.08	22.99	23.13	24.56	26.05	26.75	23.55	22.37	22.28	20.70	20.23
	水位变化	0.01	0.01	0.01	0.00	0.02	0.02	0.00	0.01	−0.22	−1.21	−0.18	0.01
2007	实测水位	20.05	20.31	22.08	21.23	22.50	25.71	28.16	28.74	27.69	23.18	20.56	19.27
	还原水位	20.06	20.24	22.00	21.14	22.32	25.57	28.06	28.87	27.68	23.71	20.67	19.28
	水位变化	−0.01	0.07	0.08	0.09	0.18	0.14	0.10	−0.13	0.01	−0.53	−0.11	−0.01
2008	实测水位	19.48	19.91	21.00	23.04	23.60	25.57	26.30	27.81	28.28	23.42	25.64	20.62
	还原水位	19.43	19.80	21.02	22.99	23.43	25.51	26.24	27.80	28.31	24.42	26.27	20.59
	水位变化	0.05	0.11	−0.02	0.05	0.17	0.06	0.06	0.01	−0.03	−1.00	−0.63	0.03
2009	实测水位	19.71	20.06	22.72	23.03	25.59	25.74	27.40	28.16	25.18	20.65	19.78	19.37
	还原水位	19.69	19.74	22.50	22.94	25.22	25.44	27.33	28.11	25.52	22.41	20.04	19.19
	水位变化	0.02	0.32	0.22	0.09	0.37	0.30	0.07	0.05	−0.34	−1.76	−0.26	0.18
2010	实测水位	19.74	19.81	20.25	24.00	25.61	28.35	30.31	28.66	27.48	24.19	20.79	20.81
	还原水位	19.50	19.30	19.84	23.97	25.48	28.12	30.48	28.69	28.03	24.81	20.86	20.82
	水位变化	0.24	0.51	0.41	0.03	0.13	0.23	−0.17	−0.03	−0.55	−0.62	−0.07	−0.01
2011	实测水位	21.03	20.57	21.04	20.93	21.42	25.36	26.00	25.10	22.36	21.49	21.94	19.82
	还原水位	20.74	20.12	20.74	20.39	20.99	25.03	25.98	25.21	23.42	22.50	22.01	19.89
	水位变化	0.29	0.45	0.30	0.54	0.43	0.33	0.02	−0.11	−1.06	−1.01	−0.07	−0.07
2012	实测水位	20.29	20.32	21.96	23.05	26.81	27.96	29.91	29.38	26.62	24.01	22.92	21.07
	还原水位	20.08	19.87	21.70	23.00	26.41	27.55	30.23	29.01	27.63	24.58	22.98	21.13
	水位变化	0.21	0.45	0.26	0.05	0.40	0.41	−0.32	0.37	−1.01	−0.57	−0.06	−0.06
2013	实测水位	21.27	20.63	21.55	23.67	26.06	26.84	27.39	26.32	24.45	22.21	20.34	19.71
	还原水位	21.03	20.15	21.30	23.62	25.74	26.47	27.59	26.23	25.28	23.07	20.64	19.60
	水位变化	0.24	0.48	0.25	0.05	0.32	0.37	−0.20	0.09	−0.83	−0.86	−0.30	0.11

三峡水库围堰发电期(2003 年 6 月～2006 年 8 月),三峡坝前水位在 135～139 m,相应的调节库容仅 18.2×10^8 m³,故水库的调度运行对洞庭湖的影响有限,除 2003 年 6 月 1～10 日,三峡水库蓄水拦蓄约 100×10^8 m³ 对东洞庭鹿角站水位影响较大外,其他各月均变化较小。

三峡水库初期运行期(2006 年 9 月～2008 年 9 月),三峡水库 6～8 月调度运行,基本对东洞庭鹿角站水位无影响。9～10 月,三峡水库拦蓄径流、减少下泄后,使东洞庭鹿角站月平均水位较天然条件有所降低,出湖流量相应增加。其中 2006 年 10 月水位变化幅度最大,水位降低 1.21 m;2007 年 10 月流量变化幅度最大,水位降低 0.53 m。11 月～次年 1 月三峡水库入、出库流量基本一致,东洞庭鹿角站水位与天然水位变化基本持平。2～5 月三峡水库加大放水,东洞庭鹿角站水位较天然条件有所抬升,除 2008 年 3 月略有降低外,其他月水位抬升 0.05～0.18 m。

三峡水库试验性蓄水期(2008 年 10 月～2013 年 12 月),9 月、10 月三峡水库蓄水减少下泄后,使东洞庭鹿角站多年平均水位较天然水位分别降低 0.76 m、0.97 m。尤其 2011 年 9 月幅度最大,水位降低 1.06 m;1～5 月三峡水库加大放水,东洞庭鹿角站水位较天然水位有所抬升,平均抬升 0.20～0.54 m,其中 2011 年 4 月幅度最大的,水位抬高 0.54 m。每年 6 月 10 日前为消落期,故 6 月平均水位均比天然水位略有抬升。2010 年、2012 年、2013 年由于三峡水库进行防洪应用,导致 7 月东洞庭鹿角站水位分别降低 0.17 m、0.32 m、0.20 m;8 月水位抬升与降低互现。

2)杨柳潭站

三峡水库调度对南洞庭杨柳潭站水位变化见表 7.58。

表 7.58　三峡水库调度对南洞庭杨柳潭站水位影响　　　　(单位:m)

年份	统计项目	1 月	2 月	3 月	4 月	5 月	6 月	7 月	8 月	9 月	10 月	11 月	12 月
2003	实测水位						28.02	30.63	27.28	28.08	26.40	25.68	25.48
	还原水位						28.17	30.63	27.28	28.08	26.41	25.72	25.48
	水位变化						−0.15	0.00	0.00	0.00	−0.01	−0.04	0.00
2004	实测水位	25.47	25.35	26.54	26.43	27.68	28.23	29.33	28.17	28.05	26.36	26.10	25.84
	还原水位	25.47	25.35	26.54	26.43	27.67	28.21	29.33	28.17	28.05	26.40	26.10	25.84
	水位变化	0.00	0.00	0.00	0.00	0.01	0.02	0.00	0.00	0.00	−0.04	0.00	0.00
2005	实测水位	26.05	26.81	26.86	26.62	27.85	29.22	28.06	28.71	28.20	26.34	26.20	25.68
	还原水位	26.05	26.81	26.86	26.62	27.84	29.18	28.06	28.71	28.20	26.39	26.20	25.68
	水位变化	0.00	0.00	0.00	0.00	0.01	0.04	0.00	0.00	0.00	−0.05	0.00	0.00
2006	实测水位	25.85	26.04	26.83	26.97	27.40	27.84	28.00	26.61	26.16	25.82	25.74	25.91
	还原水位	25.85	26.04	26.83	26.97	27.39	27.83	28.00	26.61	26.21	26.12	25.77	25.91
	水位变化	0.00	0.00	0.00	0.00	0.01	0.01	0.00	0.00	−0.05	−0.30	−0.03	0.00

续表

年份	统计项目	1月	2月	3月	4月	5月	6月	7月	8月	9月	10月	11月	12月
2007	实测水位	25.98	26.00	26.64	26.35	26.62	27.89	28.99	29.36	28.39	26.07	25.67	25.62
	还原水位	25.99	26.00	26.64	26.35	26.60	27.84	28.94	29.45	28.39	26.29	25.69	25.62
	水位变化	-0.01	0.00	0.00	0.00	0.02	0.05	0.05	-0.09	0.00	-0.22	-0.02	0.00
2008	实测水位	25.86	25.82	26.24	26.80	26.82	27.52	27.35	28.58	28.90	26.19	27.94	25.81
	还原水位	25.86	25.82	26.24	26.80	26.76	27.49	27.33	28.58	28.91	26.46	28.15	25.79
	水位变化	0.00	0.00	0.00	0.00	0.06	0.03	0.02	0.00	-0.01	-0.27	-0.21	0.02
2009	实测水位	25.79	26.07	26.95	26.97	27.76	27.45	28.39	28.61	26.63	25.59	25.47	25.59
	还原水位	25.79	26.06	26.94	26.97	27.66	27.38	28.36	28.60	26.78	26.10	25.53	25.59
	水位变化	0.00	0.01	0.01	0.00	0.10	0.07	0.03	0.01	-0.15	-0.51	-0.06	0.00
2010	实测水位	25.63	25.64	25.90	27.39	27.88	29.63	30.79	29.01	28.02	26.83	25.63	26.09
	还原水位	25.63	25.64	25.90	27.39	27.82	29.55	30.96	29.08	28.29	27.00	25.64	26.09
	水位变化	0.00	0.00	0.00	0.00	0.06	0.08	-0.17	-0.07	-0.27	-0.17	-0.01	0.00
2011	实测水位	26.26	26.15	26.05	26.07	25.96	27.72	27.21	26.60	25.80	25.86	25.88	25.67
	还原水位	26.25	26.14	26.04	26.04	25.90	27.65	27.20	26.64	26.18	26.09	25.89	25.67
	水位变化	0.01	0.01	0.01	0.03	0.06	0.07	0.01	-0.04	-0.38	-0.23	-0.01	0.00
2012	实测水位	25.81	25.73	26.18	26.87	28.58	28.95	30.40	29.71	27.40	26.24	26.48	25.84
	还原水位	25.80	25.71	26.17	26.86	28.43	28.75	30.68	29.52	27.78	26.45	26.49	25.84
	水位变化	0.01	0.02	0.01	0.01	0.15	0.20	-0.28	0.19	-0.38	-0.21	-0.01	0.00
2013	实测水位	26.14	26.13	26.36	27.09	28.07	27.88	27.88	27.02	26.91	26.22	25.73	25.57
	还原水位	26.13	26.13	26.36	27.09	27.96	27.73	28.02	27.01	27.19	26.39	25.76	25.57
	水位变化	0.01	0.00	0.00	0.00	0.11	0.15	-0.14	0.01	-0.28	-0.17	-0.03	0.00

可以看出,三峡水库围堰发电期(2003 年 6 月～2006 年 8 月),除 2003 年 6 月三峡水库蓄水对杨柳潭站水位影响较大外,其他各月均无变化。

三峡水库初期运行期(2006 年 9 月～2008 年 9 月),除 2006 年 10 月、2007 年 10 月三峡水库蓄水对南洞庭杨柳潭站水位分别降低 0.30 m、0.22 m 外,三峡水库初期运行期的调度运行对杨柳潭站水位影响较小。

三峡水库试验性蓄水期(2008 年 10 月～2013 年 12 月),9 月、10 月蓄水期,杨柳潭站水位较天然条件降低,多年平均月平均降低 0.29 m、0.26 m,其中 2009 年 10 月水位最大降低 0.51 m。每年 6 月 10 日前为消落期,故 6 月平均水位均比天然水位略有抬升。2010 年、2012 年、2013 年三峡水库进行防洪应用,导致 7 月南洞庭杨柳潭站水位与天然水位出现不同程度的降低,分别为 0.17 m、0.28 m、0.14 m;8 月水位抬升与降低互现。

3)南咀站

三峡水库调度对西洞庭南咀站水位变化见表 7.59。

表 7.59　三峡水库调度对西洞庭南咀站水位影响　　　　（单位：m）

年份	统计项目	1月	2月	3月	4月	5月	6月	7月	8月	9月	10月	11月	12月
2003	实测水位						29.18	31.78	28.87	29.60	27.76	26.63	26.44
	还原水位						29.37	31.78	28.87	29.60	27.77	26.68	26.44
	水位变化						−0.19	0.00	0.00	0.00	−0.01	−0.05	0.00
2004	实测水位	26.46	26.25	27.12	27.00	28.60	29.67	30.76	29.38	29.43	27.80	27.11	26.69
	还原水位	26.46	26.25	27.11	27.01	28.59	29.66	30.76	29.38	29.44	27.89	27.11	26.68
	水位变化	0.00	0.00	0.01	−0.01	0.01	0.01	0.00	0.00	−0.01	−0.09	0.00	0.01
2005	实测水位	26.68	27.32	27.46	27.20	28.73	29.97	29.43	30.08	29.24	27.84	27.08	26.51
	还原水位	26.69	27.32	27.46	27.20	28.72	29.94	29.43	30.08	29.24	27.93	27.08	26.51
	水位变化	−0.01	0.00	0.00	0.00	0.01	0.03	0.00	0.00	0.00	−0.09	0.00	0.00
2006	实测水位	26.55	26.51	27.31	27.45	28.21	28.36	28.80	27.02	26.80	26.61	26.51	26.66
	还原水位	26.54	26.51	27.31	27.45	28.19	28.35	28.80	27.02	26.89	27.08	26.55	26.66
	水位变化	0.01	0.00	0.00	0.00	0.02	0.01	0.00	0.00	−0.09	−0.47	−0.04	0.00
2007	实测水位	26.69	26.73	27.31	27.20	27.44	28.98	30.59	30.30	29.63	27.16	26.46	26.35
	还原水位	26.70	26.73	27.31	27.19	27.40	28.94	30.54	30.36	29.67	27.54	26.49	26.35
	水位变化	−0.01	0.00	0.00	0.01	0.04	0.04	0.05	−0.06	−0.04	−0.38	−0.03	0.00
2008	实测水位	26.47	26.43	26.80	27.55	27.77	28.39	28.93	30.17	30.15	27.43	29.10	26.59
	还原水位	26.47	26.43	26.80	27.54	27.65	28.35	28.90	30.17	30.17	27.92	29.32	26.56
	水位变化	0.00	0.00	0.00	0.01	0.12	0.04	0.03	0.00	−0.02	−0.49	−0.22	0.03
2009	实测水位	26.54	26.70	27.58	27.96	28.98	28.62	29.66	29.80	27.87	26.32	26.14	26.31
	还原水位	26.54	26.68	27.57	27.95	28.80	28.52	29.64	29.79	28.21	27.11	26.21	26.31
	水位变化	0.00	0.02	0.01	0.01	0.18	0.10	0.02	0.01	−0.34	−0.79	−0.07	0.00
2010	实测水位	26.44	26.18	26.51	27.90	28.58	30.40	31.71	29.99	29.22	27.92	26.53	26.68
	还原水位	26.44	26.18	26.51	27.90	28.50	30.33	31.83	29.96	29.38	28.25	26.54	26.68
	水位变化	0.00	0.00	0.00	0.00	0.08	0.07	−0.12	0.03	−0.16	−0.33	−0.01	0.00
2011	实测水位	26.82	26.69	26.89	26.66	26.67	28.85	28.57	28.18	26.94	26.84	26.96	26.48
	还原水位	26.80	26.68	26.87	26.60	26.57	28.74	28.55	28.25	27.62	27.21	26.96	26.49
	水位变化	0.02	0.01	0.02	0.06	0.10	0.11	0.02	−0.07	−0.68	−0.37	0.00	−0.01
2012	实测水位	26.42	26.36	26.66	27.50	29.47	29.91	31.57	30.47	28.73	27.51	27.34	26.54
	还原水位	26.43	26.40	26.68	27.51	29.65	30.08	31.36	30.63	28.27	27.11	27.33	26.54
	水位变化	0.01	0.04	0.02	0.01	0.18	0.17	−0.21	0.16	−0.46	−0.40	−0.01	0.00
2013	实测水位	26.62	26.48	26.95	27.64	28.90	29.18	29.50	28.40	28.29	27.14	26.57	26.28
	还原水位	26.61	26.47	26.94	27.64	28.75	29.02	29.60	28.34	28.82	27.40	26.61	26.27
	水位变化	0.01	0.01	0.01	0.00	0.15	0.16	−0.10	0.06	−0.53	−0.26	−0.04	0.01

三峡水库围堰发电期(2003 年 6 月～2006 年 8 月),除 2003 年 6 月三峡水库蓄水对西洞庭南咀站水位降低 0.19 m 外,其他月份影响较小。

三峡水库初期运行期(2006 年 9 月～2008 年 9 月),除了 2006 年 10 月、2007 年 10 月三峡水库蓄水对西洞庭南咀站水位分别降低 0.47 m、0.38 m 外,三峡水库初期运行期对南咀站水位影响较小。

三峡水库试验性蓄水期(2008 年 10 月～2013 年 12 月),蓄水期 9 月、10 月,南咀站水位较天然水位降低,多年平均水位降低为 0.43 m,其中,2013 年 9 月水位最大降低0.53 m。每年 6 月 10 日前为消落期,故 6 月平均水位均比天然水位略有抬升。2010 年、2012 年、2013 年三峡水库进行防洪应用,导致 7 月平均水位较天然水位分别降低0.12 m、0.21 m、0.10 m;8 月水位抬升与降低互现。

4）洞庭湖出湖流量

根据鹿角站月平均水位的两次模拟值,查洞庭湖区库容曲线,分析三峡水库调度对洞庭湖出湖水量的影响,见表 7.60。

表 7.60　三峡水库调度对洞庭湖出湖水量的影响

年份	统计项目	1 月	2 月	3 月	4 月	5 月	6 月	7 月	8 月	9 月	10 月	11 月	12 月
2003	受三峡调度影响						35.97	112.35	37.69	66.12	19.78	7.59	5.54
	天然状态						42.26	112.49	37.67	66.14	19.96	8.15	5.53
	蓄变量						−6.29	−0.14	0.02	−0.02	−0.18	−0.56	0.01
	变化率						−14.88	−0.12	0.05	−0.03	−0.90	−6.87	0.18
2004	受三峡调度影响	4.68	4.34	10.36	14.05	29.13	46.54	74.28	47.22	58.54	20.16	13.03	7.55
	天然状态	4.67	4.32	10.07	14.24	28.83	45.62	74.07	47.20	58.63	21.10	13.04	7.51
	蓄变量	0.01	0.02	0.29	−0.19	0.30	0.92	0.21	0.02	−0.09	−0.94	−0.01	0.04
	变化率	0.21	0.46	2.88	−1.33	1.04	2.02	0.28	0.04	−0.15	−4.45	−0.08	0.53
2005	受三峡调度影响	8.10	13.40	14.51	15.46	30.06	69.56	59.50	81.27	53.76	21.02	13.59	6.50
	天然状态	8.11	13.36	14.50	15.41	29.89	68.18	59.63	81.28	53.78	22.30	13.57	6.49
	蓄变量	−0.01	0.04	0.01	0.05	0.17	1.38	−0.13	−0.01	−0.02	−1.28	0.02	0.01
	变化率	−0.12	0.30	0.07	0.32	0.57	2.02	−0.22	−0.01	−0.04	−5.74	0.15	0.15
2006	受三峡调度影响	6.43	6.66	17.19	17.46	25.86	38.06	45.72	18.90	14.55	10.45	8.86	8.19
	天然状态	6.41	6.64	17.14	17.45	25.66	37.75	45.73	18.85	15.54	14.66	9.37	8.17
	蓄变量	0.02	0.02	0.05	0.01	0.20	0.31	−0.01	0.05	−0.99	−4.21	−0.51	0.02
	变化率	0.31	0.30	0.29	0.06	0.78	0.82	−0.02	0.27	−6.37	−28.72	−5.44	0.24
2007	受三峡调度影响	7.11	8.25	13.81	11.22	16.49	41.61	76.58	77.03	55.79	15.66	8.46	5.31
	天然状态	7.14	8.09	13.51	10.97	15.48	39.70	74.54	79.72	55.53	18.68	8.76	5.33
	蓄变量	−0.03	0.16	0.30	0.25	1.01	1.91	2.04	−2.69	0.26	−3.02	−0.30	−0.02
	变化率	−0.42	1.98	2.22	2.28	6.52	4.81	2.74	−3.37	0.47	−16.17	−3.42	−0.38

续表

年份	统计项目	1 月	2 月	3 月	4 月	5 月	6 月	7 月	8 月	9 月	10 月	11 月	12 月
2008	受三峡调度影响	6.04	7.09	10.21	17.66	20.37	35.05	39.95	65.72	69.25	16.05	34.10	7.92
	天然状态	5.95	6.83	10.26	17.36	19.39	34.17	39.12	65.50	69.85	22.49	42.74	7.51
	蓄变量	0.09	0.26	−0.05	0.30	0.98	0.88	0.83	0.22	−0.60	−6.44	−8.64	0.41
	变化率	1.51	3.81	−0.49	1.73	5.05	2.58	2.12	0.34	−0.86	−28.63	−20.22	5.46
2009	受三峡调度影响	6.64	7.43	15.82	15.84	32.84	31.18	55.12	69.86	25.47	9.44	7.13	5.79
	天然状态	6.59	6.66	14.71	15.34	28.53	28.00	53.95	68.83	28.75	15.56	7.75	5.48
	蓄变量	0.05	0.77	1.11	0.50	4.31	3.18	1.17	1.03	−3.28	−6.12	−0.62	0.31
	变化率	0.76	11.56	7.55	3.26	15.11	11.36	2.17	1.50	−11.41	−39.33	−8.00	5.66
2010	受三峡调度影响	6.73	6.99	7.59	20.34	31.38	71.49	103.14	63.59	51.63	19.73	9.59	9.89
	天然状态	6.15	5.85	6.62	20.16	29.84	66.88	107.23	64.20	61.35	24.98	9.78	9.92
	蓄变量	0.58	1.14	0.97	0.18	1.54	4.61	−4.09	−0.61	−9.72	−5.25	−0.19	−0.03
	变化率	9.43	19.49	14.65	0.89	5.16	6.89	−3.81	−0.95	−15.84	−21.02	−1.94	−0.30
2011	受三峡调度影响	10.66	9.49	10.63	10.75	12.52	30.80	33.32	26.96	14.76	12.23	13.84	7.41
	天然状态	9.85	8.27	9.80	9.23	11.01	27.51	33.08	28.03	20.67	16.51	14.11	7.58
	蓄变量	0.81	1.22	0.83	1.52	1.51	3.29	0.24	−1.07	−5.91	−4.28	−0.27	−0.17
	变化率	8.22	14.75	8.47	16.47	13.71	11.96	0.73	−3.82	−28.59	−25.92	−1.91	−2.24
2012	受三峡调度影响	8.51	8.89	13.42	18.21	44.51	62.28	105.95	87.14	37.72	19.52	17.20	10.53
	天然状态	8.00	7.76	12.46	17.93	38.87	54.92	113.98	79.16	53.76	24.20	17.56	10.69
	蓄变量	0.51	1.13	0.96	0.28	5.64	7.36	−8.03	7.98	−16.04	−4.68	−0.36	−0.16
	变化率	6.38	14.56	7.70	1.56	14.51	13.40	−7.05	10.08	−29.84	−19.34	−2.05	−1.50
2013	受三峡调度影响	11.32	9.17	11.71	22.23	39.48	43.04	57.67	43.03	23.90	13.55	9.25	7.58
	天然状态	10.63	7.93	10.92	21.77	35.12	37.89	61.31	41.82	32.50	17.65	10.10	7.31
	蓄变量	0.69	1.24	0.79	0.46	4.36	5.15	−3.64	1.21	−8.60	−4.10	−0.85	0.27
	变化率	6.49	15.64	7.23	2.11	12.41	13.59	−5.94	2.89	−26.46	−23.23	−8.42	3.69

注:变化率单位为%,其他量单位为 10^8 m^3

　　三峡水库围堰发电期(2003 年 6 月～2006 年 8 月),三峡水库坝前水位在 135～139 m 运行期,相应的调节库容仅 18.2×10^8 m^3,故水库的调度运行对洞庭湖的影响有限,除 2003 年 6 月 1～10 日,拦蓄约 100×10^8 m^3 对洞庭湖出湖水量影响较大,增加出湖水量 6.3×10^8 m^3,增幅达 14.9%外,其他各月均变化较小。

　　三峡水库初期运行期(2006 年 9 月～2008 年 9 月),9～10 月,三峡水库拦蓄径流、减少下泄后,使洞庭湖出口月平均水位较天然条件有所降低(见鹿角站),出湖水量相应增加。其中 2006 年 10 月出湖水量变幅最大,为 28.72%,增加出湖水量 4.21×10^8 m^3。11 月～次年

1月三峡水库入库、出库流量基本一致,洞庭湖出湖流量与天然状态下出湖流量基本持平。5月、6月由于三峡水库加大放水,洞庭出口水位较天然条件有所抬升,减少出湖水量 $0.88 \times 10^8 \sim 1.9 \times 10^8$ m^3。

三峡水库试验性蓄水期(2008年10月~2013年12月),9~10月蓄水减少下泄后,使洞庭湖出口平均水位较天然水位降低(参见鹿角站),相应增加了出湖水量,增加范围为 $3.29 \times 10^8 \sim 16.05 \times 10^8$ m^3。尤其2012年9月幅度最大,增加了出湖水量为 16.05×10^8 m^3。1~6月由于三峡水库放水,洞庭湖口水位较天然水位有所抬升,相应月减少了出湖水量,其中2012年6月幅度最大,相应月平均减少出湖水量 7.37×10^8 m^3。2010年、2012年、2013年三峡水库进行防洪应用,导致7月、8月出湖水量增、减互现。

2. 蓄水期对湖区水位的影响

2006~2013年三峡水库蓄水期对洞庭湖区鹿角站、杨柳潭站、南咀站旬平均水位的影响,分别见表7.61~表7.63。

表7.61　三峡水库蓄水期对东洞庭鹿角站旬平均水位的影响　　（单位:m）

时段	2006年	2007年	2008年	2009年	2010年	2011年	2012年	2013年
9月上旬	0.03	0.11	0.04	−0.06	−0.65	−0.45	−0.93	−0.37
9月中旬	−0.04	0.06	−0.04	−0.20	−0.69	−1.00	−1.28	−1.28
9月下旬	−0.64	−0.12	−0.09	−0.76	−0.30	−1.72	−0.81	−0.83
10月上旬	−1.42	−0.54	−1.15	−1.33	−0.64	−0.75	−1.05	−0.44
10月中旬	−1.68	−0.55	−0.38	−2.17	−0.85	−1.28	−0.40	−0.85
10月下旬	−0.60	−0.51	−1.43	−1.78	−0.38	−1.00	−0.29	−1.24
11月上旬	−0.32	−0.14	−1.42	−0.45	−0.10	−0.06	−0.17	−0.66
11月中旬	−0.17	−0.14	−0.48	−0.14	−0.14	0.02	0.00	−0.25
11月下旬	−0.05	−0.05	0.02	−0.18	0.02	−0.17	−0.02	0.00

表7.62　三峡水库蓄水期对南洞庭杨柳潭站旬平均水位的影响　　（单位:m）

时段	2006年	2007年	2008年	2009年	2010年	2011年	2012年	2013年
9月上旬	0.01	0.04	0.03	−0.03	−0.35	−0.16	−0.36	−0.14
9月中旬	−0.01	0.02	−0.03	−0.08	−0.37	−0.35	−0.49	−0.47
9月下旬	−0.15	−0.06	−0.04	−0.34	−0.10	−0.63	−0.30	−0.23
10月上旬	−0.31	−0.20	−0.44	−0.55	−0.18	−0.15	−0.43	−0.12
10月中旬	−0.49	−0.30	−0.11	−0.57	−0.21	−0.28	−0.10	−0.17
10月下旬	−0.12	−0.17	−0.25	−0.43	−0.13	−0.25	−0.10	−0.22
11月上旬	−0.06	−0.03	−0.37	−0.13	−0.03	0.00	−0.03	−0.07
11月中旬	−0.02	−0.02	−0.29	−0.02	0.00	0.02	0.00	−0.01
11月下旬	−0.01	−0.02	0.03	−0.02	0.00	−0.05	0.00	0.00

表 7.63　　三峡水库蓄水期对西洞庭南咀站旬平均水位的影响　　　（单位：m）

时段	2006 年	2007 年	2008 年	2009 年	2010 年	2011 年	2012 年	2013 年
9 月上旬	0.02	0.01	0.01	−0.09	−0.14	−0.24	−0.55	−0.32
9 月中旬	−0.04	0.04	−0.04	−0.23	−0.30	−0.74	−0.52	−0.93
9 月下旬	−0.27	−0.16	−0.04	−0.70	−0.04	−1.05	−0.32	−0.33
10 月上旬	−0.46	−0.37	−0.91	−0.94	−0.37	−0.28	−0.89	−0.19
10 月中旬	−0.79	−0.54	−0.13	−0.85	−0.41	−0.49	−0.12	−0.29
10 月下旬	−0.18	−0.23	−0.43	−0.60	−0.23	−0.34	−0.21	−0.30
11 月上旬	−0.08	−0.04	−0.51	−0.15	−0.04	0.06	−0.03	−0.09
11 月中旬	−0.03	−0.03	−0.21	−0.02	−0.01	0.01	0.00	−0.02
11 月下旬	−0.01	−0.02	0.07	−0.03	0.00	−0.06	0.00	0.00

可以看出,三峡水库蓄水期对鹿角站旬平均水位的影响最大,南咀站次之,杨柳潭站最小。

对鹿角站水位影响最大值出现在 9 月中旬的有 2012 年、2013 年,分别降低 1.28 m、1.28 m;出现在 9 月下旬的有 2011 年,水位降低 1.72 m;出现在 10 月中旬的有 2006 年、2007 年、2009 年和 2010 年,水位分别降低 1.68 m、0.55 m、2.17 m 和 0.85 m;出现在 10 月下旬的有 2008 年,水位降低 1.43 m。

对杨柳潭站水位影响最大值出现在 9 月中旬的有 2010 年、2012 年、2013 年,分别降低 0.37 m、0.49 m、0.47 m;出现在 9 月下旬的有 2011 年,水位降低 0.63 m;出现在 10 月中旬的有 2006 年、2007 年、2009 年,水位分别降低 0.49 m、0.30 m、0.57 m;出现在 10 月上旬的有 2008 年,水位降低 0.44 m。

对南咀站水位影响最大值出现在 9 月中旬的有 2013 年,水位降低 0.93 m;出现在 9 月下旬的有 2011 年,水位降低 1.05 m;出现在 10 月中旬的有 2006 年、2007 年、2010 年,水位分别降低 0.79 m、0.54 m、0.41 m;出现在 10 月上旬的有 2008 年、2009 年、2012 年,水位分别降低 0.91 m、0.94 m、0.89 m。

7.4.5　对鄱阳湖区水文情势的影响

1. 对湖口出湖流量过程的影响

将湖口站 2009~2014 年实测流量过程与模拟的还原流量过程比较,分析三峡水库运行对鄱阳湖出湖水量和倒灌的影响,见图 7.48 和图 7.49。

三峡水库蓄水期(9~11 月),长江中游干流水位降低,造成鄱阳湖湖口站出湖流量总体增加,倒灌水量减少。9 月多年平均出湖流量增加 468 m³/s,9 月上旬增加最多,达 919 m³/s,增幅达 24.7%。10 月平均流量减少 352 m³/s,减幅 9.6%。11 月平均流量变化较小,平均流量减少 2.3%。受三峡水库蓄水影响,湖口站 9 月出现倒灌的 2011 年、2013 年、2014 年还原的倒灌总水量 15.38×10⁸ m³,而实测的 4.14×10⁸ m³,倒灌总水量减少 11.24×10⁸ m³,其中 2011 年倒灌水量减少 10.65×10⁸ m³,最大倒灌流量减少 2 289 m³/s;湖口站 10 月出现倒灌的 2013 年倒灌总水量减少 0.38×10⁸ m³,最大倒灌流量减少 263 m³/s(表 7.64)。

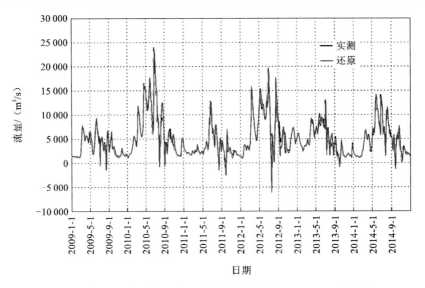

图 7.48　湖口站实测与还原日平均流量对比图(2009～2014 年逐日)

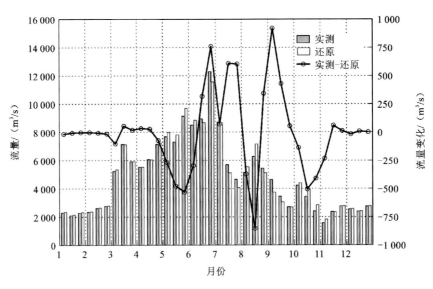

图 7.49　湖口站实测与还原旬平均流量对比图(2009～2014 年平均)

表 7.64　湖口站倒灌流量变化统计表(2009～2014 年)

日期	最大倒灌流量/(m³/s)			倒灌总水量/(×10⁸ m³)		
	实测	还原	实测－还原	实测	还原	实测－还原
2009-8	0	1 510	−1 510	0.00	3.41	−3.41
2010-7	0	844	−844	0.00	0.86	−0.86
2010-8	0	712	−712	0.00	1.21	−1.21
2011-8	39	1 530	−1 491	0.03	3.38	−3.34

续表

日期	最大倒灌流量/(m³/s)			倒灌总水量/(×10⁸ m³)		
	实测	还原	实测-还原	实测	还原	实测-还原
2011-9	371	2 660	−2 289	0.67	11.33	−10.65
2012-7	3 940	6 220	−2 280	5.49	13.92	−8.43
2013-9	832	923	−91	1.59	1.76	−0.17
2013-10	297	560	−263	0.26	0.64	−0.38
2014-9	880	1 380	−500	1.88	2.30	−0.42

　　三峡水库补水期(12月～次年5月),长江中游干流流量增加,干流水位总体有所升高,减缓了湖口站出流。12月～次年5月多年平均月平均流量减少2～428 m³/s,减幅0.1％～5.0％,5月平均流量减少最多。

　　汛期(6～8月),湖口站6月出流增加260 m³/s,增幅2.7％,7月出流增加435 m³/s,增幅7.4％,8月出流减少273 m³/s,减幅4.6％。7～8月倒灌总水量减少17.27×10⁸ m³,各年最大倒灌流量减少712～2 280 m³/s。

　　综上可知,鄱阳湖出湖流量受长江干流水位、五河来水、湖区调蓄及江湖水动力条件综合作用影响,三峡水库运行对湖口出流的影响特征与长江干流不同,湖口站出流9月明显增加,10月～次年4月出湖流量减少,其中,12月～4月受影响较小,汛期5～8月出湖流量有增有减,变幅较大;7～10月倒灌流量有所减少。

　　2. 对湖区水位过程的影响

　　将鄱阳湖湖区湖口站、星子站、都昌站和康山站2009～2014年实测水位过程与模拟的还原水位过程比较,分析三峡水库运行对湖区水位的影响程度,见图7.50和图7.51。

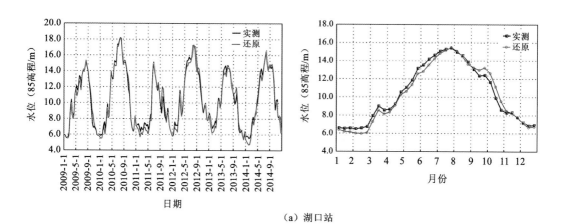

（a）湖口站

图 7.50　湖区各站实测与还原旬平均水位对比图(2009～2014年)

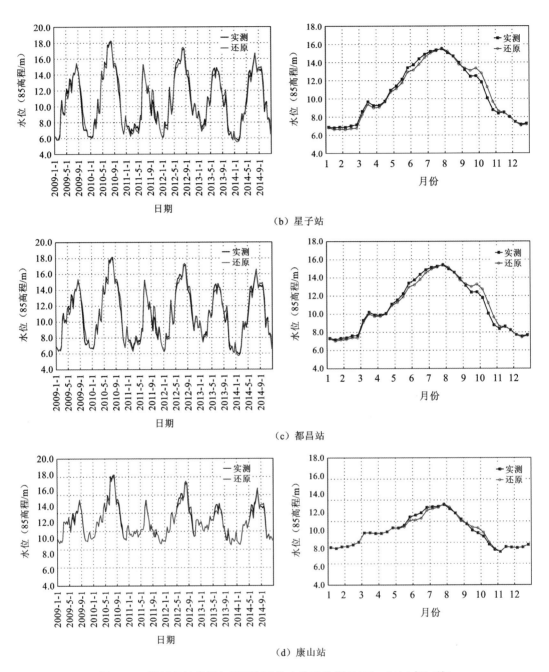

图 7.50　湖区各站实测与还原旬平均水位对比图(2009～2014 年)(续)

　　三峡水库蓄水期(9～11 月),湖区各站的水位变化主要表现为不同程度的降低,10 月水位降低幅度最大。湖口站 9 月多年平均旬平均水位降低 0.22～0.86 m,9 月下旬降低最多;10 月旬平均水位降低 0.98～1.28 m,10 月中旬降低最多;11 月旬平均变化较小,11

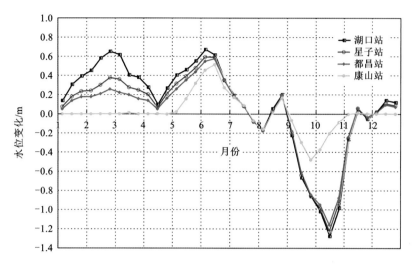

图 7.51　湖区各站旬平均水位变化图(2009～2014 年)

月上旬旬平均水位降低 0.26 m。星子站 9 月多年平均旬平均水位降低 0.19～0.85 m,
9 月下旬降低最多;10 月旬平均水位降低 0.93～1.22 m,10 月中旬降低最多;11 月旬平
均变化较小,11 月上旬旬平均水位降低 0.26 m。都昌站 9 月多年平均旬平均水位降低
0.18～0.84 m,9 月下旬降低最多;10 月旬平均水位降低 0.88～1.16 m,10 月中旬降低最
多;11 月旬平均变化较小,11 月上旬旬平均水位降低 0.24 m。康山站 9 月多年平均旬平
均水位降低 0.07～0.48 m,9 月下旬降低最多;10 月旬平均水位降低 0.09～0.37 m,
10 月上旬降低最多;11 月旬平均变化很小。

　　三峡水库补水期(12 月～次年 5 月),湖区各站的水位变化主要表现为一定程度的升
高。湖口站 12 月～次年 5 月多年平均旬平均水位升高 0.02～0.65 m,2 月平均水位升高
最多,12 月平均水位升高最少;枯水期 12 月～次年 2 月月平均水位升高 0.10～0.56 m。
星子站 12 月～次年 5 月多年平均旬平均水位升高 0.02～0.48 m,5 月平均水位升高最
多,12 月平均水位升高最少;枯水期 12 月～次年 2 月月平均水位升高 0.07～0.32 m。都
昌站 12 月～次年 5 月多年平均旬平均水位升高 0.01～0.44 m,5 月平均水位升高最多,
12 月平均水位升高最少;枯水期 12 月～次年 2 月月平均水位升高 0.06～0.21 m。康山
站 12 月～次年 4 月多年平均旬平均水位基本无变化,5 月平均水位升高 0.17 m。

　　汛期(6～8 月),鄱阳湖水位变化受五河和长江来水双重影响,湖区年最高水位与长
江洪水关系密切,湖区年最高水位一般出现在长江主汛期 7～8 月。湖口站 6 月多年旬平
均水位升高 0.55 m;7～8 月旬平均水位变幅不大,为－0.17～0.20 m,湖口站最高水位受
三峡水库运行影响不大。星子站 6 月多年旬平均水位升高 0.51 m;7～8 月旬平均水位变
幅不大,为－0.17～0.19 m。都昌站 6 月多年旬平均水位升高 0.49 m;7～8 月旬平均水
位变幅不大,为－0.17～0.19 m。康山站 6 月多年旬平均水位升高 0.41 m;7～8 月旬平
均水位变幅不大,为－0.16～0.17 m。

由湖口站与九江站和星子站与湖口站逐日还原水位相关关系图(图7.52),湖口站与九江站水位相关关系较好;星子站14 m以下水位受长江来水顶托作用较小,受入湖水量影响较大,星子站与湖口站水位落差相对较大,点据相对较为分散,14 m以上水位相关关系相对较好。

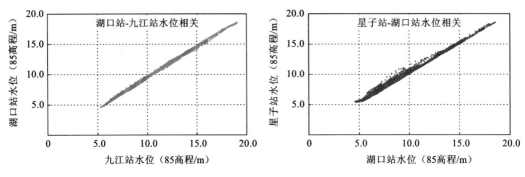

图7.52 鄱阳湖与长江还原水位相关关系图(2009～2014年)

综上可知,湖口站与长江干流九江站水位的相关关系较好,湖口站水位变化受长江干流水位变化影响较大,三峡水库运行使长江中游干流水位9～10月大幅降低,影响湖区水位相应降低,尤以10月湖区降低最多,12月～次年6月湖区水位升高,湖口站2月升幅最大,而其他站6月升幅最大,11～12月总体影响不大,7～8月和11～12月水位变幅相对较小。湖口站各月水位受三峡水库运行影响程度与九江站基本一致,湖区其他各站距离湖口站越远水位受影响程度越小,三峡水库蓄水可以影响康山站,但总体影响不大,枯水期补水作用难以影响至康山站,见表7.65。

表7.65 湖区各站月平均流量和水位变化统计表(2009～2014年)

月份	湖口月平均流量变化		湖区月平均水位变化/m			
	流量/(m³/s)	变幅/%	湖口站	星子站	都昌站	康山站
1	−8	−0.3	0.28	0.17	0.12	0.00
2	−7	−0.3	0.56	0.32	0.21	0.00
3	−8	−0.1	0.46	0.30	0.19	0.01
4	−4	−0.1	0.21	0.16	0.12	0.00
5	−428	−5.0	0.47	0.40	0.35	0.17
6	260	2.7	0.55	0.51	0.49	0.41
7	435	7.4	0.06	0.06	0.06	0.06
8	−273	−4.6	0.04	0.02	0.02	0.01
9	468	14.9	−0.58	−0.56	−0.54	−0.28
10	−352	−9.6	−1.09	−1.04	−0.99	−0.22
11	−53	−2.3	−0.09	−0.08	−0.07	0.00
12	−2	−0.1	0.10	0.07	0.06	0.00

7.5　荆江裁弯对江湖水情的影响

在 20 世纪 60～70 年代,长江下荆江河段经历了两次人工裁弯及一次自然裁弯,三次裁弯共缩短河长约 78 km,河道弯曲率由原来的 2.83 缩小到 1.93。

由于荆江裁弯及三口分流量逐年的减少,荆江各段裁弯后年平均比降均有所增加。根据各个河段的水文资料,分析荆江裁弯前后各个河段比降(图 7.53)。

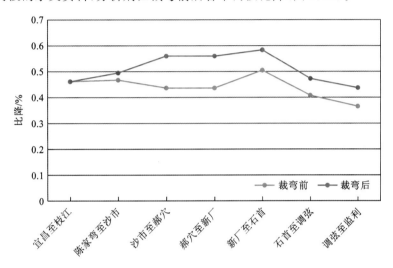

图 7.53　荆江各段裁弯前后年平均比降变化图

三处裁弯的上游(石首以上),自上而下,延程递增,至新厂达最大值。新厂至石首段有所下降,主要是裁弯后该段内的藕池口分流流量减少干流的水量增加所致。石首以下各段,受上下游裁弯段综合影响,增大百分数不如裁弯段上游河段,但延程仍为递增规律。

在水文条件基本相同的情况下,裁弯前下荆江调关至姚析垴 1964 年与 1954 年比较,高水期比降增大 18%,低水期比降增大 13%,而裁弯后新厂至调关低水期 1974 年比 1965 年增大 41%。上荆江裁弯前比降的增大率比下荆江小,裁弯后由于上荆江地处三个裁弯的上游,所以无论汛期、枯水期比降都比裁弯前有所增大。例如,沙市至新厂 1974 年与 1965 年比较,低水期增大 23%,高水期增大 11%。荆江的造床流量总的趋势是历年增大,加之下荆江造床流量历时显著增加,故荆江三口分流分沙减少使荆江历年水流造床作用有所加强,且裁弯后增加的速度较大,其中下荆江比上荆江大。

比降的加大导致流速增加,流量增大,洪水期水位降低,安全泄量增大,提高了荆江的防洪排洪能力,有利于减轻该段的洪水威胁。同时,比降加大,引起了荆江的冲刷,随着冲刷其过流能力也相应增大;荆江流量加大而冲刷,两者共同作用,互相促进,导致荆江流量的大幅增加,裁弯后,下荆江径流量加大了 763×10^8 m³;流量的加大又引起水位的抬高,抵消了裁弯工程的部分效果。

7.6　江湖整治与利用工程对洞庭湖水情的影响

洞庭湖接纳四水,吞吐长江,形成了自然的泥沙淤积现象。进入洞庭湖的悬移质输沙量约有四分之一从城陵矶进入长江,而剩余的约四分之三的入湖泥沙淤积在洞庭湖内。

江湖整治与利用工程对于洞庭湖湖泊形态与水沙过程影响大体经历以下四个阶段(表7.66)。

表 7.66　洞庭湖湖泊形态与水沙过程变化表(尹辉 等,2012)

时段	多年平均入湖径流量 /($\times 10^8$ m³)	多年平均淤积量 /($\times 10^8$ t)	洲滩面积 /km²	人类围垦面积 /km²	湖泊面积 /km²	湖泊容积 /($\times 10^8$ m³)
1951~1958 年	3 511	1.94	1 238.3	1 035	3 915	210
1959~1980 年	2 955	1.33	1 756.6	660	2 820	174
1981~2002 年	2 766	0.68	2 275.0	—	2 625	165
2003~2014 年	2 256	0.091 9	2 906.6	—	3 968	251

1951~1958 年,洞庭湖多年平均入湖径流量 3 511×10⁸ m³,多年平均淤积量 1.94×10⁸ t,洲滩面积 1 238.3 km²(1954 年),人类围垦面积 1 035 km²,湖面积、容积分别为 3 915 km²、210×10⁸ m³,淤积量大于冲刷量,平均调蓄量大,洪水位变幅小,但在相近洪峰流量下,城陵矶水位平均壅高 1.05 m。

1959~1980 年,长江荆江段历经了调弦口堵口(1958 年)、下荆江 3 处裁弯取直(1967~1972 年),以及实施湖区一期治湖工程,多年平均入湖径流量 2 955×10⁸ m³,多年平均淤积量 1.33×10⁸ t,洲滩面积 1 756.6 km²(1971 年),淤积量大于冲刷量,人类围垦面积 660 km²,湖面积、容积依次为 2 820 km²、174×10⁸ m³,高水位下调蓄量增大,洪水位变幅增大,相近洪峰流量下,湖区主要水文站洪水位平均壅高 1.30~1.65 m。

1981~2002 年,长江葛洲坝截流及湖区"平垸行洪,退田还湖工程"实施中,多年平均入湖径流量 2 766×10⁸ m³,淤积量 0.68×10⁸ t,洲滩面积 2 275 km²(1980 年),湖面积、容积依次为 2 625 km²、165×10⁸ m³,淤积量大于冲刷量,高水位下调蓄量波动较大,洪水位变幅稍减少,相近洪峰流量下,湖区主要水文站洪水位平均壅高 1.53~2.15 m。

2003~2014 年,三峡水库蓄水运用,退田还湖工程实施后,多年平均淤积量为 0.091 9×10⁸ t,洲滩面积为 2 906.6 km²(2006 年),湖面积、容积扩大至 3 968 km²、251×10⁸ m³,冲刷量大于淤积量,高、中水位下调蓄量有所减少,洪水位变幅呈减少趋势,城陵矶丰、枯水位分别降低 1.12 m、0.35 m。

由上述表明,近 60 年荆江调弦口堵口、下荆江系统裁弯、葛洲坝截流,特别是三峡水库运行后库内平均每年拦截约 70% 的泥沙,三口入湖水沙逐期减少,导致洞庭湖入湖泥沙、淤积泥沙均呈同步减少趋势,显然这一变化趋势对于延长洞庭湖的寿命具有重大意义。

综合分析江湖整治与利用工程对于鄱阳湖水情影响,可以大致分为四个阶段(图 7.54)。

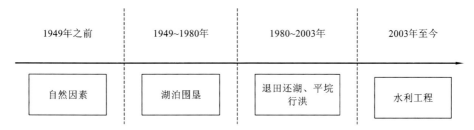

图 7.54　江湖整治与利用工程对鄱阳湖水情变化主导因素变化图

第一阶段为 1949 年之前,该阶段长江流域和五河流域尚未进行大规模的水利工程开发,湖泊的水文情势主要受气候影响。

第二阶段为 1949～1980 年,该阶段是人类活动最为突出的时段。首先,对长江中下游通江湖泊实施了大规模的围垦和建闸(控湖),鄱阳湖 20 m 高程的通江水体面积从 1953 年的 5 167 km² 缩减至 1965 年的 4 422 km²,到 1976 年缩减为 3 481 km²。由于大面积围垦,鄱阳湖面积、容积急剧减少,鄱阳湖形态参数发生很大变化。由于湖面变小,流域面积不变,气候条件变化不大,湖泊补给系数相对增大,湖泊的调节系数则相应变小。

第三阶段为 1980～2003 年,本阶段湖区停止围垦及"98 洪水"后湖区实施"退田还湖、平垸行洪"成为影响湖泊水情的重要标志。据统计,鄱阳湖区共单双退圩堤 235 座,其中单退 149 座,双退 86 座。涉及圩区总面积达 747.6 km²,有效蓄洪容积约37.6×10⁸ m³。同时,"五河"干流陆续兴建了一批大型水库,包括赣江的万安水库、信江的大坳水库、界牌枢纽和抚河的洪门水库等。河湖关系进一步发生变化,但仍未对鄱阳湖的水文情势产生明显影响。

第四阶段为 2003 年至今,该阶段影响湖泊演变的主要因素是以三峡工程等为标志的大型控制性枢纽工程的建成运行,使得长江干流的水文情势及水沙条件发生明显改变。长江对鄱阳湖的顶托和倒灌作用明显减弱,长江河道来沙量大幅减少,河道水位与流量关系发生改变。江湖关系发生趋势性变化,表现为鄱阳湖出流加快、枯水期提前、枯水期延长、枯水位降低等。

7.7　鄱阳湖倒灌驱动机制分析

鄱阳湖作为长江中下游最大的通江湖泊,与长江之间存在着复杂的水文和水动力交互作用。每年 4 月起,鄱阳湖进入汛期,流域上游入湖水量增加,湖区水位升高;在 7 月以前,长江水位不高,湖水能顺利流出湖口进入长江;到每年的 7～9 月,即长江大汛期间,长江水位升高,当湖区水位仍高于湖口长江水位时,形成顶托作用,而当湖口长江水位高于湖区水位时,就会形成倒灌作用。当长江大汛期间出现洪水时,通过长江水的倒灌,鄱阳湖具有蓄洪的作用,有效地缓解长江下游的洪水情况。同时,长江的顶托和倒灌作用也会阻碍鄱阳湖的排水和排沙,改变湖区水量、泥沙的平衡,从而影响湖区的水资源配置。

鄱阳湖倒灌现象是受多种因素驱动影响的复杂结果,长江中上游与鄱阳湖来水差异、湖区调蓄能力变化、长江上游的水利工程对倒灌发生的时间和效果都会带来影响。

7.7.1　长江中上游与鄱阳湖流域来水量差异驱动

　　长江中上游来水和鄱阳湖流域来水的差异,是驱动江湖关系此消彼长的关键,但是这种差异很大程度上受控于鄱阳湖流域与长江中上游气候条件,尤其是降水分布格局的影响。图 7.55 显示了 1956~2014 年 7~10 月汉口站流量和鄱阳湖入湖总流量的距平及两站距平差值变化。

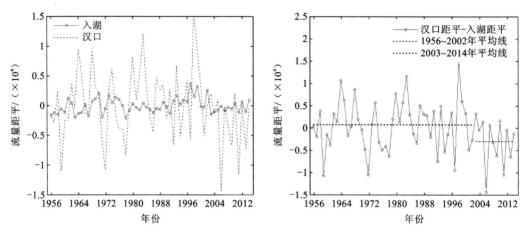

图 7.55　1956~2014 年 7~10 月汉口、鄱阳湖五河七口合计入湖流量的距平变化

　　由图 7.55 可知,在江水倒灌最为频繁的两个时期 20 世纪 60 年代和 80 年代,均是五河入湖流量偏少,而同期长江中游来水偏多,此时长江对鄱阳湖的洪水顶托作用相对较强,有利于鄱阳湖倒灌发生。相反,20 世纪 70 年代和 90 年代(少数年份除外),长江中上游来水量相对偏少而鄱阳湖流域来水量偏多,鄱阳湖对长江作用较强,不利于江水倒灌的发生。

　　2003 年以后鄱阳湖流域整体进入枯水期,同时长江上游三峡水库 9 月开始蓄水,削弱了长江下游下泄流量,在鄱阳湖入湖和长江上游来水均减少的情况下,三峡蓄水对长江来水的影响大于鄱阳湖入湖流量,从而降低了长江对鄱阳湖的洪水顶托作用,倒灌现象明显降低。

　　为了定性评价鄱阳湖倒灌现象与上游来水差异的关系,以汉口站流量和鄱阳湖域五河入湖流量的比值 β 表示长江中上游与鄱阳湖来水量差异系数,以历年最大倒灌量(1991 年 $113.9 \times 10^8 \ \text{m}^3$)为最大值,对长江倒灌鄱阳湖径流量最大值、最小值标准化,其百分比表示倒灌强度。现就鄱阳湖上游来水差异与倒灌强度及倒灌天数的关系进行分析,见图 7.56。

　　由图 7.56 可知,汉口站流量与鄱阳湖流域来水量的比值与江水倒灌强度及倒灌天数均具有一定正相关性。两者的相关系数在 0.60 以上,通过了 99% 的置信度检验。相关性结果揭示出:当长江中上游来水量远大于鄱阳湖流域来水量时,长江径流对湖水的相对作用越强烈,越容易发生江水倒灌现象,反之则相对作用较弱,江水倒灌不易发生。但散

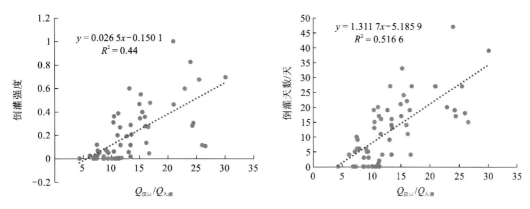

图 7.56　鄱阳湖 $\beta(Q_{汉口}/Q_{入湖})$ 与倒灌强度及倒灌天数的关系

点图总体较为分散,这也表明江水倒灌的发生不仅受长江中上游来水和鄱阳湖流域来水量的影响,鄱阳湖本身水位的高低也对江湖关系影响较大。

7.7.2　长江中上游与鄱阳湖湖区水位差异驱动

水位影响主要体现在鄱阳湖对流域来水的调蓄作用。在低入湖流量和高湖泊水位时,江水倒灌不容易发生。据倒灌期湖口站水位统计,湖口站水位多在警戒水位 19.5 m 以下。1956～2002 年倒灌期间湖口站平均水位为 18.09 m,2003～2014 年倒灌期间湖口站倒灌期平均水位为 18.32 m,湖口站倒灌期平均水位有所升高。湖口站水位在 19 m 以上,发生倒灌的有 1969 年、1983 年、1988 年、1989 年、1991 年、1996 年、2002 年、2003 年共 8 年,相应倒灌总水量为 74.74×10^8 m³,占倒灌总水量的 6.5%,其中最高倒灌水位 23.0 m (1996 年),湖口站水位超警戒水位的天数及倒灌洪量统计表见表 7.67。由此可见,当湖口站水位超过警戒水位时发生倒灌概率较小。

表 7.67　1956～2014 年湖口水位超警戒水位天数及倒灌洪量

参数	1969 年	1983 年	1988 年	1989 年	1991 年	1996 年	2002 年	2003 年	合计
发生天数/d	18	19	18	21	17	46	29	12	180
实际倒灌天数/d	2	3	7	2	7	8	4	3	36
倒灌量/($\times10^8$ m³)	5.56	8.12	13.40	0.21	26.50	11.10	2.66	7.17	74.72

为定性评价鄱阳湖倒灌现象与水位差异的关系,选择倒灌主要集中时期 7～10 月的汉口站、湖口站、都昌站平均水位,以汉口站水位代表长江中上游水位,以湖口站水位代表鄱阳湖湖口水位、以都昌站水位代表湖区水位,以汉口站与湖口站及都昌站水位的差值 Δ 表示长江中上游与鄱阳湖湖口及湖区的水位差,同样以历年最大倒灌量(1991 年 113.9×10^8 m³)为最大值,对长江倒灌鄱阳湖径流量进行最大最小标准化,以表示倒灌强度。水位差 Δ 与倒灌强度的关系进行分析,见图 7.57。

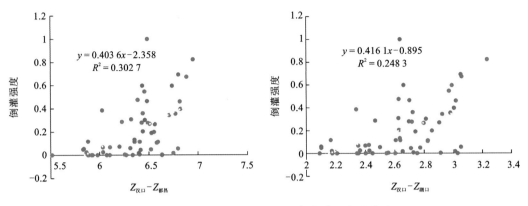

图 7.57　鄱阳湖 $\Delta(Z_{汉口}-Z_{湖口})$ 与倒灌强度的关系

由图 7.57 可知,长江与鄱阳湖湖区水位差与江水倒灌强度具有一定正相关性,二者的相关系数在 0.50 以上,代表鄱阳湖湖区的都昌站水位差相关性好于代表鄱阳湖湖口的湖口站水位差。无论湖口还是湖区水位,其与倒灌强度的相关性均低于上文分析的上游来水流量差异。虽然长江与湖区水位差是产生倒灌现象的直接原因,但受江湖顶托影响,水位流量关系发生了变化,在鄱阳湖泥沙淤积及湖泊围垦作用下,进一步加强湖区水位变化的复杂性,从而影响江湖关系的强弱。

7.7.3　人类活动对鄱阳湖的倒灌驱动

长江倒灌鄱阳湖现象主要受上游来水差异改变江湖关系的强弱驱动。虽然上游来水大小主要取决于气象因素的影响,但长江干流三峡水库和五河水库等水利工程调度运行及湖区采砂等人类活动对江湖关系和鄱阳湖倒灌影响也较大。

2003 年以后,三峡水库汛期 6～8 月调洪和 9～10 月蓄水,减少了长江中上游与鄱阳湖的来水差异,从而减弱长江对鄱阳湖的顶托作用,不利于倒灌现象的发生。据上文分析,2003 年后鄱阳湖倒灌现象明显减少,年均发生 9.2 d,比 2003 年前减少了 4 d,年均倒灌量减少 $5.7×10^8$ m^3。特别自 2009 年三峡蓄水水位达到 175 m 以后,鄱阳湖倒灌现象进一步减少,年均倒灌天数 2.5 d,年均倒灌量 $1.7×10^8$ m^3,显然三峡工程蓄水运行是鄱阳湖倒灌减少的原因。

近 60 年,鄱阳湖湖区来水量总体变化不大,年际以波动为主,但来沙量却经历了先增大、后减小的变化过程。据统计(表 7.68),1956～2014 年鄱阳湖五河年均入湖沙量 $0.124×10^8$ t,年均出湖沙量 $0.100×10^8$ t,若不考虑五河控制水文站以下水网区入湖沙量,湖区年均淤积泥沙 $0.024×10^8$ t,占总入湖沙量的 19.4%。2003～2014 年五河年均入湖沙量 $0.056×10^8$ t,较蓄水前均值偏少 60.3%,湖口出湖沙量明显增多,达到 $0.123×10^8$ t,较蓄水前均值偏多 30.8%,使得湖区总体呈现出湖沙量大于入湖沙量的现象(图 7.58)。

表 7.68　鄱阳湖湖区年均入、出湖水量和沙量统计表

时段	多年平均径流量/($\times 10^8$ m³)		多年平均输沙量/($\times 10^8$ t)	
	"五河"入湖	湖口出湖	"五河"入湖	湖口出湖
1956～1980 年	1 176	1 361	0.157	0.106
1981～2002 年	1 310	1 604	0.123	0.080
1956～2002 年	1 240	1 474	0.141	0.094
2003～2014 年	1 138	1 410	0.056	0.123
1956～2014 年	1 217	1 461	0.124	0.100

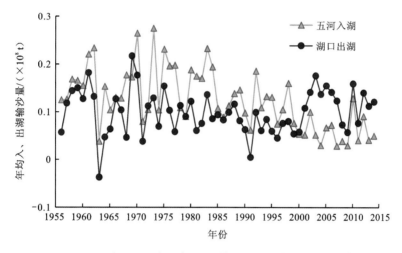

图 7.58　鄱阳湖出、入输沙量变化曲线

鄱阳湖湖区形态变化不仅受"五河"来沙量的时程分配差异影响,还受围垦、采砂等人类活动直接驱动。20 世纪 50～70 年代鄱阳湖区开展了大规模围湖造田、修筑新圩、联圩并堤等农田基本建设,1976 年珠湖圩堤兴建后已基本停止了湖区的围垦,80 年代末至 90年代初兴建了少量血防堤。1998 年大水以后,通江水体面积变化不大,2010 年与 1998 年相比,21 m 以下通江水体面积减少 1.4%。21 世纪以后,湖区采砂活动频繁,入江水道、赣江、修水河口河底高程降低,2010 年与 1998 年相比,容积增大 4.4%。不同年代高程与面积和容积的关系曲线见图 7.59 和图 7.60,面积和容积变化主要发生在 15 m 以上,20世纪 50～80 年代通江水体(湖盆区、青岚湖和五河尾闾)面积和容积减少较多,2000 年以后通江水体面积和容积变化相对较小。

为探讨鄱阳湖入湖流量和水位关系的变化,尽量消除长江顶托对鄱阳湖水位的影响,选取枯水期 1～3 月湖区都昌站月平均水位和流域五河来水量,进行指数曲线拟合,分析不同时期湖泊容积变化对水位和流域来水过程的影响。

由图 7.61 知,在同样的流域来水情况下,1971～1999 年湖泊水位较高于 1956～1970年,2000～2007 年与 1971～1999 年湖泊水位基本相当,2008～2014 年湖泊水位远低于2008 年以前水平。由此得出,20 世纪 90 年代以前,鄱阳湖区的淤积和围垦对抬高湖泊

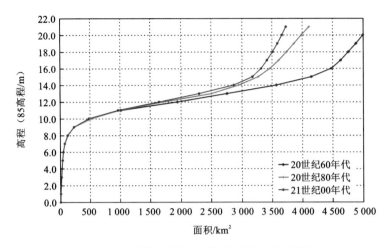

图 7.59　鄱阳湖不同年代高程-面积关系曲线图

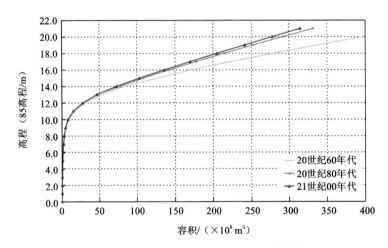

图 7.60　鄱阳湖不同年代高程-容积关系曲线图

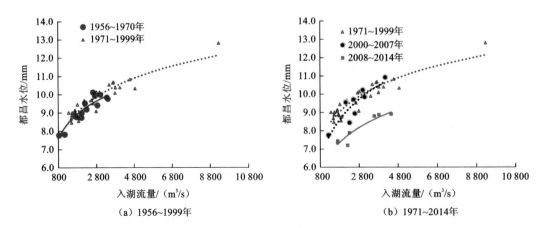

图 7.61　鄱阳湖都昌站 1～3 月平均水位和流域来水量关系

湖泊水位,增大湖水出流的下泄压力起着重要的促进作用,2000 年以后情况正好相反,特别是 2008 年以后尤为明显。鄱阳湖容积的增大和湖底高程的下降导致同等条件下湖泊水位的降低,在一定程度上间接增强了长江作用,促进了江水倒灌的发生。

前文已分析得到 2009 年以来鄱阳湖倒灌现象强度明显减弱,这可能由于三峡工程开始蓄水至 175 m,其对长江中下游干流的流量和水位影响较大,外加湖口长江河段冲刷影响,入江水道采砂,综合作用下减弱了长江对鄱阳湖的顶托作用。而长江干流顶托作用的减弱较湖区围垦、采砂等人类活动对江水倒灌的影响更显著。

7.8　本章小结

江湖水情变化的影响因素较多,如气候变化、水利工程建设运行、荆江裁弯、湖泊围垦、江湖冲淤、采砂等,本章从直接影响江湖水文情势变化的因子——降水和水利工程建设运行两个方面,采用模型模拟与统计分析相结合的方法,分析江湖水情变化成因,探讨江湖水情变化驱动机制,得到如下主要结论。

(1) 近二十余年来,尤其是三峡水库蓄水运行以来,长江中游干流径流量偏少的主要原因是长江上游降水量偏少,上游水库拦蓄对三峡水库蓄水期 9～11 月来水偏少起加重作用。

(2) 三峡水库调度对长江中下游干流各控制站的洪水总量和洪水历时分布具有一定影响,洪水量级减少,洪水持续时间变短,并且对大洪水量级的影响更为显著,沿程影响逐渐减少。三峡水库调度对长江中游干流各控制站年内各月水文情势有所影响,供水期下游流量增加、水位抬升,汛期和蓄水期流量减少、水位变低。

(3) 受三峡水库调蓄影响,与天然状态下相比,荆江三口多年平均分流量减少,减幅最大的是太平口,分流量减少最多的是松滋口;蓄水期三口分流量减少而供水期有所增大;6～8 月三口分流量变化不大。供水期,东洞庭水位有所抬升,西洞庭、南洞庭水位无明显变化;蓄水期洞庭湖湖区水位有所降低。

(4) 荆江裁弯使得该河段比降加大,导致流速增加,流量增大,洪水期水位降低,安全泄量增大,提高了荆江的防洪排洪能力,同时,引起了荆江的冲刷。

(5) 鄱阳湖与长江的江湖水情关系受天然降雨径流变化、三峡水库蓄水、湖区冲淤和采砂及流域用水量的增加等多种因素综合驱动影响。降水量减少引起长江和鄱阳湖天然径流量的减少,三峡水库等上游控制性水利水电工程运用改变了下游的水沙条件,湖区冲淤和采砂改变了湖泊调蓄能力,湖区水资源利用量增加在一定程度上降低了湖区水位。在这些影响因素中,除天然降雨量、径流量的变化为非趋势性影响因素外,其他均为趋势性影响因素。

(6) 三峡水库及上游水库群运行对江湖水情变化影响较大。三峡水库运行后,汛期 6～8 月防洪调度,降低了鄱阳湖与长江洪水遭遇概率和量级,降低了对鄱阳湖出湖流量和湖区水位的顶托作用,湖区汛期水位降低;蓄水期 9～10 月减少下泄流量,明显降低了对湖区的顶托作用,湖区枯水出现时间提前;1～3 月三峡水库补偿下泄,增强了对湖区的顶托作用,湖区水位抬升。三峡水库运行后,鄱阳湖湖口倒灌现象总体有所减弱。

参 考 文 献

邴建平,邓鹏鑫,吕孙云,等.2017.鄱阳湖与长江干流水量交换效应及驱动因素分析[J].中国科学:技术科学,47(8):856-870.

陈璐,2013.Copula 函数理论在多变量水文分析计算中的应用研究[M].武汉:武汉大学出版社.

陈璐,郭生练,张洪刚,等,2011.长江上游干支流洪水遭遇分析[J].水科学进展,22(3):323-330.

陈莹,许有鹏,尹义星,等,2008.长江干流日径流序列的多重分形特征[J].地理研究(4):819-828.

丛振涛,肖鹏,章诞武,等,2014.三峡工程运行前后城陵矶水位变化及其原因分析[J].水力发电学报,33(3):23-28.

段文忠,1993.下荆江裁弯与城陵矶水位抬高的关系[J].泥沙研究(1):39-50.

段文忠,郑亚慧,刘建军,2001.长江城陵矶-螺山河段水位抬高及原因分析[J].水利学报,2(2):29-34.

戴雪,万荣荣,杨桂山,等,2014.鄱阳湖水文节律变化及其与江湖水量交换的关系[J].地理科学(12):1488-1496.

戴明龙,叶莉莉,刘圆圆,2012.长江上游洪水与汉江洪水遭遇规律研究[J].人民长江,43(1):48-51.

戴仕宝,杨世伦,蔡爱民,2007.51 年来珠江流域输沙量的变化[J].地理学报,62(5):545-554.

戴仕宝,杨世伦,赵华云,等,2005.三峡水库蓄水运用初期长江中下游河道冲淤响应[J].泥沙研究(5):35-39.

董耀华,惠晓晓,蔺秋生,2008.长江干流河道水沙特性与变化趋势初步分析[J].长江科学院院报(4):16-20.

杜彦良,周怀东,彭文启,等,2015.近 10 年流域江湖关系变化作用下鄱阳湖水动力及水质特征模拟[J].环境科学学报,35(5):1274-1284.

樊述全,2007.鄱阳湖流域降雨时空分布规律及其水文响应[D].南京:河海大学.

方春明,毛继新,陈绪坚,2007.三峡工程蓄水运用后荆江三口分流河道冲淤变化模拟[J].中国水利水电科学研究院学报,5(3):181-185.

方春明,曹文洪,毛继新,等,2012.鄱阳湖与长江关系及三峡蓄水的影响[J].水利学报(2):175-181.

冯文娟,徐力刚,范宏翔,等,2015.梅西湖与鄱阳湖水位变化关系及其水量交换过程分析[J].陕西师范大学学报(自然科学版),43(4):83-88.

傅春,刘文标,2007.三峡工程对长江中下游鄱阳湖区防洪态势的影响分析[J].中国防汛抗旱(3):18-21.

宫平,杨文俊,2009.三峡水库建成后对长江中下游江湖水沙关系变化趋势初探Ⅱ.江湖关系及槽蓄影响初步研究[J].水力发电学报,28(6):120-125.

甘明辉,刘卡波,杨大文,等,2011.洞庭湖四口河系防洪、水资源与水环境研究[J].水力发电学报,30(5):5-9,34.

郭华,姜彤,2008.鄱阳湖流域洪峰流量和枯水流量变化趋势分析[J].自然灾害学报,17(3):75-80.

郭华,HU Q,张奇,2011.近 50 年来长江与鄱阳湖水文相互作用的变化[J].地理学报(5):609-618.

郭华,姜彤,王国杰,等,2006.1961-2003 年间鄱阳湖流域气候变化趋势及突变分析[J].湖泊科学,18(5):443-451.

郭华,苏布达,王艳君,等,2007.鄱阳湖流域 1955—2002 年径流系数变化趋势及其与气候因子的关系[J].湖泊科学,19(2):163-169.

郭华,殷国强,姜彤,2008.未来 50 年鄱阳湖流域气候变化预估[J].长江流域资源与环境,17(1):73-78.

郭华,张奇,王艳君,2012.鄱阳湖流域水文变化特征成因及旱涝规律[J].地理学报(5):699-709.

郭家力,郭生练,郭靖,等,2010.鄱阳湖流域未来降水变化预测分析[J].长江科学院院报,27(8):20-24.

郭生练,闫宝伟,肖义,等,2008.Copula 函数在多变量水文分析计算中的应用及研究进展[J].水文,28(3):1-7.

郭小虎,朱勇辉,渠庚,2010.三峡水库蓄水后江湖关系的研究[J].水电能源科学,28(12):33-35,132.

郭小虎,姚仕明,晏黎明,2011.荆江三口分流分沙及洞庭湖出口水沙输移的变化规律[J].长江科学院院报,28(8):80-86.

黄胜,2006.长江上游干流区径流变化规律及预测研究[D].成都:四川大学.

韩其为,1999.江湖流量分配变化导致长江中游新的洪水形势[J].泥沙研究(5):1-12.

韩其为,周松鹤,1999.三口分流河道的特性及演变规律[J].长江科学院院报(5):5-8.

胡春宏,阮本清,2011.鄱阳湖水利枢纽工程的作用及其影响研究[J].水利水电技术,42(1):1-6.

何征,万荣荣,戴雪,等,2015.近 30 年洞庭湖季节性水情变化及其对江湖水量交换变化的响应[J].湖泊科学(6):991-996.

黄峰,夏自强,王远坤,2010.长江上游枯水期及 10 月径流情势分析[J].河海大学学报(自然科学版),38(2):129-133.

黄群,孙占东,姜加虎,2011.三峡水库运行对洞庭湖水位影响分析[J].湖泊科学(3):424-428.

霍雨,王腊春,陈晓玲,等,2011.1950s 以来鄱阳湖流域降水变化趋势及其持续性特征[J].湖泊科学,23(3):454-462.

胡光伟,毛德华,李正最,等,2013.三峡工程建设对洞庭湖的影响研究综述[J].自然灾害学报(5):44-52.

胡光伟,毛德华,张旺,等,2014.湖南省四水流域水沙周期特征及其影响因素分析[J].长江流域资源与环境,23(7):986-995.

姜加虎,黄群,1996.三峡工程对洞庭湖水位影响研究[J].长江流域资源与环境(4):80-87.

姜加虎,黄群,孙占东,2005.长江中下游湖泊保护和管理的若干建议[J].长江流域资源与环境,14(1):40-43.

景元书,缪启龙,杨文刚,1998.气候变化对长江干流区径流量的影响[J].长江流域资源与环境(4):48-51.

刘晓东,吴敦银,1999.三峡工程对鄱阳湖汛期水位影响的初步分析[J].江西水利科技(2):71-75.

刘曾美,陈子桑,2009.区间暴雨和外江洪水位遭遇组合的风险[J].水科学进展,20(5):619-625.

刘志刚,倪兆奎,2015.鄱阳湖发展演变及江湖关系变化影响[J].环境科学学报,35(5):1265-1273.

雷激,胡冬生,杨庚岭,等,1998.试论洞庭湖区近四十年来的水情变化[J].水文(3):14-21.

罗蔚,张翔,邹大胜,等,2012.鄱阳湖流域抚河径流特征及变化趋势分析[J].水文,32(3):75-82.

来红州,莫多闻,苏成,2004.洞庭湖演变趋势探讨[J].地理研究,23(1):78-86.

赖锡军,姜加虎,黄群,2011.三峡水库调节典型时段对洞庭湖湿地水情特征的影响[J].长江流域资源与环境,20(2):167-172.

赖锡军,姜加虎,黄群,2012.三峡工程蓄水对洞庭湖水情的影响格局及其作用机制[J].湖泊科学,24(2):178-184.

黎昔春,段文忠,余明辉,等.2001.洞庭湖区防洪问题研究[J].泥沙研究(5):54-58.

李林,王振宇,秦宁生,等,2004.长江上游径流量变化及其与影响因子关系分析[J].自然资源学报,19(6):694-700.

李长安,殷鸿福,陈德兴,等,1999.长江中游的防洪问题和对策—1998 年长江特大洪灾[J].地球科学,24(4):329-334.

李景保,张照庆,欧朝敏,等,2011.三峡水库不同调度方式运行期洞庭湖区的水情响应[J].地理学报(9): 1251-1260.

李景保,钟一苇,周永强,等,2013.三峡水库运行对洞庭湖北部地区水资源开发利用的影响[J].自然资源学报(9):1583-1593.

李荣昉,王鹏,吴敦银,2012.鄱阳湖流域年降水时间序列的小波分析[J].水文,32(1):29-31,79.

李义天,郭小虎,唐金武,等,2009.三峡建库后荆江三口分流的变化[J].应用基础与工程科学学报, 17(1):21-31.

李正最,谢悦波,徐冬梅,2011.洞庭湖水沙变化分析及影响初探[J].水文,31(1):45-53,40.

梁亚琳,黎昔春,郑颖,2015.洞庭湖径流变化特性研究[J].中国农村水利水电(5):67-71.

刘贵花,齐述华,朱婧瑄,等,2016.气候变化和人类活动对鄱阳湖流域赣江径流影响的定量分析[J].湖泊科学(3):682-690.

刘卡波,丛振涛,栾震宇,2011.长江向洞庭湖分水演变规律研究[J].水力发电学报,30(5):16-19.

刘可群,梁益同,黄靖,等,2009.基于卫星遥感的洞庭湖水体面积变化及影响因子分析[J].中国农业气象(S2):281-284,336.

刘曾美,吴俊校,陈子燊,2010.感潮地区暴雨和潮水位遭遇组合的涝灾风险[J].武汉大学学报(工学版),43(2):166-169,17.

卢金友,罗恒凯,1999.长江与洞庭湖关系变化初步分析[J].人民长江,30(4):25-27,49.

卢金友,朱勇辉,2014.三峡水库下游江湖演变与治理若干问题探讨[J].长江科学院院报,31(2):98-107.

陆宝宏,孙婷婷,许宝华,等,2009.长江干流径流同位素同步监测[J].河海大学学报(自然科学版)(4): 378-381.

闵骞,2002.鄱阳湖洪水水位变化趋势的计算与分析[J].水资源研究(3):37-39.

闵骞,闵聃,2010.鄱阳湖区干旱演变特征与水文防旱对策[J].水文,30(1):84-88.

闵骞,占腊生,2011.鄱阳湖枯水及其变化分析[C]// 首届中国湖泊论坛论文集.

闵骞,占腊生,2012.1952-2011年鄱阳湖枯水变化分析[J].湖泊科学,24(5):675-678.

闵骞,汪泽培,倪培恩,1992.近40年鄱阳湖水位变化趋势[J].江西水利科技(4):360-364.

马颖,李琼芳,王鸿杰,等,2008.人类活动对长江干流水沙关系的影响的分析[J].水文(2):38-42.

马颖,赵连军,江恩惠,2008.悬移质分组含沙量垂线分布计算[J].人民黄河,30(10):46-47,49.

马元旭,来红州,2005.荆江与洞庭湖区近50年水沙变化的研究[J].水土保持研究,12(4):103-106.

彭薇,霍军军,许继军,2016.鄱阳湖枯水期入湖径流变化特征分析[J].长江科学院院报(3):19-22.

彭也茹,2013.水量变化下洞庭湖生态水位及水情研究[D].长沙:湖南大学.

彭玉明,熊超,杨朝云,2010.长江荆江河道演变与崩岸关系分析[J].水文(6):29-31,36.

濮培民,李正魁,王国祥,2005.提高水体净化能力控制湖泊富营养化[J].生态学报,25(10):2757-2763.

瞿玉芳,2010.长江口北支河段水文泥沙特性初步分析[J].水资源研究(1):30-33.

钱湛,张双虎,2014.洞庭湖区水资源配置方案的初步研究[J].湖南水利水电(4):59-62.

水利部长江水利委员会,2011年9月.鄱阳湖区综合治理规划[R].

水利部长江水利委员会,2013年12月.鄱阳湖水情变化及水利枢纽有关影响研究[R].

水利部长江水利委员会,2014年10月.抚河流域综合规划[R].

水利部长江水利委员会,2014年10月.赣江流域综合规划[R].

水利部长江水利委员会,2014年10月.信江流域综合规划[R].

史璇,肖伟华,王勇,等,2012.近50年洞庭湖水位总体变化特征及成因分析[J].南水北调与水利科技, 10(5):18-22.

施修端,貟湛海,朱汉林,2000.长江中游汉口站大水年水位流量关系变化分析[J].水利水电快报(10):17-19.

孙鹏,张强,陈晓宏,2011.鄱阳湖流域枯水径流演变特征、成因与影响[J].地理研究,30(9):1702-1712.

孙占东,黄群,姜加虎,等,2015.洞庭湖近年干旱与三峡蓄水影响分析[J].长江流域资源与环境(2):251-256.

唐金武,李义天,孙昭华,等,2010.三峡蓄水后城陵矶水位变化初步研究[J].应用基础与工程科学学报,18(2):273-280.

田伟国,彭佳栋,沈军,等,2012.基于 MODIS 影像序列的三峡截流前后洞庭湖面积变化序列分析(英文)[J].农业科学与技术(英文版),13(6):1309-1313.

王俊,程海云,2010.三峡水库蓄水期长江中下游水文情势变化及对策[J].中国水利(19):15-17,14.

王俊,郭生练,谭国良,2014.变化环境下鄱阳湖区水文水资源研究与应用[J].Journal of Water Resources Research,3(6):429-435.

王海斌,2012.长江流域干流水沙阶段性分析(1956～2009 年)[J].地下水,34(3):150-152.

王合生,1999.长江流域持续发展的态势、问题及对策研究[J].地理科学,19(5):392-399.

王国杰,姜彤,陈桂亚,2006.长江干流径流的时序结构与长期记忆[J].地理学报(1):47-56.

万荣荣,杨桂山,王晓龙,等,2014.长江中游通江湖泊江湖关系研究进展[J].湖泊科学,26(1):1-8.

邬年华,罗优,刘同宦,等.2013.三峡工程运行对鄱阳湖水位影响试验研究[C]// 三峡工程运用 10 年长江中游江湖演变与治理学术研讨会,26(4):522-528.

熊莹,2012.长江上游干支流洪水组成与遭遇研究[J].人民长江,43(10):42-45.

熊家庆,2015.鄱阳湖水利枢纽工程对湖泊水位与面积关系的影响分析[D].南昌:江西师范大学.

熊平生,2010.鄱阳湖区洪涝灾害成因和减灾策略[J].人民黄河,32(10):26-28.

熊立华,郭生练,肖义,等,2005.Copula 联结函数在多变量水文频率分析中的应用[J].武汉大学学报(工学版)(6):16-19.

徐卫明,段明,2013.鄱阳湖水文情势变化及其成因分析[J].江西水利科技(3):161-163.

席海燕,王圣瑞,郑丙辉,等,2014.流域人类活动对鄱阳湖生态安全演变的驱动[J].环境科学研究,27(4):398-405.

谢毅文,张强,李越,等,2014.鄱阳湖流域年降水量周期、趋势及响应特征分析[J].西安理工大学学报(2):225-230.

徐长江,范可旭,肖天国,2010.金沙江流域径流特征及变化趋势分析[J].人民长江(7):10-14,51.

许继军,杨大文,雷志栋,等,2008.长江上游干旱评估方法初步研究[J].人民长江,39(11):1-5.

许有鹏,于瑞宏,马宗伟,2005.长江中下游洪水灾害成因及洪水特征模拟分析[J].长江流域资源与环境,14(5):638-643.

叶许春,2010.近 50 年鄱阳湖水量变化机制与未来变化趋势估[D].北京:中国科学院研究生院.

叶许春,李相虎,张奇,2012.长江倒灌鄱阳湖的时序变化特征及其影响因素[J].西南大学学报(自然科学版),34(11):69-75.

叶许春,张奇,刘健,等,2009.气候变化和人类活动对鄱阳湖流域径流变化的影响研究[J].冰川冻土,31(5):835-842.

尹辉,杨波,蒋忠诚,等,2012.近 60 年洞庭湖泊形态与水沙过程的互动响应[J].地理研究,31(3):471-483.

闫宝伟,郭生练,陈璐,等,2010.长江和清江洪水遭遇风险分析[J].水利学报(5):553-559.

闫宝伟,郭生练,郭靖,等,2010.基于 Copula 函数的设计洪水地区组成研究[J].水力发电学报,29(6):

60-65.

燕然然,蔡晓斌,王学雷,等,2014.三峡工程对下荆江径流变化影响分析[J].长江流域资源与环境, 23(4):490-495.

游海林,徐力刚,刘桂林,等,2015.小波分析在鄱阳湖水位序列多时间尺度分析中的应用[J].水力发电(2):12-15,44.

余明辉,刘智,方芳,等,2005.城陵矶河段莲花塘断面横向水位落差及其影响因素计算分析[J].武汉大学学报(工学版),38(2):30-34.

张永领,2008.河流有机碳的输送特征对区域气候的响应[J].地球与环境,36(4):348-355.

张增信,姜彤,张金池,等,2008.长江流域水汽收支的时空变化与环流特征[J].湖泊科学,20(6): 733-740.

赵军凯,2011.长江中下游江湖水交换规律研究[D].上海:华东师范大学.

赵军凯,李九发,戴志军,等,2012.长江宜昌站径流变化过程分析[J].资源科学,34(12):2306-2315.

邹振华,李琼芳,夏自强,等,2007.人类活动对长江径流量特性的影响[J].河海大学学报(自然科学版), 35(6):622-626.

BÁRDOSSY A,2006. Copula-based geostatistical models for groundwater quality parameters[J]. Water resources research,42(11):11416.

BELL M,2012. Climate change, extreme weather events and issues of human perception[J]. Archaeological dialogues,19(1):42-46.

BÁRDOSSY A,PEGRAM G G S,2009. Copula based multisite model for daily precipitation simulation[J]. Hydrology & earth system sciences discussions,13(12):2299-2314.

BING J P,DENG P X,ZHANG X,et al.,2018. Flood coincidence analysis of Poyang Lake and Yangtze River:risk and influencing factors[J]. Stochastic environmental research and risk assessment,32(4): 879-891.

CHEN L,SINGH V P,GUO S,et al.,2013. Drought analysis using copulas[J]. Journal of hydrologic engineering,18(7):797-808.

CHEN L,YE L,SINGH V,et al.,2014. Determination of input for artificial neural networks for flood forecasting using the copula entropy method[J]. Journal of hydrologic engineering,19(11):217-226.

DUPUIS D J,2007. Using copulas in hydrology:benefits, cautions, and issues[J]. Journal of hydrologic engineering,12(4):381-393.

DAI S B,YANG S L,ZHU J,et al.,2005. The role of Lake Dongting in regulating the sediment budget of the Yangtze River[J]. Hydrology and earth system sciences discussions,9(6):692-698.

DAI S B,LU XX,YANG S L,et al.,2008a. A preliminary estimate of human and natural contributions to the decline in sediment flux from the Yangtze River to the East China Sea[J]. Quaternary international, 186(1):43-54.

DAI Z J,DU J Z,LI J F,et al.,2008b. Runoff characteristics of the Changjiang River during 2006:Effect of extreme drought and the impounding of the Three Gorges Dam[J]. Geophysical research letters, 35(7):521-539.

DU Y,XUE H P,WU S J,et al.,2011. Lake area changes in the middle Yangtze region of China over the 20th century[J]. Journal of environmental management,92(4):1248-1255.

GENEST C,FAVRE A C,2007. Everything you always wanted to know about copula modeling but were afraid to ask[J]. American society of civil engineers,12(4):347-368.

GUO H,HU Q,JIANG T,2008. Annual and seasonal streamflow responses to climate and land-cover changes in the Poyang Lake Basin,China[J]. Journal of hydrology,355(1/4):106-122.

HANSEN B B,ISAKSEN K,BENESTAD R E,et al.,2014. Warmer and wetter winters:characteristics and implications of an extreme weather event in the high arctic[J]. Environmental research letters, 9(11):114021-114030.

HU Q,FENG S,GUO H,et al.,2007. Interactions of the Yangtze river flow and hydrologic processes of the Poyang Lake,China[J]. Journal of hydrology,347(1/2):90-100.

JEONG D I,SUSHAMA L,KHALIQ M N,et al.,2014. A copula-based multivariate analysis of Canadian RCM projected changes to flood characteristics for northeastern Canada [J]. Climate dynamics, 42(7/8):2045-2066.

KAO S C,RAO S G,2010. A copula-based joint deficit index for droughts[J]. Journal of hydrology, 380(1/2):121-134.

LAI X,LIANG Q,JIANG J,et al.,2014. Impoundment effects of the Three-Gorges-Dam on flow regimes in two China's largest freshwater lakes[J]. Water resources management,28(14):5111-5124.

LI Q,ZOU Z,XIA Z,et al.,2007. Impacts of human activities on the flow regime of the Yangtze River[C]// Proceedings of the International Association of Hydrological Sciences and the International Water Resources Association Conference,Guangzhou,China,8-10 June 2006,266-275.

LIU Y B,WU G P,ZHAO X S,2013. Recent declines in China's largest freshwater lake:trend or regime shift? [J]Environmental research letters,8(1):14010-14019.

LU J B, SUN G, MCNULTY S G, et al., 2007. Modeling actual evapotranspiration from forested watersheds across the southeastern United States [J]. Journal of the american water resources association,39(4):886-896.

MCLEOD A I,2011. Kendall rank correlation and Mann-Kendall trend test[J]. R package kendall.

MIN S A,LIU J,2011. Characteristics and causes of the extreme precipitation anomaly in Lake Poyang area[J]. Journal of lake sciences,23(3):435-444.

MICHELE C D, SALVADORI G, CANOSSI M, et al., 2005. Bivariate statistical approach to check adequacy of dam spillway[J]. Journal of hydrologic engineering,10(1):50-57.

MIHAILOV G,DASKALOV K,LISSEV N,1995. The impact of runoff and sediment transport from the provadiyska and devnenska rivers on the beloslav lake[J]. Water science and technology,32(7):1-8.

PETTITT A N. 2007. Some results on estimating a change-point using non-parametric type statistics[J]. Journal of statistical computation & simulation,11(3/4):261-272.

PETTITT A N,SISKIND V. 1981. Effect of Within-Sample Dependence on the Mann-Whitney-Wilcoxon Statistic[J]. Biometrika,68(2):437-441.

QIAN M,2000. Impacts of reclamation of the Poyang Lake shape and water regime during recent 50 years[J]. Advances in water science,11(1):76-81.

QIAN M,2004. Returning the land to Poyang Lake and its impacts on the floods[J]. Journal of lake science,16(3):215-222.

RICHTER B D,BAUMGARTNER J V,POELL T et al.,1996. A method for assessing hydrologic alteration within ecosystems[J]. Conservation biology,10(4):1163-1174.

SALVADORI G,MICHELE C D,2011. Estimating strategies for multiparameter Multivariate Extreme Value copulas[J]. Hydrology & earth system sciences,15(1):141-150.

SU B D,XIAO B,ZHU D M,et al.,2005. Trends in frequency of precipitation extremes in the Yangtze River basin,China:1960-2003[J]. Hydrological sciences journal,50(3):479-492.

THARME R E,2003. A global perspective on environmental flow assessment: emerging trends in the development and application of environmental flow methodologies for rivers[J]. River research and applications,19(5):397-441.

YANG S L,LI H,YSEBAERT T,et al.,2008. Spatial and temporal variations in sediment grain size in tidal wetlands,Yangtze Delta:On the role of physical and biotic controls[J]. Estuarine coastal and shelf science,77(4):657-671.

YANG S L,ZHANG J,XU X J,2007. Influence of the Three Gorges Dam on downstream delivery of sediment and its environmental implications,Yangtze River[J]. Geophysical research letters,34(10): 10401-10405.

ZHANG Q,LI L,WANG Y G,et al.,2012a. Has the Three-Gorges Dam made the Poyang Lake wetlands wetter and drier? [J]. Geophysical research letters,39(20):L20402.

ZHANG Q,ZHOU Y,SINGH V P et al.,2012b. The influence of dam and lakes on the Yangtze River streamflow:long-range correlation and complexity analyses[J]. Hydrological processes,26:436-444.

ZHANG Q, LIU Y, YANG G, et al., 2011. Precipitation and hydrological variations and related associations with large scale circulation in the Poyang Lake basin,China[J]. Hydrological processes, 25(5):740-751.

ZHANG Q, CHEN Y D, CHEN X, et al., 2014a. Copula-Based analysis of hydrological extremes and implications of hydrological behaviors in the Pearl River Basin, China [J]. Journal of hydrologic engineering,16(7):598-607.

ZHANG Q,XIAO M,LI J,et al.,2014b. Topography-based spatial patterns of precipitation extremes in the Poyang Lake Basin,China: changing properties and causes[J]. Journal of hydrology,512(6): 229-239.